现代表面工程技术丛书

现代热浸镀技术

卢锦堂　许乔瑜　孔纲　编著

机 械 工 业 出 版 社

本书介绍了当前广泛应用的热浸镀技术，并以热浸镀锌工艺为主线对钢结构件热浸镀锌过程各个环节涉及的基本问题进行了全面系统的介绍。本书内容包括钢铁材料的腐蚀与防护，热浸镀锌技术基础，热浸镀锌工艺，热浸镀锌新技术及发展趋势，热浸镀锌钢铁结构件的设计，常规热浸镀锌设备，钢铁制件热浸镀锌标准及质量要求，热浸镀锌的环保措施及环境评价，热浸镀铝、锡及铅。本书面向工业生产，侧重于实际应用，尽可能多地吸收一些新的技术成果，实用性强。

本书可供热浸镀工程技术人员、工人参考，也可供相关专业在校师生及研究人员参考。

图书在版编目（CIP）数据

现代热浸镀技术/卢锦堂，许乔瑜，孔纲编著. —2版.
—北京：机械工业出版社，2017.10
（现代表面工程技术丛书）
ISBN 978-7-111-57633-4

Ⅰ.①现… Ⅱ.①卢…②许…③孔… Ⅲ.①热浸镀锌
Ⅳ.①TQ153.1

中国版本图书馆CIP数据核字（2017）第188410号

机械工业出版社（北京市百万庄大街22号 邮政编码100037）
策划编辑：陈保华 责任编辑：陈保华
责任校对：胡艳萍 李锦莉
责任印制：常天培
北京京丰印刷厂印刷
2017年9月第2版·第1次印刷
184mm×260mm·14.5印张·349千字
0 001—2 500册
标准书号：ISBN 978-7-111-57633-4
定价：55.00元

凡购本书，如有缺页、倒页、脱页，由本社发行部调换

电话服务
服务咨询热线：010-88361066
读者购书热线：010-68326294
010-88379203
策 划 编 辑：010-88379734

网络服务
机 工 官 网：www. cmpbook. com
机 工 官 博：weibo. com/cmp1952
金 书 网：www. golden-book. com
教育服务网：www. cmpedu. com

前　　言

热浸镀是具有悠久历史的传统工艺，随着科学技术的进步，各种热浸镀技术不断涌现，尤其作为钢铁防止大气腐蚀的有效方法——热浸镀锌逐渐发展成为具有现代气息的实用工业技术。与其他金属防腐蚀方法相比，在镀层的物理屏障保护与电化学保护结合的保护特性、镀层的致密性、镀层的耐久性、镀层免维护性、镀层与基体的结合力、镀层的经济性，以及对工件形状、尺寸的适应性、生产的高效性等方面，热浸镀锌工艺都具有独特的、无可比拟的优势。多年来世界各国除大量生产用于汽车行业及日常民用的镀锌钢板、钢管及钢丝等连续热浸镀锌产品外，对许多成品工件如输电线路铁塔、电力金具、高速公路护栏、路灯杆及标志牌等均采用批量热浸镀锌方法。随着近年来热浸镀锌在桥梁、建筑钢结构及钢筋、通信微波塔、矿山机械、造船、高速铁路、海洋钻井平台、核电建设、太阳能光伏新能源等方面的成功运用，更拓宽了热浸镀锌技术的应用前景。热浸镀锌技术正在进入功能性、低能耗、低污染、高质量和自动化时代。热浸镀锌新技术的推广周期在大幅度缩减，陈旧技术的淘汰步伐日益加快。随着近年来市场竞争日益严酷、环保要求日益严格，我国批量热浸镀锌企业技术水平发展迅速，对热浸镀锌技术规范操作及新技术的发展也越来越重视。

本书主要内容包括四部分：第一部分介绍热浸镀锌技术基础，该部分着重介绍了热浸镀锌反应的基本原理及镀锌层的性能特点，并介绍了钢材成分、锌浴成分及钢材表面状态等对热浸镀锌反应的影响。第二部分介绍了热浸镀锌工艺及最新研究进展，同时还介绍了热浸镀锌常用设备、钢结构制件的设计要点，以及热浸镀锌产品的标准及验收。第三部分介绍了热浸镀锌技术的绿色生产，全面介绍了热浸镀锌生产过程中的三废处理措施及环境评价结果。第四部分介绍了热浸镀其他技术的原理及发展现状，主要包括热浸镀铝、热浸镀锡、热浸镀铅等技术。

本书是在《热浸镀技术与应用》（机械工业出版社出版）的基础上修订而成的。主要补充内容包括：对热浸镀锌新技术近年来主要的发展方向——锌合金镀层技术和无铬钝化技术，以及热浸镀铝技术的最新进展进行了介绍；在热浸镀锌工艺部分中增加了目前应用较为普遍且在操作中容易出现问题的挂件工序内容，这是保证热浸镀锌生产高效率、高质量的重要环节；自2006年至今，国内外大多数热浸镀锌技术标准都进行过修订，本书也根据这些新标准进行了修改；近年来我国对环保的要求日益严格，书中补充了对热浸镀锌生产过程中三废的收集处理内容，尤其是对废盐酸处理进行了论述。

我们编写本书的目的，旨在为技术科研人员及生产企业提供一本既能系统了解热浸镀技术基本原理及实际操作，又能了解热浸镀技术研究最新进展的参考资料；也希望为相关专业的在校师生提供一本热浸镀专业基础性教学参考书。

在全书的编写及修订过程中主要依据下列原则：

（1）先进性　热浸镀锌技术是技术性较强的工业技术方法，其技术先进性不仅决定了热浸镀锌产品质量，而且直接影响其操作性、生产成本、环境污染、生产率等方面。因此，我们在编写本书时，注重介绍了国际流行的、先进的热浸镀锌技术规范，以及当前热浸镀锌技术发展的热门研究课题。

（2）完整性　热浸镀锌技术一般由多步工序完成，其产品质量与每步工序均有关系。本书从实际应用考虑，不仅对热浸镀锌工艺的全过程进行了全面介绍，还对与热浸镀锌质量与成本密切相关的有关内容，如热浸镀锌主要设备、需热浸镀锌的钢结构件的设计要点、热浸镀锌产品的验收以及生产过程必需的环保措施等均做了较详尽的阐述。

（3）严谨性　热浸镀锌工艺的顺利实施，取决于严格的工艺参数及条件的控制。若工艺参数控制不当，则可能达不到预期效果，甚至根本无法工作。本书列出的工艺条件和参数一般是经过实际生产优选出的最佳点。对一些工艺参数允许一定范围，则给出其上下限。

（4）实用性　热浸镀锌技术不仅要考虑产品质量，还必须考虑生产成本、环境污染及可操作性。对于一些成本高、操作复杂、污染严重或技术尚不成熟的工艺，本书作为指导生产的技术参考书，基本没有介绍。

本书第1、2、9章由许乔瑜编写，第5至7章由卢锦堂编写，其余各章由孔纲编写。在本书的编写过程中，眭润舟副教授及车淳山博士做了大量的辅助工作，在此表示感谢。

在本书编写过程中参阅了大量的国内外文献及技术资料。主要参考文献已列于全书之末，限于篇幅恕不能一一列举，谨表谢忱。

限于作者水平，书中难免有错误或不当之处，诚恳欢迎同行和读者给予批评指正。

作　者

目　录

第1章　钢铁材料的腐蚀与防护

1.1　钢铁材料防护的重要性

工业上应用最广泛的钢铁材料，在大气、海水、土壤或其他特种介质（例如有机溶剂、液态金属等）中使用，会发生程度不同的腐蚀。据统计，世界上每年因腐蚀而损失的钢铁材料占总产量的1/5。为了保证产品的性能、延长产品的使用寿命，几乎所有的工业部门都要涉及金属防护的技术。此外，为了使材料表面具有许多工程上所需的性能，施加各种功能性防护层已成为有效的手段之一。

腐蚀对现代工业造成严重破坏，不仅造成严重的直接损失，而且造成的停工、停产等间接损失也是难于估计的，甚至会危及人民的生命和财产安全，因而必须采取有效的防护措施。其次，由于工业技术的飞速发展，出现了不少性能更好的高强度和超高强度材料，例如，在航空、航天、军工等方面，普遍采用高性能材料。其多数零件的结构都非常紧凑，形状都比较复杂，从材料的微观组织结构上和受力条件上都造成这些零件对腐蚀更为敏感。因此，针对新材料必须研究新的防护方法。

由于金属腐蚀直接造成金属破坏的现象普遍存在，金属的腐蚀与防护问题已日益引起人们的关注，防止金属腐蚀的防护技术也得到了相应的发展和广泛的应用。

防止金属腐蚀可以从两方面着手：一是控制环境；二是控制金属本身。因此，腐蚀控制技术应包括以下各种途径：改变腐蚀环境；研制新型耐腐蚀材料；施加各种金属或非金属保护涂层；采用电化学保护技术；合理地选材和合理地进行结构设计。

在各种防护途径中，尤以涂层防护应用最为广泛。施加涂层的方式各不相同，涂层材料涉及的范围也很广。

1.2　钢铁材料的腐蚀

1.2.1　金属材料的腐蚀过程

金属材料由于受到介质的作用而发生状态的变化，转变成新相，从而遭受破坏的过程称为金属腐蚀。

在自然界中大多数金属通常是以矿石形式存在。例如，铁在自然界中多为赤铁矿，其主要成分是Fe_2O_3，而铁的腐蚀产物——铁锈，其主要产物也是Fe_2O_3。由此可见，铁的腐蚀过程就是金属铁回复到它的自然存在状态的过程。为了使矿石转化为纯金属，就必须提供一定的能量，此能量可以通过冶金或化学的手段来获得。因此，金属状态的铁和矿石中的铁存在着能量上的差异，即金属铁比它的化合物具有更高的自由能。故金属铁具有放出能量而回到热力学上更稳定的自然存在形式的倾向。显然，能量上的差异是产生腐蚀反应的驱动力，而放出能量的过程就是腐蚀过程。伴随着腐蚀过程的进行，将导致腐蚀体系自由能的减少，因此它是一个自发过程。

腐蚀过程可用下面的反应式表示：

$$金属材料 + D \longrightarrow 腐蚀产物$$

式中，D 为腐蚀介质或介质中的某一组分，腐蚀产物即是腐蚀过程中所形成的新相。

金属材料发生腐蚀作用，必须满足以下两个条件：

1）金属材料发生状态变化，与介质或介质中某一组分组成新相。

2）在金属材料破坏过程中，包括金属材料和介质在内的整个体系的自由能降低。

1.2.2 金属腐蚀的类型

1. 物理腐蚀

物理腐蚀是指当介质是液态金属时，由于液态金属对金属材料的单纯物理溶解作用而引起金属材料的破坏。例如，在热浸镀锌工艺中，熔融锌对铁制锅的腐蚀就属于物理腐蚀，腐蚀形成的新相是铁锌金属间化合物。

2. 化学腐蚀

化学腐蚀是指金属表面与非电解质直接发生纯化学作用而引起的破坏。其反应过程的特点是，金属表面的原子与非电解质中的氧化剂直接发生氧化还原反应形成腐蚀产物，即氧化还原反应是在反应粒子相互作用的瞬间，于碰撞的那一个反应点上完成的。腐蚀过程中电子的传递是在金属与氧化剂之间直接进行的，因而没有电流产生。

纯化学腐蚀的情况并不多，主要为金属在无水的有机液体和气体中的腐蚀，以及在干燥气体中的腐蚀。

3. 电化学腐蚀

电化学腐蚀是指金属表面与离子导电的介质（电解质）发生电化学反应而引起的破坏。任何以电化学机理进行的腐蚀反应至少包含一个阳极反应和一个阴极反应，并以流过金属内部的电子流和介质中的离子流形成回路。阳极反应是氧化过程，即金属离子从金属转移到介质中并放出电子；阴极反应为还原过程，即介质中的氧化剂组分吸收来自阳极的电子。

电化学腐蚀的特点在于，它的腐蚀历程可分为两个相对独立并可同时进行的过程。由于在被腐蚀的金属表面上存在着在空间或时间上分开的阳极区和阴极区，腐蚀反应过程中电子的传递可通过金属从阳极区流向阴极区，其结果必有电流产生。

金属的电化学腐蚀实质上是短路的电偶电池作用的结果。这种原电池称为腐蚀电池。金属腐蚀的原电池有两种基本形式：双金属电偶和浓差原电池。图 1-1 所示为双金属电偶原电池的结构。该电池是由两种不同金属浸入一种电解质溶液组成的。当两电极由一种外部的、连续的、金属性质的通道连接起来时，便产生了电流。浓差电池是由两种相同的金属或合金所组成的阴极、阳极以及电流回路构成

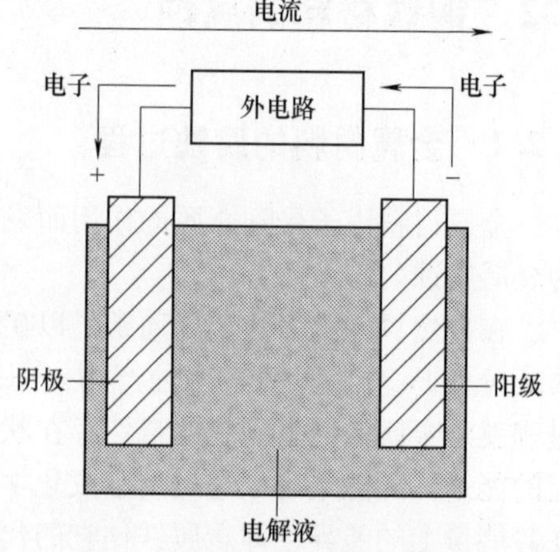

图 1-1 双金属电偶原电池的结构

的。与金属接触的溶液的浓度不同，提供了产生电流的动力。在一个原电池中，导致腐蚀必须具备以下四个基本因素：

（1）阳极　这是阳极反应发生、产生电子的电极。腐蚀在阳极发生。

（2）阴极　阴极是接受电子的电极。阴极受保护而不会被腐蚀。

（3）电解质　电解质就是导体，离子流通过导体进行传输。电解质包括酸性、碱性和中性（盐）水溶液。

（4）回路　回路是连接阳极和阴极的金属通路。它一般是基体金属。

阳极、阴极、电解质和回路都是腐蚀发生的必要条件。其中任何一个条件失去都会使电子流动停止，腐蚀将停止进行。如果阳极或阴极被另一种不同的金属所替代，就有可能导致电流流向的改变，从而改变受腐蚀的电极。

电化学腐蚀的基本过程包含下列三个过程：

（1）阳极过程　阳极过程是金属被溶解，以离子形式进入溶液中，电子留在金属上的过程，即

$$[M^{n+} \cdot ne] \longrightarrow M^{n+} + ne$$

（2）阴极过程　阴极过程是溶液中的氧化性物质（也叫去极化剂，D）在阴极表面接受从阳极流过来的电子的过程，即

$$D + ne \longrightarrow [D \cdot ne]$$

许多种氧化性物质都可以在阴极表面上接受电子，但是最常见的接受电子的物质是氢离子和氧分子，由这两种物质接受电子引起的腐蚀分别称为析氢腐蚀和吸氧腐蚀。

（3）电流的流动　在腐蚀电池中，阳极区发生着阳极过程，阴极区发生着阴极过程。这两个过程靠电子的流动过程而紧密地联系着（电子经阳极流向阴极）。

在溶液中，阳离子向阴极区移动，阴离子向阳极区迁移。只要其中一个过程受到阻滞，其他两个过程也将不能顺利进行，整个腐蚀电池的工作受阻，金属的电化学腐蚀过程也难以顺利进行。

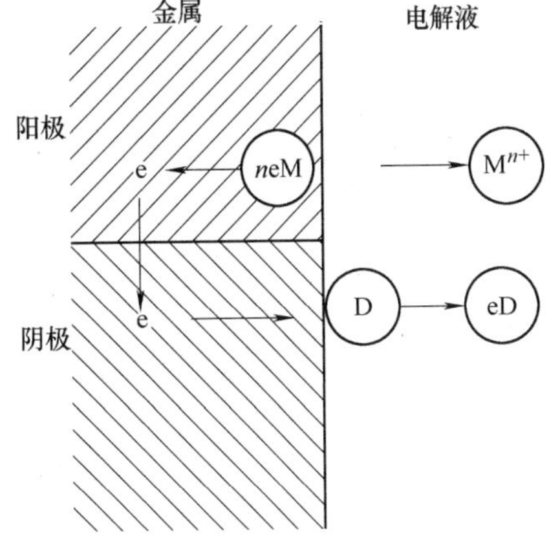

图 1-2　腐蚀电池的工作原理

图 1-2 所示为腐蚀电池的工作原理。按照上述电化学过程，金属的腐蚀破坏将集中出现在阳极区，在阴极区将不发生可觉察的金属损失，它只起了传递电子的作用。

1.2.3　钢铁材料的腐蚀原理

钢铁材料在空气和水等自然环境中，容易和介质发生作用，这是钢铁材料易于发生腐蚀的主要原因。

1）在干燥大气环境中，或在高温“干”蒸汽环境中，钢铁表面上没有凝聚水膜，腐蚀反应按化学腐蚀的途径进行，即

$$Fe_{(固)} + H_2O_{(气)} \longrightarrow FeO_{(固)} + H_{2(气)}$$

2）在潮湿大气环境中，随着大气中相对湿度升高到某一临界值（见表 1-1），在钢铁表

面形成凝聚水膜，使电化学腐蚀过程可以进行。此时，金属腐蚀速度突然增大，其腐蚀电化学反应为

$$\text{阳极反应}: Fe \longrightarrow Fe^{2+} + 2e$$

$$\text{阴极反应}: 1/2O_2 + H_2O + 2e \longrightarrow 2OH^-$$

$$\text{二次反应}: Fe^{2+} + 2OH^- \longrightarrow Fe(OH)_2$$

$$\text{总的反应}: Fe + 1/2O_2 + H_2O \longrightarrow Fe(OH)_2$$

表 1-1 铁在大气中腐蚀速度突升时的临界相对湿度

空气情况和表面状态	临界相对湿度（%）
洁净的铁表面在洁净的空气中	接近 100
洁净的铁表面在加有 0.01%（体积分数）SO_2 的空气中	70
试样预先在 H_2O 中轻微地腐蚀过	65
试样预先在 3%（质量分数）NaCl 溶液腐蚀过	55

该反应也是钢铁材料在大气中腐蚀生锈的典型反应。腐蚀产物 $Fe(OH)_2$是二次产物，并逐步被氧化成含水的四氧化三铁和含水的三氧化二铁，故钢铁表面的铁锈往往是成分很复杂的铁的含水氧化物或铁盐。一般铁锈最外层氧最易到达，为三价铁，而最里层为二价铁，中间层可能是含水的四氧化三铁。

3）在海洋性大气环境中，由于钢铁表面有盐类化合物存在，在空气中的相对湿度远低于100%时，即可在钢铁表面形成水膜而发生电化学腐蚀。

4）在工业性大气环境中，空气中含有 SO_2，使在空气中的相对湿度远低于100%时，即可在钢铁表面形成酸性水膜而发生电化学腐蚀。

5）当钢铁表面已有锈层，或黏附上化学上不活泼的固体粒子（如灰尘等）时，由于孔隙的毛细管作用，也会使得在低于饱和蒸气压的情况下形成凝聚水膜而发生电化学腐蚀。

1.3 钢铁材料的保护涂层

1.3.1 热浸镀层

热浸镀是将金属工件浸入熔融金属中获得金属镀层的一种方法。钢铁材料是热浸镀的主要基体材料，因此，作为镀层材料的金属的熔点必须比钢铁的熔点低得多。常用的镀层金属有锌（熔点为 419.5℃）、铝（熔点为 658.7℃）、锡（熔点为 231.9℃）和铅（熔点为 327.4℃）等。

热浸镀过程中，被镀金属基体与镀层金属之间通过溶解、化学反应和扩散等方式形成冶金结合的合金层。当被镀金属基体从熔融金属中提出时，在合金层表面附着的熔融金属经冷却凝固成镀层。因此，热浸镀层与金属基体之间有很好的结合力。与电镀、化学镀相比，热浸镀可获得较厚的镀层，作为防护涂层，其耐蚀性大大提高。

1.3.2 电镀层

电镀是将所镀的工件作为阴极，镀层金属作为阳极（或用不溶性材料制成阳极），放在

含有所镀金属的离子的电解液中，在直流电的作用下，使金属或合金沉积到阴极（镀件）表面上的过程。在不改变零件主体性能的前提下，在镀件表面电镀获得一层薄镀层，以达到提高零件耐蚀性、装饰性、耐磨性等目的。

电镀层可按镀层的特性和用途，或按镀层与基体金属的电化学关系来分类。

按镀层的特性和用途，可分为：

（1）防护性镀层　用于防止金属零件的腐蚀，一般采用单金属电镀或合金电镀。

（2）防护—装饰性镀层　用于既要求防腐蚀，又要求具有装饰性外观的金属镀件，一般采用多层电镀的方法。

（3）功能性镀层　赋予镀层某些特殊的物理性能，包括耐磨和减摩镀层、热加工用镀层、导电性镀层、磁性镀层、抗高温氧化镀层、修复性镀层等。

按镀层与基体金属的电化学关系，可分为：

（1）阳极镀层　当镀层与基体金属构成腐蚀微电池时，镀层为阳极而首先溶解。这种镀层不仅能对基体起机械保护作用，而且能起电化学保护作用（如钢铁基体上镀锌）。

（2）阴极镀层　当镀层与基体金属构成腐蚀微电池时，镀层为阴极，这种镀层只对基体金属起保护作用（如钢铁基体上镀锡），一旦镀层被损伤以后，反而会加速对基体的腐蚀。

由于电镀层可以提高材料的表面性能，因此在机器制造工业、电子工业、仪器仪表制造工业、国防工业、交通运输和轻纺工业等方面获得广泛的应用。

1.3.3 化学镀层

化学镀是利用一种合适的还原剂使溶液中的金属离子还原，并沉积在基体表面上的化学还原过程。这一化学还原过程仅能在催化的表面上进行，化学镀的催化表面可以是基体表面，但当基体被完全覆盖以后，要使沉积过程继续下去，其催化剂只能是沉积金属本身，一旦反应开始，过程便能连续进行，镀层便得以不断增厚。因此，化学镀是一个可控制的、自催化的化学还原过程。

具有自催化效应、能进行化学镀的金属有镍、铜、钴、银、金、钯、铂、铑等，以及相应的合金。以这些金属或合金为基，还可以加入一些不直接依靠自身催化而沉积的金属和非金属元素，或加入各种分散态的固体微粒，以获得复合化学镀层。

化学镀与电镀不同，它不需要通以直流电，而将镀件直接浸入溶液即可，由此而获得一系列优点。化学镀可以在金属、半导体和非导体材料上直接进行；由于没有电流分布问题，在复杂零件表面可以获得厚度均匀的镀层；化学镀的自催化特点可以使镀件表面得到任意厚度的镀层，所以化学镀也能进行电铸；通过化学镀得到的镀层孔隙少、致密，具有很好的耐蚀性，很高的硬度和耐磨性；化学镀还可用于制备非晶态合金和某些特殊功能的镀层。化学镀的缺点是镀液本身容易不稳定，通常工作温度较高，镀层有较大脆性。

1.3.4 热喷涂层

热喷涂是采用专用设备，利用热源将金属或非金属材料加热至熔化或半熔化状态，用高速气流将其吹成微小颗粒并喷射到工件表面，形成牢固的覆盖层，以提高工件耐蚀性、耐磨性、耐热性等性能。

热喷涂的方法有多种。按热源可分为火焰喷涂、电弧喷涂、等离子喷涂和爆炸喷涂等。喷涂材料可以是单金属、合金、金属复合材料，特别是熔点极高的氧化物、碳化物，也可以是塑料、玻璃或其他非金属材料。基体材料可以是金属材料或非金属材料。尤其是用喷涂方法可以涂覆一些用其他方法难以实现的防护层。

热喷涂方法与其他方法相比较有许多优点，但最主要的优点是设备简单并可移动，特别便于室外大型工程构件的施工，如桥梁、水闸、重型机械框架等。热喷涂对产品形状和加工部位无一定要求，可以进行全部或局部涂覆。

1.3.5 扩散涂层

基体金属在含有涂层金属的介质中，在可产生快速扩散的温度下处理形成的涂层，称为扩散涂层。扩散涂层的形成包括两个扩散过程：首先要使涂层金属到达基体表面，其次是涂层金属向基体金属内扩散。

扩散涂层与电镀层的最大不同点是：前者与基体是一种扩散连接或冶金连接，因而与基体的结合很牢固；而后者与基体间基本上是一种原子的附着，结合面上并未形成合金，因此结合不很牢固，容易剥落。

1. 渗镀

渗镀是利用化学热处理原理提高金属材料的耐蚀性和高温抗氧化性的一种表面防护工艺。即在高温下，向基体表面渗入一种或多种元素，以改变表层的化学成分及组织，从而改变其性能。渗层与基体之间是冶金结合，结合非常牢固，渗层厚度分布也比较均匀。

2. 化学气相沉积

化学气相沉积（CVD）是利用含有涂层金属的气相化合物在基体表面发生分解，而沉积金属涂层的一种方法。一般先用气相反应剂与涂层金属在较低温度下化合，生成易挥发的金属化合物，然后在较高温度下使化合物分解，并在基体上沉积成金属膜。该工艺的关键是选择适当的气相反应剂。

化学气相沉积的特点是沉积速度相当高；可在远低于难熔金属熔点的温度下沉积出大多数难熔金属；膜层纯度高，对基材适应面宽；可镀形状复杂的零件等。化学气相沉积可用于改善零件的耐磨性、抗氧化性、耐蚀性，以及特定的电学、光学和摩擦学等性能。

3. 物理气相沉积

物理气相沉积（PVD）是在真空条件下，用物理方法（蒸发或溅射等），将材料汽化成原子、分子或电离成离子，通过气相过程，使其在工件表面沉积生成具有特殊性能的薄膜的技术。物理气相沉积的主要方法有真空蒸镀、溅射镀膜和离子镀膜。

4. 离子注入

离子注入是把工件（金属、合金、陶瓷等）放在离子注入机的真空靶室中，在几十至几百千伏的电压下，把所需元素的离子注入工件表面的一种工艺。通过离子注入引起的损伤强化、注入掺杂强化、表面压缩等作用，使注入离子的金属表面的硬度、耐磨性、耐蚀性等得到显著提高。

1.3.6 化学转化膜层

化学转化膜层是指金属表面的原子层与某些特定介质的阴离子反应后，在金属表面形成稳定的化合物膜层。化学转化膜包括化学氧化膜、铬酸盐膜和磷酸盐膜等。这些转化膜层几乎在所有金属表面都能生成，且具有使用价值。在生产上较普遍应用的受转化金属有铝和铝合金、锌和锌合金、铜和铜合金，以及铁、铬、锡、银等。

化学转化膜层的应用很广，通常用于以腐蚀防护为主要目的的场合。转化膜经过某些特殊处理后，不仅具有防护作用，还具有装饰效果。

1. 化学氧化膜

金属的化学氧化，是指采用化学的方法，借助介质的氧化作用，使金属表面转化成金属氧化物的过程。

钢铁的化学氧化是将钢铁零件浸入加热至高于100℃温度的浓碱溶液中，在钢铁表面生成一层稳定的 Fe_3O_4 薄膜的过程。氧化膜层的颜色取决于钢铁材料的表面状态和材料的成分，以及氧化处理的工艺操作条件，一般呈蓝黑色或深黑色，硅含量较高的钢铁材料的氧化膜呈灰褐色或黑褐色。因此，钢铁的化学氧化处理又称为发蓝。

钢铁的化学氧化膜层厚度为0.6~1.5μm时具有良好的吸附性，虽然能提高耐蚀性，但防护性能仍然较差，经浸油及其他填充处理后，能进一步提高膜层的耐蚀性。

2. 铬酸盐膜

金属的铬酸盐处理就是把金属浸入含有某些活化剂的铬酸或铬酸盐溶液中，在金属表面生成一种由三价铬和六价铬的化合物组成的铬酸盐膜的过程。

由于铬酸盐膜具有良好的耐蚀性（比化学氧化膜和磷酸盐膜均好），常用作锌、镉电镀层的后处理，以提高镀层的耐蚀性；还可用作铝及铝合金、镁合金、铜及铜合金等的防护。铬酸盐膜的耐蚀性与阳极氧化膜的耐蚀性相当，而且铬酸盐的处理工艺比阳极氧化简单，成本低，因此，铬酸盐处理得到广泛应用。

3. 磷酸盐膜

磷酸盐处理，就是将金属浸入酸式磷酸盐溶液中进行化学处理，在金属表面生成难溶于水的磷酸盐膜的过程，简称磷化。钢铁材料（铸铁、碳钢、合金钢等）和有色金属材料（锌、铝、铜、锡等）都可以进行磷酸盐处理。磷化是钢铁表面防护的常用方法之一。磷酸盐处理还可应用于热浸镀锌层、电镀锌层，以及压铸锌及某些锌基合金上。一般采用锌系磷酸盐溶液，处理后的锌表面可增强涂装性能。

1.3.7　非金属涂层

1. 油漆涂层

油漆涂层可以使金属表面与环境介质隔离开，从而保护基体。

采用油漆防腐具有较多优点，如施工方便，适应性强，成本较低，因此能在各种工业系统中广泛应用。但与金属涂层相比，油漆涂层的力学性能较差，在有冲刷、冲击、高温及强腐蚀环境中涂层容易受到破坏。

2. 塑料涂层

塑料有很好的物理性能和化学稳定性，还有一定的强度和承受冲击的能力，所以塑料也可以作为防止金属腐蚀的涂层材料。

（1）层压塑料薄膜涂层　用层压法把塑料薄膜黏结在钢板上，制成塑料薄膜层压钢板。塑料薄膜钢板是有机涂层钢板中的主要产品。

（2）塑料粉末涂层　它是以合成树脂为主要成膜物质的涂料，再加入颜料、固化剂及其他组分经研磨成细粉，将这种粉末，通过特定的工艺涂覆于金属制品的表面形成的涂层。塑料粉末涂层有很好的防护作用。

3. 暂时性防护涂层

暂时性防护涂层是指在金属表面进行暂时性涂覆而形成的涂层，涂覆材料主要是防锈油、防锈纸、可塑性塑料等一些非金属材料。暂时性防护涂层广泛用于原材料封存、金属制件加工过程的工序间防锈、产品运输和储存期间的防锈等。工业上广泛使用的暂时性防锈材料有防护油脂、防锈水、防锈切削油、气相缓蚀剂等。

1.4　锌涂层的耐蚀性

1.4.1　锌涂层电化学腐蚀原理

由于各种原因锌涂层不可能完全纯净或绝对均匀，总含有一定量的杂质和存在电化学性质不均匀的区域，当它处于介质溶液中就构成无数微观的不能区分的阳极区和阴极区，形成局部腐蚀电池，即遭受电化学腐蚀。

在锌涂层与介质溶液形成的腐蚀电池中，其阳极过程为，锌涂层中活性高的部分遭受溶解，以离子的形式进入溶液，并把当量的电子留在锌涂层上；而阴极过程为，从阳极流过来的电子被电解质溶液中能够吸收电子的氧化性物质所接受，然后在锌涂层的非活性区域发生反应。由于阳极过程和阴极过程是互不依赖的相对独立过程，并且阳极过程在起始电极电位较低的表面区域易于进行，因此，阴极、阳极过程将主要是在局部进行。电流在阳极和阴极之间的流动是这样实现的：在锌涂层中是依靠电子从阳极流向阴极，而在溶液中是依靠离子的迁移，即阳离子从阳极区向阴极区移动，以及阴离子从阴极区向阳极区的迁移，这样就使整个电池系统中的电路构成通路。

从电化学腐蚀热力学观点来判断电化学腐蚀能否自发进行的一个最常用的方法，是用金属在该金属的盐溶液中的平衡电位（标准电极电位）高低作为判据。但由于锌涂层的电化学腐蚀大都是在非平衡状态和非平衡条件下发生的，因而实际测量得到的电极在具体使用的电解质溶液中的稳定电位高低，作为判据更能反映实际情况。在3%（质量分数）NaCl溶液中，Zn/Zn^{2+} 和 Fe/Fe^{+} 的标准电极电位分别是 -0.763mV 和 -0.440mV。因此，即使锌涂层由于各种原因使铁基体暴露在外，当锌涂层发生电化学腐蚀时，锌首先作为阳极被溶解，而铁基体作为阴极受到保护。

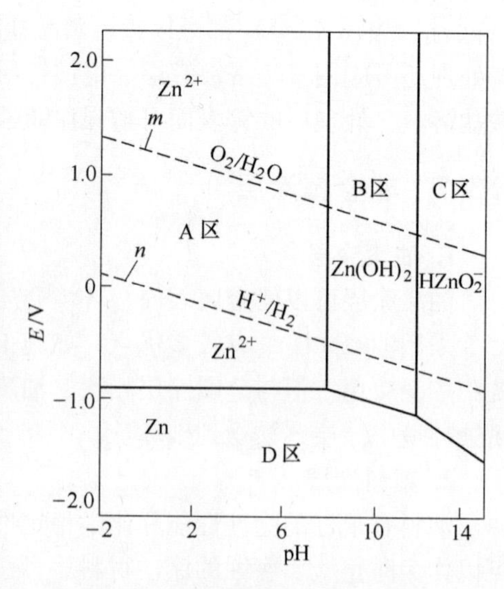

图1-3　锌在水溶液体系中的 E-pH 图

注：E 为相对于标准氢电极的电极电位。

图1-3所示为锌在水溶液体系中的 E-pH 图。图中，m 线表示在25℃和 $p(H_2)=0.1$MPa 时氧电极反应的 E-pH 关系，n 线表示在25℃和 $p(H_2)=$

0.1MPa 时氢电极反应的 E-pH 关系。在常温下，水的电位在 m 线和 n 线之间是热力学稳定区，水可分解成分压小于 1 的氢和氧。当电位高于 m 线时即析出氧，低于 n 线时则析出氢。因此，锌在水溶液中的电化学腐蚀过程，除了锌的离子化反应外，还将同时产生氢的析出或氧的还原反应。

在图 1-3 中，锌的 E-pH 图可分为四个区域：腐蚀区（A 区）、钝化区（B 区）、腐蚀区（C 区）、稳定区（D 区）。从图中可以看出，当锌处于腐蚀状态下，降低电位可使腐蚀向稳定区转变；保持 pH 值在 8～12，进入钝化区，有利于形成钝化膜实现钝化保护。

锌的 E-pH 图是研究锌在水溶液介质中腐蚀行为的重要工具，可以预测腐蚀反应的倾向，估计腐蚀产物的组成，预测可防止或减轻腐蚀的环境变化范围，为防腐蚀提供可能的途径。但锌的 E-pH 图的应用存在一些局限性：只应用于平衡态；一般适用于常温 25℃，温度的变化可改变其区域的相对位置和区域范围大小；不能用于预测腐蚀速度；合金元素会影响 E-pH 图中区域大小等。

1.4.2　锌涂层对钢铁材料的防护作用

锌涂层被广泛应用是由于锌涂层对钢铁材料具有隔离保护和阴极保护双重保护的性质。

隔离保护是应用最广泛的腐蚀防护方法，它起着隔离金属与环境中的电解质而保护金属的作用。隔离保护层覆盖于钢铁材料表面，形成一道耐蚀物理屏障，将钢铁材料从腐蚀的环境中隔离开。

阴极保护同样是腐蚀防护的重要方法。阴极保护可通过两种方法实现：一是外加电流法；二是牺牲阳极法。外加电流法是将被保护金属接到直流电源的负极，通以阴极电流，使金属极化到保护电位范围内，达到耐腐蚀目的。牺牲阳极法是在被保护的金属上连接电位更低的金属或合金，作为牺牲阳极，靠它不断溶解所产生的电流对被保护的金属进行阴极极化，达到保护的目的。几乎在所有的电解质中，锌都可以成为钢铁材料的阳极。锌的这一特性使锌涂层在受到损坏或少量不连续时依然对钢铁材料起保护作用。

Karel Barton 把锌涂层的防护时间分为以下三个阶段：

第一阶段，在使用初期，锌涂层表面形成保护性腐蚀产物层，此时存在长距离电化学保护，在较理想的条件下，这种防护距离可达到 1～2mm。但当空气特别潮湿时，锌涂层表面会直接生成可溶性腐蚀产物，此时锌涂层的腐蚀非常快。

第二阶段，延续时间相当长，此时锌涂层的大气腐蚀行为与纯锌相同，其大气腐蚀机理和动力学符合钝化机理及其过程动力学。锌的腐蚀产物与周围环境的互相作用的影响而使锌涂层继续腐蚀，当锌涂层被腐蚀至钢铁材料基体裸露于大气中时，锌涂层的防护进入第三阶段。

第三阶段，锌涂层的大气腐蚀机理类似于第一阶段，再次出现长距离电化学防护，锌作为牺牲阳极对钢铁材料基体进行电化学保护。

有研究者将锌涂层的保护机理分为彼此促进和补充的电化学作用、钝化缓蚀作用和抗水汽渗透作用。并认为，电化学作用往往只在开始时起作用，占主导地位的时间可能不太长，但对建立和维持钝化腐蚀作用逐渐减弱，直至接近消失；而抗水汽渗透作用则相对变强，成为锌涂层使用后期保护性能的主要来源。

图 1-4 所示为钢铁材料表面覆盖层分别为镀锌层、油漆层和镀铜层时，覆盖层表面出现的裂痕对钢铁材料基体腐蚀过程的影响。

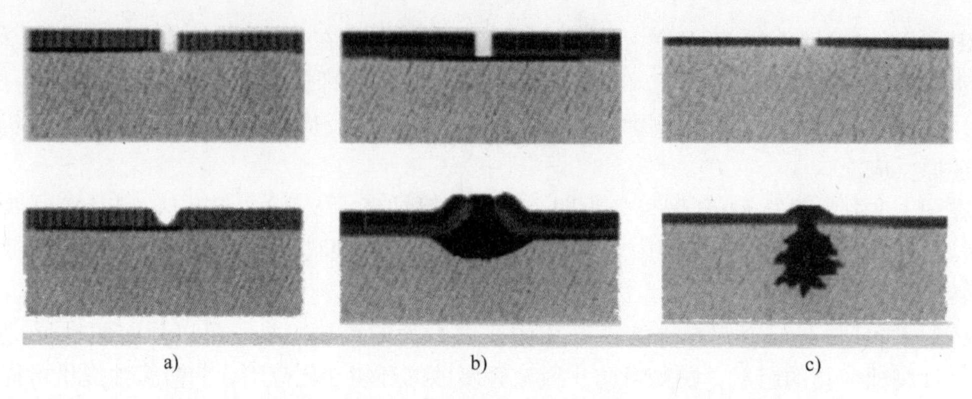

图1-4　不同覆盖层表面出现裂痕时对钢铁材料基体腐蚀过程的影响
a）镀锌层　b）油漆层　c）镀铜层

从图1-4中可以看出，当镀锌层表面出现裂痕，使钢铁材料基体局部暴露于空气中时，空气中的水分与CO_2、SO_2等形成的电解液会在裂痕处积聚，在钢铁材料基体与镀锌层之间构成铁-锌微腐蚀电池。此时发生的电化学反应为

$$阳极反应：Zn \longrightarrow Zn^{2+} + 2e$$

$$阴极反应：O_2 + 2H_2O + 4e \longrightarrow 4OH^-$$

在阳极发生了锌的溶解，阴极反应消耗的氧可由空气中氧的不断溶解得到补充，而铁只起到传导电子的作用，受到保护（见图1-4a）。

在油漆层的裂痕处（见图1-4b），钢铁材料表面直接暴露在空气中，易于在裸露点生成铁锈。由于铁锈是疏松状且成分复杂的铁的含水氧化物，会撑破油漆层并向相邻部位扩展和生长，直至油漆保护层被完全破坏。

图1-4c所示是覆盖层为镀铜时的情形。由于铜的电极电位比铁高，当铜镀层出现裂痕形成铁-铜微腐蚀电池时，铁会不断腐蚀，因而起不到防护作用。

1.4.3　锌涂层在不同环境中的耐蚀性

1. 耐大气腐蚀性能

钢铁材料表面的锌涂层具有良好的耐大气腐蚀特性。这是因为锌的电极电位比铁低，锌涂层对于铁基体呈阳极，铁为阴极。在锌涂层表面有导电液膜存在时，锌涂层发生溶解，从而保护铁基体免受腐蚀。

不同的大气环境对锌涂层的大气腐蚀进程有不同的影响。

（1）无污染的大气环境　在无污染的大气中，锌涂层能够在其表面生成一层保护性氧化膜，因而具有良好的耐蚀性。这层保护膜是锌涂层与空气中的水分、氧和二氧化碳接触，生成的腐蚀产物，通常为碱式碳酸锌[$ZnCO_3 \cdot Zn(OH)_2$]。其较为致密，可以使内部金属锌与外界大气隔离，不再继续起化学反应而遭受腐蚀，对锌涂层有较好的保护作用。

（2）含二氧化硫的大气环境　在大气污染物中，SO_2影响最为严重。SO_2是主要的工业污染物之一，并且它对锌的腐蚀作用最强，即使在SO_2含量低的环境中，锌涂层表面都难以形成或保持能有效地阻止腐蚀进一步发展的保护膜。这是由于SO_2能将锌涂层表面原有的保护性的ZnO膜转化成疏松多孔的、缺乏保护性的腐蚀产物，并且SO_2溶解在锌涂层表面的水膜中，使水膜呈酸性，使锌涂层的腐蚀加快。研究表明，在低湿度条件下，SO_2 含量的变化对锌涂层腐蚀影响不大；而在高湿度条件下，SO_2 加速腐蚀的作用非常显著，腐蚀失重随 SO_2 含量上升而迅速增加。这是由于在高湿度下，锌涂层表面易形成多相吸附，易凝露形成潮湿水膜，水膜吸收 SO_2 后呈酸性，溶解了锌涂层表面生成的碱式碳酸盐，因而加速了锌涂层的腐蚀。研究还表明，对锌而言，存在一个 SO_2 含量极限，当 SO_2 含量大于这个极限值时，其变化对锌腐蚀速度的影响不明显。这可能是由于当 SO_2 含量大于极限值时，锌表面吸附的 SO_2 达到了饱和，因此再增加 SO_2 含量对锌腐蚀的影响不大。

（3）含二氧化碳的大气环境　当湿度较大时，锌涂层表面形成吸附水膜，大气中的二氧化碳溶解在水膜中，与锌涂层表面保护性较差的 $Zn(OH)_2$ 反应，生成具有良好保护性的碱式碳酸锌。但另一方面锌所形成的保护膜既能溶于酸又能溶于碱，而 CO_2 溶解在锌表面的水膜中会增加水膜的酸性，又不利于锌表面保护膜的稳定性。

（4）含硫化氢、氨、氯化氢的大气环境　这些腐蚀性气体多产生于化工厂周围，都会加速锌的腐蚀。H_2S 溶于锌涂层表面的水膜中能使水膜酸化，并增加水膜的导电性，使锌涂层腐蚀加速。NH_3 极易溶入水膜，使水膜呈碱性；并且 NH_3 能与锌生成可溶性的络合物，促进阳极去极化作用，因而对锌涂层有较强的腐蚀作用。HCl 是腐蚀性很强的气体，溶于水生成盐酸，对锌涂层的腐蚀破坏很大。

（5）含二氧化氮的大气环境　NO_2 在水中溶解度很小，虽然在高含量的 NO_2 中可形成 $Zn(NO_3)\cdot 2H_2O$，但实验表明 NO_2 很难同锌反应。大气中的 NO_2 的主要作用是会酸化沉降粒子及引起酸雨，造成锌涂层的腐蚀加快。

（6）海洋大气环境　在海洋附近大气中，含有较多的 Cl^- 或 NaCl 颗粒。NaCl 颗粒具有吸湿性，附于锌涂层表面可使锌的临界相对湿度降低；并且 NaCl 溶解在锌涂层表面的水膜中，会增大水膜的导电性；同时，含有氯离子的水膜能溶解锌涂层表面的保护性腐蚀产物膜，氯离子还可以直接与锌反应形成可溶性锌盐。因此，在海洋大气环境中，会加速锌涂层的腐蚀。

图 1-5 所示为不同大气环境中锌涂层的使用寿命。

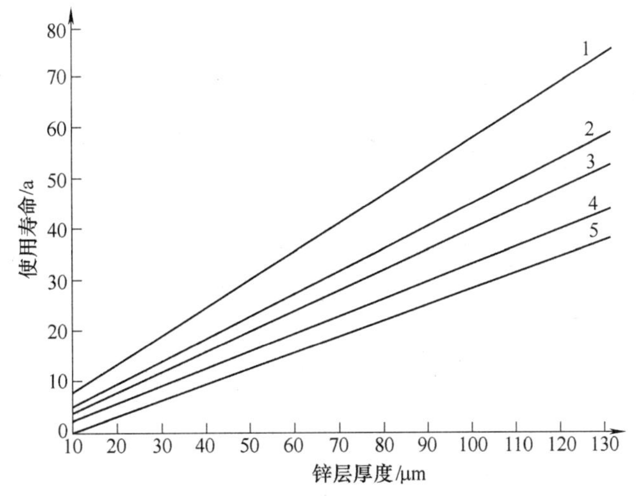

图 1-5　不同大气环境中锌涂层的使用寿命

1—农村地区　2—海岸地区　3—海洋大气　4—城市郊区　5—工业地区

研究表明，影响锌涂层大气腐蚀速率的因素很多，它是环境诸因素综合作用的结果。其中最主要的因素是大气的相对湿度，而大气中的污染物，特别是 SO_2 和氯化物等侵蚀成分是促进腐蚀的重要因素。

2. 在水中的腐蚀特性

锌涂层在水中的耐蚀性主要取决于水溶液的 pH 值、水温及杂质性质和含量。

图 1-6 所示为锌涂层在常温和 60℃下各种 pH 值水中的腐蚀率。由图 1-6 可以看出，锌涂层在 pH 值为 6 ~ 12 范围的常温水中具有较好的耐蚀性，而在酸性或强碱性水中，则急剧腐蚀。当 pH 值在 12.5 以上时，锌涂层与碱急剧反应，放出 H_2 并生成溶解性的锌酸盐，其反应为

$$Zn + OH^- + H_2O \longrightarrow HZnO_2^- + H_2\uparrow$$

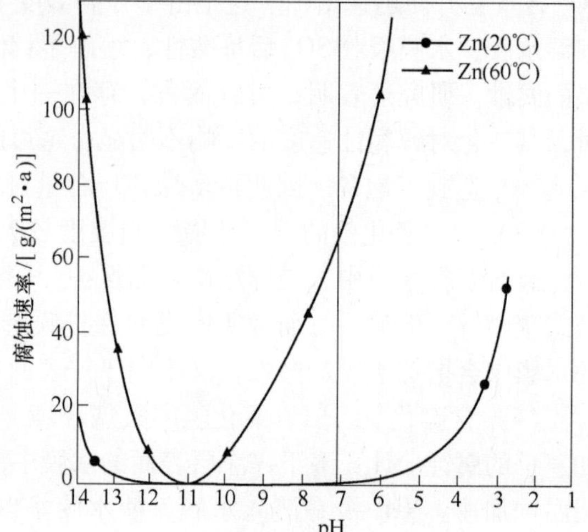

图 1-6 锌涂层在常温和 60℃下各种 pH 值水中的腐蚀率

锌涂层在常温的水中的腐蚀速度较小，但在温度达到 65℃的热水中急剧增大，水温进一步升高时又有降低趋势。表 1-2 列出了锌涂层在蒸馏水中的腐蚀速率。

表 1-2 锌涂层在蒸馏水中的腐蚀速率

温度/℃	锌涂层的腐蚀率/[mg/(dm² · a)]	温度/℃	锌涂层的腐蚀率/[mg/(dm² · a)]
20	3.9	75	460.0
50	13.7	95	58.7
55	76.2	100	23.5
65	577.0		

水中所含杂质的性质和浓度对锌涂层的耐蚀性也有较大影响。当在 60℃热水中通入空气时，能引起锌和铁的极性逆转，即锌的电位高于铁，这时锌涂层呈阴极，不受腐蚀，而铁会发生孔蚀。实验表明，含碳酸和硝酸较多的水，易引起极性的逆转，这时生成的腐蚀产物主要是 ZnO；而含氯化物和硫酸盐较多的水不易发生极性逆转，这时，锌涂层呈阳极，其腐蚀产物主要为多孔性的 $Zn(OH)_2$ 和碱式锌盐。

在海水中，由于镁盐对锌涂层腐蚀有抑制作用，比其在同浓度的食盐水中的耐蚀性好。厚度为 25μm 的锌涂层的使用寿命可达一年以上。

3. 在土壤及建筑材料中的耐蚀性

锌涂层在土壤中的耐蚀性取决于土壤的水分、溶氧量、所含盐类性质和含量、pH 值等因素。由于其影响因素十分复杂，土壤对锌涂层的腐蚀在不同地段会有很大差别，其使用寿命从几天到数年。一般来说，在无机质的氧化性土壤中，600g/m² 的锌涂层可有 10 年以上的使用寿命，但在无机质的还原性土壤或在有机质的强还原性土壤中，其使用寿命大大缩

短。锌涂层与各种建筑材料接触时，其受到的腐蚀程度也有很大的差别。表 1-3 列出了各种建筑材料对锌涂层腐蚀速率的影响。

另外，在油田开采中，由于油井附近地下水中含有 H_2S（其浓度一般为 240 ~ 400mg/L），采用镀锌钢管比未镀锌钢管可提高其使用寿命 5 ~ 6 倍。如果将镀锌钢管经 500 ~ 550℃ 退火，使锌涂层扩散全部变成 Fe-Zn 合金层，其耐蚀性会大大提高。

表 1-3　各种建筑材料对锌涂层腐蚀速率的影响

建筑材料名称	锌涂层的腐蚀率/[mg/（cm^2·月）]	建筑材料名称	锌涂层的腐蚀率/[mg/（cm^2·月）]
纤维板	1	矿渣棉	15
石棉水泥	1	水泥	63
红砖	13	石膏	74

4. 在与其他金属接触时的耐蚀性

当锌与其他金属在空气或水溶液条件下相接触时，通过双金属电偶而形成腐蚀电位，造成金属腐蚀，腐蚀程度取决于与锌相对的其他金属在电位序中的位置。

（1）铜和黄铜　如果装配时需要将锌涂层与铜或黄铜接触，并放置于潮湿环境，会导致腐蚀迅速发生，如果铜或黄铜不可避免地要与镀锌件接触，应采取预防措施以阻止两种金属间的电接触。接触面应该采用不导电的衬垫绝缘，连接处也应采用绝缘连接。设计时，应确保水不会循环，并且水可从锌涂层表面流到铜或黄铜表面而不会反向流动。

（2）铝和不锈钢　在潮湿空气条件下，锌涂层表面与铝或不锈钢接触不会导致腐蚀。但在非常潮湿的条件下，锌涂层表面需要施加涂料覆盖层作为电绝缘层，以防止电化学腐蚀。

（3）耐候钢　当在耐候钢上安装镀锌螺栓后，锌作为牺牲性阳极会不断溶解消耗，直到在耐候钢上形成一个保护性的锈层。一旦这个锈层形成，即形成了阻止进一步腐蚀的绝缘层。锌涂层必须足够厚以持续到锈层形成。大多数热浸镀锌螺栓都有足够厚度的镀层，可持续到在耐候钢表面形成保护性锈层，使对镀层的寿命影响最小。

1.5　锌涂层的工艺性能特点与应用

1.5.1　热浸镀锌层

热浸镀锌是将表面经清洗、活化后的钢铁工件浸于液态锌中，通过铁锌之间的反应扩散，在钢铁表面生成铁锌合金层的过程。根据工艺操作方法的不同，热浸镀锌可分为既有联系又有区别的两大类：连续热浸镀锌和批量热浸镀锌。

1. 连续热浸镀锌

连续热浸镀锌是在连续热浸镀锌生产线上，通过热浸镀锌机组将带钢、钢管或钢丝高速浸入锌浴中进行镀锌。

（1）带钢连续热浸镀锌　带钢连续热浸镀锌根据其不同的前处理方式可分为改进的

Sendzimir 法、美钢联法、Cook-Nortemen（Wheeling）法和 Selas 法。它们的工艺流程分别如下所述：

1）改进的 Sendzimir 法：冷轧→氧化→还原和退火→冷却到热浸镀锌温度→热浸镀锌→冷却→矫直。

2）美钢联法：冷轧→电解碱性脱脂→退火→冷却到热浸镀锌温度→热浸镀锌→冷却→矫直。

3）Cook-Nortemen（Wheeling）法：冷轧→罩式退火→平整→酸洗→碱洗→溶剂处理→预热→热浸镀锌→冷却→冲洗。

4）Selas 法：冷轧→罩式退火→平整→碱洗→酸洗→预热→热浸镀锌→冷却。

这四种工艺的主要区别在于预清洗和退火工序的顺序不同。在改进的 Sendzimir 法和美钢联法中，冷轧带钢在镀锌生产线中的连续退火炉中退火后进行镀锌，为消除退火缺陷，带钢在卷取前必须经拉伸矫直。而在 Cook-Nortemen（Wheeling）法和 Selas 法中，带钢先在罩式退火炉中退火，然后进行平整，接着将带钢送进镀锌生产线进行溶剂处理和镀锌。由于带钢在罩式退火炉中退火后已经进行了平整，因此，在卷取前不需要拉伸矫直。这四种带钢连续热浸镀锌生产线的特征见表 1-4。

表 1-4 带钢连续热浸镀锌生产线的特征

生产线类别	原料带钢	带钢的前处理方式	特征
改进的 Sendzimir 法	未经退火	用煤气或天然气直接加热无氧化炉，调整空气过剩系数，使带钢免遭氧化，将带钢上的油污挥发与分解 带钢在无氧化炉中加热到 550～650℃ 还原退火炉用辐射管间接加热，还原炉内通入低 H_2 的保护气体	炉子的长度比原始的 Sendzimir 生产线大大缩短 机组速度提高，最高可达 180m/min 镀层的附着性提高
美钢联法	未经退火	带钢先经电解脱脂、水洗、烘干后进入还原退火炉中，经辐射管加热到 720～750℃，退火后冷却到 480℃进入锌浴	生产线较长 带钢的调质范围广
Cook-Nortemen（Wheeling）法	退火后	带钢经碱洗脱脂后水洗，酸洗除去氧化皮后水洗，涂水溶剂，烘干后进入锌浴 水溶剂为 $NH_4Cl+ZnCl_2$ 的水溶液（质量分数为 40%），温度为 50～70℃	生产线较短 机组速度低 有废酸处理问题
Selas 法	退火后	带钢碱洗脱脂后水洗，酸洗除去氧化皮后水洗 无氧化炉预热与还原带钢表面氧化膜	生产线较短 机组速度低 有废酸处理问题

带钢镀层厚度的控制，早期采用辊镀法，即在带钢引出锌浴时，利用一对辊子来调节锌

层的厚度。但是，辊镀法使带钢运行速度受到限制；当带钢速度增加时，因锌液来不及补充，易得到不均匀镀层；对于薄镀层，难于精确控制；镀辊在锌液中腐蚀严重，影响连续生产。为了改善辊镀法的缺点，现广泛采用气体喷射法（气刀法），即利用压缩空气通过一缝形喷嘴，连续喷出扁平气流，以吹掉带钢从锌浴引出时表面带出的多余锌液。气体喷射法具有如下优点：①带钢的镀层均匀，表面质量得到改善；②镀层调节范围大，能控制薄镀层并可以用于生产差厚镀锌带钢；③适用于高速生产线；④装置维修容易，并可实现镀层厚度控制自动化。

连续热浸镀锌生产的镀锌带钢，可得到均匀一致的镀层。该镀层几乎由未合金化的锌组成，因而具有良好的延展性、冲压成形性和弯曲性能。

（2）钢管连续热浸镀锌

1）溶剂法钢管连续热浸镀锌工艺：碱洗→水洗→酸洗→水洗→溶剂处理→烘干→热浸镀锌→冷却。

2）氢还原法钢管连续热浸镀锌工艺：微氧化预热→还原→冷却到镀锌温度→热浸镀锌→冷却。

上述两种工艺的区别在于前处理的不同，前者与单张钢板溶剂法热浸镀锌基本相同，后者与 Sendzimir 法带钢热浸镀锌相同。经前处理的钢管进入连续式机组，通过辊道输送到锌锅。钢管落入锌锅内倾斜进入锌液，并从另一端排出钢管内的空气。钢管在锌液内被缓慢转动的星形齿轮拨到另一端，再被一转动的轴轮倾斜抬出锌液表面，并立即被其上部的磁力辊吸住。钢管随此磁力辊的转动而向斜上方移动，并通过外吹气环，在此由环孔喷出的高压空气将钢管表面多余的锌液吹回锌锅。钢管移至其上部的内吹装置时，被高压蒸汽管通入管内进行内吹。吹下的锌液及锌粒通过旋风分离器回收。然后，镀锌后的钢管经过导链送入水洗槽中冷却。

（3）钢丝连续热浸镀锌

1）低碳钢丝连续热浸镀锌工艺：退火→水洗→酸洗→水洗→溶剂处理→烘干→热浸镀锌→后处理→收线→成品。

2）中高碳钢丝连续热浸镀锌工艺：脱脂→水洗→酸洗→水洗→溶剂处理→烘干→热浸镀锌→后处理→收线→成品。

用于一般用途的低碳钢丝和特殊用途的中高碳钢丝在前处理阶段稍有不同。低碳钢丝在进入酸洗前，先经再结晶退火消除拉拔时产生的加工硬化，以保持其良好的弯曲性能和延展性能，以及较低的电阻率，并通过退火达到去除拉拔时残留的油污的目的。而中高碳钢丝为了保持其高强度，不采用退火脱脂。

钢丝的镀层厚度与钢丝从锌液中引出的方式有关。垂直引出时，镀层厚度取决于锌液在钢丝表面的附着力和重力作用的大小。当引出速度较高时，附着力大于重力，可获得较厚且均匀的镀层，镀层重量可达 $300g/m^2$。倾斜引出时，钢丝与锌液成 35°角引出，可获得镀层重量小于 $200g/m^2$ 的较薄镀层，但均匀性较差。

钢丝经热浸镀锌后，由于在表面形成了铁锌合金层，使镀锌钢丝的缠绕性能下降。低碳镀锌钢丝的力学性能与退火方式有关，中高碳镀锌钢丝的力学性能则与热浸镀锌温度有关。热浸镀锌钢丝的力学性能见表 1-5。

表 1-5 热浸镀锌钢丝的力学性能

种 类	碳含量（质量分数,%）	力学性能
低碳镀锌钢丝	0.05～0.22	R_m=343～686MPa，A=20%～40%
中高碳镀锌钢丝	0.25～0.75	R_m=1176.7～1961.2MPa

2. 批量热浸镀锌

批量热浸镀锌是将加工后的钢铁工件单件或批量浸入锌浴中进行镀锌。其主要工艺流程包括：碱洗脱脂→水洗→酸洗除锈→水洗→浸溶剂助镀→热浸镀锌→水冷→钝化。

批量热浸镀锌的工艺特点如下所述：

1）批量热浸镀锌按溶剂助镀处理方法的不同分为干法（烘干溶剂法）热浸镀锌和湿法（熔融溶剂法）热浸镀锌。干法是将钢铁工件先浸入溶剂水溶液中，经烘干后进行镀锌；湿法是将钢铁工件先通过锌浴表面的熔融溶剂层，接着进入锌浴进行镀锌。由于干法热浸镀锌爆锌少，产生的锌渣较少，获得的镀层具有较好的黏附性，因此，目前大多采用干法进行批量热浸镀锌。

2）热浸镀锌钢铁工件可以有较大的尺寸范围。从很小的零部件（如螺钉、螺母）到大型的钢结构件，均可进行批量热浸镀锌，但钢铁工件尺寸大小受锌锅尺寸和吊具吊挂能力的限制。目前，采用双浸镀（将工件两端分别浸入锌浴）或渐进浸镀（将工件分部分浸入锌浴）的方法，可使一些较大尺寸的钢铁工件能够进行热浸镀锌。

3）可以对复杂形状的钢铁工件进行热浸镀锌。对于有合适排气孔和泄锌孔的工件，锌液能进入工件的每个角落，形成均匀的镀层。

4）批量热浸镀锌可获得较厚的镀层。镀层厚度与钢铁工件的厚度、大小有关，通常工件的厚度越厚，得到的镀层也较厚。大多数钢材在批量热浸镀锌时，工艺条件的变化对镀层厚度的变化相对不敏感。为了获得较厚的镀层，可适当延长浸镀时间。经喷砂处理后的钢铁工件也可得到相对较厚的镀层。

3. 热浸镀锌层的性能

（1）耐蚀性。热浸镀锌层有优良的耐蚀性。除了包含 1.4.3 节述及的锌涂层在不同环境中的耐蚀性外，还具有下列的耐蚀性特点：

1）热浸镀锌层全为铁锌合金层时的耐蚀性。镀层的腐蚀防护作用及服役寿命不受表面形貌的影响。有些钢材热浸镀锌后形成不光滑的灰暗镀层，但不影响其耐蚀性。甚至当镀层表面过早出现红锈斑点时，它也仅仅是影响外观，而不应认为是钢材基体受到了腐蚀。

在镀层表面过早出现红锈斑点是由于热浸镀锌层中的铁锌合金层生长到表面，铁锌合金层中的铁受到腐蚀而引起的。这种情况大多在硅含量相对较高的钢热浸镀锌时发生，其腐蚀防护作用并没有减弱。长期暴露试验结果表明，在相等镀层厚度和同样暴露条件下，在高活性的含硅钢与活性较小的含硅钢上获得的热浸镀锌层，都具有相似的耐蚀性。

2）在高温下的耐蚀性。热浸镀锌层在高达 200℃ 温度的连续暴露条件下，仍然保持良好的耐蚀性。在温度高于 200℃ 的条件下暴露，可能导致表面自由锌层从铁锌合金层上剥落。然而，剩余的铁锌合金层仍能对钢铁材料基体提供良好的腐蚀防护。

（2）黏附性能与加工性能　热浸镀锌层由表面自由锌层和铁锌合金层组成。在热浸镀锌过程中，钢铁材料基体与液态锌通过铁锌反应，在基体上形成由不同金属间化合物相组成的铁锌合金层，合金层将表面自由锌层与基体牢固地结合在一起，使镀层具有良好的黏附性能。

试验结果表明，热浸镀锌层的弯曲性能与镀层厚度有关。当镀层较厚时，弯曲角度较小，且镀层易出现裂纹和剥落，这是由于镀层中形成了较厚的脆性 ζ 相和 Γ 相所致。因此，在生产用于冲压加工的热浸镀锌钢板时，通常在锌液中加入铝、镍等元素，以抑制合金层中脆性相的生长。

（3）硬度与耐磨性　热浸镀锌层由于形成了由金属间化合物相组成的铁锌合金层，铁锌合金层的存在使镀层的硬度提高，接近或超过普通镀锌结构钢的硬度，因而使热浸镀锌层在应用中具备良好的耐磨性。

（4）焊接性　热浸镀锌钢铁工件具有良好的焊接性，可以进行点焊或缝焊。点焊时，其焊接强度与低碳钢点焊相接近，但焊接电流需增大 10%～15%。

4. 热浸镀锌技术的特点

1）热浸镀锌钢铁工件具有长的使用寿命及低的使用期维护成本。在一般工业区和海洋性环境中，使用寿命可达 20～40 年，在没有侵蚀性的大气环境中，使用寿命可达 50～100 年。使用期间几乎不需要维护，或者很长一段时间不需要维护。

2）热浸镀锌层可给钢铁工件提供三重防腐蚀保护：①隔离层保护，即热浸镀锌层提供了坚硬的、由金属键结合作用的隔离层，它可以完全覆盖钢铁工件表面，将钢铁工件与腐蚀的环境隔离开。②腐蚀产物层保护，即热浸镀锌层表面腐蚀后形成的腐蚀产物会产生体积膨胀，堵塞因镀层的选择性溶解而出现的不连续间隙，从而阻碍镀层的进一步腐蚀，使镀层在环境腐蚀介质中的腐蚀速率降低。③电化学保护，即对于意外破坏而暴露出的任何小区域，如碰伤或刮痕等，由于锌的电位比铁更低，热浸镀锌层作为牺牲性阳极被优先腐蚀，从而对钢铁工件提供阴极保护。

3）热浸镀锌层与钢铁材料基体结合牢固、覆盖完全。镀层与基体之间的冶金结合正是热浸镀锌的独特之处，使热浸镀锌钢在加工、贮存、运输和安装过程中具有很好的抗机械破坏能力。钢铁工件表面的所有部分，包括内表面、外表面以及角落和狭窄的缝隙，都可被镀层完全覆盖。

4）操作控制可靠，镀层检查容易。由于热浸镀锌工艺相对简单，可方便地进行操作控制。同时，由于镀层的寿命主要取决于镀层厚度，因此可以很容易地从外观观察其表面是否连续、光亮，以及采用磁性测厚仪就可方便准确地测定出其厚度是否符合标准要求。

5. 热浸镀锌的应用

热浸镀锌是一种工艺简单而又有效的钢铁材料防护工艺，被广泛地应用于钢铁制件的防护上。目前世界各国除大量生产各种镀锌钢板、钢管和钢丝这些半成品镀锌产品外，对许多成品钢铁制件，都已采用热浸镀锌防护。热浸镀锌产品被广泛地应用于交通、建筑、通信、电力、能源、汽车、石油化工、家电等行业。

（1）热浸镀锌在各行业的应用

1）交通运输行业：高速公路防护栏、公路标志牌、路灯杆、桥梁钢结构、汽车车体、运输机械面板与底板等。

2）建筑行业：建筑钢结构件、脚手架、屋顶板、内外壁材料、防盗网、围栏、百叶窗、排水管道、水暖器材等。

3）通信与电力行业：输电铁塔、线路金具、微波塔、变电站设施、电线套管、高压输电导线等。

4）石油化工行业：输油管、油井管、冷凝冷却器、油加热器等。

5）机械制造行业：各种机器、家用电器、通风装置的壳体，仪器仪表箱、开关箱的壳体等。

（2）应用实例

1）悉尼歌剧院（见图1-7）坐落于悉尼港，三面环海，暴露于海洋腐蚀气氛中。该建筑采用了经热浸镀锌的钢筋网支撑的贝壳形混凝土屋顶。检测表明，热浸镀锌钢筋网具有极好的防护性能，在其上面覆盖5mm厚的混凝土即可有效抵抗海洋气氛的腐蚀。

2）Stainsby Hall大桥（见图1-8）位于美国德克萨斯州，该大桥采用了热浸镀锌的钢铁横梁。该桥自1974年落成以来，不需要进行任何的维护，最近的一次检测表明，在今后至少25年内不需要任何维护。这不但有效地保证了交通的畅通，而且使得维护费用降至最低。

图1-7　悉尼歌剧院

图1-8　Stainsby Hall大桥

3）澳大利亚新南威尔士网球中心（见图1-9）是为2000年悉尼奥运会兴建的体育馆。其外部结构所用的结构钢经热浸镀锌处理，保证了长期的防腐蚀效果。

图1-9　澳大利亚新南威尔士网球中心

4）热浸镀锌广泛应用于地铁、高速公路护栏、交通标志牌、路灯杆等交通设施中，如图 1-10 所示。

a)

b)

c)

d)

图 1-10　交通设施

a）地铁　b）高速公路护栏　c）交通标志牌　d）路灯杆

5）热浸镀锌在电力、通信设施中的应用如图1-11所示。

a)

b) c)

图1-11 电力、通信设施

a）输电铁塔 b）变电站 c）微波塔

6）热浸镀锌的其他应用如图 1-12 所示。

a)

b)

c)

图 1-12　其他应用
a）化工设施　b）太阳能收集装置　c）走廊棚架

1.5.2　电镀锌层

1. 电镀锌的分类及特点

电镀锌按镀锌溶液分类可分为碱性溶液镀锌（包括氰化物镀锌、锌酸盐镀锌、焦磷酸盐镀锌等）、中性或弱酸性溶液镀锌（包括氯化物镀锌等）、酸性溶液镀锌（包括硫酸盐镀锌、氯化铵镀锌等）。目前在生产上最常用的有氰化物镀锌、锌酸盐镀锌、氯化物镀锌和硫酸盐镀锌四大类型。

（1）氰化物镀锌 氰化物镀锌工艺成熟，具有镀液分散能力和覆盖能力好，镀层结晶细致，镀层经除氢后不会发黑，工艺范围较宽，以及废水处理较简便等优点。主要缺点是电流效率较低（一般为70%～75%），不宜镀铸铁件；镀液中使用的氰化物为剧毒物，易分解，污染环境，要采取相应的废水处理措施。

（2）锌酸盐镀锌 锌酸盐镀锌属于无氰镀锌，但具有氰化物镀锌的工艺特点。其镀层结晶细致、光亮；镀液的分散能力和覆盖能力接近氰化物镀液，适合于形状复杂的零件；镀液稳定，对杂质的敏感性低，对钢铁设备无腐蚀作用，操作维护方便。主要缺点是电流效率较低（65%～75%），沉积速度慢，允许的温度范围较窄。

（3）氯化物镀锌 氯化物镀锌的镀液电流效率高（可达95%以上），沉积速度快；镀层质量好，光亮性和平整性优于其他镀液体系；电镀过程中渗氢少，可在高碳钢或铸铁上直接电镀；镀液成分简单、稳定，使用维护方便。缺点是对钢铁设备有较大的腐蚀性；镀液的分散能力和覆盖能力稍低，适合于几何形状比较简单的零件的处理。

（4）硫酸盐镀锌 硫酸盐镀锌的镀液组成简单，成本低廉；电流效率高（接近100%），沉积速度快；可采用较大的电流密度，镀后一般不进行钝化。硫酸盐镀锌的镀层组织较粗；与其他类型镀液相比，硫酸盐镀锌溶液的阴极极化小，覆盖能力和分散能力都比较差，因此只适用于形状简单的零件，如钢丝、钢带、板材和圆钢等。

2. 电镀锌层的性能与应用

电镀锌层的耐蚀性与使用环境有关。通常在室内或腐蚀环境比较轻微的条件下，电镀锌层只产生轻微的腐蚀，而在工业气氛和海洋性气氛中腐蚀比较显著，故电镀锌一般应用于室内暴露条件下的钢铁件防护与装饰。

电镀锌层较厚且无孔隙存在，则具有较好的耐蚀性。电镀锌层的厚度视使用要求而定。当电镀锌层应用于250℃以下要求耐腐蚀而不要求装饰和耐磨的零件时，镀层厚度一般不低于5μm，通常为6～12μm，在环境比较恶劣的条件下使用，镀层应在20μm以上。

锌是既溶于酸又溶于碱的两性金属。锌层中含有其他金属越多则越容易溶解，而电镀得到的锌层较纯，因此在酸和碱中的溶解速度较慢。

由于电镀锌层具有成本低、耐蚀性好、表面致密光亮等优点，所以广泛应用于机电、家电、轻工、仪表和国防等工业上。

1.5.3 机械镀锌层

机械镀锌是在常温常压下利用化学吸附沉积和机械碰撞使金属锌粉在钢铁工件表面形成镀锌层的工艺。具有可在室温下操作，不产生氢脆，且镀覆速度快，生产率高，成本低，污染小等优点。

1. 机械镀锌工艺

典型的机械镀锌工艺为：脱脂→水洗→酸洗→水洗→闪镀铜→机械镀锌→分离→水洗→干燥。

钢铁工件经脱脂、酸洗清洁表面后，须预先在钢铁工件表面形成一层柔韧性好于锌的其他金属层，其中最常用的金属为铜，该工序称为闪镀铜。闪镀铜的目的是阻止基体氧化，以及利用铜层与后面加入的分散活化剂的敏感反应，保证镀覆初期锌粉的附着速度。然后将钢铁工件、水和冲击介质（玻璃微珠）放入一端开口或半开口的多棱形滚筒中（见图 1-13）。滚筒转动过程中，不断加入金属锌粉与活化剂。在活化剂作用下，筒内形成一个特定的化学环境，锌粉在此环境中被均匀分散在镀液中，同时工件表面不再被氧化，并具有良好的浸润性。经活化的锌粉借助于滚筒转动过程中所产生的机械能的作用，不断被撞击到工件表面，通过“冷焊”作用，形成连续、均匀的镀层。

机械镀锌工艺中，镀层厚度可在 10～100μm 之间任意调节，而完成全过程的时间一般为 30～45min。通过控制金属锌粉和活化剂的加料量，可达到控制镀层厚度的目的。为了保证机械镀锌层的质量，提高镀层均匀性，金属锌粉和活化剂一般采用分批加料的方式加入，每批间隔 3～5min。每批加料完毕后，须强化冲击 10～15min，以使镀层结构更加均匀致密。

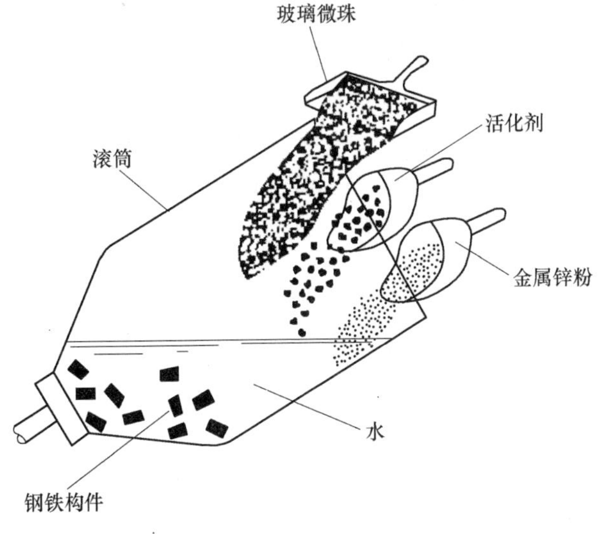

图 1-13　机械镀锌装置

2. 机械镀锌层的结构

机械镀锌层的结构可分为基层、中间层和增厚层。

（1）基层　即由闪镀工序在基体表面置换生成的一层铜层，其均匀牢固地附着于基体上，给锌的附着提供了条件。

（2）中间层　锌粒在一定的外力作用下，多次受到介质的撞击和外层锌粒的挤压而牢固地附着于铜层上，形成均匀致密、具有一定强度和良好塑性的组织。

（3）增厚层　随着镀锌层的逐层堆叠，在冲击介质的撞击作用下，逐渐形成由扁平状锌粒组成的相互镶嵌的层状结构。由于镶嵌方向不一，使锌粒间的结合力增强。

3. 机械镀锌层的性能与应用

机械镀锌层在其表面平整、锌粒镶嵌致密的条件下，其耐蚀性与镀层厚度成正比。研究表明，在镀层厚度相同的情况下，机械镀锌层的耐蚀性约为电镀锌层和热浸镀锌层的 80%。由于机械镀锌层为无硬脆相存在的、均匀的单相组织，因而具有较好的变形协调性。但对于较厚的机械镀锌层，其结合强度低于热浸镀锌层。

机械镀锌层适用于钢铁零部件、小五金制品、紧固件、射钉、环链等的腐蚀防护。由于镀后无氢脆和退火软化现象，可满足高强度零件的使用要求。

1.5.4　热喷涂锌层

1. 热喷涂锌工艺

热喷涂锌主要工艺流程为：净化处理→粗化处理→热喷涂锌→(封孔)。

净化处理的目的是去除钢铁工件表面的油脂、氧化皮、油漆等表面污垢和疲劳层或残余涂层等，为热喷涂锌提供清洁的表面。常用的净化方法有清洗（溶剂清洗、碱洗和酸洗、超声波清洗）、机械清除（机械打磨、机械加工）或火焰烘烤、喷砂净化等。

粗化处理的目的是在钢铁工件基体表面获得一定的表面粗糙度，使基体与热喷涂锌层产生良好的机械结合。粗化处理还可净化、活化基体表面，提供表面压应力，增大涂层与基体的结合面积，使热喷锌涂层与钢铁工件之间的结合得到强化。常用的粗化方法有喷砂粗化、电火花粗化、机械加工粗化和黏结底层等。

热喷涂锌以燃气或电能作为热源。进入喷枪的锌丝或锌粉在高温下熔化后，通过由空气压缩机产生的高压气流，将其雾化成细小的雾粒喷射到基体表面，形成热喷锌涂层。图1-14所示为锌丝热喷涂装置。

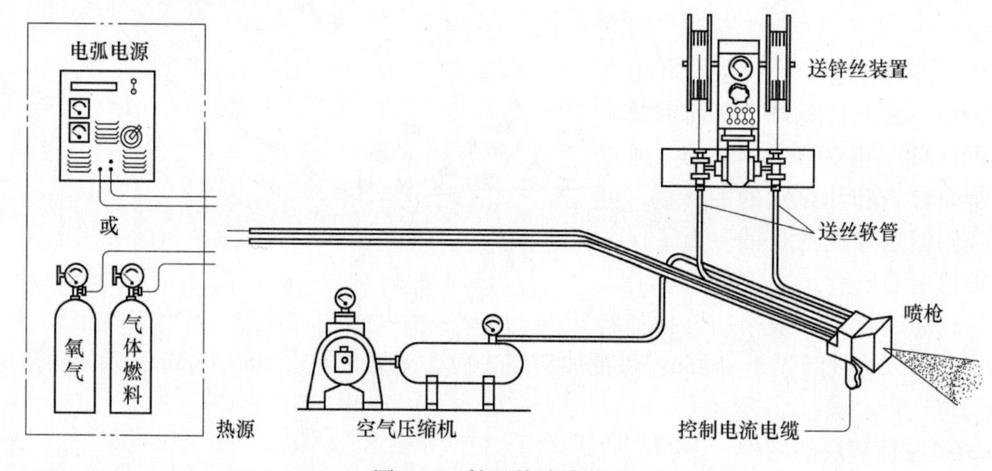

图1-14　锌丝热喷涂装置

热喷涂锌层的空隙率一般为8%～10%，空隙的存在会使腐蚀性气体或液体通过涂层渗入到基体，降低涂层的耐蚀性。因此，必须进行封孔处理。封孔处理通常采用聚氯乙烯树脂、酚醛树脂、改性环氧酚醛或聚氨酯树脂等黏度小、不快干的涂料进行直接涂覆，然后经自然干燥或热处理（160～200℃）干燥。

2. 热喷涂锌层的结构

在热喷涂锌的过程中，高速的熔化锌粒子撞击到粗糙的基体表面后，扁平状的熔化锌粒填补到凹处，凝固后能把凸点夹紧，形成镶嵌状态。在这个过程中，熔化锌粒会与工作气体及环境大气发生化学反应，使喷涂层中出现氧化物。因此，热喷涂锌层的结构由层状变形颗粒、气孔和氧化物夹杂所组成。经重熔处理后，可消除热喷涂锌层中的夹杂和空隙，使层状结构转变为均质冶金结构。

3. 热喷涂锌层的性能与应用

热喷涂锌层的厚度一般为50～500μm，与基体有好的结合性能，主要用作耐腐蚀涂层，在大气环境、碱性介质和常温下的淡水中具有较好的耐蚀性。长期暴露在户外的钢铁构件，受工业大气、海洋大气或河水、海水的腐蚀，如果仅采用油漆涂层防护，耐腐蚀时间只有3～5年；而采用热喷涂锌，再经油漆或其他方法封孔处理后，在大气和水质腐蚀中的耐腐蚀时间可达25～30年。美国焊接协会的腐蚀试验表明，对于厚度为80～150μm的热喷涂锌层加封孔处理和厚度为230～340μm的热喷涂锌层不加封孔处理的钢铁试样，可在海水、严酷的海洋性大气和工业性大气环境中经受19年不腐蚀。

热喷涂锌层作为钢铁构件上的长效防腐蚀涂层，应用于输电铁塔、微波塔导航灯塔等钢结构塔架，大型水闸门、大坝钢结构预埋件、水塔等水工钢结构，桥梁，石油化工机械，海上船舶，铁路车辆和城市设施等方面。

1.5.5　渗锌层

渗锌层是通过热扩散将锌渗入钢铁基体而形成的锌扩散层。渗锌工艺的主要特点是处理温度较低，因此被渗工件的变形量小，并且可保持被渗工件的力学性能。

1. 渗锌工艺

目前在工业上应用较广泛的钢铁工件渗锌方法为粉末渗锌法。

钢铁工件粉末渗锌法的主要工艺流程为：净化处理→配制渗剂并装入渗箱→热扩散处理→清理表面。

净化处理是在渗锌前将钢铁工件表面的油脂、铁锈等污物清除干净。去除油脂可采用有机溶剂浸泡或在碱溶液中进行化学或电化学处理。去除铁锈可采用研磨、滚抛、刷洗、喷砂和喷丸等机械方法，或采用盐酸、硫酸溶液酸洗的方法进行处理。

粉末渗剂通常由含有渗入元素的物质、填充剂及催化剂组成。渗锌工艺中渗剂的主要成分为纯锌粉或蓝粉（含有氧化锌等杂质的锌，或可能含有少量铅、铜和铁等杂质）。锌粉在使用前，应在封闭条件下于400℃加热干燥 2 ~ 3h。填充剂为氧化铝粉、河砂、高岭土或耐火黏土等。填充剂的作用是防止渗剂与钢铁工件之间的黏结，有助于锌粉的均匀分布和钢铁工件的均匀加热，以及防止钢铁工件与渗箱的碰撞。填充剂在使用前，应加热至 600 ~ 800℃，冷却后过筛，选用尺寸为 0.2mm 的颗粒。催化剂对渗锌起催化作用，可以加快渗锌的速度。催化剂一般采用 1% ~2%（质量分数）的氯化铵或氯化锌，还可以用盐酸代替氯化锌。即把锌粉质量 1% 的盐酸与锌粉混合搅拌后，在隔绝空气的条件下，于 400℃加热干燥后粉碎，用于配制渗剂。

热扩散处理温度一般控制在 350 ~ 390℃。温度过高，会导致锌粉熔化并黏结在钢铁工件表面，影响表面质量。图 1-15 所示为渗锌层厚度与渗锌温度的关系。在一定温度下，渗锌层厚度与渗锌时间有关，延长渗锌时间，可获得较厚的渗锌层（见图 1-16）。

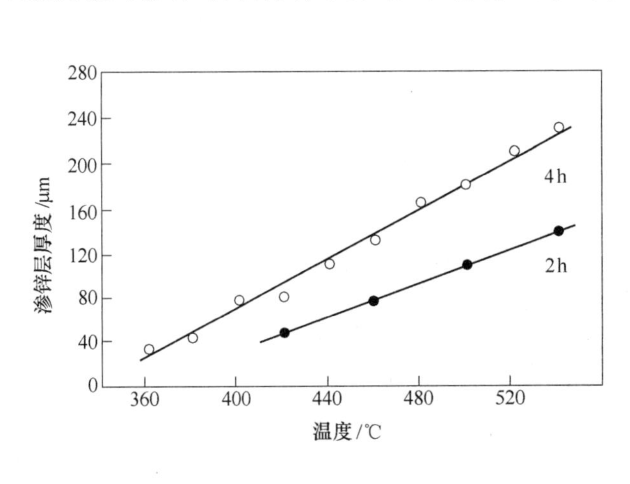

图 1-15　渗锌层厚度与渗锌温度的关系

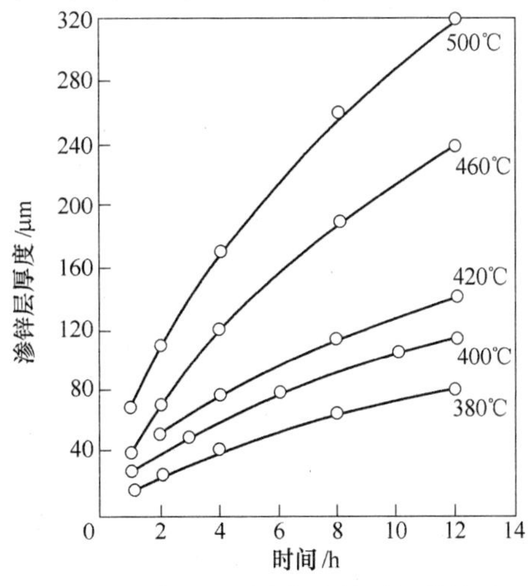

图 1-16　渗锌层厚度与渗锌时间的关系

热扩散处理结束后，取出工件，将其表面的附着物清理干净。

2. 渗锌层的结构

渗锌过程中，锌与铁之间发生固相反应，形成的渗层结构符合铁锌二元相图的规律。渗锌层的微观结构从钢基体至表面分别为 α 相（锌在 α-Fe 中的固溶体）、Γ 相（Fe_5Zn_{21}）、δ 相（$FeZn_7$）和 ζ 相（$FeZn_{13}$）。在一恒定的温度下渗锌形成的渗锌层中，相的类型不随渗锌时间的变化而改变，只是各相的厚度有所不同。

3. 渗锌层的性能与应用

渗锌层具有下列性能特点：

1）渗层厚度均匀，在螺纹、内壁、凹槽或弯角处，其厚度都与其他表面一致。并且渗层具有良好的黏附性能。

2）粉末渗锌层表面硬度为 250～260HV，这一层具有减磨合金的性能，在干摩擦条件下具有很好的耐磨性。

3）渗锌层与铁的电极电位差小于锌与铁的电极电位差，因此，作为阳极性保护层，渗锌层在大气和海水腐蚀环境下具有更好的耐蚀性；渗锌层在多数中性和弱碱性（pH 值为 6～12）介质中有较好的耐蚀性；渗锌层提高了钢铁构件在含硫化氢热气流中的耐蚀性，在该热气流中，渗锌构件可在 400～500℃温度下使用；钢铁材料渗锌后可以改善其抗腐蚀疲劳性能。

渗锌层作为耐蚀涂层，被广泛应用于紧固件、弹簧、钢管等对尺寸控制较严格的零部件，形状复杂的构件，以及含硫石油采炼用的管道、钢桩等。

1.5.6　富锌漆涂层

富锌漆涂层是将含锌粉涂料涂覆于钢铁基体上，利用锌在电化学腐蚀电池中对铁的阴极保护作用，从而提高钢铁材料耐蚀性的一种保护涂层。在含锌粉涂料中，锌含量较高，达 90%（质量分数）以上，故称为富锌漆。

1. 富锌漆

（1）无机富锌漆

1）水溶性后固化无机富锌漆。树脂基料为模数为 3 左右的碱性水玻璃，加入大量锌粉配制成涂料。涂布干燥后，在漆膜上喷磷酸液或 $MgCl_2$ 溶液，使漆膜完全固化。漆膜与钢铁基体附着力强，耐蚀性好，但涂层柔韧性差，易开裂。目前应用不多，正逐渐被其他性能更好、施工更方便的无机富锌漆替代。

2）醇溶性自固化无机富锌漆。树脂基料为正硅酸乙酯与限量的水反应后的预聚物，其聚合度 n 为 4～10，溶液是乙醇或乙丙醇。该预聚物与空气中的水分反应生成硅烷醇的结构，锌粉颜料表面的氧化锌部分转化为锌盐。它的显著特点是干燥迅速，施工适应性好，附着力强，耐蚀性优良，因此是应用最广的无机富锌漆。

3）水溶性自固化无机富锌漆。树脂基料为硅酸锂、硅酸钾等。涂布后涂层能自行固化。使用方便，耐蚀性好。但对施工环境和钢铁基体表面处理要求相当高，只有在钢基表面相当清洁和环境条件能使涂层干燥固化时，才能发挥出其优异的耐蚀性。

（2）有机富锌漆　有机富锌漆通常采用环氧树脂作为基料，它对被涂金属表面处理的宽容度较大，容易喷涂施工，与面漆也有很好的配套性。环氧富锌漆在钢基体上的附着力性能优异，涂层的抗冲击性和柔韧性也好。虽然固化了的环氧树脂导电性差，但是由于锌粉含量大，许多锌粉颗粒在涂层中并没有完全被树脂所隔离，仍然能够和钢铁基体接触而发挥其阴极保护作用。

2. 富锌漆涂层的耐腐蚀机理

在富锌漆形成的涂层中，锌粉互相接触，钢铁基体也与锌粉互相接触。当水分渗透进入涂层后，锌粉与铁基体组成微电池。由于锌的电极电位比铁低，铁基体作为阴极受到保护。

富锌漆涂层钢板暴露在腐蚀环境中时，锌的腐蚀产物会慢慢地沉积在锌粉之间的空隙处和钢铁表面，使涂层具有隔绝环境的作用。锌的腐蚀产物随大气环境的不同而不同，主要包括氧化锌、氢氧化锌、碱式碳酸锌[$2ZnCO_3 \cdot Zn(OH)_2$]、碱式氯化锌[$Zn(OH)Cl$]、氧化氯化锌（Zn_2OCl_2）、硅酸锌等。锌的腐蚀产物覆盖的结果使涂层和钢铁基体的界面上保持微碱性，从而使腐蚀反应难于发生，并使锌粉的消耗速度降低，提高了富锌漆涂层的耐久性。

3. 富锌漆涂层的性能特点与应用

富锌漆的特点是具有自修补作用。当富锌漆涂层在受到机械损伤后，其露出的钢铁表面有腐蚀电流通过，沉淀下锌的腐蚀产物而形成一层保护膜。

无机富锌漆由于不含可燃的有机溶剂和对人体有害的化合物，给施工带来方便，因此得到广泛应用。无机富锌漆涂层区别于有机富锌漆涂层的另一个特点是，当钢铁基体出现腐蚀时，腐蚀不会在涂层与基体之间扩展而使涂层鼓起失效，在涂层腐蚀部位去除腐蚀产物后重新涂覆并经固化处理后，仍能保持涂层整体的防护性能，同时不影响涂层的外观。

无机富锌漆涂层在工业、海洋与潮湿大气环境，中温（400℃以下）环境，淡水、海水、水蒸气和 pH 值 5 ~ 9 的氯化钠水溶液中均具有良好的耐蚀性。该涂层主要应用于船舶、铁路、水利、石油化工、电力、化学、运输和建筑等行业的钢铁构件（尤其是大型构件）的防腐蚀。

1.5.7　锌涂层的选择

在选择锌涂层作为腐蚀防护层时，应当以应用目的和服务环境为主要因素选择合适的涂层。例如，电镀锌层、机械镀锌层和渗锌层一般应用于紧固件和五金件等较小的钢铁零部件；而连续热浸镀锌生产线和连续电镀锌生产线不能用于钢结构件的镀锌。

确定锌涂层预期使用寿命的标准是涂层厚度，涂层越厚，使用寿命越长（见图 1-5）。当对采用相同工艺方法得到的锌涂层进行比较时，可采用这一标准。当比较用不同工艺方法得到的锌涂层时，由于未考虑每单位体积中锌的含量，因此不符合图 1-5 中的涂层厚度与使用寿命的关系。

在各种锌涂层标准中，都对锌涂层的厚度或涂层重量做出了规定。因此，在要求一定使用寿命的条件下，对不同工艺方法得到的锌涂层的厚度应进行相应的换算。

不同类型的锌涂层中，有一些涂层的密度接近一致，有些则差别很大。当锌涂层单位面积中纯锌的重量为 $305g/m^2$ 时，涂层厚度分别是：

热浸镀锌层（批量或连续），电镀锌层	43μm
热喷涂锌层	48μm
机械镀锌层	55μm
富锌漆涂层	75～150μm

以上每一种厚度，代表着每单位面积内有相同重量的锌，预期具有相同的使用寿命。例如：43μm 厚的热浸镀锌层与55μm 厚的机械镀锌层或75～150μm 厚的富锌漆涂层，预期有相同的使用寿命。

第2章　热浸镀锌技术基础

2.1　锌的结构与性质

2.1.1　锌的结构

在化学元素周期表上，锌的原子序数为30，是第四周期第二族副族元素，相对原子质量为65.38。与锌处于同一副族的元素还有镉和汞两个重金属元素，该副族元素通常也称为锌分族。

1. 原子结构

在锌的原子结构中，所有的电子轨道都被电子填满，其中第一、第二和第三个主层都已填满电子，在最外面的 N 层上只有两个电子，全部在 $4s$ 轨道上。锌原子结构中的这一特点决定了锌的物理化学性质。

锌原子中的电子结构是（$3d^{10}$，$4s^2$），其电子分布见表2-1。

表2-1　锌原子中的电子分布

主　层	N	L		M			S
亚　层	$1s$	$2s$	$2p$	$3s$	$3p$	$3d$	$4s$
电子数	2	2	6	2	6	10	2

2. 晶体结构

锌的晶体结构属于密排六方结构（见图2-1）。在晶体学中，将点阵中晶胞每个棱的长度（a、b、c）称为该点阵的点阵常数或晶格常数。如果把金属原子看作刚球，并设其半径为 R，则密排六方点阵中 a、b、c 与 R 之间的关系为：$a=b\neq c$，$a=2R$。把原子设想为等径刚球，则在密排六方点阵中理想的轴比 c/a 应为1.633。

在25℃，锌的点阵常数为 $a=0.2665$nm，$c=0.4947$nm，$c/a=0.1856$。与理想的密排六方点阵轴比相比较，锌的点阵轴比 c/a 值较大，说明在 c 轴方向上原子间距较大，这将对锌的物理性能产生影响。

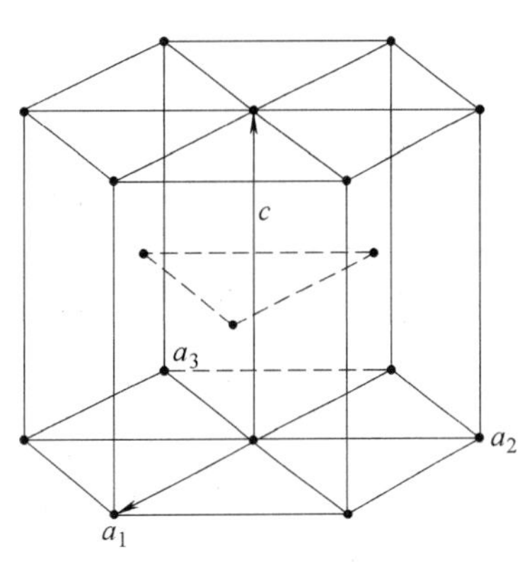

图2-1　锌的晶体结构

3. 离子结构

元素的各项化学性能在很大程度上受外电子层构造所控制，尤其是最外层的价电子，对化学性质的影响特别大。

锌原子当其最外围 $4s$ 亚层的两个电子失去后，即变为带正电荷的阳离子 Zn^{2+}。锌离子的半径较小，为0.083nm，离子外壳由18电子层（M 主层）所组成，锌的离子半径不仅在本副族中是最小的，与主族其他元素比较，也比大多数主族元素小。锌离子较小的半径以及18电子外壳，使其具有高于所有两价阳离子的极化能力。

2.1.2 锌的热力学性质

1. 热容

金属锌的气态分子由单原子所组成。所有单原子气体的热容都有如下的数值：

摩尔定容热容： $$C_{V,m}=12.56\text{J}/(\text{K}\cdot\text{mol}) \tag{2-1}$$

摩尔定压热容： $$C_{p,m}=C_{V,m}+R=20.87\text{J}/(\text{K}\cdot\text{mol}) \tag{2-2}$$

$C_{p,m}$的精确值为20.80J/(K · mol)。升温时系统所吸收的热量全部用来增加分子移动的动能，并且遵循能量均分原则平均地分配在三个不同的方向上（三个自由度）。

气态锌的热容与所有金属蒸气的热容一样，其数值都具有不随温度变化而变化的特点。

气态锌的原子是以无规律的形式运动着的，加热的结果仅仅是增大了它们的动能。而液态的锌原子在近距离范围内具有规则的点阵结构，这种有秩序的排列方式只有在达到较远距离时才会逐渐消失。由于质点间的相互作用，升温的结果不仅增大了原子或离子的振动动能，同时也增大了它们的位能。

液态锌热容具有两个特点：

1）在熔点附近的热容与固态非常相似。锌在692.5K（419℃）时有：

$$C_{V,m}(\text{固态})=29.80\text{J}/(\text{K}\cdot\text{mol}) \tag{2-3}$$

$$C_{p,m}(\text{液态})=32.78\text{J}/(\text{K}\cdot\text{mol}) \tag{2-4}$$

两者的差值仅约为3J/（K · mol）。

2）液态锌的$C_{p,m}$值随着温度的升高而逐步下降，见表2-2。热容的变化有一定的规律，大致温度每升高100K，$C_{p,m}$数值减少0.8J/(K · mol)左右。

对于固体金属，随着温度的升高，$C_{p,m}$值将会逐步增大。在达到第一个转变点（第一次相变点或熔点）时，$C_{p,m}$的最大值通常可以增大到29～33J/(K · mol)。对所有元素来说，这个最大值几乎是相同或相近的。

表2-2 液态锌摩尔定压热容 $C_{p,m}$ 和温度的关系

温度/K(℃)	$C_{p,m}$/[J/(K · mol)]	温度/K(℃)	$C_{p,m}$/[J/(K · mol)]
692.5(419.5)	32.78	973(700)	30.35
773(500)	32.11	1073(800)	29.43
873(600)	31.23	1173(900)	28.55

固态锌在室温298K（25℃）下的摩尔定压热容为25.35J/(K · mol)，而在第一个相变点即熔点时的$C_{p,m}$值为29.80J/(K · mol)。

固态锌的摩尔定压热容和温度的关系式如下：

$$C_{p,m}=21.98+1.13\times10^{-2}T \quad (273\sim693\text{K}) \tag{2-5}$$

或

$$C_{p,m}=22.40+1.00\times10^{-2}T \quad (298\sim692.5\text{K}) \tag{2-6}$$

根据上述关系式所得的计算结果，其精度可以达到±1%。表2-3是根据关系式计算得到的固态锌在某些温度下的$C_{p,m}$值。

表 2-3　固态锌在某些温度下的 $C_{p,m}$ 值

温度/K (℃)	273 (0)	298 (25)	473 (200)	673 (400)
$C_{p,m}$/ [J/ (K·mol)]	25.06	25.35	27.32	29.58
	—	25.38	27.13	29.13

2. 熵

熔化热的大小与金属键的强度有关。金属键的强度越大，相应的熔点就越高，熔化热也就越大。这是因为熔化时所提供的能量应足于破坏金属长程有序的晶格点阵。

熔化温度（K）除熔化热称为熔化熵，即金属在熔化时的熵增 ΔS_f。对绝大多数金属来说，尽管熔化热各不相同，但它们的熔化熵却非常接近，一般为 9.6～10.0J/(K·mol)。锌的熔化热为 6700J/mol，熔化熵为 9.65J/(K·mol)。

汽化热的大小也与金属键的强度有关。金属键越强，拆散金属晶格所需的能量就越大，即汽化热就越大，沸点也就越高。汽化热与沸点之间的比值接近于一个常数，这一规则称为特鲁顿规则，这个常数就是汽化熵。锌在沸点（1180K）的汽化熵为 97.32J/(K·mol)。

锌在固、液、气态的熵与温度的关系式如下：

固态锌：$S_T^0 = -86.88 + 50.62\lg T + 1.13\times10^{-2}T (273\sim692.5\text{K})$　(2-7)

液态锌：$S_T^0 = -137.70 + 73.18\lg T + 2.30\times10^{-3}T$　(2-8)

气态锌：$S_T^0 = -40.11 + 47.94\lg T$　(2-9)

3. 蒸气压

蒸气压是金属锌的一项极为重要的热力学数据，锌的一系列物理化学性质都由这个参数所规定。

锌的蒸气压随温度的升高而增大。蒸气压和温度的关系服从指数规律，即蒸气压的增长速度最初很缓慢，当达到约 1023K 时急剧增大。

液态锌或固态锌与其蒸气共处时属于单组分两相系统。根据相律，这样的系统只有一个自由度，即在一定的温度下只有唯一的、确定的平衡蒸气压与之对应。

液态锌的蒸气压常用 Kelley 方程计算：

$$\lg p = -6754.5T^{-1} - 1.318\lg T - 6.01\times10^{-5}T + 9.843 \quad (2\text{-}10)$$

固态锌的蒸气压则用 Barrow-Dodsworth 方程计算：

$$\lg p = 9.8253 - 0.1923\lg T - 0.2623\times10^{-3}T - 6862.5T^{-1} \quad (2\text{-}11)$$

在式（2-10）和式（2-11）中，p 的单位为 atm（1atm = 101325Pa）。

在各种不同的温度下，由 Kelley 方程计算得到的蒸气压数值与实测值非常接近，见表 2-4。

表 2-4　液态锌的饱和蒸气压

温度/ K (℃)	实测蒸气压/Pa	计算蒸气压/Pa
693 (420)	2.173×10	2.071×10
723 (450)	5.293×10	4.950×10
773 (500)	1.840×10^2	1.810×10^2
823 (550)	5.466×10^2	5.618×10^2
873 (600)	1.560×10^3	1.524×10^3

（续）

温度/K（℃）	实测蒸气压/Pa	计算蒸气压/Pa
923（650）	3.733×10^{3}	3.691×10^{3}
973（700）	8.066×10^{3}	8.128×10^{3}
1023（750）	1.627×10^{4}	1.650×10^{4}
1073（800）	3.200×10^{4}	3.126×10^{4}
1123（850）	5.693×10^{4}	5.574×10^{4}
1173（900）	9.560×10^{4}	9.431×10^{4}
1223（950）	1.527×10^{5}	1.524×10^{5}
1273（1000）	—	2.366×10^{5}

4. 表面张力

表面张力和金属的原子结构有一定的关系。液态金属的表面张力是液体内部质点与表层质点相互作用的内聚力没有达到平衡而产生的。内聚力越大，或者说不平衡的程度越大，相应地表面张力也就越大。

内聚力就是物体内部质点间的相互作用力。对各种金属来说也就是金属键的强度，即原子核和自由电子间的引力。因此，从理论上说，金属的表面张力和它们的熔点、沸点、熔化热及汽化热之间存在着某种对应关系。

金属的表面张力一般都随着温度的升高而下降，这是金属键被削弱了的缘故。液态锌在783K（510℃）时，其表面张力为0.785N/m；当温度上升到913K（640℃）时，它的表面张力则下降为0.761N/m。

表面张力在热浸镀锌中具有实际意义。在热浸镀锌过程中，降低液态锌的表面张力，有助于增加锌液对钢铁表面的润湿性，减少漏镀的发生。液态锌的表面张力除了与温度有关外，还与第二组元的加入有关，因此，可通过改变锌浴温度和在锌浴中添加微量合金元素来达到改变锌浴的表面张力。

表2-5列出了锌的物理化学参数。

表2-5 锌的物理化学参数

序号	项目		数值
1	原子序数		30
2	相对原子质量		65.38
3	晶体结构		hcp
4	点阵参数		$a=0.2665$nm，$c=0.4947$nm，$c/a=1.856$
5	原子尺寸/nm	金属原子半径	0.1332
		离子半径(M^{2+})	0.083
6	熔点/K(℃)		692.7(419.5)
7	沸点(101325Pa)/K(℃)		1180(907)
8	密度/(g/cm³)	固态298K(25℃)	7.14
		固态692.5K(419.5℃)	6.83
		液态692.5K(419.5℃)	6.62
		液态1073K(800℃)	6.25

（续）

序号	项　目		数　值
9	熔化热[692.5K(419.5℃)]/(J/mol)		6.7×10^{3}
10	汽化热[1180K(907℃)]/(J/mol)		1.15×10^{5}
11	摩尔定压热容/[J/(K·mol)]	固态 298 ~ 692.7K(25 ~ 419.5℃)	$C_{p,m}=21.98+1.13\times10^{-2}T$
		液态 692.5K(419.5℃)	$C_{p,m}=32.78$
		气态 1180K(907℃)	$C_{p,m}=20.80$
12	表面张力/(N/m)	液态 783K(510℃)	0.785
		液态 913K(640℃)	0.761
13	热导率/[W/(m·K)]	固态 291K(18℃)	113
		固态 692.5K(419.5℃)	96
		液态 692.5K(419.5℃)	61
		液态 1023K(750℃)	57
14	线胀系数/(1/℃)	多晶体 293 ~ 523K(20 ~ 250℃)	39.7×10^{-6}
		a 轴 293 ~ 523K(20 ~ 250℃)	14.3×10^{-6}
		b 轴 293 ~ 523K(20 ~ 250℃)	60.8×10^{-6}

2.2　热浸镀锌反应

2.2.1　铁锌相图及铁锌金属间化合物相

热浸镀锌过程是铁锌反应的过程，因此遵循铁锌相图的规律。图 2-2 所示为经多次修订，目前普遍采用的铁锌相图。图 2-3 所示为该相图的富锌端。

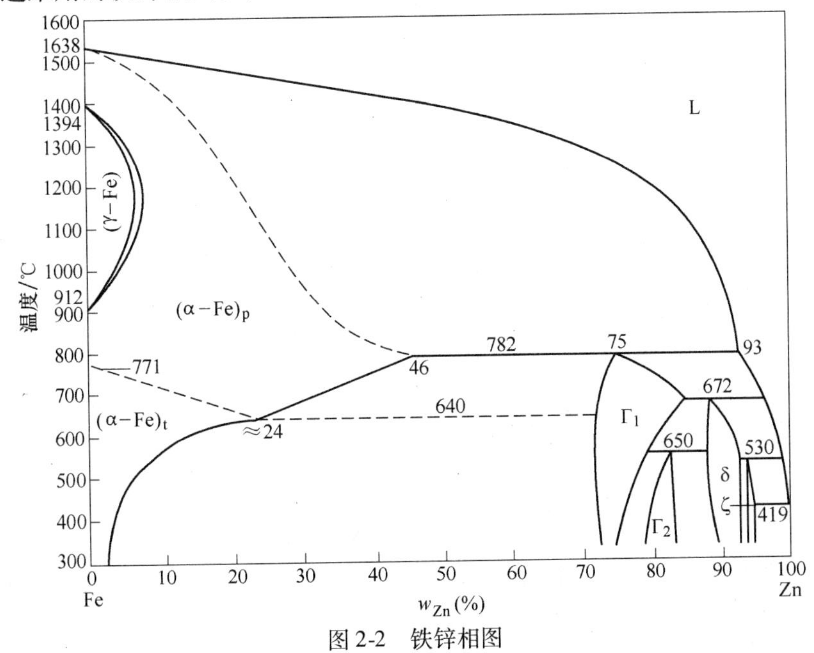

图 2-2　铁锌相图

在铁锌相图中，存在着α、γ、Γ、$Γ_1$、δ、ζ等金属间化合物相和η相。在热浸镀锌温度（450～460℃）下，镀层中形成的组织由钢基起依次为Γ相、$Γ_1$相、δ相、ζ相及表层η相，其成分和结构参数如下：

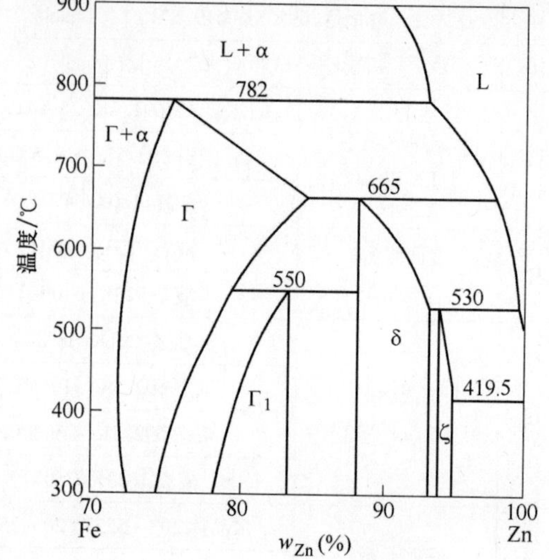

图2-3　铁锌相图的富锌端

（1）Γ相（Fe_3Zn_{10}）　在782℃由α-Fe和液态锌的包晶反应生成，直接附在钢基体上，具有体心立方晶格，晶格常数为0.897nm。在常规热浸镀锌温度450℃下铁含量w_{Fe}为23.5%～28.0%。

（2）$Γ_1$相（Fe_5Zn_{21}）　在550℃由Γ相和δ相的包析反应生成，具有面心立方晶格，晶格常数为1.796nm。450℃下铁含量w_{Fe}为17%～19.5%，是铁锌合金相中最硬和最脆的相。$Γ_1$相通常在低温长时间加热条件下于Γ相和δ相之间出现。在常规热浸镀锌温度（450℃）和时间（数分钟）条件下，Γ和$Γ_1$相极薄，且难于分辨，一般用（$Γ+Γ_1$）表示，其最大厚度只能达到1μm左右。

（3）δ相（$FeZn_7$）　在665℃由Γ相和液态锌的包晶反应生成，具有六方晶格，晶格常数为：$a=1.28$nm，$c=5.77$nm。450℃时铁含量w_{Fe}为7.0%～11.5%。在较长的浸镀时间（4h）和较高的浸镀温度（553℃）下，δ相出现两种不同的形貌，与ζ相相邻的富锌部分（$δ_K$相层）呈疏松的栅状结构，与$Γ_1$相相邻的富铁部分（$δ_P$相层）呈密实状。$δ_K$和$δ_P$相层均具有相同的晶体结构，故统称为δ相。短时间的浸镀，仅形成单一的δ相。

（4）ζ相（$FeZn_{13}$）　在530℃由δ相和液态锌的包晶反应生成，是在铁含量w_{Fe}为5%～6%范围内形成的脆相，为单斜晶格，晶格常数为：$a=1.3424$nm，$b=0.7608$nm，$c=0.5061$nm，$\beta=127°18'$。

（5）η相　锌液在镀层表面凝固形成的自由锌层，铁含量w_{Fe}小于0.035%，其晶体结构和晶格常数与锌相同，有较好的塑性。

表2-6为热浸镀锌镀层中各相层的性质及有关数据。

表2-6　热浸镀锌镀层中各相层的性质及有关数据

相　层	硬度$HV_{0.025}$	抗拉强度R_m/MPa	化学式	铁含量w_{Fe}(%)	密度/(g/cm³)	晶格类型
α-Fe	104	—	Fe	100	7.6	体心立方
Γ	326	—	Fe_3Zn_{10}	23.5～28.0	—	体心立方
$Γ_1$	505	—	Fe_5Zn_{21}	17.0～19.5	7.36	面心立方
δ	358	19.6～49.0	$FeZn_7$	7.0～11.5	7.25	六方
ζ	208	—	$FeZn_{13}$	5～6	7.18	单斜
η	52	49.0～68.6	Zn	<0.035	7.14	密排六方

2.2.2　铁锌金属间化合物相层的形成过程

热浸镀锌时，铁锌金属间化合物相层（Fe-Zn intermetallic compound layer，通常称为合金层）的形成由下列基本过程组成：①固态铁溶解在液态锌中；②铁和锌形成铁锌金属间化合物；③铁锌金属间化合物相层表面生成自由锌层。

20 世纪 70 年代，D. Horstmann 在讨论铁锌反应时认为，在铁锌相的形成过程中，达到平衡有三条可能的途径（见图 2-4）。途径 1 为铁锌的直接平衡，这只有在将铁粉加入液态锌中，并加于强烈搅拌以保证成分均匀的情况下才可能实现；途径 2 为各相层依次形成，最后达到平衡的过程；途径 3 则为铁从 δ 相溶解至饱和锌液（Zn_{Fe}）中，ζ 相再从过饱和锌液中析出。其中，途径 2 最可能是热浸镀锌各相层形成的途径。为此，D. Horstmann 提出了热浸镀锌层中各相形成步骤的模型，即

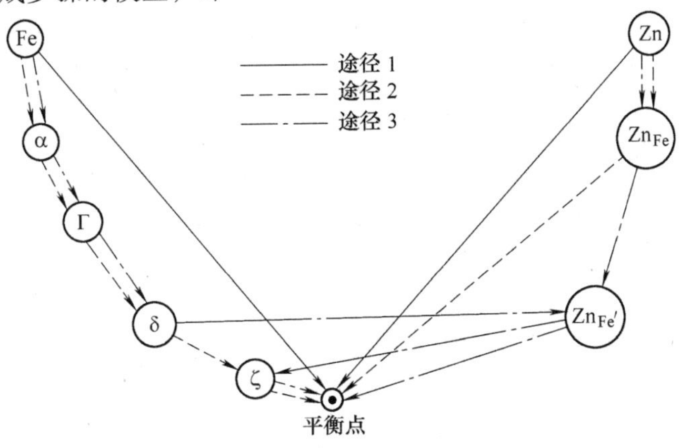

图 2-4　铁锌平衡的途径

开始：$Fe \neq Zn$

步骤 1：$Fe = Fe_{Zn}(\alpha) \neq Zn$

步骤 2：$Fe = Fe_{Zn}(\alpha) = \Gamma \neq Zn$

步骤 3：$Fe = Fe_{Zn}(\alpha) = \Gamma = \delta \neq Zn$

步骤 4：$Fe = Fe_{Zn}(\alpha) = \Gamma = \delta = \zeta \neq Zn$

步骤 5：$Fe = Fe_{Zn}(\alpha) = \Gamma = \delta = \zeta = Zn_{Fe}(\eta) \neq Zn$

步骤 6：$Fe = Fe_{Zn}(\alpha) = \Gamma = \delta = \zeta = Zn_{Fe}(\eta) = Zn$

其中，=表示平衡过程，≠表示不平衡过程。

上述模型指出了从 Fe 端开始经一系列平衡达到最终平衡的过程，通过六个步骤依次形成被 Zn 饱和的 α 固溶体、Γ 相、δ 相、ζ 相和被 Fe 饱和的 Zn 层（η 相）。

早期对于热浸镀锌镀层的形成，有几种不同的解释。

1）热浸镀锌时最初形成锌在 α-Fe 中的固溶体，当锌在固溶体中达到饱和后，由于锌、铁元素的扩散，形成含铁较少的金属间化合物 Γ 相。因铁继续向表面扩散，便出现铁含量更低的 δ 相，最后出现 ζ 和 η 相。

2）高熔点金属固体和低熔点金属液体接触时，与它们的互溶性无关，它们能在相界发生化学反应，并形成金属间化合物。一种金属原子与另一种金属原子反应的起始过程是化学吸附。

3）在铁与锌液接触的界面，往往形成生成热最高的相。

4）热浸镀锌时铁锌金属间化合物相的形成有两个过程：①在界面上发生化合反应；

②铁和锌越过已经形成的金属间化合物相彼此扩散。通常，界面上的反应比扩散快得多。热浸镀锌时镀层生长的总速度，决定于铁原子从基体以及锌原子从锌液通过 ζ 和 Γ 相的扩散速度。因为锌原子在各相中的扩散速度不同，所以镀层中的各相具有不同的厚度。

图 2-5 所示为典型的热浸镀锌层显微组织照片。通过 EPMA 对各相层铁含量的成分分析可证实各相层的存在。（$\Gamma+\Gamma_1$）相是一个薄相层，它出现在铁基体和 δ 相层之间的平坦交界面处。δ 相呈柱状形态，这是垂直于界面并沿着六方结构的（0001）基面方向优先生长的结果。ζ 相层的生长取决于铁在融熔锌液中的过饱和度，在锌液中铁含量过饱和的情况下，与 δ 相层邻接的 ζ 相生长成紧密的柱状结构。但是，如果在锌液中铁过饱和并且有足够的新晶核形成，大量细小的 ζ 晶体就能在锌液中形成，凝固后被 η 相分隔开来。

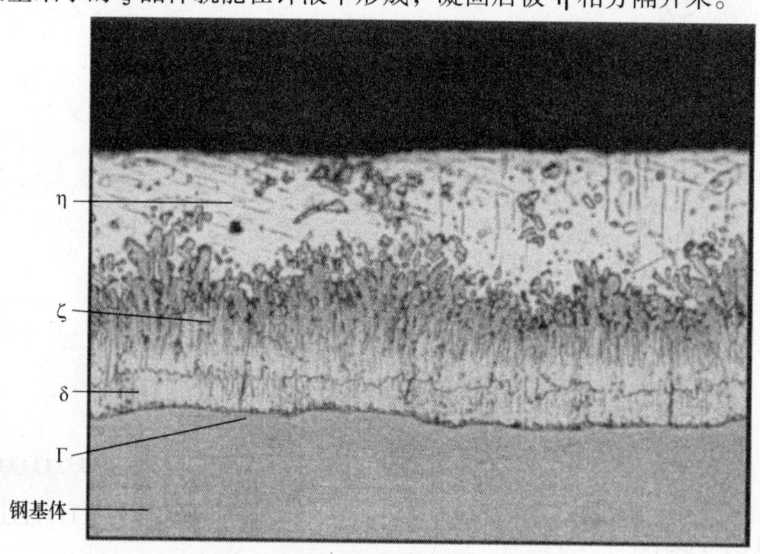

图 2-5　热浸镀锌层显微组织照片

图 2-6 所示为低碳钢热浸镀锌时各铁锌金属间化合物相层的形成过程，t 表示热浸镀时刻，$t_0<t_1<t_2<t_3<t_4$。当铁基体与液态锌接触时，ζ 相首先在铁基上形核（t_1）；随后 δ 相在 α-Fe/ζ 相界面生成（t_2），经短时间浸镀后，ζ、δ 相均形成连续的镀层；经一定时间的孕育期后，在 α-Fe/δ 界面开始生成 Γ 相（t_3）；在继续热浸镀过程中，随着铁原子向液态锌的扩散，在紧密连续的 ζ 相前沿继续长出疏松的 ζ 相组织。

早期对于热浸镀锌层中各铁锌金属间化合物相层形成过程的研究，主要根据金相显微形貌观察，结合铁锌相图进行分析与推测。随着现代测试技术的发展，电子显微镜、能谱分析技术以及更加精确的相图等，给铁锌相形成过程的研究提供了有力的帮助。图 2-6 较好地表达了目前对于热浸镀锌层中铁锌相形成过程的研究结果。

2.2.3　热浸镀锌层生长动力学

1. 热浸镀锌温度与时间对镀层生长动力学的影响

热浸镀锌层的厚度和性能主要取决于浸锌时间、锌浴成分以及操作工艺。短的浸锌时间（不到 1s 或数秒）主要用于连续热浸镀锌（如热浸镀带钢、钢丝等）工艺过程；稍长的浸锌时间（数分钟）一般用于批量热浸镀锌工艺；而长的浸锌时间则主要用于镀层中相层生长、钢在锌浴中的溶解腐蚀、锌锅寿命等方面的研究。

当锌液中不存在抑制金属间化合物生长的元素时，相层的厚度取决于锌液温度和热浸镀锌时间，而表层自由锌层（η 相）的厚度则取决于工件从锌液中移出的速度和锌液的流动性。

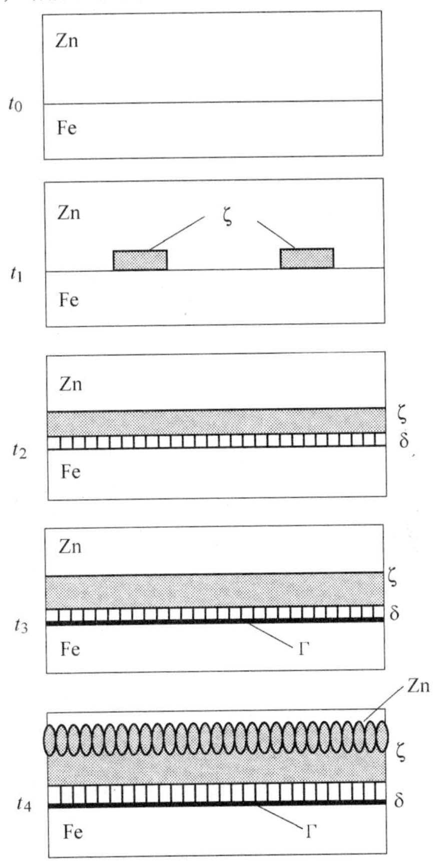

图 2-6　低碳钢热浸镀锌时各铁锌金属间化合物相层的形成过程

图 2-7 所示为热浸镀锌时间对铁锌反应速率的影响。根据工业纯铁与被铁饱和的锌液间的反应，在不同温度下铁损随浸镀时间的变化关系可划分为以下三种类型：

（1）低温抛物线规律（430～490℃）　在 430～490℃范围内，生成连续且致密的金属间化合物层。

（2）直线规律（490～530℃）　在 490～530℃范围内，铁锌间的扩散速度加快，导致金属间化合物层迅速增长。

（3）高温抛物线规律（>530℃）　在 530℃以上，金属间化合物层中已有部分发生破裂。

锌液温度对铁锌反应速率的影响（见图 2-8），表现在铁锌反应随锌液温度升高而加剧，在温度达到 480℃时，将引起金属间化合物层的快速生长，使镀层的厚度和脆性增加。在 480～530℃区间出现峰值，峰的最高处对应温度约 490℃，ζ 相在该温度下变得不连续，高于 500℃时 ζ 相消失，而按铁锌相图，ζ 相应稳定到 530℃。正是由于 490～530℃稳定区间 ζ 相的不连续或消失，造成铁、锌剧烈反应和铁迅速溶解于液态锌中。

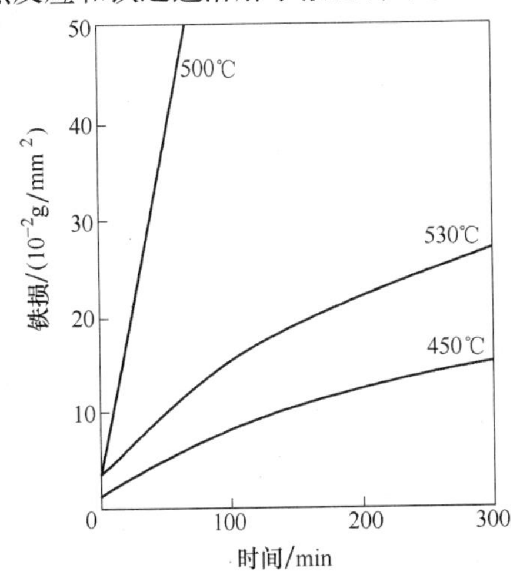

图 2-7　热浸镀锌时间对铁锌反应速率的影响

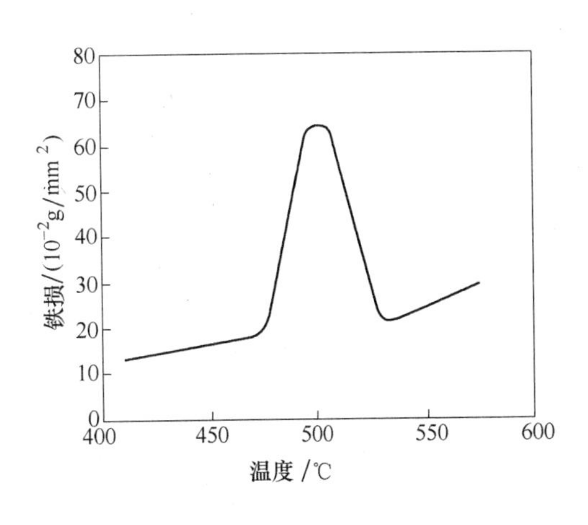

图 2-8　低碳钢热浸镀锌温度对铁锌反应速率的影响（24h）

C. E. Jordan 在研究 w_C 为 0.003%、w_{Si} 为 0.003%、w_{Mn} 为 0.258% 的钢与液态锌的铁锌反应时发现，随着温度的不同，热浸镀锌层的每一相层会表现出不同的生长动力学特点，影响总的相变动力学。其中，ζ 相层初始生长很快，随后减缓；而 δ 相层初始生长缓慢，经过一段时间后生长变快；（$\Gamma+\Gamma_1$）相层则是经过较长一段时间后才开始生长，最大厚度仅 1μm 左右。进一步研究发现，（$\Gamma+\Gamma_1$）相层的生长方向向铁基内部发展，ζ 相层向锌液方向生长，δ 相层则向铁基及锌液两边生长，主要还是向锌液方向生长。（$\Gamma+\Gamma_1$）相向铁基内部生长，实际上是消耗了向铁基内部生长的 δ 相，同时，δ 相向锌液方向生长时也消耗了 ζ 相。

2. 镀层生长动力学模型

固态铁浸入温度为 t 的液态锌中后，假定在 α-Fe 表面首先形成 ζ 相，随后形成 δ、Γ 相。图 2-9 所示为铁锌反应时 ζ 相生长的物理模型。当反应开始后，铁锌原子相向进行互扩散，形成新相 ζ 相层。在 ζ 相层紧靠液锌的一侧，ζ 相中的铁将溶解于液锌中。因此，在紧邻 ζ 相的一层很薄的液锌界面层内铁的浓度为 $C_{L\zeta}$，而在铁基体表面，由于锌原子的扩散进入，在表面形成一层 α 相层，该 α 相层与 ζ 相层界面处的浓度为 $C_{\alpha\zeta}$。此时，两个相界面处的浓度 $C_{L\zeta}$、$C_{\alpha\zeta}$ 实际上代表了铁锌相图中液相线和 α 固溶线处的平衡浓度。而新相 ζ 相两端的浓度差为 $\Delta C = C_{\zeta\alpha} - C_{\zeta L}$。

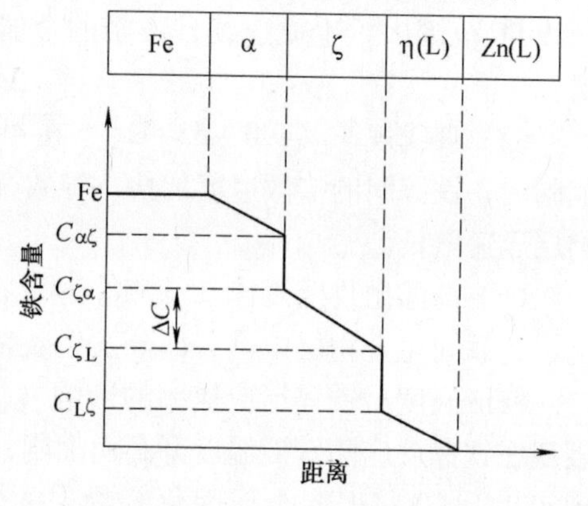

图 2-9 铁锌反应时 ζ 相生长的物理模型

在图 2-9 的物理模型中，假定新相层两边界的浓度差 ΔC 在一定温度下不随时间而改变，其浓度梯度呈直线分布，则

$$J = \frac{dm}{Adt} = -D\frac{C_{\zeta\alpha} - C_{\zeta L}}{Y} \tag{2-12}$$

即

$$dm = -DA\frac{C_{\zeta\alpha} - C_{\zeta L}}{Y}dt \tag{2-13}$$

式中，dm 是在 dt 时间内扩散通过截面面积 A 的物质量；$\frac{C_{\zeta\alpha} - C_{\zeta L}}{Y}$ 为沿新相厚度 Y 方向的浓度变化率；D 为扩散系数。

另一方面，如果相层界面处浓度不变，该相层厚度的增加与扩散物质量成正比，即

$$dm = aAdY \tag{2-14}$$

式中，a 为比例系数，其量纲相当于物质浓度，dY 为相层厚度的增量。

综合式（2-13）、式（2-14），得

$$-DA\frac{C_{\zeta\alpha} - C_{\zeta L}}{Y}dt = aAdY$$

即

$$\frac{dY}{dt} = -D\frac{C_{\zeta\alpha} - C_{\zeta L}}{aY}$$

分离变量后解出：$Y^2 = -2D\frac{C_{\zeta\alpha} - C_{\zeta L}}{a}t$，令 $K' = -2D\frac{C_{\zeta\alpha} - C_{\zeta L}}{a}$，得到

$$Y = Kt^{\frac{1}{2}} \tag{2-15}$$

式（2-15）即为受扩散控制的相层生长动力学方程。

当新相形成受界面化学反应速度控制时，可得

$$\frac{dY}{dt} = \frac{k}{bC_{\zeta\alpha}} \tag{2-16}$$

式中，k 为平衡常数；b 为比例系数；$C_{\zeta\alpha}$为新相在界面处形成时的浓度。

解方程（2-16），并令 $K_1 = \frac{k}{bC_{\zeta\alpha}}$，可得

$$Y = K_1 t \tag{2-17}$$

式（2-17）即为受界面反应控制的相层生长动力学方程。

对于固态铁与液态锌反应的研究，通常采用下式作为固-液反应金属间化合物相层生长的动力学方程：

$$Y = Kt^n \tag{2-18}$$

式中，Y 为生长层厚度，K 为生长速率常数，t 为反应时间，n 为生长速率时间指数。

生长速率时间指数 n 可显示所研究生长层的生长动力学控制类型。当 n 为0.5时，生长速度主要受扩散速度控制，而且生长层的前沿浓度是固定不变的，呈抛物线规律生长；当 n 为1.0时，表示扩散过程中界面反应速度为控制因素，生长层厚度与时间为直线关系。

在固态铁与液态锌的反应过程中，新相层一边生长一边又在液锌中溶解，使新相层界面上的浓度发生变化。另一方面，其他新相层的出现及生长过程也互相影响着铁锌原子的扩散速度，这些因素都会影响相层生长动力学偏离抛物线规律。因此，动力学方程 $Y = Kt^n$ 中的生长速率时间指数 n 能较好地反映相层的生长动力学特点。

3. 生长速率时间指数 n 值

表2-7为不同研究者对热浸镀锌层中各相层生长速率时间指数 n 值的测定结果。从表2-7中可以看出，各相层的 n 值都显示合金相的生长基本处于抛物线性（或更低）范围。表2-7中数据表明，当热浸镀锌时间 >1h 时，整个镀层的生长速率时间指数 n 值与 δ 相层的 n 值接近；而热浸镀锌时间 <300s 时，镀层总的 n 值却与 ζ 相层的 n 值接近。这说明镀层总的生长速率主要取决于镀层中占主导地位的合金相层的生长情况。热浸锌时间较短时，ζ 相层的生长占主导；而长时间浸锌时，则 δ 相层的生长占主导。

表2-7　热浸镀锌层各相生长速率时间指数 n 值

镀锌时间	Γ 相层	δ 相层	ζ 相层	总镀锌层
>1h	0.25	0.65	0.35	0.55
>1h	0.23	0.49	0.36	0.43
<300s	0.24	0.51	0.32	0.35

2.3　钢的化学成分对铁锌反应的影响

在热浸镀锌常用的结构钢中，除了碳元素外，由于原料和冶炼工艺的限制，一般都含有硅、锰、硫、磷以及微量的气体元素氧、氮、氢等。其中，硅和锰是在钢的冶炼过程中必须加入的脱氧剂，而硫、磷、氧、氮、氢等则是从原料或大气中带来而在冶炼中不能去除干净

的。在合金结构钢中还有特意加入的合金元素。钢中化学元素的存在除了影响钢的组织和性能外，也对钢材的热浸镀锌产生影响。

化学元素在钢中的存在将影响铁锌反应的速率和镀层的性质。含有化学元素的钢与锌的反应不再是简单的二元系统，必须用三元或四元相图来分析反应相的存在。根据相律，在铁锌相图中，存在着单相和双相区。但实际上，钢中含有少量的化学元素对这些相的存在几乎没有影响，反应产生的相与纯铁和锌反应所得到的相非常相似。当钢中的化学元素浓度较高时，其影响作用较为明显，甚至可能会导致形成双相层组织。

1. 碳

碳是钢中不可缺少的元素，不同的碳含量获得不同性能的钢材。一般来说，热浸镀锌过程中，钢中碳含量升高会使铁锌反应加剧，从而使铁锌合金层的生长速率增大。Galdman 等研究了碳含量 w_C 为 0.1% ~0.5% 钢在 430 ~450℃下获得的热浸镀锌层，发现当钢中碳含量 w_C 由 0.1% 升高至 0.5% 时，能显著提高镀层的生长速率时间指数 n 值；另外，随镀锌温度升高，碳含量低的钢 n 值下降，而碳含量高（w_C 为 0.5%）的钢 n 值保持不变，这种高碳含量钢的合金层生长速率较快，获得的镀层较厚。微观分析表明，钢中碳含量的提高会促进 ζ 相的生长而抑制 δ 相的生长，当碳含量 w_C 达到 0.5% 时，δ 相层几乎完全被抑制而整个镀层基本由 ζ 相组成。

碳对铁锌反应的影响不仅取决于钢中的碳含量，还取决于钢中的碳以何种形式存在以及分布的均匀程度。工业纯铁在渗碳后铁锌反应变得缓慢，表明渗碳体比铁素体更稳定，与锌更难反应。如果有大的碳化物颗粒位于钢基表面时，则会因与锌不发生反应而漏镀。如果碳以石墨或回火马氏体的形式存在，则对铁锌反应无影响。但如果碳存在于球状或层片状珠光体中，则会增加铁锌反应的速率。渗碳体本身难与锌反应，在珠光体钢中，渗碳体作为珠光体的组成部分存在，珠光体钢使铁锌反应加剧，其原因尚不清楚。有人认为是珠光体的层片状或球状结构使钢基体表面凹凸不平，从而增加了铁锌反应面积。另外，有人认为，珠光体中部分粗大的 Fe_3C 颗粒或部分已与锌反应形成的 Fe_3ZnC 颗粒会使钢基体表层破裂，从而提高铁锌扩散反应的速率。这也可以解释均匀弥散于马氏体中的渗碳体对 Fe-Zn 反应无影响的现象。

碳对热浸镀锌层组织和厚度产生影响。一般来说，碳含量越高，铁锌反应越剧烈，金属间化合物层也越厚。碳对铁锌反应的影响还取决于钢中碳化物的形态，当钢中组织比较均匀时，铁锌反应较慢。

2. 硅

钢中存在的硅可使铁在锌液中的溶解速度加快，是促进铁锌反应最剧烈的一种元素。随着钢中硅含量的增加，钢在锌液中的铁损值（代表反应速率）也增加。

钢中硅元素对铁锌反应的影响表现为圣德林效应（Sandelin effect），如图 2-10 所示。从 2-10 图中可以看出，在常规热浸镀锌温度

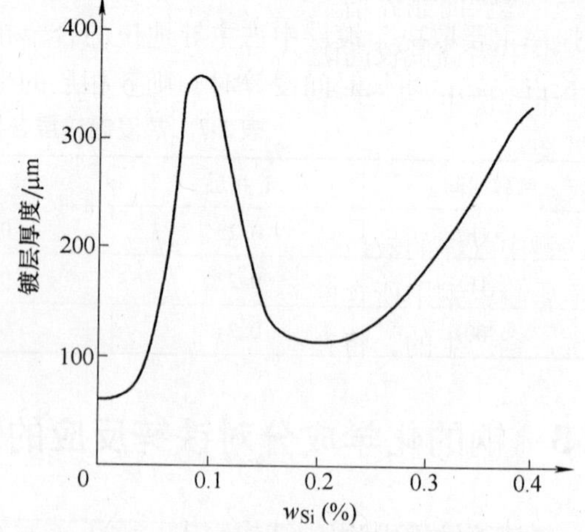

图 2-10 镀层厚度与钢中硅含量的关系（圣德林效应，450℃）

（450℃）下，当钢中硅含量 w_{Si} 低于0.03%时，随着硅含量的增加，铁锌反应活性虽然增加但仍可获得正常组织；当钢中硅含量 w_{Si} 达到0.06%～0.1%时，铁锌反应活性剧增，合金相层厚度出现峰值；钢中硅含量 w_{Si} 接近0.18%时，镀层活性降低，w_{Si} 高于0.3%时，铁锌反应速率又呈直线增加。

钢中硅含量影响铁锌金属间化合物层厚度。钢中含硅量较高时，会使镀层中铁锌金属间化合物层中的ζ相迅速生长，并将ζ相推向镀层表面，致使表面粗糙无光，形成黏附性差的灰暗镀层。因此，钢中硅的影响还表现在影响镀层的结构、外观和性能。

3. 锰和硫

低碳钢中，锰和硫的含量较少。一般认为，它们对热浸镀锌层结构的影响较小。但锰含量较多的锰钢热浸镀锌时，镀层中有Γ、δ、ζ和η相层，ζ相的数量较多。

4. 磷

钢中的磷对热浸镀锌有明显的影响，微量的磷能促进ζ相的异常生长，使ζ相晶粒粗大并同时抑制δ相生长。磷在基体表面或生长的锌合金层中发生偏析时，会造成ζ相的迸发形成。磷含量 w_P 为0.15%左右时，由于ζ和δ相的生长速度较快，使η相层变薄，在η相较薄的镀层表面会出现无光泽的斑点。磷还影响热浸镀锌层铁锌反应速率，其作用相当于硅的2.5倍。Richard等研究发现，当钢中硅含量 $w_{Si}<0.05\%$，不处于活性范围内时，若此时钢中磷含量 $w_P>0.03\%$，热浸镀锌时也会产生超厚镀层。Pelerin等研究了硅与磷的复合作用，在460℃温度下，产生正常镀层的临界条件应该是：若硅含量 $w_{Si}<0.04\%$，则 $w_{Si}+2.5w_P<0.09\%$。法国热浸镀锌标准中也规定了适用于热浸镀锌的钢材成分为 $w_{Si}+2.5w_P\leqslant0.09\%$ 或 $w_{Si}+2.5w_P\leqslant0.11\%$。

5. 合金元素

为改变钢的性能，通常在钢中添加一些合金元素，如锰、钛、钒、铌等。当钢中锰含量 w_{Mn} 大于1.3%时，将提高镀层生长速率，促进ζ相的生长。钛、钒、铌等对钢铁工件热浸镀锌基本无影响，但对于连续热浸镀锌，当锌浴中加入铝后，钢中钛、钒、铌等元素会促使FeAl阻挡层破裂而使锌浴中的铝效应过早失去作用。其原因是这些元素有细化晶粒的作用，使钢基体表面晶界增多，而钢基体表面晶界处是锌扩散通过FeAl阻挡层的快速通道。

钢中铝含量较高时会减缓铁锌反应速度。钢中 w_{Cr} 大于11%或 w_{Ni} 大于5%时，均会促使镀层呈线性生长。而钢中钼含量较低时，会促进铁锌反应，但随着钼含量升高，这种促进作用减弱，当 $w_{Mo}>0.5\%$ 后，反而会减缓铁锌反应。

6. 气体

钢中气体的效应一直未被关注。钢中氮含量达0.02%（质量分数）时仍对铁锌反应无明显影响；钢中所含的氧若以氧化物形式出现，会引起过厚镀层形成。钢中的氢通常是由于酸洗过程产生的，将在镀锌时逸出，引起合金层破裂而增加铁锌反应速率。

2.4 锌浴的化学成分对铁锌反应的影响

热浸镀锌浴中除锌外，还含有各种合金元素。这些元素有的来自镀件和锌锅材料（铁、硅等），有的是为改善镀层和镀浴的性能而特地添加的（如铅、铝、锰、镁、镍等），有的来自锌锭（镉、锗等）。锌液中的合金元素通过影响锌浴的熔点、黏度和表面张力而改变锌浴的物理行为，以及影响金属间化合物的生长行为，从而改变最终得到的镀层的厚度、结构和性质。

1. 铁

在450℃（常规热浸镀锌温度）时，铁在锌液中的最大溶解度 w_{Fe} 约为0.035%。随着热浸镀锌过程的进行，钢铁工件和铁制锌锅中的铁会不断溶入锌浴中。当铁含量继续增加时，锌浴中过饱和的铁便与锌结合生成密度较大的铁锌金属间化合物（即锌渣），并逐渐沉于锌锅底部。锌渣的形成增加了锌的消耗。锌浴中的铁含量增加使锌液黏度增加，浸润钢基体的能力下降；铁含量的增加还使镀层明显增厚，其延展性和外观质量变坏。

2. 铝

锌浴中添加铝的作用是改善热浸镀锌层的光泽，减少锌浴表面的氧化，抑制铁锌金属间化合物层的过量生长，增加镀层的延展性和耐蚀性。

试验结果表明，锌浴中加入铝的含量 w_{Al} 为0.01%～0.12%时，可使镀层光泽明显提高。这是由于铝和氧亲和力比锌大，所以在锌液表面生成一层 Al_2O_3 的保护膜，减少了锌的氧化。当锌浴中铝含量 w_{Al} 达0.1%～0.15%时，铝对铁锌金属间化合物层的生长有抑制作用。短时间浸镀时镀层中不出现铁锌金属间化合物层，一般认为是铝的抑制作用，在铁表面生成了 Fe_2Al_5 阻挡层，该阻挡层阻碍了铁与锌的反应，因而延缓了铁锌金属间化合物层的生长。当浸镀时间较长时，Fe_2Al_5 层受到破坏，将发生铁锌扩散反应，并形成Γ、δ、ζ相层，但其厚度要比不加铝时小。锌浴中铝含量 w_{Al} 达0.3%时，镀层的耐蚀性显著提高。

当锌浴中加入铝的含量 w_{Al} 大于0.15%后，可以抑制脆性铁锌合金相的形成，并获得厚度适宜黏附性良好的镀层。这是由于在铁基体上首先形成一层连续的 Fe_2Al_5 相层，抑制了铁锌反应。但该抑制层往往在几秒内即会发生迸裂，而失去对铁锌反应的抑制作用；同时，在该含量范围内，锌浴表面会产生大量浮渣且容易造成常规助镀剂失效。因此，钢铁工件热浸镀锌时，一般将铝含量 w_{Al} 控制在0.005%～0.02%，用于改善镀层的光泽。铝对铁锌合金相的抑制作用广泛应用于带钢连续热浸镀锌上，但在钢铁工件的批量热浸镀锌中较少采用。

3. 铅

热浸镀锌浴中的铅一方面是由锌锭带入的，锌锭中的铅含量 w_{Pb} 一般为0.003%～1.75%。450℃时，铅在锌浴中的溶解度约为1.2%，多余的铅会沉入锅底。锌浴中的铅对铁锌金属间化合物层的形成无影响，但可使锌浴熔点降低，延长锌浴的凝固时间，也可使锌浴的黏度和表面张力降低，因而增加了锌浴对钢铁表面的润湿性，减少裸露点出现。锌浴中加入铅还有助于在热浸镀锌层表面形成锌花。

Harvey等的研究认为锌浴中含铅会更有利于沉渣、捞渣。铅在固态锌中呈弥散球状颗粒形式存在，并易在铁锌合金相层的边缘析出。铅对镀层的厚度、质量、延展性及耐蚀性几乎没有影响。因此，他们认为由于锌锭中含铅，特意添加铅是没有必要的。但Krepski研究发现，随着锌浴中的铅含量增加直至饱和，锌浴的表面张力会持续下降。锌浴中表面张力过大，会影响镀层表面平滑度，容易在镀件底部出现滴瘤、凸起、毛刺等缺陷；当锌浴中铅含量 w_{Pb} 为0.5%时，锌浴的流动性最差。锌浴流动性差会使镀件上的锌液回流不畅而产生流痕。试验证明，锌浴中含饱和铅时可提高锌浴流动性，减少流痕，降低锌耗；可降低操作温度，降低能耗；可提高钢铁在锌浴中的浸润性和提高钢铁工件缝隙间镀上锌的能力，避免出现漏镀。

另一方面，也有特意往锌浴中加入铅的。当铅在液锌中的溶解度超过其饱和溶解度时，铅会沉积到锌锅底部，可防止锌锅底部受锌的侵蚀。此外，由于铅的密度比锌渣大，不断产生的锌渣沉积在铅层上面，有助于去除锌渣。锌浴中高的铅含量虽然对合金组织生长影响不大，但由于锌浴流动性好，自由锌层减薄，使合金层更容易出现在镀层表面而产生灰暗镀层。

4. 锑和锡

锌浴中含锑可提高锌浴流动性，以及降低液态锌在钢基体上的表面张力，使镀层更均匀平滑。不过，锑在镀层中的偏析会影响镀层活性，而使镀层放置一定时间后产生局部变黑的缺陷。

当锌浴中同时含铅和锡或同时含锑和锡时，会在镀层表面出现锌花，锌花是锌凝固时生成枝晶而形成的。对于钢铁工件热浸镀锌，锌花的产生不利于镀层的耐蚀性。

当锌浴中仅含锡时，镀层不会出现锌花。少量锡（$w_{Sn}<1\%$）对镀层的形貌及厚度均无影响；当锡含量 w_{Sn} 达到 5% 时，能抑制活性钢镀层的超厚生长。

5. 铜

当锌浴中铜含量 w_{Cu} 低于 0.05% 时，所获镀层基本无变化；当铜含量 w_{Cu} 增至 0.6% 时，对镀层组织结构没有影响，但厚度略增厚；当铜含量 w_{Cu} 增至0.8% ~1.0% 时，镀层厚度增加，并且结构发生明显变化，δ 层增厚，ζ 相层逐渐消失并转变为 δ 相晶粒碎片，有一些 ζ 相小晶粒混合弥散于 η 自由锌层中；当锌浴中铜含量 w_{Cu} 为 1% ~3% 时，ζ 相完全消失，紧靠铁基体处形成很薄且不含铜的 Γ 相，最外层为布满小颗粒的 η 相，两相层间为带有细小微裂纹的 Fe-Zn-Cu 三元 δ 相层，而弥散在 η 相层中的小颗粒即为 δ 相。随铜含量的进一步增加，镀层厚度将急剧增加，这主要是外层（η + 弥散 δ）相剧烈生长的缘故。

锌浴中铜含量的增加会增加锌渣的形成。当锌浴中同时含铜和铝时，两者会互相抵消对方所起的作用。

6. 镉

锌浴中镉的存在，可促进钢基体与锌浴的反应。当镉含量 w_{Cd} 为 0.1% ~0.5% 时，能促进锌花的形成与长大。锌浴中的镉会增加铁锌金属间化合物层的厚度，从而增加镀层的脆性。锌浴中镉含量的增加也相应地会增加铁的溶解速率。镉可改善镀层的抗大气腐蚀性能。

锌浴中一定含量的镉将显著促进镀层 ζ 相的生长，同时抑制 δ 相的生长。当锌浴中的镉含量 w_{Cd} 低于 0.6% 时，对镀层结构无影响，但厚度略有增加；当镉含量 w_{Cd} 为 0.8% ~1.0% 时，合金层生长变得不规则，ζ 相和 δ 相厚度波动很大，且 δ/ζ 相界面不平坦，η 相内及 ζ 相晶粒间有少量镉的析出物。当镉含量 w_{Cd} 增至 1.3% ~2% 时，合金层的结构变化很大，ζ 相厚度明显增大且呈柱状，δ/ζ 相界面呈明显“锯齿”状。当 w_{Cd} 超过 2% 时，δ 相完全消失，镀层厚度剧增，主要是由于外层相（η + 弥散 δ）增厚所造成的。

7. 锗

锗是通过某些含锗矿物冶炼锌时存留于锌锭中的。锌浴中含有微量锗会加快铁锌之间的互扩散速度和热浸锌镀层总的生长速度，增加 ζ/η 界面的不稳定性，使锌浴非常容易穿透到 ζ 相层中，因此增强了含硅钢中本来就已存在的活性。研究发现，无论活性钢或非活性钢，当锌浴中锗含量 w_{Ge} 超过 0.08% 时，会促进铁锌互扩散及整个镀层的生长速率。但锌浴中同时还含有铝时，当非活性钢浸入此锌浴，锗仍将促进整个镀层的生长，同时会抑制 δ 相的生长；而当活性钢浸入此锌浴，锗的存在有利于增强铝对铁锌反应的抑制作用。

8. 镍

研究表明，在热浸镀锌浴中加入镍的含量 w_{Ni} 为0.04%～0.12%，能起到减缓或消除含硅活性钢的圣德林效应的作用，降低铁锌反应速率，消除活性钢镀锌时ζ相的异常生长，使镀层黏附性提高、镀层表面形成连续的η相自由锌层，从而使其外观保持光亮。研究发现，在η相与ζ相界面间有富镍层存在，且随浸镀时间的延长，镍含量增加。显然，在η/ζ界面处的富镍层阻滞了铁、锌原子经ζ层的互扩散，导致铁锌合金层生长减慢。但对于高硅钢（硅含量 w_{Si} 大于0.25%），锌浴中镍的加入对抑制ζ相异常生长的效果不大。

锌浴中加镍还可以提高镀液的流动性，使镀件提出锌浴时表面锌可更快流回锌浴，从而降低锌耗，减少镀层表面滴瘤及流痕等缺陷的出现，使镀层更平滑均匀。但是，锌浴中镍含量 w_{Ni} 超过0.06%后，会产生Fe-Zn-Ni三元 Γ_2 相锌渣，使锌渣量增多，并可能附着于镀层表面而出现颗粒。

9. 镁

在含硅活性钢热浸镀锌时，锌浴中加镁是基于下列原因：镁与硅能生成稳定的镁硅化合物，加入少量的镁即可降低锌合金熔点。镁的这些特性可通过形成镁硅化合物，以取代铁硅化合物的形成而直接抑制铁锌反应，或通过降低合金熔点起到间接抑制作用。

M. Memmi 等采用 w_{Mg} 为0.1%～0.2%的锌浴对 w_{Si} 为0.18%～0.25%的低碳钢热浸镀锌的结果表明，加镁后可控制镀层的生长，增加锌浴的流动性，允许降低热浸镀锌温度且不降低生产率。

早期的研究认为，锌浴中 w_{Mg} 为0.6%会使镀层增厚，但镁量进一步增加可使镀层厚度减小；低碳钢在 w_{Mg} 为0.3%的锌浴中热浸镀锌时，会使活性大大增加，因而得到较差的镀层外观。为此，J. Mackowiak 等认为，加镁有助于改善镀层性能，但由于镀层外观质量不仅与锌浴中镁含量有关，也与镀锌钢材的成分有关，因此，必须仔细控制镁的添加量，才能达到效果。

10. 锰

锌浴中 w_{Mn} 为0.5%时，锰元素进入整个金属间化合物层，特别是ζ相中，影响δ/ζ界面的扩散，促进均匀致密的δ相和ζ相的生长。当锰含量 w_{Mn} 为1.5%～5%时，能提高镀层耐蚀性、黏附性和成形加工性能。

试验结果表明，含硅活性钢在 w_{Mn} 约为0.5%的锌浴中热浸镀，金属间化合物层厚度增长速度比在常规热浸镀锌中小得多。含硅活性钢在450℃、w_{Mn} 为1%的锌浴中热浸镀9min，其镀层显微组织与非活性钢镀层组织相类似。从热力学角度分析，由于铁硅化合物和锰硅化合物的吉布斯形成自由能不同，锰与硅的结合力大于铁与硅的结合力，所以，锰硅化合物易于沉淀析出。对于含硅活性钢，在开始热浸镀时，钢中的硅与锌浴中的锰结合并不会导致钢基体表面附近硅饱和层的出现。因此，当含硅活性钢热浸镀时，铁锌金属间化合物层能在钢基体上以非活性方式生长，从而消除钢中硅含量对镀层超厚生长的影响。

11. 铋

在常规热浸镀锌中，通常在锌浴中加入一定量的铅，以增加锌液的流动性，减少当镀件从锌浴中提出后在镀件表面的锌黏附量。由于铅对环境的污染性，已被逐渐限制使用，因此，提出了在锌浴中加铋以取代铅的热浸镀锌铋合金技术。

S. K. Kim 等研究了在锌浴中加入铋和铝（w_{Bi}为 0.1，w_{Al}为 0.025% ~0.05%）的热浸镀锌过程，发现明显改善了锌浴的流动性，减少了锌渣和锌灰，降低了锌耗，得到了光亮的镀层。R. Fratesi 等则研究了热浸镀锌铋合金，发现对于硅含量 w_{Si}大于 0.05% 的低碳钢，能有效控制铁锌反应活性，对于硅含量 w_{Si}小于 0.05% 的钢，可得到组织更密实的镀层。不过，J. Perdersen 的研究得到了不同的结论：在不同镍含量的锌浴中添加铋，对镀层厚度和组织无明显影响。

现有研究工作表明，除了肯定铋能增加锌液的流动性外，对于铋在镀层金属间化合物中的分布、作用方式、对镀层生长规律的影响仍未明了，尚需做进一步的研究。

12. 钛

钛是一种高钝态性金属，并具有强的钝态稳定性，当其暴露在大气或水溶液中时，可形成一层稳定性好、结合力强、保护性优良的 TiO_2 氧化膜，使镀层处于钝化状态。这层膜还具有很好的自愈性，当受到腐蚀破坏后，钝化膜可以很快自行修复。

研究结果表明，在热浸镀纯锌浴中加入一定量的钛（$w_{Ti} \leqslant 0.1\%$），能不同程度地抑制含硅钢（w_{Si}为 0.04% ~0.18%）热浸镀锌的反应活性，使 ζ 相变得稳定，同时促进连续致密的 δ 相增厚；随着锌浴中钛含量的增加，合金相层逐渐减薄。当锌浴中钛的添加量 w_{Ti}为 0.03% ~0.05% 时，能完全抑制 w_{Si}为 0.09% 钢在常规热浸镀锌时的圣德林效应。但对于 w_{Si}为 0.36% 的钢，钛的作用不明显。当锌浴中钛的添加量 $w_{Ti} \geqslant 0.05\%$ 时，w_{Si}为 0.04% ~0.36% 的含硅钢的热浸镀层在 η 相层中都出现 Γ_2 粒子，Γ_2 相粒子晶核通过吸收 η 相中的钛原子和 ζ 相前沿溶解出来的铁原子而长大，并随锌浴中钛含量和浸镀时间的增加而增加和长大。

腐蚀试验结果表明，热浸锌钛合金镀层的腐蚀速率小于纯锌镀层，其极化电阻和交流阻抗增大，腐蚀电流密度减小，耐蚀性提高。

13. 稀土

稀土（RE）具有很高的化学活性和较大的原子半径，常用于热浸镀锌的稀土元素有铈、镧等。

稀土元素加入锌浴中后，其中部分稀土将与氧化锌发生氧化还原反应，置换出锌而形成稀土氧化物悬浮于锌浴的表面，这层悬浮物阻碍了锌液与空气之间的接触，进而保护锌不被氧化，减少了锌的氧化损失。稀土能够降低液浴的表面张力、减小润湿角、降低锌浴的黏度、提高锌浴的流动性。镀浴表面张力的降低，使形成晶核的临界尺寸降低，形核核心增加，为合金结晶提供异质晶核；而那些未成为异质晶核的稀土，富集在合金结晶前沿，抑制凝固过程中的晶粒生长，从而细化热浸镀锌层组织。

稀土能提高热浸镀锌层的耐蚀性。有研究认为，稀土的加入使镀层腐蚀电位正移，腐蚀电流减小，从而提高其耐电化学腐蚀性能。纯锌镀层腐蚀产物以 ZnO 为主，其膜层疏松，且导电性较好，不能有效地抑制腐蚀的进行，而添加稀土后的镀层腐蚀产物为 $ZnCl \cdot Zn(OH)_2$，膜层较致密，导电性较差，故能有效地抑制腐蚀反应的进行。稀土金属是表面活性元素，有富集表面的倾向并且形成致密而均匀的氧化层。这些氧化层可以作为扩散的屏障进而延缓镀层的氧化与腐蚀过程。

稀土的添加量并非越多越好，必须控制在一定范围内。有研究者研究了在锌浴中添加不同含量稀土对热浸镀锌层耐蚀性的影响。结果表明，当锌浴中稀土含量 w_{RE}为 0.1% 时，可获得最佳的镀层耐蚀性和外观质量；当稀土含量 w_{RE} 大于 0.2% 时，则可能使大量稀土复合相偏聚于晶界，降低镀层耐蚀性和加速对锌锅的侵蚀。

14. 其他

锌浴中含银会促进镀层生长，从而获得较厚的镀层，并具有较好的耐蚀性。锌浴中含铬、钒或锆，均可抑制铁锌反应。它们会在 ζ 相顶端或 ζ/液相锌界面形成三元化合物，阻碍 ζ 相生长，使 ζ 相减薄，并使 ζ/液态锌界面更平滑。

2.5 含硅活性钢对热浸镀锌的影响

2.5.1 含硅活性钢的热浸镀锌反应

一般认为，适合于热浸镀锌的钢是低硅含量的沸腾钢。美国《金属手册》中指明要求硅含量 w_{Si} 小于 0.05%。这类钢热浸镀锌后可得到紧密、连续、均匀的金属间化合物组织。

在 ISO 14713-2:2009《锌涂层　钢铁结构件的防腐蚀指南和建议　第 2 部分：热浸镀》中，给出了在 445 ~ 460℃ 的温度下进行热浸镀锌时，钢的化学成分与典型的镀层特征之间的关系，见表 2-8。

表 2-8　钢的化学成分与典型的镀层特征之间的关系

<table>
<tr><th>类别</th><th>化学成分</th><th>典型的镀层特征</th><th>说　明</th></tr>
<tr><td>A</td><td>$w_{Si} \leq 0.04\%$，$w_P < 0.02\%$</td><td rowspan="2">镀层表面光亮，组织致密；镀层表面含有锌层</td><td>$w_{Si} + 2.5w_P \leq 0.09\%$ 的钢也会表现出这些特征；对于冷轧钢，表现出这些特征的钢成分为 $w_{Si} + 2.5w_P \leq 0.04\%$</td></tr>
<tr><td>B</td><td>$w_{Si} = 0.14\% \sim 0.25\%$</td><td>铁锌合金可生长到镀层表面；镀层厚度随硅含量的增加而增加；其他因素也可能影响反应活性；当钢中 w_P 大于 0.035% 时将增加反应活性</td></tr>
<tr><td>C</td><td>$w_{Si} = 0.04\% \sim 0.14\%$</td><td rowspan="2">镀层表面灰暗，组织粗大；镀层中以铁锌合金层为主，铁锌合金层生长至镀层表面</td><td>可能形成过厚的镀层</td></tr>
<tr><td>D</td><td>$w_{Si} > 0.25\%$</td><td>镀层厚度随硅含量的增加而增加</td></tr>
</table>

注：1. 锌合金中的合金元素（如镍）的存在对表中所示的镀层特征有显著影响。本表不提供高温镀锌（即热浸镀锌温度为 530 ~ 560℃）的相关指引。

2. 表中所示的钢成分在其他因素的影响下会有所变化，各个类别的成分范围也会随之变化。

连续铸钢技术的普及，给热浸镀锌带来了新的问题。与传统的铸锭技术不同，连续铸钢技术要求铸钢前进行充分脱氧，通常采用成本较低的硅作为脱氧剂。因此，该技术生产的钢都是硅含量较高的镇静钢或半镇静钢。热浸镀锌时，钢中的硅会显著增加铁与锌的反应活性，故称此类含硅钢为“活性钢”（reactive steel）。含硅活性钢热浸镀锌时往往出现灰暗、超厚及黏附性差的镀层，使产品质量明显降低。因此，含硅活性钢的热浸镀锌问题一直备受关注。

解决含硅活性钢热浸镀锌的“活性”问题的途径主要有两条：一是改变液态锌的温度；二是在液态锌中加入微量合金元素。为此，发展了热浸镀多元锌合金、锌镍合金、锌锰合金、锌镁合金、高温镀锌等热浸镀锌技术。这些技术可通过合金元素的作用或通过改变反应温度来控制铁锌反应，以获得具有紧密而连续的层状组织、适当的锌层厚度、较好的外观质量和耐蚀性及黏附性的镀层。

含硅活性钢中，含有来自连续铸钢时作为脱氧剂残留下来的以及为增加钢的强度而特地加入的硅。圣德林效应表明，钢中含有一定量的硅会显著增加铁与锌的反应，其影响程度随硅含量的不同而不同，在硅含量 w_{Si}为 0.07% ~0.1% 及 0.3% 以上时出现反应峰值，表现为热浸镀锌层活性及生长速率明显增加。

J. Foct 等按圣德林效应反应峰值处的硅含量，将含硅钢分为亚圣德林钢、圣德林钢和过圣德林钢。对于亚圣德林钢，类似于纯铁，在正常热浸镀锌温度下，获得的镀层组织由钢基体起依次为 Γ 相（$\Gamma+\Gamma_1$）、δ 相、ζ 相及由表面自由锌层凝固的 η 相，各相层紧密排列且连续，镀层生长呈抛物线规律。圣德林钢镀锌时，铁锌反应并不随浸锌时间增加而减缓，金属间化合物层中的 ζ 相一直具有较快的生长速率。当 ζ 相大部分长到镀层表面时，表面自由锌层不再连续，形成表面灰暗、厚度增大、黏附性差的镀层。该镀层的显微组织特点是形成了极厚而不连续的 ζ 相。对于 w_{Si}接近 0.3% 的过圣德林钢，镀层组织由相当厚的 ζ 相层和有铁硅沉淀物的 δ + ζ 相层组成，其生长速率符合直线规律。

2.5.2 硅对铁锌金属间化合物相层生长的影响作用

含硅活性钢热浸镀锌时，铁锌金属间化合物相层的结构、厚度和形成过程主要取决于硅在钢中的存在与否。在硅的影响下，钢基体与锌的反应受最初的溶解过程控制，其镀层生长随时间呈直线规律。当含硅钢表面形成硅的氧化物时，反应受铁锌金属间化合物相层中的扩散控制，其镀层生长呈抛物线规律。

钢中硅含量对金属间化合物层生长速率（厚度变化）的影响与热浸镀时间、浸镀温度有关。如图 2-11 所示，硅含量 w_{Si}小于 0.4% 的钢在短时间（≤20s）浸镀时，金属间化合物相层的生长速率并不随硅含量的增加而增大，当浸镀时间达 2min 时，相层生长速率才转而增大；对于硅含量 w_{Si} 大于 0.4% 的钢，短时间的浸镀会使生长速率随硅含量增加而增大。该现象还与热浸镀温度有关，较高的浸镀温度使生长速率变化更明显。上述结果说明，钢中的硅对金属间化合物相层生长的影响，在短的浸镀时间里不起作用，只有经过一定时间的浸

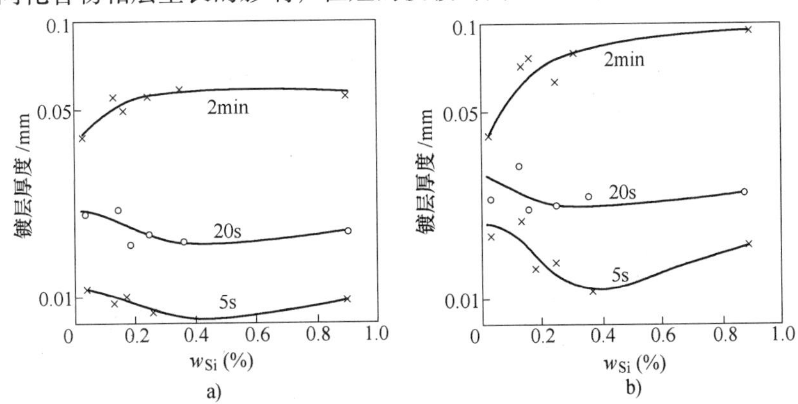

图 2-11 钢中硅含量对金属间化合物相层厚度的影响

a）430℃ b）460℃

镀反应，硅在相层生长行为中才发挥作用。

钢中硅元素在热浸镀锌时影响铁锌金属间化合物层的生长，主要表现在影响铁和锌的扩散。由于硅原子与铁原子的亲和力大于硅和锌，硅原子溶进铁里，形成铁硅化合物。铁硅化合物首先以极细小的、分离的形式存在，作为惰性物质迁移通过仍是很薄的金属间化合物相层，到达熔融锌界面。这些铁硅化合物粒子如果足够细小，且在 ζ 层相界面熔融锌处有足够的过饱和度，将促进熔融锌中 ζ 相的形核，形成破碎的相层。当铁硅化合物粒子超过临界尺寸时，其作用降低，反应不再发生，将形成紧密的铁锌金属间化合物相层。

硅对热浸镀锌层生长的影响，有研究者提出了 Γ 相层失稳的观点。他们认为，钢中含一定量的硅时，其 ζ 相和最富铁的 Γ 相都会产生明显的变化。随着硅含量的增加，Γ 相层的失稳与 ζ 晶体生长同时发生，Γ 相层失稳在镀层生长中起着主要作用。对于低硅低碳钢的镀层，其 Γ 相形貌为较厚的柱状 Γ 相层，在Γ/Γ_1界面仅有少量不规则相，这很可能是 Γ 相晶粒取向不同而引起 Γ_1 相形成速率不同的结果。在对应于反应峰值的硅含量的低碳钢镀层中，Γ 层有失稳现象，Γ 和 Γ_1 相互渗透产生锯齿状的 Γ/Γ_1 界面。Γ_1 的生长是通过锌扩散到 α-Fe 表面，并与 α-Fe 反应得到的。当 Γ_1 相连续形成时，Γ 相小晶粒从铁表面分离，与此同时，Γ_1 转变为 δ 相，并且 Γ 晶粒移动通过 Γ_1 层，但不能通过 Γ_1/δ 界面，它在此界面处溶解消失。对于硅在热浸镀锌层中的传输机制，由于硅在 Γ_1 中的溶解度比在 Γ 相中小得多，这将使硅保留在 Γ 相中。当硅含量超过一定值时，Γ 相发生失稳形成小的孤立粒子，并通过很强的 Kirkendall 效应，使 Γ 粒子在 Γ_1 层中运动到 Γ_1/δ 界面。再由于硅在 δ 相中的溶解度大于 Γ 相，因此，硅容易被传输并存在于 δ 相中，富硅的 δ 相可以随后转变为 ζ 相。

K. Osinski 等利用扩散偶技术研究含硅低碳钢与锌之间的反应，并用以解释热浸镀锌镀层的反应。他们认为，该反应是三元扩散反应，与二元扩散反应不同的是第三元素的加入使自由度增加，结果出现不稳定无规则的扩散和不平整的形态。关于铁硅化合物，研究认为，铁硅化合物仅仅在接近锌的最早形成的 ζ 相层中存在，随着反应时间的延长，在接近铁硅化合物处的开始时的高硅和高铁含量，会随着铁硅化合物的形成而降低。

有人研究认为，硅在 ζ 相中的溶解度为零，其存在于 δ 相和铁硅化合物中。但是，硅有利于液相中 ζ 相的异质形核，并使 ζ 层更易扩散，铁的高过饱和度是 ζ 相形成的主要驱动力，使异质形核的 ζ 晶体的临界尺寸大大减少。

J. Foct 等研究了不同硅含量对热浸镀锌层组织形核与生长的影响。经热力学计算提出了450℃下 Fe-Zn-Si 三元相图的富锌角（见图 2-12）。根据该相图，含硅液相锌和铁硅化合物

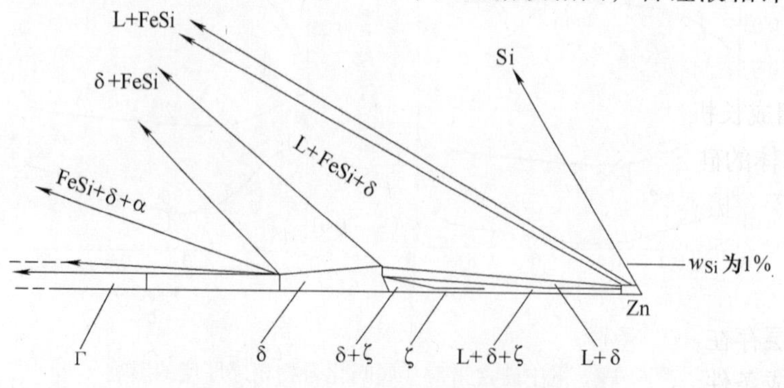

图 2-12　Fe-Zn-Si 三元相图的富锌角

均不能与 ζ 相二元平衡共存，它们只能和 δ 相二元平衡共存，因而锌浴中的硅只能通过生成铁硅化合物粒子或以 δ 相形核和生长的方式来释放，并据此提出了解释硅对热浸镀锌铁锌反应影响的模型（见图 2-13）。

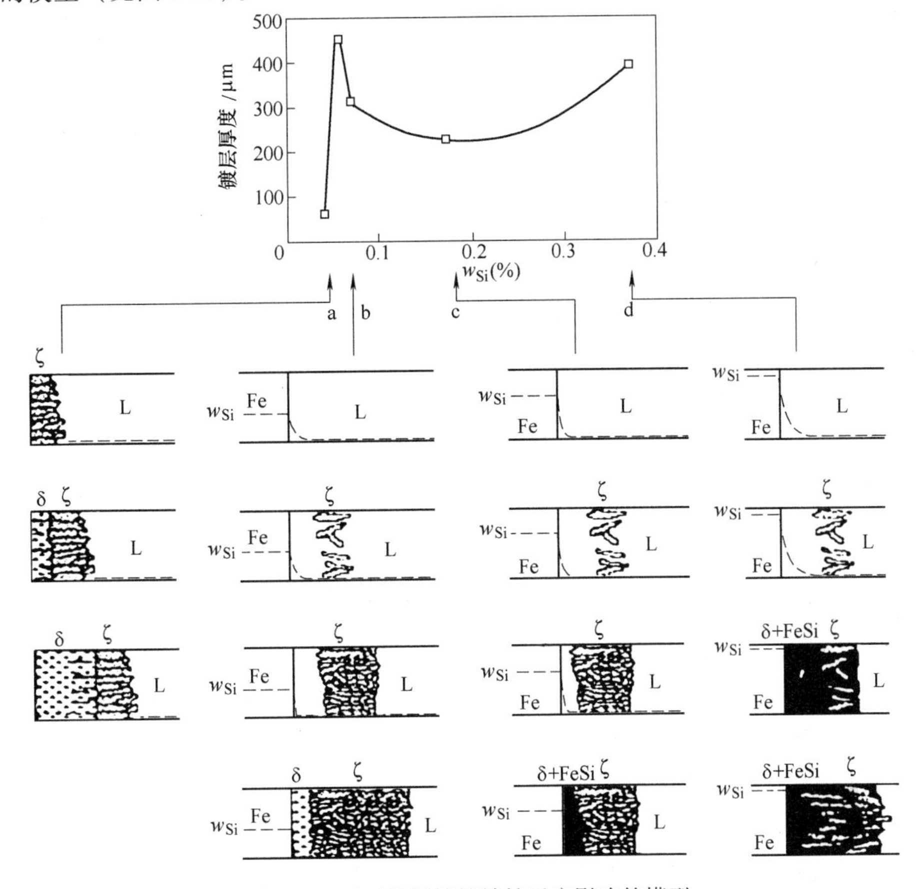

图 2-13　硅对热浸镀锌铁锌反应影响的模型

1）在纯铁与液相锌反应中，由于 ζ 最易达到含量条件和能量条件且其结构简单，所以 ζ 为第一个铁锌合金生成相。对于亚圣德林钢和纯铁，硅含量不足以抑制与钢基体表面接触初期形成的 ζ 相，ζ 可依附于钢基体异质形核。当与钢基体接触的 ζ 相中的铁含量增加并满足了 δ 相的形成条件，就会生成 δ 相，然后可以在 α-Fe 和 δ 相之间出现很薄的 Γ 层，但是 Γ 层的生长受到两方面的影响：一是 Γ 会朝着钢基体方向生长；二是 δ 的生长会消耗部分的 Γ。所有这些相成长机制符合扩散规律，镀层生长遵循 $t^{1/2}$（t 表示生长时间）抛物线规律。

2）当钢基体的硅含量（w_{Si}）接近于圣德林峰（0.07%）时，硅会在紧邻固液界面的液相中聚集。由于 ζ 相不能与含硅的液相锌二元平衡共存，所以 ζ 不能依附于钢基体异质形核。但是在液相的离钢基体稍远处，没有或有很少硅存在，仍然可以形成 ζ 晶粒，此时 ζ 为均质形核。在这个中间层液相层中，铁的传输可以对流的方式进行而使传输速度加快。只要这层中间液相层存在，镀层的生长就会加快而呈线性增长，直到中间液相层的铁含量增加至满足 δ 相的形成条件，与含硅液相锌相平衡的 δ 相才在基体和 ζ 层间生长，过量的硅会溶解于 δ 相中。

3）如果硅含量继续增加，液相锌限制在α-Fe和连续的ζ层之间，这个过程与2）相似。但液相锌中迅速过饱和的硅为铁硅化合物的形核创造了条件，液相就凝固为δ+铁硅化合物两相混合物，液相层存在的时间和镀层线性生长的时间t变短，整个镀层的生长速率下降。

4）当硅含量更大时，ζ相会在离钢基体更远处均质形核生长。混合物δ+铁硅化合物一方面限制ζ相平行于界面生长，另一方面由于同液相锌接触形成较大的浓度梯度，使镀层生长加快。虽然ζ晶粒在平行于钢基体表面方向的生长，以及它们相互间的结合被延迟，但在垂直于钢基体表面的方向则较易生长，使镀层厚度增加。

2.6 含硅钢表面状态对热浸镀锌层影响

众所周知，含硅钢的批量热浸镀锌，在w_{Si}接近0.1%（即圣德林峰处）或大于0.3%时，会导致非正常的或活性的镀层形成。在含硅热轧钢的表面，活性区通常随机分布。对这些钢进行热浸镀锌时，在镀层中会形成粗大的ζ相晶粒和厚的ζ相层，使镀层外观和力学性能变差、锌耗增加。

局部迸发式生长是热轧状态活性钢热浸镀锌的典型特征。当表面通过机械的或化学的方法处理后，活性镀层的形成会显著增强。在表面状况和冷加工对含硅钢热浸镀锌反应的影响方面已进行过大量的研究，但未提出完全一致的机制来解释局部活性镀层组织形成的原因。其他的因素，如第三元素含量、晶粒位向和表面或亚表面氧化，都可能对活性现象起到某种作用。在热浸镀锌过程中，尽管锌浴温度、镀锌时间等参数一定，但由于镀件在镀锌前的加工过程中可能引起上述因素的变化，使镀层组织有很大差别。因此，正确区分含硅钢表面的各种因素对热浸镀锌层的影响，将有助于了解含硅活性钢热浸镀锌问题。

2.6.1 亚表面氧化

活性钢中硅的存在是活性镀层形成的重要原因。许多研究都给出了基本相同的规律：钢中w_{Si}约为0.1%时，镀层活性增加，反应速率出现峰值；在w_{Si}接近0.2%时，活性减小；w_{Si}高于0.3%时，反应速率又明显增加。然而，含硅钢的活性与钢表面固溶硅含量有关。研究表明，钢表面的硅以铁硅化合物形式存在，将会增加热浸镀锌活性，而硅以SiO_2形式存在时，将不会增加活性。因此，在活性钢热浸镀锌时，应考虑钢表面的固溶硅含量。

含硅钢的热轧加工过程会导致钢材亚表面氧化层的形成，该亚表面氧化层中硅的氧化物以小颗粒形式存在于晶界和晶内。由于硅的氧化物的形成能大于铁的氧化物的形成能，固溶的硅将会优先与氧发生反应形成一种稳定的非活性化合物，并存在于亚表面晶界和晶内。因此，对活性镀层行为的抑制与这些惰性的硅的氧化物在亚表面氧化层的沉淀有关。K. Nishmura 等对不同硅含量的钢板于高温酸洗及抛光后，在不同条件下进行预热处理，发现含硅钢在预热处理过程中，在表面形成氧化膜的速度大于不含硅的钢，同时液态锌与钢基体之间的反应受到了限制。对钢基体的分析表明，在钢基体表面出现了硅的聚集区，并认为该聚集区是在预热处理过程中出现的，对随后的热浸镀锌反应活性有抑制作用。

V. Leroy 等指出热轧钢在接近表面的亚表面氧化层硅含量有显著的增长。经离子探针（IMA）分析，钢基体整体硅含量w_{Si}只有0.228%的表面，硅的富集量w_{Si}高达8%；而w_{Si}仅为0.01%的钢，表面硅富集量w_{Si}超过1%。钢在不同深度上的元素分布测定证实了，氧含量的降低与硅含量的变化相符合。对 w_{Si} 为 0.01% 的钢，除了表面，在所有深度上都未探测到的硅。在 w_{Si} 为 0.228% 的钢中，硅在所有深度都有明显分布，这可能是钢中固溶态的硅。这两种钢在去除亚表面氧化层的酸洗及热浸镀后表现出显著的差别。低硅钢形成了典型的紧密结构镀层，而高硅钢形成的是活性镀层，表明固溶态的硅足以使镀层不稳定。

含硅活性钢在热浸镀锌时，须考虑与锌反应的钢基体表面的固溶硅含量。热轧含硅钢表面固溶硅含量受作用相反的两方面的影响：一方面由于高温加热时亚表面氧化，使一部分硅形成氧化物，降低了固溶硅含量；另一方面，镀前钢材的锈蚀和镀前酸洗等对钢亚表面氧化层的腐蚀，使钢基体表面固溶硅含量不同程度增加。因此，腐蚀程度也导致镀层组织结构的变化。图 2-14 所示为高硅含量钢亚表面氧化层的腐蚀深度对镀层组织的影响。从图 2-14 中可以看出，随着腐蚀程度的增加，镀层厚度明显增加，镀层结构也由层状变为分散状结构。由此可知，对于含硅活性钢镀件，延长酸洗时间、酸洗—返镀、镀前喷砂处理等都会因亚表面氧化层的破坏而改变表面固溶硅含量，导致镀层活性增加。

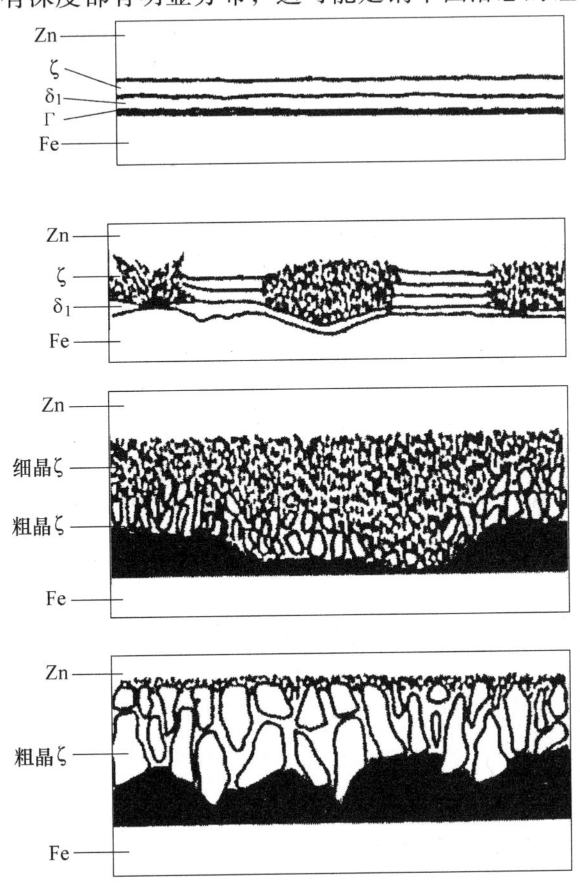

图 2-14　高硅含量钢亚表面氧化层的腐蚀深度对镀层组织的影响（由上至下腐蚀深度增加）

氧在亚表面氧化中起着重要的作用。为了证实氧在反应中的重要性，G. Hansel 对四种不同活性的钢（w_{Si} 为 0.023% ~0.06%）进行了热浸镀锌。低硅含量钢经几次酸洗—返镀后才具有活性。当置于氧化气氛（N_2-O_2-H_2O）中退火后，均变为非活性，而高硅含量的钢需要更高 O_2 含量的氧化气氛，或更长的加热时间来达到同样效果。但是，当在非氧化气氛（H_2）中进行退火时，镀层形貌没有出现改变。该结果表明，含硅钢通过亚表面氧化抑制活性时，与预热处理气氛中 O_2 含量和加热时间有关。

2.6.2　表面粗糙度

表面粗糙度对热浸镀锌层的形成有明显的影响，钢基体表面的凹凸会使铁锌合金层的生长形态发生变化。不含硅钢凹凸表面的热浸镀锌镀层生长形态如图 2-15 所示。在凸起处，刚形成的 ζ 晶体相分离，使液态锌可穿透到 ζ/δ 界面附近，支持 ζ 相连续快速生长而形成迸发状晶粒。在凹陷处，由于生长受扩散控制，可得到紧密稳定的结构。

在粗糙表面的凹陷处形成稳定结构，可能是由于体积收缩的结果，产生足够的压应力使铁锌合金相层稳定。稳定层一旦形成，无论产生稳定性的原因是否存在，稳定性都会保持下来。此外，在表面凹陷处具有支持富铁层形成的条件。由于提供了大面积的表面供体积收缩的合金层生长，使反应所需的铁供应充足，而同时锌的供应却由于锌难以进入凹陷处而减少。在这些位置，经常发现厚的Γ层。

F. Petter 等研究了钢材硅含量、表面粗糙度的综合影响。将不同硅含量的钢板分别用粗金刚砂、细金刚砂、玻璃微珠进行喷砂处理，以及用酸洗的方法进行处理，得到了从粗到细不同的表面粗糙度。图2-16所示为不同表面粗糙度钢材硅含量与热浸镀锌层厚度的关系。试验结果表明，用粗金刚砂处理的钢在不同的硅含量范围都生成了厚镀层，这种表面相对较粗糙的钢在凸起处生成了迸发状ζ相结构，而在凹陷处形成紧密结构。而经酸洗和玻璃微珠处理的钢在硅含量 w_{Si} 为0.08%～0.12%时形成典型的须状结构。细金刚砂处理 w_{Si} 为0.08%的钢时，镀层厚度降低，形成了紧密的连续δ层和平坦的ζ/δ界面，但处理 w_{Si} 为0.12%的钢时，镀层厚度却急剧增加。这是因为在 w_{Si} 为0.08%的钢中，镀层稳定的机制是富铁层的形成，当硅含量 w_{Si} 增加到0.12%时，不再形成稳定的Γ层。这种转变可能是在生成稳定富铁层时，系统随硅含量的少量增加而失稳的结果。

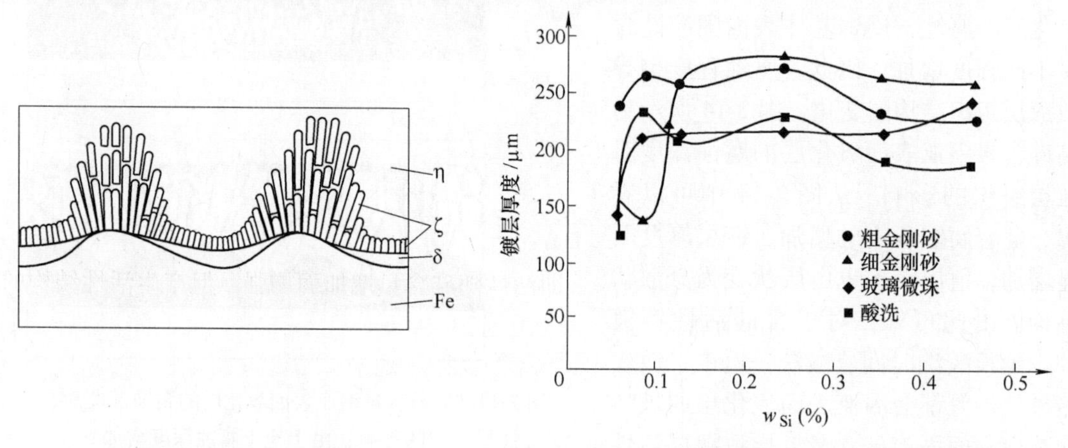

图2-15 钢材凹凸表面的热浸镀锌层生长形态

图2-16 不同表面粗糙度钢材硅含量与热浸镀锌层厚度的关系

上述结果表明，细金刚砂与玻璃微珠处理钢的表面粗糙度虽然相近，但是由于形貌不同，最终得到的镀层的稳定性差别很大。因此，不能简单地将表面粗糙度用于评价是否产生活性镀层结构的参数。

2.6.3 残余应力

在实践中，钢铁工件热浸镀锌前大多经历过机械加工。对加工变形所增加的残余应力是否会改变镀锌层的组织曾进行过大量的研究。D. Horstmann 等认为，热轧钢和冷轧钢都会在表面出现条痕或局部活性点。G. Hansel 在对相同硅含量的热轧钢和冷轧钢进行热浸镀锌时的结果也支持了这一观点。D. Horstmann 还发现临界硅含量的冷拔件在轧辊方向上形成条痕，这表明钢中的应变能加速了热浸镀锌层中铁的扩散而导致了活性。

热处理也被用来作为确定应变能对镀层反应影响的一种方法，但是这些结果有可能由氧化效应引起。A. J. Vazquez 等指出，在550℃的较低温度下，热处理可引起镀层生长行为的改变。而 G. Hansel 发现，在600℃再结晶处理1h不会影响镀层形成的活性。

G. E. Ruddle 等认为，对电解抛光的单晶试样不同的表面前处理可导致不同的硬度。对于这些试样没有因为表面应力的增加而导致活性增加的趋势。

G. Hansel 指出，在预先冷轧的钢板上再施加额外的冷轧加工，使厚度大约减少55%，会导致活性的增加，最高的硅含量对应出现了最大的活性效应，从而得出应力作用是有效的结论。但是，在这种情况下表面的状态改变了，而且由于表面延展而使厚度减少约一半，相应地使亚表面氧化层的厚度也减少了，这可能会更易暴露更多的活性点。

E. C. Mantle 的研究提出了在热浸镀锌中不存在应力效应的进一步证据。通过对钢试样进行喷砂处理后发现，改变喷砂条件后，晶格应力发生了变化，这些钢试样经热浸镀锌后都得到相同的镀层厚度。由此说明应力效应对镀层活性影响不明显。

然而，为了说明存储的应变能对热浸镀锌行为没有影响是很困难的，因为其他因素（如氧化效应、硅含量以及表面粗糙度效应等）均可能对热浸镀锌行为产生影响。许多试验证据表明，应力在活性现象中基本不起作用。

2.6.4　表面晶粒位向

G. E. Ruddle 等曾进行了一系列试验，以确定晶粒位向对热浸镀锌反应的影响。将钢试样经打磨和抛光以去除表面的缺陷层后，用化学和电子抛光得到微观光滑表面。结果表明，硅含量非常低的钢无论取向如何都不呈现活性，对于涂层专用钢材，低的硅含量仅使与表面平行的具有（111）面的晶体上的镀层受到影响。对于硅含量稍高（w_{Si}为0.025%）的钢试样，尽管由于表面取向的不同而使镀层的生长机制不同，在所有观察到的晶粒方向上都形成活性结构。该研究再次确证了圣德林效应，即活性随硅含量增加而增强，但产生活性结构的硅含量w_{Si}的下限降到接近0.01%。

由此确定，当表面应力可以忽略且没有氧化效应时，微观光滑试样的活性结构可以在硅含量w_{Si}低至0.01%时形成，而且仅在这个转变点才观察到较明显的位向效应。在接近最大活性效应的硅含量（w_{Si}约为0.1%）时，不论晶粒取向如何，镀层的不稳定性都会出现。这是因为在这一硅含量，组成热浸镀锌层的合金层中出现了热力学不稳定性。

M. No 在硅含量w_{Si}为0.011%、0.089%和0.143%，厚度为2~3mm的热轧钢管上分别进行沉积锌和热浸镀锌，研究了铁晶粒的位向对铁锌合金晶粒分布的影响，以确定钢的活性。结果表明，由于铁晶粒在钢表面的位向不同，沉积锌的密度和附着力或大或小；铁的（111）晶面与锌反应的活性较大，锌的附着与生长较快，可迅速覆盖整个晶粒并扩展到周围的晶粒上。该研究还认为，在钢的生产过程中形成的固溶态的硅使活性铁晶粒位向的形成相对容易，但是，钢表面的组织还依赖于钢的其他化学成分、钢材生产过程中的还原反应及热处理过程。

2.6.5　表面金相组织

表面晶粒的大小及形状也会影响到钢材的活性。一般认为，由于晶界效应明显，细晶粒的钢活性较大。但是，这一因素的影响并不是很确切，有试验表明，不同的晶粒结构对活性的影响甚微。

另外，表面碳化物的形状和分布也影响钢的活性。一个普遍的观点认为，当渗碳体存在于铁晶粒中时，钢的活性高于渗碳体分布在晶界的情况。

对于上述含硅钢各种表面状态对热浸镀锌层的影响，可考虑热浸镀锌之前在镀件表面施加某种阻碍层，以阻碍在热浸镀锌的最初时刻锌与活性钢表面的直接接触。因此，可在含硅钢热浸镀锌之前，先在表面以电镀的方法沉积一层纯铁，或在热浸镀锌前用电镀或化学镀的方法沉积一层镍，能有效地在热浸镀锌初始时刻起到阻碍作用，同时镍也可在后期降低铁锌合金反应的活性。

2.7 高温热浸镀锌

高温热浸镀锌是解决含硅活性钢热浸镀锌的另一途径，特别是对于硅含量 w_{Si} 约为 0.3% 的活性钢，高温热浸镀锌是目前较为有效的方法。根据铁锌相图，当锌浴温度高于 530℃时，ζ 相消失，在 530 ~665℃，液相锌与 δ 相平衡。因此，在 550℃高温热浸镀锌时，不会生成 ζ 相，δ 相是稳定且生长较缓慢的，因而硅对铁锌反应的影响不大，可生成较正常而均匀的镀层。

不同温度下热浸镀锌层厚度与钢中硅含量的关系如图 2-17 所示。由图 2-17 可见，在 550℃下热浸镀锌，镀层厚度远没有像在 460℃时那样对硅含量敏感。

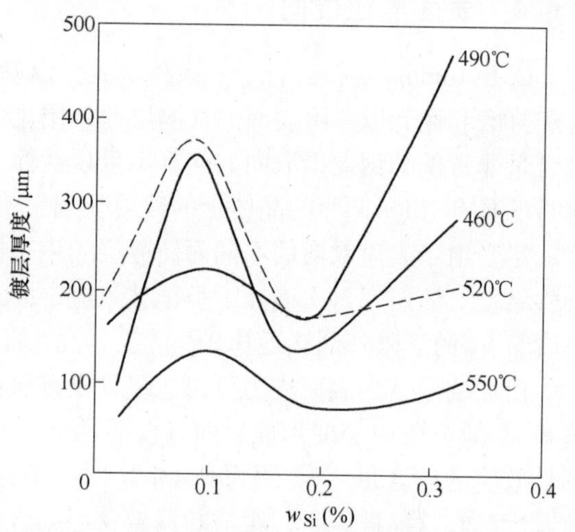

图 2-17　不同温度下热浸镀锌层厚度与钢中硅含量的关系

高温热浸镀锌由于锌浴温度较高，镀件提升离开锌浴后 δ 相仍继续生长，在镀件表面形成 δ 与 η 相的混合组织，镀层表面呈浅灰色。故须加入铝（w_{Al} 为 0.03% ~0.05%）以获得光亮镀层。此外，加铅可改善高温热浸镀锌镀层黏附性不足的缺陷。锌浴中铁的溶解度由 450℃时的 0.035% 增加到 550℃时的 0.3%。当 550℃锌浴中的铁含量 w_{Fe} 由 0 增到溶解极限 0.3% 时，镀层厚度可增加一倍。锌浴中饱和的铁会影响镀层力学性能，并使锌渣急剧增加而消耗锌。因此，高温热浸镀锌时，应采用比常规 450℃热浸镀锌时短的浸镀时间。由于镀层表面质量与冷却方式有关，镀件冷却速度必须严格控制。理想的锌浴条件是温度为 560℃，锌浴中铁含量 w_{Fe} 保持在 0.1% ~0.2%，同时，锌浴中铅含量 w_{Pb} 约为 1%，铝含量 w_{Al} 约为 0.05%。

与常规热浸锌相比，在 560℃高温热浸镀锌得到的镀层具有更高的耐蚀性、硬度和耐磨性。降低高温热浸镀锌温度至 520℃左右，镀层中出现少量的 ζ 相，可使镀层的延展性提高。

由于 550℃时铁在锌浴中溶解较快，所以高温热浸镀锌不能采用常规的钢制锌锅，必须改用陶瓷（即耐火材料）锌锅并改变加热方式。由于相关的技术较复杂，因而大型批量热浸镀锌生产线很少采用高温热浸镀锌。

第3章　热浸镀锌工艺

3.1　工艺分类及流程

热浸镀锌工艺最早记载可以追溯到1742年，法国化学家Melouin发明了一种保护铁的方法，即将铁浸没在熔融的锌中。1836年，另一位法国化学家Sorel正式申请了一项热浸镀锌专利，专利中明确叙述了将钢铁在硫酸中清洗，再经氯化铵助镀后热浸镀锌的工艺步骤。1837年，英国授予了一项与Sorel专利相似的热浸镀锌工艺专利，并很快被运用于工业化生产。到了1850年，英国钢结构件热浸镀锌年产量已达1万t。在随后的一百多年的时间里，热浸镀锌作为一种钢铁防腐蚀技术获得了广泛的应用。热浸镀锌工艺也在工业实践中不断地发展完善，目前已形成了较为成熟的工艺体系。

按镀件类型的不同，热浸镀锌可分为连续热浸镀锌（continuous hot dip galvanizing）和批量热浸镀锌（batch hot dip galvanizing）两大类。连续热浸镀锌是将带钢、钢丝及钢管等材料连续高速（如带钢最高速度可达200m/min）地通过锌浴获得热浸镀锌件的方法，其产品广泛应用于汽车工业、建筑业及日常民用产品中，用量巨大。为适应大量及快速的生产，连续热浸镀锌工艺逐渐发展并产生了较大的变化，出现了许多种的工艺方法，如溶剂法、Cook-Norteman法、Sendzimir法、改良型Sendzimir法以及美钢联法等。批量热浸镀锌是将钢结构件等分批次浸入锌浴获得热浸镀锌件的方法。其产品如输电铁塔、电力金具、高速公路护栏、路灯杆及标志牌等，广泛应用于交通、电力等部门。近年来批量热浸镀锌在桥梁、建筑钢结构及钢筋、通信微波塔、矿山机械、造船等方面的成功运用，更拓宽了批量热浸镀锌技术的应用前景。随着批量热浸镀锌的应用越来越广泛，批量热浸镀锌工艺也越来越完善。本章重点介绍批量热浸镀锌工艺，文中所述的热浸镀锌工艺均指批量热浸镀锌工艺。

批量热浸镀锌工艺通常由镀前处理、热浸镀锌及镀后处理等步骤组成。镀前处理包括脱脂（或除旧漆）、酸洗除锈、溶剂助镀及烘干等工序；镀后处理通常包括冷却、钝化及工件修整等，部分产品可能还需进行涂漆。根据其助镀方式不同，热浸镀锌工艺通常分为湿法镀锌和干法镀锌，其工艺流程如图3-1所示。

由图3-1a可见，湿法镀锌就是将助镀溶剂直接覆盖在锌浴表面，溶剂层厚厚地覆盖在锌浴的整个表面，或者仅仅覆盖于锌锅隔板一边的锌浴表面上。这样经脱脂及酸洗处理后的钢铁工件，可以通过溶剂层进出锌浴；或直接进入锌浴，并穿过隔板下方通过溶剂覆盖层取出；或进入时经过溶剂层，并穿过隔板下方由锌浴中直接取出。而干法镀锌（见图3-1b）则是将助镀溶剂置于单独的助镀溶液池中，经脱脂及酸洗的工件浸入助镀溶剂池中助镀后，再浸入锌浴中获得热浸镀锌层的工艺方法。

湿法镀锌和干法镀锌两种工艺孰优孰劣，现在仍然是热浸镀锌行业的一个争论主题。实际上选择哪一种工艺应根据钢铁工件的种类及需求而定。一般来说，湿法镀锌工艺多用于生产薄镀层，因为工件从锌浴表面的溶剂中拉出时，由于溶剂对工件表面具有擦拭作用，有利

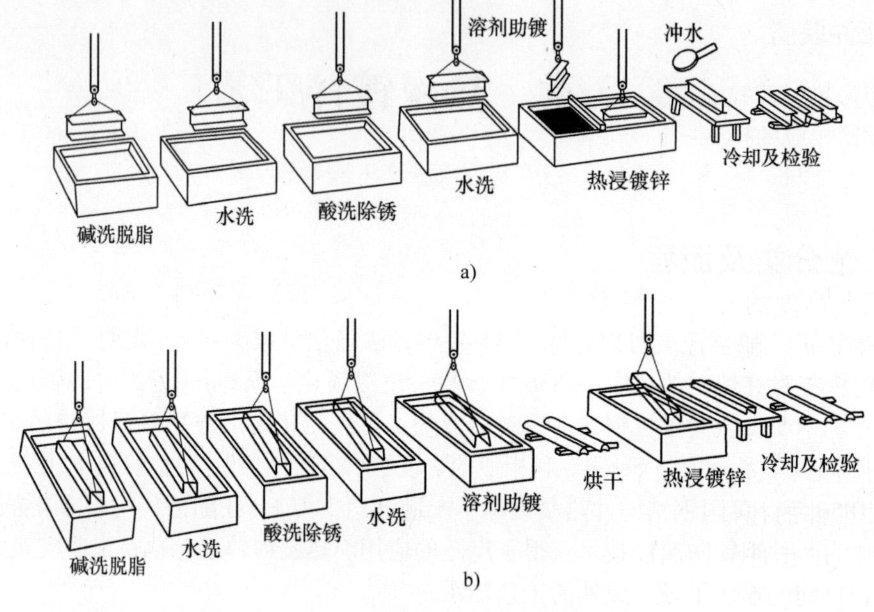

图 3-1 热浸镀锌的工艺流程

a）湿法镀锌 b）干法镀锌

于工件表面的锌液快速回流，使工件表面镀层较薄。对于复杂的工件，由于工件不容易干燥，溶剂覆盖层可防止锌的飞溅（俗称爆锌）。另外，使用湿法镀锌工艺时，可以减少工件的吊运次数，而且产生的锌灰也比较少。不过，若冲洗后的工件表面存在溶剂残留，则溶剂会污染和腐蚀镀件。在更换溶剂覆盖层时易造成锌的损失，同时，维持溶剂层的费用也较高。干法镀锌工艺的优点是产量高，锌渣生成率低，同时车间的空气更清洁。

随着现代热浸镀锌企业向着大规模、高效率的发展，湿法镀锌已很少采用，大多数热浸镀锌企业均采用干法镀锌。下面按挂件、镀前处理、热浸镀锌及镀后处理四部分来介绍干法镀锌工艺。

3.2 挂件

批量镀锌是将工件分批次地浸入锌浴中以获得热浸镀锌层的工艺。由于需要镀锌的钢结构件种类繁多、形状多样，因此，如何将各类工件安全、高效、有序地进行各工序的操作，是进行热浸镀锌操作需要最先解决的问题。早期热浸镀锌企业往往是利用酸洗吊带将工件整捆成堆地吊入镀前处理各工艺池中，待镀前处理完成后再进行二次挂件。这种操作往往影响镀锌效率。如今由于热浸镀锌环保要求越来越高，越来越多的企业对前处理区域产生的酸雾及水汽，以及镀锌区域产生的镀锌烟尘均进行了全封闭收集处理，这就对镀前的挂件工序提出了更高的要求。

挂件就是将工件一件件整齐悬挂在梁上，再由起重机把它们运至各个镀锌工艺池。采用挂件方式进行镀锌操作，可以确保操作人员和仪器设备的安全，并获得更高的镀锌效率、更大的生产产量以及更好的镀锌质量。

3.2.1　挂件装置

挂件作为热浸镀锌操作工艺中重要的一部分，应设置专门的挂件区对制件进行挂件。在挂件区应设置相应的挂件装置，如托架和挂梁等，如图 3-2 所示。

1. 托架和挂梁

托架是用于支撑挂梁及工件的钢结构支架，可以采用固定高度形式的托架或可调节高度的托架。固定高度的托架结构简单，制作方便，可以根据工件主要类型确定常用的几个托架高度进行制作。可调节高度的托架可以根据挂件所需要高度进行调节，可以适应多种工件的挂件要求，同时也可以降低工人的挂件强度，但制作更复杂，成本高。可调节高度托架可采用电动、气动、液压或螺杆传动来实现高度的调节。托架的制作一方面要保证支撑挂件的钢结构有足够强度；另一方面要确保托架基础稳固，以免带来安全隐患。

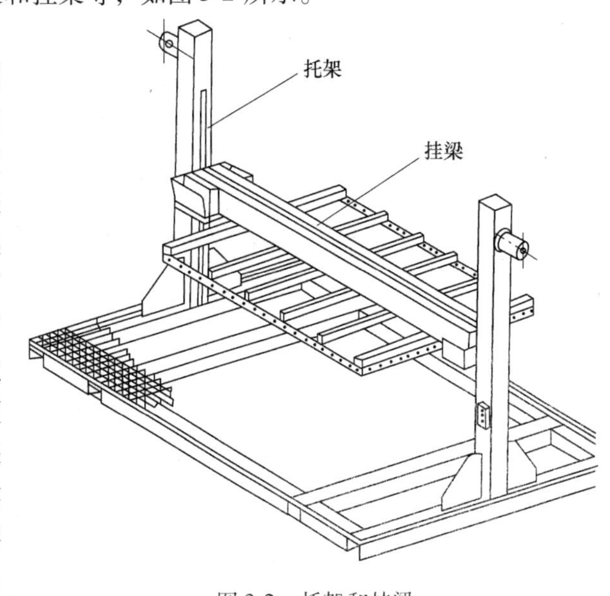

图 3-2　托架和挂梁

挂梁用于悬挂工件，因此需要一定的设计刚度，否则容易产生弯曲变形。挂梁尺寸应充分考虑锌锅尺寸及挂件所需要的长度及宽度。

2. 挂具

钢结构件进行挂件时，一般根据其类型、尺寸和重量的不同，采用合适且安全的挂具，其类型包括：钢丝、吊钩及链条、特殊挂具或尼龙吊索等。这些挂具既可以单独使用，也可以组合在一起使用。但特别注意尼龙吊索不能用于热浸镀锌工序。

（1）钢丝　钢丝作为最常见的挂具方式，在热浸镀锌企业中广泛采用。采用钢丝挂件，可以适用于各种工件的挂件要求；同时，与链条和吊钩相比，钢丝从锌浴中提起工件时带走的锌液相对较少。但是，采用钢丝挂件需要工人用手去捆绑打结，容易在此过程中划伤工人，工人的劳动强度也较大。另外，为了安全起见，通常钢丝使用一次后就要废弃，也增加了使用成本。

采用钢丝挂件，并不是越粗越好，既需要保证足够的抗拉强度，又要能够让工人较方便地进行捆扎。根据美国镀锌者协会（AGA）的调查报告，北美热浸镀锌企业采用最多的是 9 号退火钢丝（直径为 3.658mm）。根据 ASTM A853，这种钢丝抗拉强度为 413MPa，退火组织状态使这种钢丝较为柔软，方便工人用钢丝将工件挂在挂梁上并打结牢固。

钢丝挂件中非常重要的一点是必须保证使用足够强度的钢丝承载工件。采用的钢丝数过少可能会发生危险，而使用量过多也是一种浪费。钢丝承载工件最危险的时候是在热浸镀锌后提升工件的时候。此时钢丝接近锌浴的温度，本身强度降低，同时，由于工件中带有液态锌，需要承受比所挂工件更大的载荷。因此，钢丝所能承受的工作载荷限值应远小于钢丝本身的抗拉强度。

根据AGA2003年钢丝测试项目结果，钢丝的工作载荷限值取决于钢丝类型及打结方式。该项目推荐了3种常用的钢丝打结方式，如图3-3所示。通过在企业实测试验发现，采用图3-3中打结方式1和2，钢丝的承载值变化较大，这与工人打结的熟练程度有较大关系；而采用第3种打结方式，钢丝的承载值较稳定，与工人操作关系不大。如果考虑钢丝本身抗拉强度、高温使用，采用打结方式1和2，通常钢丝的工作载荷限值仅为钢丝室温下抗拉载荷的10%；而采用打结方式3，钢丝的工作载荷限值为钢丝室温下抗拉载荷的30%。热浸镀锌用9号钢丝（ASTM A853）的工作载荷参考值见表3-1。

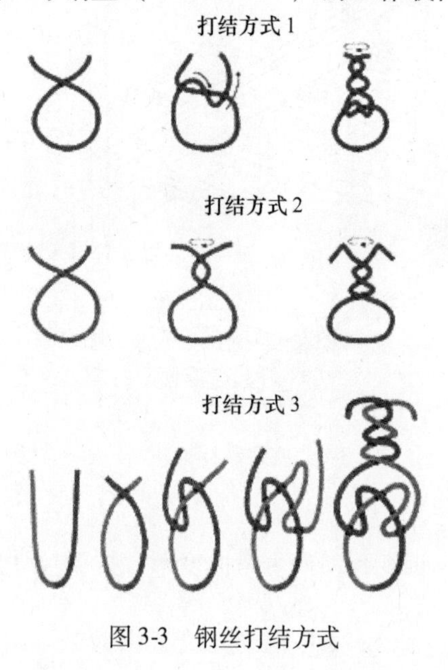

图3-3　钢丝打结方式

表3-1　热浸镀锌用9号钢丝（ASTM A853）**的工作载荷参考值**

钢丝打结方式（见图3-1）	钢丝股数/根	钢丝工作载荷/(N/根)
打结方式1	1	450
打结方式2	1	450
打结方式1和2	<4	450
打结方式1和2	≥4	350
打结方式3	1	1350
打结方式3	<4	1350
打结方式3	≥4	1000

应该注意的是，当采用多股钢丝捆扎工件时，应尽量使工件载荷平均分布在每根钢丝上，避免仅单根或几根钢丝受力。将钢丝与工件打结并缠绕扭折数圈之后，记得要把钢丝尾部往回折，可以防止钢丝滑开。

（2）吊钩及链条　对于大型工件，通常采用吊钩及链条进行吊挂。这是由于吊钩及链条可以承受更大的载荷，吊挂方便简单，可以多次使用。但也需要特别注意的是，使用吊钩及链条进行热浸镀锌生产，可以由于液态金属腐蚀、氢脆、化学试剂腐蚀、冲击载荷、承载不均、应力腐蚀、吊挂剪切作用及热效应等情况造成其损坏。

值得注意的是，高强度合金链条不适合于热浸镀锌前处理过程采用。这是由于酸洗过程中产生的氢有可能吸附于合金链条内而产生氢脆。另外，据研究当链条处于热浸镀锌温度时，其强度会降低30%以上。

在挂件之前，需要检查链条或吊钩是否有磨损和腐蚀的情况。再次使用链条和吊钩之前，确保上面的锌已经全部除去，避免污染酸洗池。为此，需要设置一个独立的脱锌池来清除。

（3）特殊挂具　对于一些大批量同规格工件，建议设计特殊的挂具来挂件，这样可以大大提高挂件效率及安全，并保证镀锌质量。图3-4所示为一些特殊挂具的示例。

图3-4 特殊挂具的示例

3.2.2 挂件步骤

要保证较高的镀锌生产率，一般情况总是准备好下一批已经完成挂件的工件等着进行前处理，而在镀锌区，确保至少有一批已完成前处理的工件等着进行镀锌。挂件步骤如下：

（1）挂件前的检查 在挂件前，应检查工件表面状况，是否存在后续工艺无法去除的油漆、严重锈蚀、表面缺陷等；检查工件是否符合热浸镀锌的设计要求，如排气排液孔是否充分、工件结构是否容易变形等。

（2）分类排放 一般情况下，工件的尺寸、形状、重量都不一样，有实心的，也有空心的。通常可以按照以下方法进行分类：

1）将小型和较轻的工件与大型和重型工件分开。

2）将实心工件与空心的工件分开。

3）将腐蚀较严重的工件与轻度腐蚀的工件分开。

4）锌浴中较易变形的工件，如面积大的平板薄钢板、焊起来的长管道、波纹钢板等归为一类。

如果可能，尽可能将材料成分相同、形状与重量相同、表面状态相同的工件一起挂件。

（3）选择合适且安全的挂具 针对工件的不同状况，灵活选择挂具进行挂件，也可以由几种挂具组合起来挂件。挂件时应尽量减少工件上的挂具接触痕迹。

（4）将挂件牢固地悬挂在挂梁上 选择正确的悬挂位置。对于对称工件，比如钢管、密闭的空心工件，一般在工件两端长度的1/4处制备起吊点或者悬挂点，以防止工件在热浸镀锌过程中产生变形。

挂件时，应注意工件排气孔及排液孔的位置，排气孔及排液孔通常是对角开设的。挂件时，应确保工件排气孔悬挂于最高位置，排液孔位于最低位置。

工件悬挂的角度一般越大越好，垂直浸镀最好，这样有利于工件内的前处理液及锌液排出。当然，对于活性钢镀锌，如果需要尽可能减少工件浸在锌浴的时间，也可以将工件水平悬挂，通过操作行车拉升提高角度。这样工件出锌浴时可以做到“先进先出”。

挂件时，必须严格控制每次浸镀所挂工件重量不得超过挂梁的最大载荷值。每次浸镀的挂件数量还受到锌锅尺寸（宽度、高度、长度）影响。当工件浸到锌浴时，要确保工件膨胀后不会碰触到锌锅壁和锅底。工件与锌锅侧壁及端部之间至少保持100mm的间距。

悬挂的工件与工件之间必须留有一定的间距，防止镀锌时工件之间互相粘住，或者刮花。但工件之间的间距也不要过大，以免浪费悬挂空间。

挂件时，必须考虑到工件在热浸镀锌时是否可以充分通气和排液。如果中空或封闭的工件上没有排液孔和排气孔，则不能够进行热浸镀锌。否则，工件上的残留液体在热浸镀锌时可能会汽化而产生强烈爆炸。工件上的排气孔及排液孔，由钢结构件制造企业参考相关技术资料（见本书第5章）设计并开设。

3.3 镀前处理

钢铁材料及其制件的表面，由于加工、贮运过程中容易生成或附着异物，如氧化皮、油污、加工碎屑及尘土等，因而不能直接进行热浸镀锌，需要做适当的表面处理。钢铁工件的镀前处理质量的好坏，对镀层质量有极大的影响，故应特别重视。

钢铁工件表面的主要污物及对镀层性能的影响见表3-2。

表3-2 钢铁工件表面的主要污物及对镀层性能的影响

类型		来源	主要组成	对镀层性能的影响
油污	润滑油、切削油、拉深油、压延油、研磨油(膏)	机加工过程、热处理过程、贮运过程	矿物或动植物油脂、石蜡、树脂，各种有机添加剂和无机填充材料	可能产生漏镀
氧化物	氧化皮、黄锈	加工过程和贮运过程	四氧化三铁、三氧化二铁和氧化铁等	可能产生漏镀、锌渣量增多
固体附着物	金属屑、焊渣焊剂、尘土	加工过程、焊接过程和贮运过程	金属屑、焊渣、尘土	可能产生漏镀
	碱及碱性盐、中性盐、酸及酸性盐	热处理过程、焊接过程和酸洗过程	各种盐类	可能产生漏镀
旧涂层	旧漆、旧塑料	标记、临时防锈涂料及返修件	天然油脂、树脂、纤维，合成树脂、纤维，各种颜料、填充材料	可能产生漏镀

由表3-2可见，热浸镀锌工艺中的镀前处理实际上就是要将钢铁工件表面存在的污物彻底清除干净，同时还须使工件表面活化，以便工件在锌浴中可以很快与锌发生反应，从而获得满意的热浸镀锌层。故镀前处理的工艺步骤为：脱脂（或除旧漆）→水洗→酸洗除锈→水洗→溶剂助镀→烘干。

3.3.1 脱脂

1. 脱脂对后续工艺的影响

钢铁工件在加工、贮运过程中，常使用以矿物或动、植物油脂为基础成分，加有各种有机添加剂或无机物质的油品，这是钢铁工件表面的主要油污来源，必须通过脱脂工序来彻底将油污去除。脱脂是热浸镀锌镀前处理的基本工序之一。对于多数钢结构件热浸镀锌厂来说，通常工件表面的油污不太严重，该工序往往忽略不进行或不太注意其处理效果。实际上，脱脂工序质量的好坏将直接影响后续工艺及热浸镀锌质量。

1）影响除锈质量。锈层或氧化皮表面的油脂及污物，将阻碍或降低酸洗除锈溶液对工件表面锈层或氧化皮的溶解、剥离作用，减缓除锈速度。

2）影响溶剂助镀质量。工件热浸镀锌前要在氯化锌铵溶液中助镀，助镀后在工件表面形成一层薄的溶剂层。这层溶剂薄层形成的好坏取决于溶剂与工件表面的良好接触，它将决定工件热浸镀锌的质量。要确保做到这一点，就必须做好脱脂及除锈的工作。如果工件表面的异物未被彻底去除干净，这些异物就会在工件助镀时起到一种机械屏障作用，延缓溶剂对工件产生活化作用，影响工件表面良好的溶剂薄层的形成。

3）影响镀层质量。如果脱脂不彻底，造成工件助镀效果不好，工件表面覆盖的助镀溶剂层不均匀或未被活化，将导致工件在热浸镀锌时产生漏镀。

2. 油脂的分类

工业上用的油脂，按化学性质分可分为两大类：皂化类和非皂化类油脂。凡从动植物体制备得来的不溶于水而密度值较水小的油腻物质称为油脂。这类油脂能与碱起作用而分解成溶于水的脂酸盐（肥皂）和甘油，这个反应称为皂化。这类油脂称为皂化油脂。

矿物油（如汽油、凡士林和各种润滑油等）虽也称作油，但与油脂的成分和性质不同。矿物油是石蜡属烃及环氧属烃等碳氢化合物的混合物。这类油不溶于水，与碱不起皂化作用，所以称为非皂化类油脂。

3. 脱脂方法

掌握了油的不同特性和在工件表面的沾污程度，就可有针对性地来选择脱脂的方法。钢铁工件脱脂的基本方法及特点见表 3-3。

表 3-3　钢铁工件脱脂的基本方法及特点

脱脂方法		使用方式	特　点	适　用　范　围
有机溶剂脱脂		浸泡、喷射等方式	皂化油脂和非皂化油脂均能溶解，一般不腐蚀工件。脱脂快，但不彻底，需用化学或电化学方法补充脱脂。有机溶剂易燃、有毒、成本较高	可对形状复杂的小工件，油污严重的工件及易被碱溶液腐蚀的工件做初步脱脂
化学脱脂		浸泡、喷射或滚筒等方式	方法简便、设备简单、成本低，但脱脂时间较长	一般工件脱脂
电化学脱脂		阴极电解脱脂、阳极电解脱脂	脱脂效率高，能除去工件表面的浮灰、浸蚀残渣等机械杂质，但阴极电解脱脂工件易渗氢，深孔内油污去除较慢，且需直流电源设备	一般工件的脱脂或阳极去除浸蚀残渣
物理机械脱脂	擦拭法	用毛刷或抹布粘脱脂剂擦拭	操作灵活方便，不受工件限制，但劳动强度大，生产率低	不宜采用其他方法脱脂的工件
	燃烧法	工件加热到 300～400℃	油脂可以完全烧除，但工件表面可能留有残炭	
	喷砂（丸）	喷砂（干喷或湿喷）、喷丸	脱脂除锈可一次完成，但不适用于断面厚度较小的工件	

对于表面油污较严重的工件，可采用表 3-3 中的一种方法进行脱脂，也可几种方法结合，如先用化学脱脂再进行电化学脱脂。然而，对于多数热浸镀锌钢铁工件，工件表面

油污通常不会特别严重，其脱脂方法相对来说可较为简单，常用的热浸镀锌脱脂方法如下所述。

（1）热碱溶液法　大多数钢结构件尺寸较大，油污较轻，故在脱脂方式上宜选用成本较低的化学脱脂方法。热碱溶液法即为化学脱脂方法中的一种。热碱脱脂溶液适用于大多数油污表面，如粘有可溶性油剂、深冲或轧制润滑剂的表面等，并对某些油漆、快干漆及清漆也有清除作用。常用的热碱溶液为100~150g/L NaOH浓溶液，这是一种强力清洗剂，可除去大部分皂化油脂及非皂化油脂。在配制该溶液时要特别注意防止飞溅，以防烧伤。碱脱脂液通常使用温度为85℃，根据污染的性质和程度，浸渍的时间为1~20min。一般的处理时间小于5min。若增加搅动，还可以缩短时间。如果工件表面油污较轻，也可浸入60℃质量分数为0.5%~1.0%的普通表面活性剂溶液中予以去除。将工件悬挂在脱脂浴中，让循环溶液在工件表面部分自由循环流动，反应产物将沉于池底淤集。脱脂浴表面若有泡沫聚集应及时清除，反应产物沉于池底形成的淤泥可留至更换溶液时清理。

工件脱脂后应立即浸入热水中清洗，如果可能的话，可再以流动冷水清洗。若工件未经水洗即进入酸洗工序，则工件表面附着的碱会与酸反应，造成酸的不必要浪费。另外，脱脂后的清洗也不宜与酸洗后的清洗在同一个池内进行，这是因为如果清洗池中带有弱酸性，会引起刚脱脂后工件上附着的脱脂剂分解，在工件表面形成泡沫，影响其后的酸洗效果。如果工件只是在稀的清洁剂中脱脂，则可不必清洗。

对于从事特殊工件热浸镀锌的企业，也可以同时采用热碱溶液脱脂与电解脱脂的方式对工件进行彻底脱脂。

（2）冷碱溶液法　该方法可在常温下进行脱脂，冷碱溶液通常以磷酸盐为基础。冷碱溶液法适用于工件表面油污较轻的情况。脱脂的清洗步骤仍较重要。

（3）其他方法　若工件上仅是局部的小油污，可通过手工蘸取溶液擦拭的方式去除，但擦拭的表面应确保清洁，以免使污染面扩大。

对于油污轻微的工件，部分企业也采用喷丸的方式去除。另外，在炉中加热使工件表面油污分解，也是某些企业采用的一种脱脂方法。

3.3.2 除旧漆

工件表面的漆膜，因涂装质量不良，或因周转运输造成破坏，或在使用过程中老化、破坏，需要重新进行热浸镀锌时，应将旧漆去除。

除旧漆常用的方法有机械法、火焰法和化学法。

1. 机械法

机械法包括用手工和动力工具打磨、高压水冲刷及喷丸（砂）（参见本章3.3.4节）等方法，可以有效地清除旧漆。

2. 火焰法

用煤油喷灯或氧乙炔焰灼烧漆膜，使其焦软、起泡，同时用刮刀刮铲清除。脱漆需要时间较短，但应注意防止工件受热变形和烧焦。

3. 化学法

化学法是用化学试剂配成脱漆溶液进行除漆的方法，常用方法如下所述：

（1）碱液法　利用碱液强腐蚀作用，对漆膜渗透、溶胀及降解，破坏漆膜与钢铁材料间的附着力，使漆膜膨胀松软，并用刮刀刮铲清除，再用温水洗净。碱液除旧漆配方见表3-4。采用碱液除旧漆，使用简便，可将工件置于碱液槽中浸渍，或配制成脱漆膏，涂于旧漆膜上。但脱漆时间要求较长，一般需经数小时。

表 3-4　碱液除旧漆配方

序号	配方（质量份）	使用方法
1	磷酸二氢钠　8 碳酸钠　3 磷酸三钠　6 硅酸钠　3 水　1000	将药品逐个加入水中溶解，搅匀，加热到 90～95℃，将工件放入，煮 1～1.5h，用 40～50℃水洗净。应注意经常除去溶液表面的浮油
2	氢氧化钠　77 碳酸钠　10 表面活性剂　3 山梨醇或甘露醇　5 甲酚钠　5	将药品混合后取 6～15 份，加入 94～85 份水。再将此水溶液加热到 90～95℃，即可将工件浸入脱漆
3	氢氧化钠　16 生石灰　18 全损耗系统用油　10 碳酸钙　22 水　34	将氢氧化钠溶于水中，再加入生石灰、全损耗系统用油、碳酸钙，搅拌成糊状，涂于旧漆表面 2～3 层，经 2～3h 后，漆层将破坏，用刀铲除
4	碳酸钙　6～10 碳酸钠　4～7 生石灰　12～15 水　80	将药品混合，搅拌成糊状，涂于旧漆表面 2～3 层，经 2～3h，漆层经破坏，用刀铲除

（2）脱漆剂　脱漆剂是能溶解或溶胀漆膜的溶剂或膏状物，主要由溶解力强的溶剂与石蜡、纤维素醚等组成。

脱漆剂有两种类型。一类是以酮、醇、酯、苯等溶剂与石蜡制成的白色乳状物，如脱漆剂 T-1 和 T-2。T-1 主要用于清除油脂漆、酯胶漆、酚醛漆，重新涂漆前必须先将附在被涂物上面的残蜡除去。T-2 脱漆能力比 T-1 强，主要用于清除油基漆、醇酸漆及硝基漆。另一类是以二氯甲烷、聚甲基丙烯酸甲酯、乙醇、甲苯、石蜡等组成，如脱漆剂 T-3（102 脱漆剂），用于脱除油基漆、醇酸漆、硝基漆，脱漆速度较快，效果比 T-1、T-2 好，也可用于脱除环氧漆、聚氨酯漆，但效果较差。

应用脱漆剂，施工方便，可在常温下进行。一般可把工件放入脱漆剂槽中，浸渍 1～2h，用刀刮铲，或将脱漆剂涂抹在工件表面，经 10～30min，待漆膜软化、溶胀，再用刮刀铲刮清除。脱漆剂的脱漆效率高，对金属腐蚀性小，但成本高，有毒性，易挥发，且除二氯甲烷外都易燃烧。

几种脱漆剂配方见表 3-5。

表 3-5　几种脱漆剂配方

序号	配方（质量份）	使用方法及适用范围
1	苯　8 杂醇油　3 乙醇　6	将工件浸泡 1h，即可脱除旧漆层，适用于金属表面的旧漆层
2	二氯甲烷　65~85 甲酸　1~6 苯酚　2~8 乙醇　2~8 乙烯树脂　0.5~2 石蜡　0.5~2 平平加　1~4	适用于氨基、丙烯酸、酚醛、环氧、聚酯、有机硅、聚氨酯的旧漆层，脱漆效率高。脱漆时，只要将它涂刷于旧漆层表面，数十分钟后即可用铲刀连同旧漆层一同铲去。操作时皮肤不要直接与脱漆剂接触
3	甲组分：二甲苯　139 矿物油　55.5 油酸　22.1 乙组分：烧碱　2.1 水　80 三乙醇胺　4.9	适用于一般清漆的旧漆层脱除。使用时，将乙组分微微加热，加入甲组分剧烈搅拌，均匀混合后即可

3.3.3　酸洗

钢铁材料是容易氧化和腐蚀的金属材料，其表面一般都存在氧化皮和铁锈。钢铁材料表面常见的氧化物有氧化亚铁（FeO，灰色）、三氧化二铁（Fe_2O_3，赤色）、含水三氧化二铁（$Fe_2O_3 \cdot nH_2O$，橙红色）和四氧化三铁（Fe_3O_4，蓝黑色）等。热浸镀锌前应将钢铁工件表面的氧化皮和铁锈除尽，否则将影响助镀效果，甚至产生漏镀。

1. 酸洗除锈原理

钢铁材料表面因大气腐蚀产生的铁锈，一般是氢氧化亚铁与氢氧化铁；因高温而产生的氧化皮，则主要是四氧化三铁、三氧化二铁。铁的氧化物都很容易与酸作用而被溶解。以盐酸为例，其反应可用方程式表示如下：

$$FeO + 2HCl \longrightarrow FeCl_2 + H_2O \tag{3-1}$$

$$Fe(OH)_2 + 2HCl \longrightarrow FeCl_2 + 2H_2O \tag{3-2}$$

$$2Fe(OH)_3 + 6HCl \longrightarrow 2FeCl_3 + 6H_2O \tag{3-3}$$

四氧化三铁与三氧化二铁在硫酸和室温下的盐酸溶液中都较难溶解，但当与铁同时存在时，组成腐蚀电池，铁为阳极，与氧化皮接触处的铁首先溶解，并产生氢气，促使氧化皮从钢铁材料表面脱落，反应如下：

$$2Fe + 6HCl \longrightarrow 2FeCl_3 + 3H_2\uparrow \tag{3-4}$$

同时，析出的氢把四氧化三铁、三氧化二铁先还原为氧化亚铁，反应如下：

$$Fe_3O_4 + H_2 \longrightarrow 3FeO + H_2O \tag{3-5}$$

$$Fe_2O_3 + H_2 \longrightarrow 2FeO + H_2O \tag{3-6}$$

再发生式（3-1）反应而溶解。由于腐蚀电池的存在，封闭的铁垢覆盖层是很难酸洗的。但如果铁锈和铁垢中有很多裂纹或者小孔，则对酸洗过程是较为有利的。在氧化物与金属表面接触时，可以看到酸液中铁垢快速地溶解脱落。

当使用其他酸时，也产生类似的反应，并生成相应的盐和水。

酸洗除锈过程中析出氢，对工件有不利的影响。因为氢原子易扩散到金属内部，引起氢脆，导致金属的韧性、延展性和塑性降低。而氢分子从酸溶液中逸出时，又易造成酸雾，影响操作环境。为克服这些缺点，生产中常在酸洗液中加缓蚀剂、润湿剂、抑雾剂等加以改善。

2. 常用酸洗方法

热浸镀锌酸洗工序中最常采用的酸为盐酸和硫酸。两种酸各有其特点。硫酸酸洗速度比冷盐酸快，因此酸洗池的数量可少一些；而且回收硫酸所用的设备也较便宜，这不仅能简化工艺，也有利于污水处理；另外，硫酸比盐酸价格便宜。但硫酸酸洗时一定要加热到60～65℃才能达到较高的酸洗速度；而且硫酸是强氧化性酸，对操作者比较危险，要相当谨慎。相对来说，盐酸酸洗在热浸镀锌中使用得更为普遍。

(1) 盐酸酸洗　盐酸是目前热浸镀锌企业使用较广泛的一种酸洗原材料。其质量分数通常控制在5%～15%。酸的质量分数越低，酸洗所需的时间越长。另外，酸洗的温度对酸洗的速度影响较大。在酸洗工件时，铁盐在槽内逐渐沉积。当铁盐达到150～200g/L时，虽然槽里含有一定量的游离酸还可以使用一段时间，但除非升高温度，否则酸洗速度将大大减慢。此时，不能再添加新酸了，只能将其全部处理掉。

1) 酸洗溶液的成分。市面上出售的工业浓盐酸的w_{HCl}通常为30%～32%，其质量浓度ρ_{HCl}为345～372g/L，其密度为1.15～1.16g/mL。不同质量分数盐酸的密度见表3-6。依据表3-6，通过测定新配盐酸溶液密度，就可方便地得出该盐酸溶液的质量分数。

表3-6　不同质量分数盐酸所对应的密度

w_{HCl}(%)	ρ_{HCl}/(g/L)	密度/(g/mL)	w_{HCl}(%)	ρ_{HCl}/(g/L)	密度/(g/mL)
0.12	2	1.000	16.15	174	1.080
0.15	12	1.005	17.13	186	1.085
2.15	22	1.010	18.11	197	1.090
3.12	32	1.015	19.06	209	1.095
4.13	42	1.020	20.01	220	1.100
5.15	53	1.025	20.97	232	1.105
6.15	63	1.030	21.92	243	1.110
7.15	74	1.035	22.86	255	1.115
8.16	85	1.040	23.82	267	1.120
9.16	96	1.045	24.78	279	1.125
10.17	107	1.050	25.75	291	1.130
11.18	118	1.055	26.70	302	1.135
12.19	129	1.060	27.66	315	1.140
13.19	140	1.065	28.14	321	1.142
14.17	152	1.070	28.61	328	1.145
15.16	163	1.075	29.57	340	1.150

（续）

w_{HCl}（%）	ρ_{HCl}/（g/L）	密度/（g/mL）	w_{HCl}（%）	ρ_{HCl}/（g/L）	密度/（g/mL）
29.95	345	1.152	43.42	404	1.175
30.55	353	1.155	35.39	418	1.180
31.52	366	1.160	36.31	430	1.185
32.10	373	1.163	37.23	443	1.190
32.49	379	1.165	38.16	456	1.195
33.46	391	1.170	39.11	469	1.200
33.65	394	1.171			

由于添加新酸时往往要计算需加入多少量，故在计算酸洗溶液的调整比例时，应用St. Andrew的十字交叉法十分方便快捷，如图3-5所示。

由图3-5可见，若预添加新酸的质量分数为$a\%$、现有旧酸的质量分数为$b\%$（其中$a>b$），欲获得酸质量分数为$c\%$的溶液，则只需添加现有旧酸量的$(c-b)/(a-c)$的新酸。

研究发现，在不含铁的酸洗溶液中，随着酸含量的增加，酸洗速度会随着提高；而当酸洗溶液中铁含量逐渐升高时，溶解速度也会在一个有限范围内提高，这取决于酸的质量分数；当溶液中的铁高于某一含量后，酸洗的速度会剧烈下降。在新配酸洗溶液时，可在溶液中加入少量的铁（通常加少量含铁高的旧酸），这可以加快最初的酸洗速度。

2）酸洗温度与酸洗时间的关系。室温下盐酸质量分数与酸洗时间的关系见图3-6，由图3-6可见，随着酸洗液质量分数的提高，酸洗时间变短。

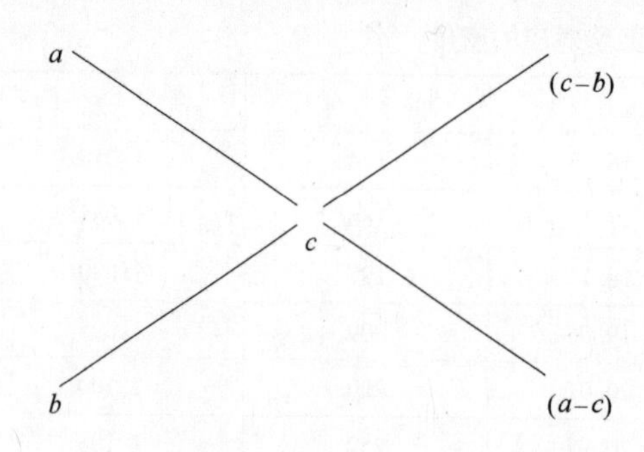

图3-5　St. Andrew十字交叉法

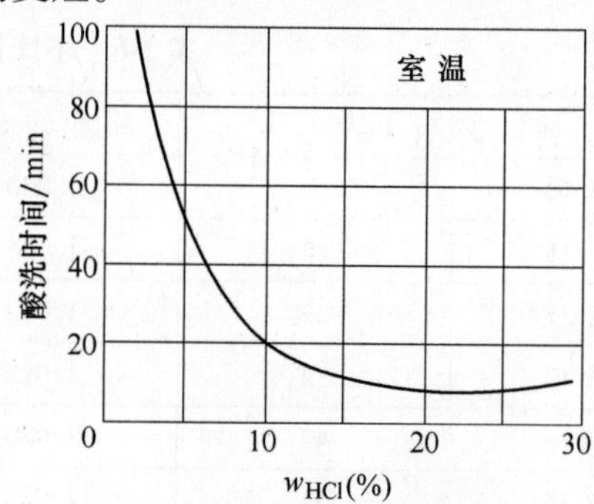

图3-6　室温下盐酸质量分数与酸洗时间的关系

实际上，酸洗温度对酸洗时间有显著影响，如图3-7所示。由图3-7可见，20℃、40℃及60℃下，平均酸洗时间的比例大约为12∶3∶1。

盐酸在低于15℃时的酸洗速度是很慢的。合适的工作温度是18～21℃。氧化皮和酸之间的化学反应能产生足够的热量来保持酸洗溶液的温度。但是，在天冷时经过一晚上之后酸洗溶液就会冷却到15℃以下，假如不供热，则需要很长时间才能达到合适的操作温度。因此，为了保持足够的酸洗速度，建议对酸洗溶液预先加热。最简单的方法是直接通蒸汽进行加热，由于只是偶尔使用一次，所以不存在被冷凝水稀释溶液的问题。截止阀要尽可能地离管子开口端近一些，避免在蒸汽关闭时酸洗溶液倒流。电加热器也可用来加热盐酸溶液，但

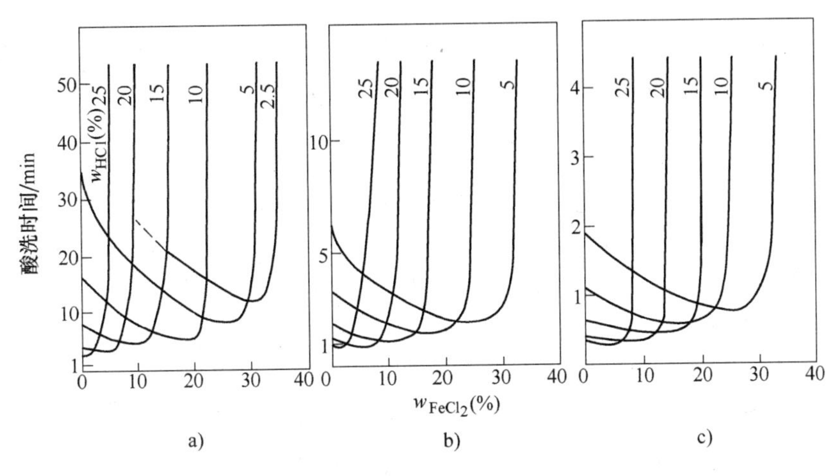

图3-7 酸洗温度与酸洗时间的关系

a) 20℃ b) 40℃ c) 60℃

由于是用于酸性的条件下，需要用塑料王或石英套管保护起来。

3）酸洗溶液的检验与控制。为了充分地利用酸洗溶液，需要严格控制其成分。酸含量和铁盐含量的测定是简单的，只需要少量的仪器：小玻璃漏斗、25mL 量筒、250mL 量筒、50mL 滴管、250mL 的锥形瓶、甲基橙试剂、0.5mol/L 碳酸钠标准液、测量范围为 1.0～1.3g/mL 的密度计和滤纸。

在待测量酸洗池中用烧杯取酸洗溶液样，过滤到一个 25mL 的量筒中满刻度。然后倒入一个 250mL 的量筒里，加清水至 250mL 满刻度并充分搅匀。再用另一 25mL 量筒取此稀释液 25mL，倒入 250mL 的锥形瓶里，加入数滴甲基橙试剂，再用滴管逐滴加入 0.5mol/L 碳酸钠标准液，随时搅拌。测定需要多少毫升碳酸钠标准液能使试剂的颜色从红变到黄。假如需要 xmL0.5mol/L 碳酸钠，则酸洗溶液中含有 $x\times7.3$g/L HCl。

测出了酸洗溶液中盐酸的质量浓度后，再用密度计测出溶液密度，则可根据图3-8求得酸洗溶液中铁的质量浓度。具体方法是，在图3-8中用一把尺子将左边表示密度的线和右边表示盐酸的质量浓度的线相连，就可以在中间线上读出铁的质量浓度。

（2）硫酸酸洗　市面上出售的工业浓硫酸通常含 H_2SO_4 95%～97%（质量分数）；也可以选用褐色工业硫酸溶液，它含 H_2SO_4 75%～78%（质量分数）。在室温下，硫酸对金属氧化物的溶解能力较弱，提高含量不能显著提高硫酸的溶解能力。40%（质量分数）以上的硫酸溶液，对氧化铁的溶解能力显著降低，60%（质量分数）以上的硫酸溶液几乎不能溶解氧化铁。因此，用硫酸作为酸洗溶液，

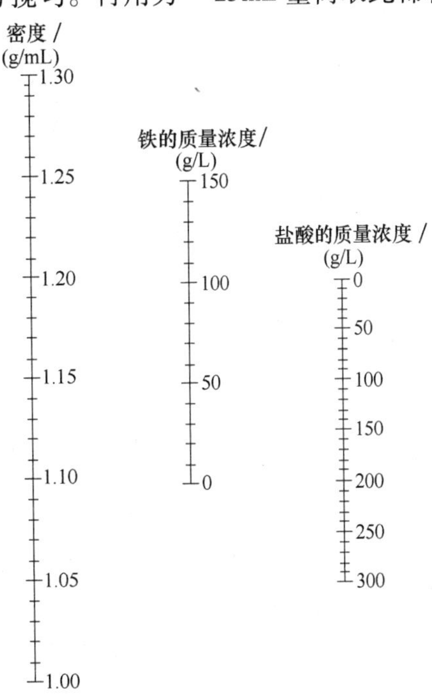

图3-8 室温下盐酸溶液中盐酸的质量浓度、密度与铁的质量浓度对应关系

其质量分数一般多控制在8%～15%。浓硫酸能够引起烧伤，搬运时必须特别小心。浓硫酸必须是慢慢地加到水里，而绝对不能将水往浓硫酸里倒。用加添浓酸的办法来保持酸洗溶液的含量。

提高温度，可以大大地提高硫酸的除锈能力，由于硫酸挥发性低，适宜于加热操作。热硫酸溶液对钢铁基体腐蚀能力较强，对氧化皮有较大的剥落作用，但温度过高时，容易过腐蚀钢铁基体，引起氢脆的倾向增加。为避免这些危害，硫酸溶液可加热到50～60℃，一般不宜超过75℃，同时应加入适当的缓蚀剂。酸洗溶液的升温可通过铺设在池中的蒸汽加热铅管或塑料王换热器进行。

除锈过程中积累的铁盐将显著降低硫酸溶液的除锈能力和酸洗速度，并使除锈后工件表面残渣增加，质量下降。因此，硫酸溶液中铁的质量浓度一般不应大于60g/L。当溶液中铁的质量浓度达到60g/L时就要停止加酸，最终铁的质量浓度增加到80～120g/L后再废弃。在某些使用回收装置的工厂中，硫酸溶液中的铁含量可允许稍高一些，但是这时可能在工件上产生一种很难溶的沉淀层。因此，在使用硫酸酸洗时，其后的水洗比使用盐酸时更为重要。

硫酸溶液中酸和铁的含量可以采用与盐酸溶液相同的测定方法。最后假设测得需要 ymL 0.5mol/L碳酸钠标准液，那么溶液中含有 $y\times 9.8$g/L的 H_2SO_4。

在确定溶液铁含量时，可用上述方法测得溶液酸度，同时用密度计测量出溶液密度。在图3-9中用一把尺子将左边表示密度的线和右边表示硫酸的质量浓度的线相连，就可在中间线上读出溶液中铁的质量浓度来。

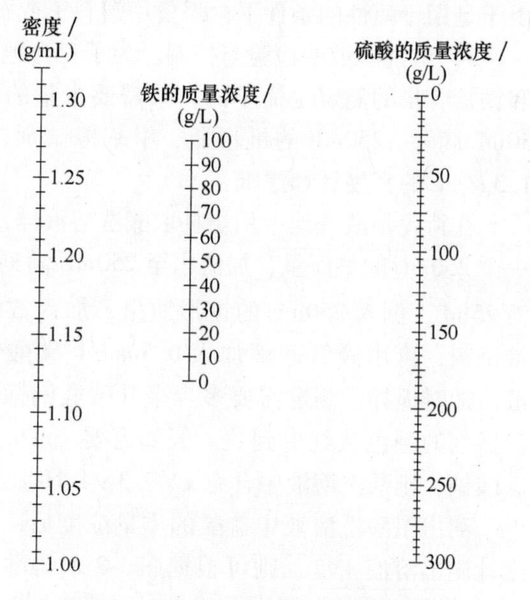

图3-9 室温下硫酸溶液中硫酸的质量浓度、密度与铁的质量浓度对应关系

（3）氢氟酸酸洗 氢氟酸可用于粘砂铸件的酸洗，以代替喷砂清理。但必须强调氢氟酸毒性大，挥发性强，在使用时，应严防氢氟酸和氟化氢气体接触人体，如果与皮肤接触会引起严重烧伤。因此，在使用时，酸洗人员必须穿戴橡胶靴子和围裙、长的橡胶手套和密封护目镜。

氢氟酸的 w_{HF} 通常为30%，是装在铅罐或铁罐里供应的，并可稀释成各种含量的溶液（体积比从1:59的弱酸溶液至1:9的强酸溶液）。使用弱酸液酸洗可长达24h，而使用强酸液酸洗则只需10～30min即可完成。当工件从氢氟酸液中取出以后，工件表面上的胶状层必须用水冲刷干净。然后，工件再进行普通的酸洗及溶剂处理步骤。氢氟酸酸洗池底的大量沉淀物必须定期清除，池顶部应设置抽风装置。

有时也用盐酸、氢氟酸和水按6:4:40（体积比）配制的混合酸进行酸洗。偶尔酸洗铸件时，也可使用另一种混合酸，该混合酸是由1体积份水加1体积份以下的氢氟酸和4体积份稀释的盐酸配成的。

3. 酸洗溶液常用缓蚀剂

酸洗的目的在于除锈，而不能腐蚀钢铁基体。过量的酸洗会使工件表面变得粗糙，从而影响热浸镀锌质量。因此，酸洗时通常需加入缓蚀剂。缓蚀剂是一种当它以适当的含量和形式存在于介质中时，可以防止或减缓工件在介质中腐蚀的化学物质或复合物质。在腐蚀环境中，添加少量的这种物质，便可有效地抑制钢铁工件的腐蚀。

酸洗溶液中的缓蚀剂，一般要求具备下列条件：在高温高浓度溶液中是稳定的，缓蚀效果好；不影响钢铁工件的酸洗速度；缓蚀剂配制方便，含量易于控制，废液易于处理；价格便宜。几种常用的酸洗缓蚀剂见表 3-7。

表 3-7 几种常用的酸洗缓蚀剂

名 称	主要成分	适用溶液的质量分数（%）	使用质量分数（%）	缓蚀效率（%）	使用温度/℃
若丁	二邻甲苯基硫脲、淀粉、平平加、氯化钠	HCl ≤18 H_2SO_4 ≤20 H_3PO_4	0.2～0.5	>95	<60
乌洛托品	分子式为 $C_6H_{12}N_4$	HCl 10 H_2SO_4 10	0.3～0.5	70 89	40
硫脲	分子式为 CH_4N_2S	H_2SO_4 10 H_3PO_4 10 HCl	0.1～0.3	74 93	60
FH-1 酸洗缓蚀剂	石油副产品提炼的含氮化合物	H_2SO_4 H_3PO_4 HNO_3 HCl HF	1～1.5	98	60～100
沈 1-D	苯胺与甲醛的缩合物	HCl 10	0.5	96	50
FH-2	石油副产品提炼的含氮化合物	HCl 10 H_2SO_4 HF	0.4～1.0	99	70
硫酸-5010	咪唑化合物与硫脲	HCl H_2SO_4 10～20	0.1～0.3		50
工读-3 号	苯胺与乌洛托品化合物	HCl 10 H_2SO_4	0.4	96	50
SH-416 酸洗缓蚀剂	吡唑酮衍生物与助剂	HF ≤2 HCl 10	0.3 0.2～0.3	98	30～50

缓蚀剂抑制腐蚀的作用是有选择的，它与腐蚀介质的性质、温度、流动状态、被保护金属的性质，以及缓蚀剂的种类、含量等都有密切关系。某些条件的改变，都可能引起缓蚀效果的改变。因此，需要了解缓蚀剂的作用及缓蚀效果的测试方法，以便正确地选择和运用缓蚀剂。

铁在酸性溶液中发生如下的电化学反应：

阳极区 $$Fe \longrightarrow Fe^{2+} + 2e \tag{3-7}$$

阴极区　　$2H^+ + 2e \longrightarrow H_2\uparrow$　　(3-8)

因此，微阳极 Fe 变成铁离子，即铁被腐蚀了。

根据腐蚀的电化学理论，若能抑制阳极反应或阴极反应，或同时控制阳极和阴极反应，都能减少腐蚀。一般认为，由于酸洗缓蚀剂在金属表面具有很强的吸附能力，形成吸附层，阻止酸与金属的反应。能吸附在阳极上者，可以阻滞反应过程的速度；能吸附在阴极上者，可以提高析氢的过电位，从而降低腐蚀速度。

缓蚀剂的缓蚀效率，可用失重法简便测定。此法是通过比较在同一介质中相同条件下，酸洗液中添加和不添加缓蚀剂时试样的失重，从而求出缓蚀效率，即

$$缓蚀效率(\%) = (W_1 - W_2)/W_1 \times 100\% \tag{3-9}$$

式中，W_1 为未加缓蚀剂时试样的失重[$g/(m^2 \cdot h)$]；W_2 为加有缓蚀剂时试样的失重[$g/(m^2 \cdot h)$]。

缓蚀剂的用量取决于工件的材质、酸洗溶液的组成及操作浓度和温度，以及被除物的性质。在一定范围内，缓蚀效率随缓蚀剂的含量增加而提高，但达到一定数值后，含量增加，效率不再提高，各种缓蚀剂在各种酸洗溶液中都有一个含量极限，一般使用的质量分数以0.5%～1%为宜。酸洗温度提高，缓蚀剂的缓蚀效率下降，甚至失效。每种缓蚀剂都有一个使用温度范围。酸洗溶液使用时间增长，缓蚀剂的缓蚀效率也会下降。因此，需定期向酸洗溶液中补加缓蚀剂，使其缓蚀效率维持在工艺要求的水平上。

4. 酸洗操作注意事项

1）控制酸洗溶液浓度。酸洗过程中水分会逐渐蒸发，因此，应随时加水调整，使酸洗溶液浓度控制在工艺范围内，以免酸浓度过高造成工件的过腐蚀。

2）保持酸洗溶液清洁。酸洗过程中，如带入碱及其他污物，酸洗溶液组成将逐渐改变，影响酸洗效率。因此，为获得满意的酸洗效果，应定期检查、分析、更换酸洗溶液，保持酸洗溶液适当的清洁。

3）控制温度。温度应按工艺规范要求控制。温度过低会造成酸洗速度大大降低，影响生产率。提高温度可以加快酸洗速度，但对工件和设备的腐蚀性也增加了。

4）适当搅拌。酸洗一般都需要搅拌。酸洗过程中使工件上下移动一二次，变换一下工件和酸洗溶液的接触面可加快酸洗速度。酸洗池内用压缩空气进行强力搅拌并不合适，这样可能会造成过多的酸气产生。

5）注意水洗程序。酸洗后，工件要经过清洗。一般来说，经热酸溶液酸洗的工件，取出后应经热水冲洗；相反，室温下酸洗的工件，取出后应先经冷水冲洗、浸泡后，才能用热水冲洗。水洗必须彻底，不允许有残酸遗留在工件表面，以免发生腐蚀。

水洗宜在流动的水中进行，以免铁盐在池内迅速堆积或清洗不干净而带入助镀池中。采用两个清洗池进行两道水洗更佳。清洁的水注入第二个清洗池中，再从第二个池往第一个池流动。这样工件首先在含有污水的第一个池内冲洗。两道水洗比一道水洗用的水并不多，但却有效得多。

6）酸洗过程必须连续地进行。酸洗除锈过程及前后各工序必须连续地进行，中途不应停顿，否则会影响除锈质量和效果。

7）定期清除酸洗池中的污泥。随着除锈过程的进行，酸洗池将逐步沉积污泥，淤塞加热管和其他控制装置，应定期清除。

8）适当控制时间。在完全除去锈迹的前提下，酸洗时间应尽可能短，以减少金属的腐蚀和氢脆的倾向。

9）注意操作安全。除锈酸洗溶液一般都具有很强的腐蚀性，操作中应避免酸液飞溅到皮肤或衣物上，以免烧伤皮肤或破坏衣物。

10）酸洗场地应有排风装置。酸洗时常产生含酸气体，为减少含酸气体对设备的腐蚀和对人体的危害，酸洗场地应布置良好的通风或排风设备。

3.3.4　喷丸（砂）处理

采用喷丸（砂）处理方法可去除工件表面的焊渣、油漆、铁锈等污物。尤其是可锻铸铁件和灰铸铁件，热浸镀锌前通常须采用喷丸（砂）处理。

喷丸（砂）处理是利用压缩空气将丸（砂）推（吸）进喷枪，从其喷嘴喷出，撞击工件表面的污物，使其脱落除去。喷丸（砂）处理必须采用专门的处理系统设备。

1. 喷丸（砂）处理系统

喷丸（砂）处理系统由压缩空气及配气、喷丸（砂）设备、喷丸回收、通风除尘等部分组成，如图3-10所示。喷丸缸内铁丸，在压力空气推动下，经导管进入喷枪，从喷嘴射向工件表面。喷出的丸粒，经筛网落入丸坑，经回收处理后，输入喷丸缸再用。筛网上的废物转入废物箱。喷丸室的含尘气和丸粒回收装置中的粉尘通过风机吸进除尘设备除尘，然后排向大气。

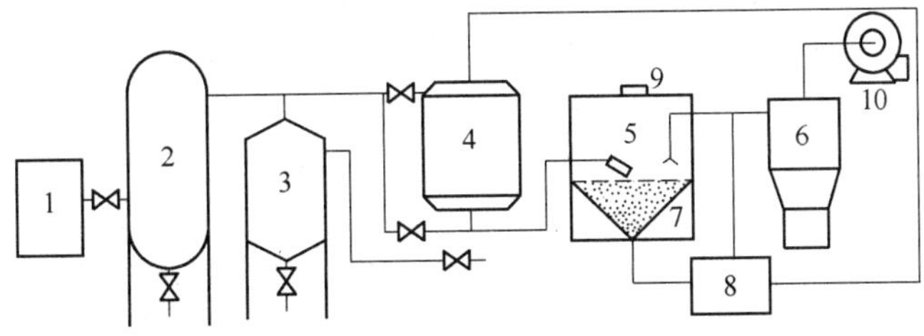

图3-10　喷丸（砂）处理系统示意图

1—压缩机　2—油水分离器　3—空气过滤器　4—喷丸机　5—喷丸室
6—除尘设备　7—集丸坑　8—丸粒回收装置　9—进风口　10—风机

2. 喷丸（砂）设备

（1）分类　按照丸（砂）料输送方式，喷丸（砂）设备可分为压力式、吸入式和直流式三种类型。

压力式和吸入式设备各有其特点，在有些场合不能互相取代，如管道内表面的喷丸清理就只能用压力式喷丸机才能有效地进行。

1）压力式喷丸机。压力式喷丸机是采用直射型喷枪，丸料和空气先在混合室内混合，然后经软管输送到喷枪，被高速喷出。设备较复杂，但工作效率高，适于大、中型工件的表面清理。压力式喷丸机从结构上可分为单腔压力式、双腔压力式和自带喷丸室的单腔压力式喷丸机等；从控制上可分为人工控制型和遥控型喷丸机，其中遥控型喷丸机又分为气动遥控型、电/气遥控卸压式、保压式喷丸机等多种。用户可根据实际生产要求进行选用。

以气动遥控型喷丸机为例来了解一下压力式喷丸机的工作原理。如图3-11所示，气动遥控系统由控制器、气动进气阀、气动排气阀和控制气管等组成。当喷丸机接通气源后，控制器上的小孔就会有压缩空气溢出，可听到高速气流造成的啸叫声。此时，排气阀敞开，进气阀关闭，喷丸机处于待机状态。喷丸工人准备好后，压下控制器上的手柄，堵住排气小孔，压缩空气就顺着另一根控制气管进入气动进气阀和排气阀的顶端，进气阀打开，排气阀关闭。封闭阀在压缩空气的顶推下将添料口封闭，磨料桶内压升高，磨料阀上下两端的压力很快趋于平衡。磨料在重力的作用下进入磨料阀的混合腔与压缩空气混合，然后经喷砂软管送至喷嘴喷出，处理工件表面。

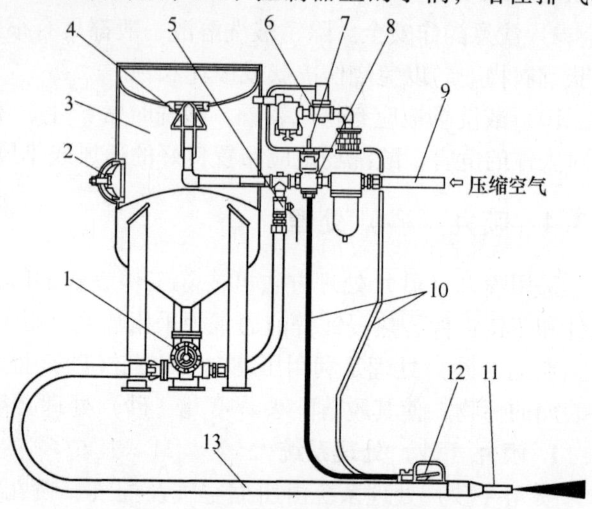

图 3-11 气动遥控型喷丸机的结构

1—磨料阀 2—手孔 3—磨料桶 4—封闭阀 5—排堵阀 6、8—排气阀 7—旋塞 9—空气管 10—控制气管 11—喷嘴 12—控制器 13—喷砂软管

2）吸入式喷丸（砂）机。与压力式喷丸机的根本区别在于，吸入式喷丸机工作时不需要压力容器来储存磨料。这种设备没有标准定型产品，它采用引射型喷枪，只需一把喷枪、一根空气软管、一根喷砂管和一个磨料桶即可，结构相当简单。吸入式喷丸（砂）机适用于小型工件的除锈，有时也用于大型工件的间歇式生产。

3）直流式喷丸（砂）机。该设备采用的是固定喷枪，丸（砂）料由贮料仓自由落入喷枪混合室，然后被喷出。它适于对工件进行自动化清理处理，但实际使用较少。

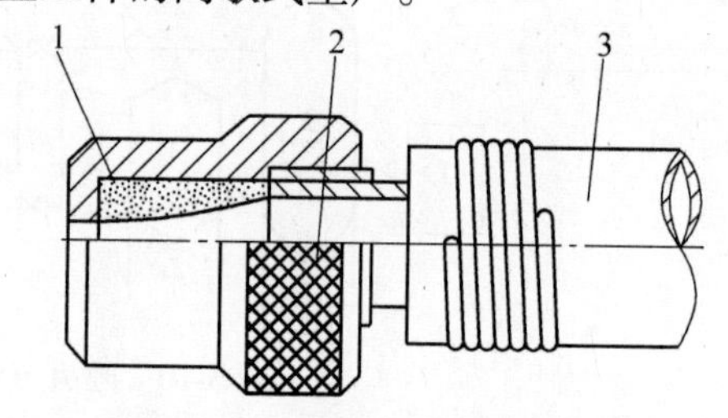

图 3-12 直射型喷枪的结构

1—耐磨合金喷嘴 2—喷枪外壳 3—连接胶管

（2）喷枪 喷枪可分为直射型喷枪和引射型喷枪等。

1）直射型喷枪由枪体、喷嘴、喷丸胶管组成，其结构如图 3-12 所示。喷嘴口使用一定时间后，由于磨损将喇叭形扩大，造成喷射流扩散，降低丸粒切削能力，如直径 $\phi8\sim\phi9$mm 的喷嘴，磨损到 $\phi13\sim\phi14$mm 后，就不能再用了。因此，为了提高喷嘴的使用寿命，多采用耐磨材料制造，例如，用碳化钨制作的喷嘴使用寿命较长。

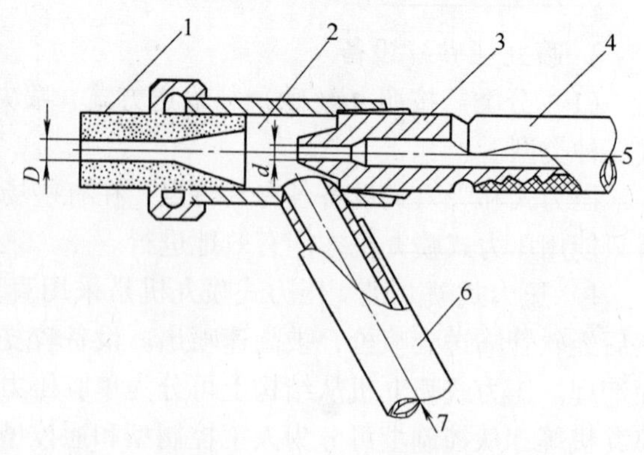

图 3-13 引射型喷枪的结构

1—喷嘴 2—混合室 3—压缩空气喷头 4—输气管 5—进气口 6—输砂管 7—进砂口

2）引射型喷枪由喷嘴、混合室、压缩空气喷头、输砂管等组成，其结构如图 3-13 所示。喷嘴直径为 $\phi4\sim\phi15$mm，压缩空气引射喷头直径为 $\phi3\sim\phi8$mm。引射喷头在轴线方向可稍做前后调整。喷嘴在使用

中磨损严重，需用耐磨材料制造，如用硬质陶瓷、硬质合金、碳化硼等制造，效果较好。输砂管和压缩空气输送管，应采用喷砂耐压胶管，弯头的内径比接管的外径要大，装配后形成一个补入空气的间隙，可以防止砂流堵塞。压缩空气压力通常不超过600kPa。

不同材质喷嘴的使用寿命见表 3-8。喷嘴直径与所用磨料的粒度有关，而磨料粒度又与工件尺寸有关，它们之间相互关系见表 3-9。喷枪口直径与压缩空气消耗量的关系见表 3-10。

表 3-8　不同材质喷嘴的使用寿命

材质	无缝钢管	白口铸铁	低铬耐磨铸铁	陶瓷	钨钢（粉末冶金）	碳化硼（用于喷砂）
寿命/h	6～12	8～12	16～36	24～36	500	700～1000

表 3-9　喷嘴直径、磨料粒度与工件尺寸适应关系

喷嘴直径/mm	磨料（铁丸）直径/mm	适用的钢铁工件厚度/mm	喷嘴直径/mm	磨料（铁丸）直径/mm	适用的钢铁工件厚度/mm
7～8	0.3～0.5	2～2.5	12	1.5	6～12
8～9	0.8	3～3.4	14	2	铸件
10	1	4～6			

表 3-10　喷枪口直径与压缩空气消耗量的关系

喷枪口直径/mm	压缩空气压力（表压）/kPa				
	200	300	400	500	600
	压缩空气消耗量/（m^3/min）				
4	0.44	0.59	0.75	0.90	1.05
5	0.69	0.94	1.16	1.42	1.62
6	0.99	1.33	1.68	2.04	2.32
7	1.35	1.81	2.28	2.77	3.16
8	1.75	2.36	2.87	3.63	4.12
9	2.23	2.99	3.75	4.58	5.22
10	2.75	3.69	4.63	5.65	6.44
11	3.33	4.47	5.67	6.84	7.99
12	3.96	5.31	6.67	8.14	9.27
13	4.65	6.24	7.83	9.55	10.90
14	5.39	7.24	9.03	11.80	12.62
15	6.18	8.30	10.55	12.72	14.49

（3）压缩空气及其过滤装置　喷丸（砂）所需压缩空气的压力，根据磨料的不同而有所不同。一般喷丸所需压缩空气的压力应不小于600kPa，而喷砂只需 200～300kPa。压缩空气应经稳压和净化处理。因压缩空气含有大量水分和润滑油气，当压缩空气进入混合室时有油和水冷凝，使磨料结块，堵塞管道，甚至引起喷枪喷水，且污染磨料。另外，操作人员为防止粉尘进入呼吸道而佩戴的防护工作帽，也需由压缩空气提供清洁、新鲜的空气。

空气过滤由去水、去油、清洁和清新器四部分组成。图 3-14 所示为去水器的结构。图

3-15 所示为去油器和清洁器的结构，它们结构相同，但内部填充物不同。去油器是用焦炭或木炭作为填充物料，充满内部各分层作为过滤层，下部空着，以便收集油污，定期排放。清洁器的过滤物料是丝瓜筋和消毒棉，分层排列。图 3-16 所示为空气清新器的结构。空气清新器内部用纱布、药棉包裹薄荷脑卷成筒状作为填充物，新鲜的压缩空气经此过滤后，比较洁净，有利于操作人员减轻疲劳。

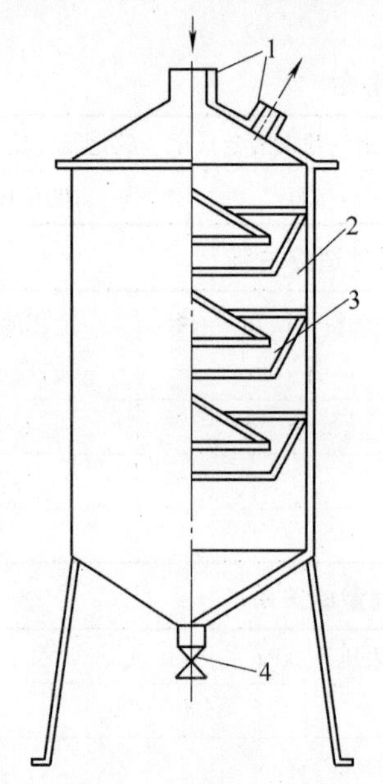

图 3-14　去水器的结构

1—管接头　2—简体　3—隔板　4—排水阀

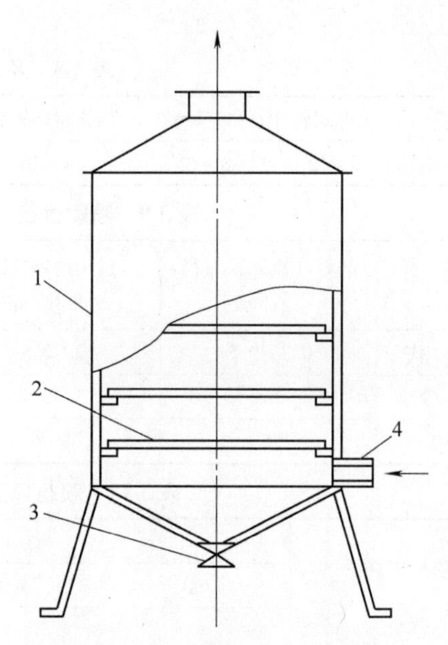

图 3-15　去油器和清洁器的结构

1—筒体　2—隔板与过滤材料　3—排油阀门　4—管接头

（4）铁丸回收装置　铁丸是循环使用的，喷丸后铁丸经回收，以备再用。铁丸回收装置有机械式和气力式两种。

1）机械式回收装置由水平输送装置与垂直（或倾斜）提升装置两部分组成。水平输送装置包括螺旋输送、带式输送、刮板输送和振动输送等。机械输送在运转过程中易被铁丸磨损和卡堵，维修麻烦，同时输送经喷丸室中的铁丸分布不均匀，常会造成设备过载，必须由人来排除。

2）气力回收装置包括吸气式气力回收装置和压气式气力回收装置两种，生产中多采用前一种。气力回收装置是靠气流输送铁丸，由管道和容器组成，无机械转动部件，机械过载和损坏的机会较少。整个装置结构简单、严密，含尘气流不外逸，运行可靠，维修方便。

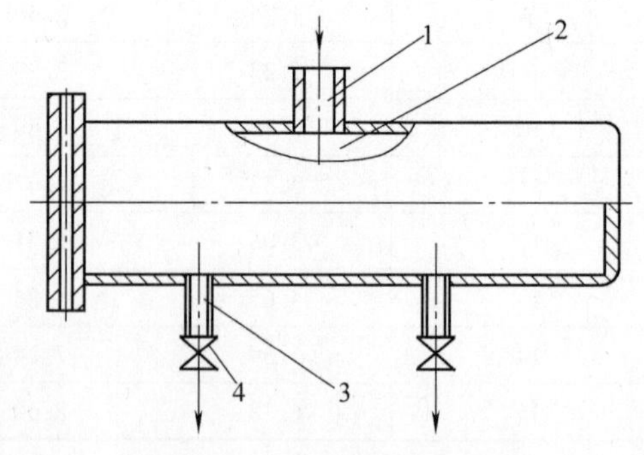

图 3-16　空气清新器的结构

1—进气管　2—清新剂　3—出气管　4—气阀

（5）通风除尘　通风除尘系统是用于消除喷丸时所产生的粉尘对操作人员的影响和对环境的污染。它包括通风和除尘两部分。

1）通风设备用于将喷丸时产生的粉尘抽出，以改善喷丸室内的能见度，以利于操作，同时用于保持喷丸室内具有一定的负压，以防粉尘外逸，污染环境。喷丸室的通风结构包括进风口和抽风口。

进风口用于向喷丸室内补充清洁空气，一般装在喷射位置的上方，以加强局部通风的效果。进风口具有防止丸粒飞出的挡板和使进入风口内的丸粒自行流出的倾斜隔板。进风口的直径大小，通常按5m/s的气流速度确定。

抽风口用于将喷丸室内含粉尘的空气抽出。抽风口的有效作用距离很小，当抽风口的位置离尘源远时，尘源处的空气流速很低，不易将粉尘排出。因此，抽风口应尽量靠近尘源处，以提高除尘效果。抽风口的结构与进风口类似，具有防止丸粒进入和使丸粒自行流出的挡板和隔板，以免造成清理排风管道的困难。为改善喷丸室内的能见度，采用加局部抽风的措施比增大全室通风量的办法更有效。

2）除尘设备用于除去喷丸室和其他装置内所抽出的空气中含有的粉尘，以防止对大气的污染，可分为局部除尘设备和全室除尘设备。除尘设备按捕集尘粒的大小又可分为：粗净化除尘设备，捕集大于100μm的尘粒；中净化除尘设备，捕集10~100μm的尘粒；细净化除尘设备，捕集10μm左右的尘粒。增加除尘装置中的除尘级数，可以明显提高除尘效率，但一般除尘系统多采用两级除尘。

通风除尘系统如图3-17所示。此系统可用于处理含尘量大的喷丸设备。沉淀器结构简单，主要用于使气体迂回向下流动时，将气流中粗大的颗粒沉积下来，以减轻第二级、第三级除尘器的负担。第二级一般用旋风除尘器，或带有浓缩器的双级旋风除尘器。第三级一般用袋式除尘器。

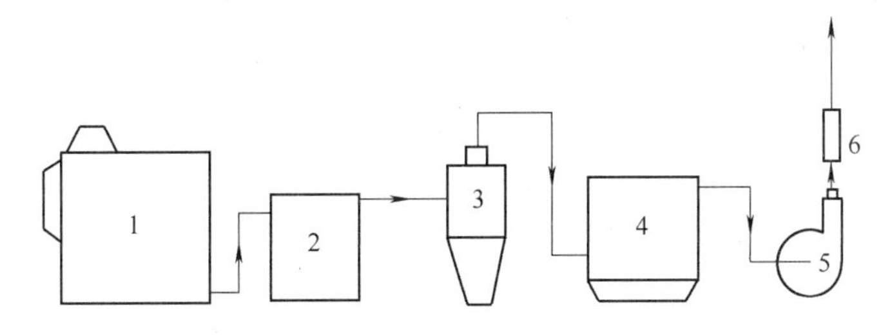

图3-17　通风除尘系统

1—喷丸室　2—沉淀器　3—二级除尘　4—三级除尘　5—风机　6—消声器

通风除尘常用的抽风机是高压离心抽风机。这种抽风机运转时产生的排气噪声和机械噪声，对环境有严重影响。因此，可在抽风机的排气管道上安装消声器，加以改善。

（6）喷丸（砂）处理用磨料　喷丸（砂）处理可用金属丸、线段、碎粒、砂、玻璃、矿渣、塑料及其他材料作为磨料。对于特定用途而言，磨料的种类、硬度、密度、尺寸及形状是决定磨料性能的主要因素。常用磨料的特性见表3-11。

表3-11　常用磨料的特性

种类	磨料	名称及类别	颗粒形状	莫氏硬度	堆积密度/(kg/m³)	粉尘	粒径/μm	复用性	来源
天然磨料	硅砂	二氧化硅	丸粒状 砂粒状	5~6	1600	高	53~3350	差	广泛
	矿砂	氧化物	砂粒状	7	2052	中	160~260	一般	有限
	金刚砂	氧化物	砂粒状	7~8	2085~2350	中	48~2360	一般	有限
	燧石	二氧化硅	砂粒状	6.5~7	1187~1443	中	48~3350	一般	有限

（续）

种类	磨料	名称及类别	颗粒形状	莫氏硬度	堆积密度/(kg/m³)	粉尘	粒径/μm	复用性	来源
副产品磨料	煤炉渣	渣类	砂粒状	7	1283～1443	中	150～1700	一般	广泛
	铜、镍渣	渣类	砂粒状	7～7.5	1347～1523	中	180～2360	一般	有限
	核桃壳粒	植物性	砂粒状	3～3.5	674～754	低	150～3350	好	有限
	玉米棒粒	植物性	砂粒状	4.5	449～513	低	380～1700	好	有限
人造磨料	氧化铝	氧化物	砂粒状	8	1924		23～3350	好	广泛
	碳化硅	碳化物	砂粒状	9	1603～1764	低	23～3350	好	广泛
	玻璃珠	二氧化硅	丸粒状	5～6	1603	低	45～830	好	广泛
	塑料磨料	聚氨酯	砂粒状	3～4	930～962	低	180～1400	好	广泛
	铁(钢)砂	金属	砂粒状	40～68HRC	4009	很低	75～880	很好	广泛
	铁(钢)丸	金属	丸粒状	40～68HRC	4009	很低	75～2800	很好	广泛

选择喷丸处理用的磨料时，除考虑磨料自身的性能外，还需要考虑工件表面锈蚀程度、工件尺寸和形状、表面精饰要求、喷完设备的类型和效率、生产率要求等因素。不同表面状态适用的金属磨料尺寸与硬度见表3-12。不同工件适用的砂粒尺寸及空气压力见表3-13。结构件钢板厚度与适用的铁丸尺寸见表3-14。

表3-12 不同表面状态适用的金属磨料尺寸与硬度

应用范围	推荐的磨料		
	类型	直径/mm	硬度HRC
铁金属	铸钢或铸铁		
为磷化清除轻氧化皮	丸或碎粒	0.2～0.71	30～66
为磷化清除重氧化皮	丸或碎粒	0.71～2.0	45～66
清理铸件	丸或碎粒	0.43～2.0	30～66

表3-13 不同工件适用的砂粒尺寸及空气压力

工件种类	空气压力/kPa	砂粒尺寸/mm
钢锻件、大型铸件、厚3mm以上的钢板冲压件	200～400	2.5～3.5
厚度在3mm以下的板材	100～200	1.0～2.0
厚1mm以下的板材	30～50	0.05～0.15
薄的和小的工件	50～100	0.5～1.0
有色金属铸件	100～150	0.5～1.0

表3-14 结构件钢板厚度与适用的铁丸尺寸

结构件钢板厚度/mm	铁丸直径/mm	结构件钢板厚度/mm	铁丸直径/mm
2～2.5	0.5	4～6	1.0
3～4	0.8	7～12	1.5

通常磨料粒度选择在喷枪口直径的1/3以下较为适宜。磨料粒度越小，获得的表面粗糙度值越小，能作用于表面的范围越大。磨料粒度越大，对表面的冲击力越大，清理作用越

弱，但工件表面弹痕深，表面粗糙度值较大，且在单位时间内对工件表面冲击次数较少。磨料硬度越高，清理作用越快。当选定一种磨料后，其总的清理效果不仅与冲击力量大小有关，还与冲击次数有关。因此，磨料理想的粒度应是大、中、小的适当组合。其中，大的丸粒主要用于击碎坚硬的氧化皮层，而小的丸粒主要用于清理锈层。丸料粒度的此种组合，可以使单位重量的丸粒具有最大的冲击力和最多的冲击次数，从而发挥最大的清理效果。

硅砂是最常用的非金属磨料，具有坚硬的棱角，喷射到工件表面，刮削作用很强，除锈效果好，处理后的表面比较光亮，表面粗糙度值较小。但由于硅砂易于破碎，消耗量大，且灰尘多，易造成硅肺，应在封闭式的喷砂室或露天条件下操作，已逐渐趋于被淘汰。

金属磨料，如铁丸，价格较便宜，砂含量少，目前被大量采用。铁丸加钢碎粒作为磨料，可以提高除锈效率和质量。炉渣因价格便宜，密度小，易于回收，也有应用。

3. 处理效果的主要影响因素

影响喷丸（砂）处理效果的主要因素，除前面已叙述的空气压力，磨料种类、尺寸和形状，喷枪口直径外，磨料喷射角度及喷射速度和距离、喷管的内径和长度也有很大的影响。

（1）磨粒喷射角度　磨粒喷射角度指磨粒射向工件时与工件表面形成的角度，它直接影响清理的效率和质量。当入射角大于30°时，磨粒主要起锤击作用；当入射角小于30°时，则主要起切削和冲刷作用；而当入射角为90°时，因垂直投射的磨粒与反弹回来的磨粒碰撞的机会最多，磨粒的锤击作用被部分抵消，进一步降低了除锈效率。因此，通常对于较坚硬的氧化皮层，用70°的入射角或大于70°的入射角，可获得较佳的清理效果；而对于一般锈层采用小于70°的入射角，效果较好。

（2）磨粒喷射速度和距离　磨粒喷射速度和有效射程直接影响清理效率。磨粒离开喷嘴飞行一段距离后，速度将因空气阻力而下降，磨粒质量越小，速度降低越快。空气阻力对带棱角磨粒的影响要比对圆形磨粒的影响大。由于空气阻力的影响，磨粒飞行距离每增加1m，磨粒的动能损失就要增加10%。当磨粒速度小于50m/s时，便不能有效地清除工件表面的氧化皮。磨粒质量较大时，飞行较大距离后，仍具有一定的速度，因而仍具有一定的清理能力。同类磨粒粒度较大质量也较大，大型抛丸室常选用粒度较大的磨粒，因为在抛丸清理中，磨粒刚离开抛丸器叶片末端的初速度是最大的速度，这个初速度与磨粒直径无关，因而所用磨粒直径大，其清理能力越强。例如，抛丸器叶轮直径为ϕ500mm，铁丸离开叶轮的初速度为80m/s时，应用1.2mm的铁丸，有效射程可达5m以上，在这射程中，可以获得良好的除锈效果。但在喷丸清理中，磨粒直径加大时，初速度减小，其清理能力也降低，因而喷丸除锈宜用小直径的磨粒在近距离内进行清理工作。

（3）喷管内径和长度　影响喷枪出口的压力，要与喷管口径、空气压力、空气量、磨料种类、粒度等因素一起综合考虑，使喷嘴附近维持较高的压力，以保证清理效率。管内径太小，风速过高，喷管过长，管内阻力增加，压缩空气的压力损失大，且管子磨损也大。因此，喷管内径要合理选择，喷管应尽可能短。

4. 喷丸（砂）处理质量控制

磨粒在工件表面的摩擦、锤击、切削等作用既使铁锈污物脱落去除，也会使基体金属受到磨损，在不同程度上改变工件的表面粗糙度。因此，喷丸处理质量主要包括两个方面，即锈层、污物的去除程度和除锈后工件的表面粗糙度。

喷丸处理后，工件的表面粗糙度对涂装及热浸镀锌质量有很大关系。

（1）表面粗糙度及其测量　表面粗糙度是指加工表面上所具有的较小间距和波谷所组成的微观几何形状特征。通常可分为最大表面粗糙度和平均表面粗糙度（也称中心线平均表面粗糙度）。最大表面粗糙度是指任何一个波峰和直线相邻的波谷之间的最大垂直距离。平均表面粗糙度是指表面的剖面曲线上各点到中心线的平均垂直距离。

表面粗糙度的测量，在试验室可用金相法，或轮廓仪、显微镜等进行测量。现场可用磁性厚度仪，或便携式表面粗糙度仪进行测量。用标准样块进行比较，更为方便和实用。

工件的表面粗糙度与磨粒的粒度、形状、材质、喷射的速度、距离、作用时间等工艺有关。其中磨料粒度对表面粗糙度的影响较大。表3-15为喷射不同磨料所得的表面粗糙度。

表3-15　喷射不同磨料所得的表面粗糙度

磨料	最大粒径/μm	最大表面粗糙度/μm	磨料	最大粒径/μm	最大表面粗糙度/μm
河砂　极细	180	38.1	铁砂　G-25	1250	101.6
河砂　细	450	48.26	铁砂　G-16	1600	121.92
河砂　中	1000	63.5	钢丸　S-170	900	45.72～71.12
河砂　粗	1600	71.12	铁丸　S-230	1000	76.2
钢砂　G-80	2000	33.02～76.2	铁丸　S-330	1250	83.82
铁砂　G-50	750	83.82	铁丸　S-390	1800	91.44
铁砂　G-40	1000	91.44			

（2）除锈质量标准　检查除锈后工件表面清洁程度，虽然有不同的方法，如硫酸铜法、测量电阻法等，但实际使用中都受到一些限制，因而很大程度上，仍然要靠检验员直观和经验来判断。为使判断有一个共同的客观标准，国家技术监督局已颁布了GB/T 8923.1—2011《涂覆涂料前钢材表面处理　表面清洁度的目视评定　第1部分：未涂覆过的钢材表面和全面清除原有涂层后的钢材表面的锈蚀等级和处理等级》。该标准等效采用ISO 8501-1：2007的有关部分，适用于喷射或抛射除锈、手工和动力工具除锈以及火焰除锈方式处理过的热轧钢材表面。冷轧钢材表面除锈等级的评定，也可参照使用。

GB/T 8923.1—2011将钢材原始锈蚀程度分为四个等级，按除锈后钢材表面的清洁程度，制定了四个喷（抛）丸除锈质量等级、两个手工除锈质量等级和一个火焰除锈质量等级，且附有相应的彩色照片。钢材表面原始锈蚀程度见表3-16，钢材表面除锈质量等级见表3-17，除锈等级与对应彩色照片等级见表3-18。

表3-16　钢材表面原始锈蚀程度（GB/T 8923.1—3011）

等级符号	锈　蚀　程　度	等级符号	锈　蚀　程　度
A	大面积覆盖着氧化皮而几乎没有铁锈的钢材表面	C	氧化皮已因锈蚀而剥落，或者可以刮除，并且在正常视力观察下可见轻微点蚀的钢材表面
B	已发生锈蚀，并且部分氧化皮已经剥落的钢材表面	D	氧化皮已因锈蚀而剥离，并且在正常视力观察下普遍发生点蚀的钢材表面

表 3-17　钢材表面除锈质量等级（GB/T 8923.1—2011）

等级符号	除锈方式	除　锈　质　量
Sa1	轻度的喷射清理	在不放大的情况下观察时，表面应无可见的油、脂污物，并且没有附着不牢固的氧化皮、铁锈、涂层和外来杂质
Sa2	彻底喷射清理	在不放大的情况下观察时，表面应无可见的油、脂和污物，并且几乎没有氧化皮、铁锈、涂层和外来杂质。任何残留污染物应附着牢固
Sa2 $\frac{1}{2}$	非常彻底的喷射清理	在不放大的情况下观察时，表面应无可见的油、脂和污物，并且没有氧化皮、铁锈、涂层和外来杂质，任何污染物的残留痕迹应仅呈现为点状或条状的轻微色斑
Sa3	使钢材表观洁净的喷射清理	在不放大的情况下观察时，表面应无可见的油、脂、污物，并且应无氧化皮、铁锈、涂层和外来杂质，该表面应具有均匀的金属色泽
St2	彻底的手工和动力工具清理	在不放大的情况下观察时，表面应无可见的油、脂、污物，并且没有附着不牢的氧化皮、铁锈、涂层和外来杂质
St3	非常彻底的手工和动力工具清理	同 St2，但表面处理应彻底得多，表面应具有金属底材的光泽
F1	火焰清理	在不放大的情况下观察时，表面应无氧化皮、铁锈、涂层和外来杂质，任何残留的痕迹应仅为表面变色（不同颜色的阴影）

表 3-18　除锈等级与对应的彩色照片等级符号

除锈等级	对应的彩色照片等级
Sa1	BSa1、CSa1、DSa1
Sa2	BSa2、CSa2、DSa2
Sa2 $\frac{1}{2}$	ASa2 $\frac{1}{2}$、BSa2 $\frac{1}{2}$、CSa2 $\frac{1}{2}$、DSa2 $\frac{1}{2}$
F1	AF1、BF1、CF1、DF1

除锈等级	对应的彩色照片等级
Sa3	ASa3、BSa3、CSa3、DSa3
St2	BSt2、CSt2、DSt2
St3	BSt3、CSt3、DSt3

评定钢材表面的锈蚀等级要求在良好的散射日光下，或在照度相当的人工照明下用目视检查，检查人员应具有正常的视力。评定锈蚀等级时，以相应锈蚀较严重的等级照片所标示的锈蚀等级作为评定结果；评定除锈等级时，以钢材表面最接近的照片所标示的除锈等级作为评定结果。

（3）合理选择除锈等级　对于提高涂装质量来说，除锈越彻底，除锈质量等级越高，对涂层保护性越有利。但是，对于热浸镀锌来说，对除锈质量的要求要低得多。随着除锈质量等级的提高，除锈费用越大。因此，在确定选用何种除锈质量等级时，必须从技术经济效果综合权衡。

3.3.5　溶剂助镀

溶剂助镀是热浸镀锌镀前处理中一道重要处理工序，它不仅可以弥补前面几道工序可能存在的不足，还可以活化钢铁工件表面，提高镀锌质量。这是其他防腐工艺中所没有的工序。它的好坏，不仅直接影响镀层质量，还对锌耗成本有很大影响。

早期有许多企业并未采用溶剂助镀，往往在工件经过盐酸酸洗和完全干燥以后，就直接浸到锌液中进行热浸镀锌。这种操作是不可靠的，容易产生漏镀。另外，会产生较多的锌渣，因为酸洗后的工件上往往覆盖有一层铁盐。这种铁盐会与锌液起反应：铁盐+锌→锌盐+铁；1份铁+25份锌液→1份锌渣。

这样将产生出比铁盐本身重量大很多倍的锌渣，造成锌耗增加，影响镀锌质量。因此，这种老式干法镀锌是不可取的，已基本被淘汰。现在最常用的采用氯化锌和氯化铵混合溶液作为溶剂来助镀。

1. 助镀的作用机理

所谓助镀就是将酸洗后的工件再浸入一定成分的氯化锌铵助镀液中，提出后在工件表面形成一层薄的氯化锌铵盐膜的过程。

（1）助镀的作用

1）对钢铁工件表面起到清洁的作用，去除酸洗清洗后残留在工件表面的铁盐或氧化物，使工件在进入锌浴时具有最大的表面活性。

2）在工件表面沉积上一层盐膜，可防止工件从助镀池到进入锌锅这一段时间内在空气中锈蚀。

3）净化工件浸入锌浴处的液相锌，使工件与液相锌快速浸润并反应。

（2）工件表面覆盖的氯化锌铵盐膜的活化作用

1）低于200℃时，在工件表面会形成一种复合盐酸，近似形式为$H_2[Zn(OH)_2Cl_2]$，这是一种强酸，从而保证在干燥过程中工件表面无法形成氧化膜而保持活化状态。

2）在200℃以上时，工件表面助镀液盐膜中的NH_4Cl会在较高温度下分解成NH_3和HCl，此时HCl对钢基体的侵蚀占了主导，使钢基体表面不能形成氧化物，保持钢基体的活化状态。因此，在热浸镀锌时，正确使用含有NH_4Cl的助镀剂是很重要的。

2. 助镀液成分范围及工艺参数

助镀剂的质量浓度一般指助镀液中氯化锌和氯化铵的总质量浓度。对于助镀液，除了对其质量浓度需要控制外，氯化铵与氯化锌的质量比（简称铵锌比）、溶液中的二价铁盐（通常以$FeCl_2$计）含量、pH值、温度以及杂质含量等因素均会对助镀效果产生较大影响。综合有关资料及实践，常用的助镀液成分及工艺参数见表3-19。

表3-19　常用的助镀液成分及工艺参数

成分及参数	控制范围	成分及参数	控制范围
助镀剂的质量浓度/(g/L)	200~400	pH值	4~5
铵锌比(质量比)	1.2~1.6	温度/℃	60~80
w_{FeCl_2}(%)	<1	其他杂质(NaCl、KCl等)的质量分数(%)	<1

（1）助镀剂的质量浓度。助镀剂的质量浓度的高低对助镀效果影响较大。当助镀剂的质量浓度过低（低于100g/L）时，工件浸锌时容易产生“漏镀”；当助镀剂的质量浓度偏低（100~200g/L）时，由于工件表面附着的盐膜量少，不能有效活化工件表面，难以获得平滑均匀的镀层；当助镀剂的质量浓度偏高（400~500g/L）时，由于工件表面盐膜过厚，不易干透，在浸锌时将引起锌的飞溅，产生更多的锌灰、更浓的烟尘，以及更厚的镀层；当助镀剂的质量浓度过高（超过500g/L）时，工件表面形成的盐膜层将分成内外两层，外层薄而干，内层潮湿且呈糊状。这种双层盐膜结构不易干透，而当盐膜中的水与高温锌浴接触时，会因水的迅速汽化而引起强烈的爆锌。为避免锌的飞溅，工件只能缓慢地进入锌浴，使

浸锌时间延长，造成镀层厚度增加。因此，助镀剂的质量浓度并不是越大越好，应控制在一定的范围，通常为200～400g/L。

助镀剂的质量浓度可方便地用密度计（波美计）测出助镀液的密度（g/mL）或波美度（°Be）来加以控制。波美度可根据下列关系式换算出密度ρ（g/mL）：

$$\rho = [145/(145 - 波美度)] \tag{3-10}$$

根据式（3-10）可知，若溶液波美度为12.5°Be，对应的密度值为1.09g/mL，若此时铵锌比为1.6，对应的溶液质量浓度约为240g/L。此外，溶液密度还与铵锌比有关，当铵锌比减小即氯化锌的含量增大时，由于氯化锌的密度比氯化铵大，质量浓度相同的溶液密度增大。

（2）铵锌比　氯化铵助镀效果明显，但其分解温度低，受热时易分解失效，故工件浸助镀液后的烘干温度不宜超过140℃。另外，工件表面助镀盐膜中的氯化铵还会引起较大烟尘。氯化锌容易受潮，但热稳定性较好，浸锌时产生烟尘较少。因此，两种盐按一定比例混合后可通过互补产生较好的效果。当助镀剂的质量浓度一定时，铵锌比不同，助镀效果也不同。

一般来说，当铵锌比小于1时，工件浸助镀液后形成的盐膜不能很快干燥，并且容易在空气中吸潮。当带有湿盐膜的工件进入锌浴中，会引起爆锌。然而，铵锌比越低则工件表面盐膜的热稳定性越好。因此，助镀后烘干条件较好时，宜采用铵锌比低的助镀液。当铵锌比大于2时，则工件表面盐膜热稳定性较差，同时由于盐膜中氯化铵含量较高，易产生较多烟尘。在欧洲，工件烘干时采用烘干炉设备，烘干温度高，助镀液通常采用双盐$ZnCl_2 \cdot 2NH_4Cl$溶液，铵锌比约为0.8。而在美国及日本，助镀后工件很少采用有效的专用烘干设备，而主要依靠从助镀池中带出的余热使工件干燥，故通常采用三盐$ZnCl_2 \cdot 3NH_4Cl$溶液或四盐$ZnCl_2 \cdot 4NH_4Cl$溶液，铵锌比一般为1.2～1.6。我国热浸镀锌企业通常不采用烘干或烘干效果不佳，同时考虑使用成本的问题，推荐铵锌比采用1.2～1.6。

一些企业常常将返镀件不经酸洗而直接浸助镀液后再镀，这个过程会使溶液中的氯化锌增多。另外，还有一些企业会将飞溅在外的锌滴、锌灰甚至锌渣加入助镀液中，这样均可以使助镀液中的氯化锌含量升高、铵锌比下降、pH值和波美度升高。要进行这些操作时，应注意溶液的含量、铵锌比以及pH值变化情况。这就需要加强对助镀液的检验工作，定期分析助镀液中的氯化锌及氯化铵的质量浓度，及时调整。

（3）二价铁盐　助镀液中的铁盐是由经过酸洗的工件带入和工件浸在助镀液中反应生成的，这些二价铁盐在助镀液中完全溶解并不断积累。当助镀中的铁盐再带入锌浴，则会与锌形成锌渣，造成锌耗上升。通常1质量份铁会消耗25质量份的锌来形成锌渣，故必须控制溶液中的二价铁的含量。一般助镀液中$FeCl_2$的质量浓度宜控制在1g/L以下，一些欧美国家热浸镀锌企业控制在0.5g/L以下。溶液中的$FeCl_2$质量浓度可通过重铬酸钾标准液滴定的方法检测。

当助镀液中的Fe^{2+}含量过高时，应予以去除。目前常用的方法有两种。一种是倒槽法，即将需去除Fe^{2+}的助镀液全部转入另一个槽中，测定溶液中Fe^{2+}含量，用氨水调整溶液pH值为5，再加入计算好的适量过氧化氢，将Fe^{2+}氧化成Fe^{3+}，以形成$Fe(OH)_3$沉淀去除。整个沉淀过程往往需要较长的时间，可加入少量凝絮剂加快沉淀速度。然后将上部澄清溶液抽入助镀池中继续使用，底部的红色泥浆可抽入压滤机中压成干渣后清理。由于这种方法占地大、耗时长，所以一般热浸镀锌企业往往经过较长时间才对助镀液中的 Fe^{2+} 清除一次，溶液中的 Fe^{2+} 含量波动较大。另一种方法是采用溶剂除铁设备，将助镀液连续不断抽入专门的除铁设备中，利用氧化剂或空气将二价 Fe 氧化成三价 Fe，再经过沉淀器沉淀后，澄清溶液返回助镀池中。整个过程不断循环，可以将溶液中的二价铁盐含量维持在较低的水平。

（4）溶液 pH 值　助镀液的 pH 值问题往往是热浸镀锌企业容易忽略的。助镀液适宜的 pH 值范围为 4～5。这个 pH 值范围的助镀液可以给酸洗后的工件表面进一步清洁，弥补酸洗时可能存在的不足。当 pH 值低于 4 时，会使工件在溶液中腐蚀而产生过量的 Fe^{2+}，pH 值越低，这个情况越严重；pH 值超过 5，会使清洁表面的效果变差。pH 值过高时，还可能使 $Zn(OH)_2$ 析出，使助镀剂有效含量下降，出现漏镀。

溶液 pH 值的测量应选用在 pH 值为 4～5 时具有非常明显颜色差别的精密 pH 试纸，也可采用 pH 计。溶液 pH 值的调整可通过添加盐酸或氨水来实现。往助镀池中加入锌粒、锌灰或锌渣，会引起助镀液中的 pH 值缓慢升高，因此，更应该注意溶液 pH 值的变化，及时做出调整。

（5）助镀液温度的控制　助镀液的温度宜控制在 60～80℃。温度低于 60℃时，提出助镀池后的工件表面助镀盐膜不容易干透，易引起爆锌；温度过低时还会引起溶液没有足够的活性清洁工件表面，同时沉积在工件表面的盐膜也不充分，助镀液的效果变差，需要增加助镀剂的质量浓度。温度高于 80℃时，会造成助镀液在工件表面过度沉积而产生双层盐膜结构，会造成爆锌，镀层增厚及锌灰增多，更高的温度还将消耗更多的热能，故助镀液温度并非越高越好。

工件应在助镀液中保持 3～5min，使工件在溶液中充分清洗，并使工件尽量热透。这样较热的工件提出助镀液后，其表面的助镀液盐膜可以很快干透。

（6）溶液中的杂质含量　热浸镀锌实践表明，助镀液中含有质量分数超过 1% 的 NaCl 或 KCl 等杂质，会引起助镀效果降低，造成漏镀返镀件大大增加。虽然有关无烟助镀液的研究中提到，在助镀液中不用 NH_4Cl 而加入 NaCl 或 KCl 有助于减少浸锌时烟尘的产生，但研究仍仅处于试验阶段，未有实际的工业应用。

另外，配助镀液的水质也需注意，水质太硬，即含钙、镁等离子过多也会影响助镀效果。

3. 锌浴中铝含量的影响

当热浸镀锌浴中含一定量的铝时，由于铝会与助镀盐膜中的 NH_4Cl 反应生成无助镀效果的 $AlCl_3$，使助镀盐膜的作用减弱，严重时导致钢基体不能被锌浴浸润，形成漏镀区。对于一定工艺条件下的助镀液（主要是 NH_4Cl 的含量），锌浴有一个最大的“安全”铝含量。根据多家工厂的实践结果，锌浴中 $w_{Al} \leq 0.007\%$ 时，助镀液中的氯化锌铵质量浓度维持在 200～300g/L 是“安全”的。当锌浴中铝含量偏高时，助镀液中的 NH_4Cl 质量浓度应加大。

当锌浴中的铝含量较高时，可在助镀液中添加冰晶石 Na_3AlF_6，这种化合物有溶解氧化铝的能力。在助镀液中添加 Na_3AlF_6 使 $w_{Na_3AlF_6}$ 为 10%，可以使 w_{Al} 小于 0.04% 的锌浴表面能形成一层薄的氧化物覆盖层，既可防止锌浴氧化，又不影响助镀效果。

4. 烟气控制

当氯化锌铵助镀剂与锌浴接触时会产生浓烟，虽然这种烟气对人并无毒害，但会影响生产车间的操作环境，应该尽可能减少到最低程度。通过助镀剂烟气除尘系统，可以将所产生烟气的 75% ~95% 抽出并进行除尘处理，这是目前欧美国家普遍采用的一种方式（见 8.2.1 节），但运行费用较高。另外，无烟助剂的开发也在深入进行（见 4.4 节），但尚未有工业应用。

3.3.6　烘干

当表面未干的工件浸入锌浴时，工件上的水与高温的锌浴接触而迅速汽化，引起锌液爆炸飞溅。因此，在助镀后，对工件还应采取烘干工序，以使附有助镀剂的工件尽可能地干透。

由于工件表面助镀剂盐膜中的氯化铵容易分解，烘干温度通常不宜超过 150℃。烘干坑中的温度也不宜低于 100℃，否则工件只能较长时间地放于烘干坑中，这样容易造成工件表面助镀剂盐膜中的氯化锌吸潮。

烘干常用的方式有用热板烘和用热风吹。热板烘是利用烟气或其他热源加热烘干坑底部的铸铁板或铁板，再利用空气导热将工件烘干的。这种方式烘干效率不高，容易造成烘干坑底部温度过高而使靠近底部的工件表面助镀剂失效，而烘干坑顶部因温度低而使靠近顶部的工件表面助镀剂不能干透。其优点在于以烟气作为热源方便简单。热风吹是将空气加热后吹入烘干坑内烘干工件的。这种方式烘干效果较好，可利用烟气余热加热置于烟道中换热器中的空气，再用风机将热空气吹入烘干坑中。其缺点是需要额外支持一台风机的运行。

总的来说，如果工件结构复杂，体积庞大，那么只利用烟气余热而不加外热源的烘干效果往往不太理想。而将助镀液温度控制在较高的上限，有利于工件快速干透，效果比较明显。

3.4　热浸镀锌

镀前处理的目的是提供洁净的工件，使之与锌浴自由地反应形成连续的、附着性好的镀层。如果工件已经很好地进行了镀前处理，那么在钢铁工件上表面获得良好镀层就取决于锌的质量、锌浴成分、锌浴的温度、浸锌的时间、工件从镀锌锅中提出时的提升速度等条件。图 3-18 所示为低碳钢工件镀层重量与锌浴温度、浸锌时间和提升速度之间的关系。由图 3-18 可看出，锌浴温度增高，浸锌时间延长及提升速度增大，将使镀层厚度增大。

3.4.1　热浸镀锌用锌的质量与检验

1. 热浸镀锌用锌的质量要求

热浸镀锌所用的锌一般采用以锌精矿和含锌物料为原料，用蒸馏法、精馏法或电解法生产的锌锭。热浸镀锌用的锌锭应该具有公认的等级、一致的成分。GB/T 470—2008《锌锭》规定了锌锭的化学成分，见表 3-20。从理论上来说，牌号在 Zn98.5 以上的锌锭均符合热浸镀锌的要求。但在价格相差不大的情况下，通常热浸镀锌企业采用的牌号为 Zn99.995 和 Zn99.99 级的锌锭。选购热浸镀锌用锌锭时，尤其是选用重熔锌时要特别注意，因为大多数重熔锌中可能某种元素含量特别高，可能对热浸镀锌产生危害。例如，铁含量太高会产生锌渣过多，铝含量太高会引起漏镀等。

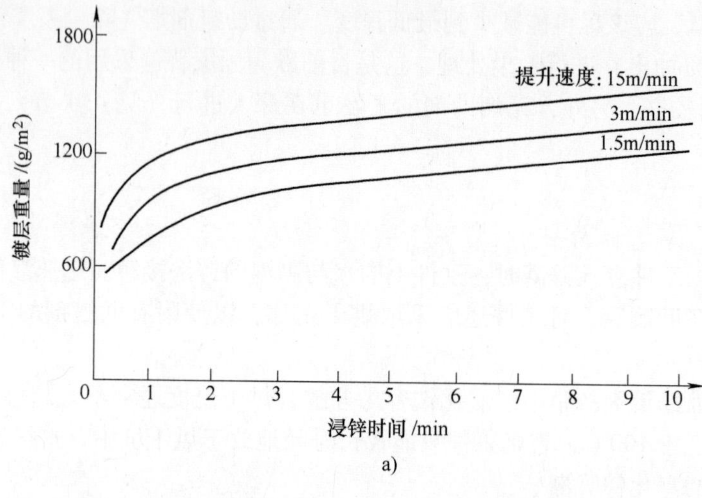

a)

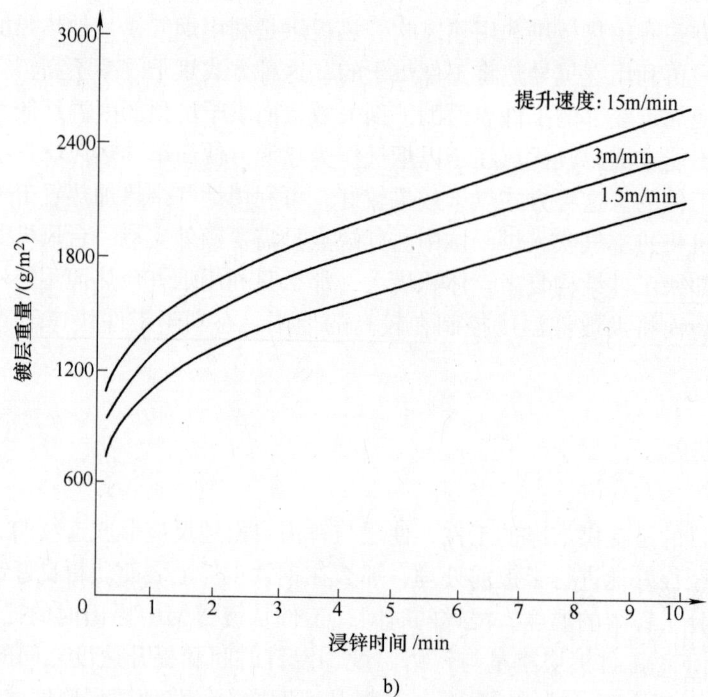

b)

图 3-18 低碳钢工件镀层重量与锌锅温度、浸锌时间和提升速度之间的关系

a) 435℃ (815℉) b) 475℃ (887℉)

表 3-20 锌锭的化学成分（摘自 GB/T 470—2008）

牌 号	化学成分（质量分数,%）							
	Zn≥	杂质≤						
		Pb	Cd	Fe	Cu	Sn	Al	总和
Zn99.995	99.995	0.003	0.002	0.001	0.001	0.001	0.001	0.005
Zn99.99	99.99	0.005	0.003	0.003	0.002	0.001	0.02	0.01

（续）

牌号	化学成分（质量分数,%）							
	Zn≥	杂质≤						
		Pb	Cd	Fe	Cu	Sn	Al	总和
Zn99.95	99.95	0.030	0.01	0.02	0.002	0.001	0.01	0.05
Zn99.5	99.5	0.45	0.01	0.05	—	—	—	0.5
Zn98.5	98.7	1.4	0.01	0.05	—	—	—	1.5

国外热浸镀锌企业以前大多采用 PW 级锌锭，w_{Pb}为 1% 左右（见表 3-21），并在锌锅底部垫一层铅，以利于清除锌渣，此时锌液中的铅处于饱和状态，常规锌浴温度下铅在锌中可溶解到 w_{Pb}为 1%。$w_{Pb}>1\%$ 的锌锭在使用上是没有什么问题的，因为多余的铅在锌熔化时会沉到锅底。根据研究结果，锌浴中 $w_{Pb}<0.5\%$ 对热浸镀锌产品质量有不良影响。近年来，由于欧洲各国政府对铅的使用进行了限制，一些热浸镀锌企业不再使用 PW 级锌锭，而大多采用 SHG 级锌锭。

表 3-21 锌锭的化学成分（摘自 ASTM B6：2012）

级别	化学成分（质量分数,%）			
	Pb	Fe≤	Cd≤	Zn≥
SHG（Special High Grade，特优级）	≤0.003	0.003	0.003	99.990
HG（High Grade，优级）	≤0.03	0.02	0.01	99.95
PW（Prime Western，原始西部级）	0.5～1.4	0.05	0.20	98.5

2. 锌锭的检验

（1）表面质量　锌锭表面不允许有熔洞、缩孔、夹层、浮渣及外来夹杂物，但允许有自然氧化膜。

（2）化学成分　对于每批次的锌锭，按等间隔抽取 6～20 块，将抽取的样锭分组，每组样锭最多为 10 块。样锭按长边相靠并排摆放，第一块浇铸面向上，第二块浇铸面向下，依次交替排列成矩形，在此矩形上划出两对角线。再把每块锌锭表面等分成该组锭数加 1 个相等的部分，划出平行于锭长边的等分线。等分线与对角线的交点为钻孔取样的位置，即第一块锌锭在第一条等分线交点上钻孔，第二块锌锭在第二条等分线交点上钻孔，依次类推，如图 3-19 所示。

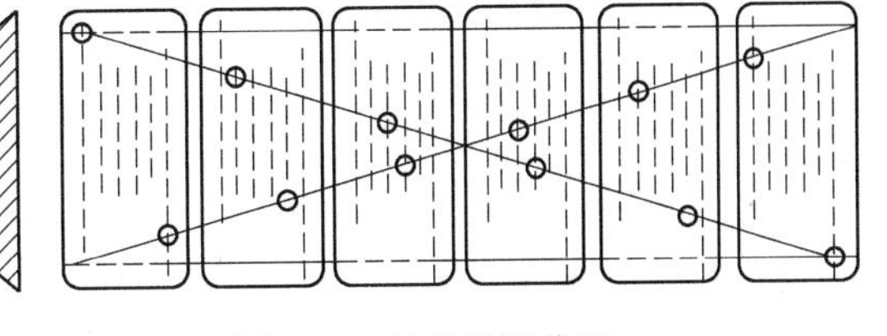
图 3-19 锭样钻孔位置

取样用直径为 $\phi10\sim\phi15$mm 的钻头，钻孔时不得使用润滑剂。钻孔速度以钻屑不氧化为宜，并去掉表面钻屑。钻孔深度不小于样锭厚度的 1/3。

将所得钻屑剪碎至 2mm 以下，混合均匀，用磁铁除尽铁质后进行化学分析。

3.4.2 合金元素的添加

1. 铝的添加

在热浸镀锌时，常常会在锌浴中加入少量铝，它可以起到下列作用：①提高镀层光亮性；②减少锌液面锌的氧化，减少锌灰的产生。然而，如果锌浴中铝含量控制不好，不但不能够提高产品质量，反而会造成镀层表面出现颗粒，甚至漏镀等缺陷。

（1）对镀层光亮性的影响　锌浴中加入少量铝可使镀层表面比纯锌层更光亮。由于锌浴中的 Al 被选择性氧化而使表面形成一层连续的 Al_2O_3 膜，锌浴表面不易氧化而比纯锌浴更光亮，从而获得更为光亮的镀层。同时由于镀层中也含有铝，在镀层的表面也会形成了一层 Al_2O_3 保护膜，对锌层提供了一个物理屏障而阻止了锌被空气氧化，有利于保持锌的金属光泽。实验表明，当锌浴中 w_{Al}超过 0.001% 时，镀层光亮性就会显著提高；但锌浴中 w_{Al}为 0.001% ~0.005% 时，对镀层光亮性的作用随浸镀温度、工件提升速度等因素影响而变得不稳定；锌浴中 w_{Al}超过 0.005% 后，镀层的光亮性随铝含量增加稳步提高，并在锌浴中 w_{Al}为 0.02% 左右达到最高值，w_{Al}超过 0.02% 后镀层光亮性不再提高甚至会缓慢下降。因此，在热浸镀锌生产中，为提高镀层光亮性，可在锌浴中加入铝，使 w_{Al}为 0.005% ~0.02%。

（2）对锌渣及锌灰的影响　锌浴中 w_{Al}为 0.005% ~0.02% 时，通常不会形成密度低而浮于表面及锌浴中的富 Al 浮渣。同时，锌灰会减少。这是由于在锌浴中含有铝而在表面形成了一层 Al_2O_3 保护层，阻止了锌被氧化形成锌灰。

（3）对助镀剂的影响　当锌浴中 w_{Al}达到 0.06% 后，会引起常规热浸镀锌助镀剂失效而使工件出现漏镀。常规热浸镀锌助镀剂通常采用的是氯化锌铵，由于 Al 会与氯化锌铵中的 NH_4Cl 发生反应生成 $AlCl_3$，而使助镀作用减弱或失效。

（4）锌浴中铝的添加方式　铝的熔点为 658.7℃，在 450℃ 镀锌温度下，铝的溶解扩散速度很慢。同时，铝在空气中容易被氧化而在表面形成一层致密的 Al_2O_3 保护层，阻止了铝在锌浴中的溶解扩散。因此，在锌浴中直接采用铝锭添加的方式是不可取的。这是因为铝锭的表面氧化膜使铝很难溶解在锌浴中，一旦溶解，又易使锌浴局部铝含量过高，这样既容易形成浮渣又可能造成局部助镀剂失效而出现漏镀。因此，锌浴中铝的添加宜采用 Zn-Al 中间合金的添加方式，这种中间合金中 w_{Al}一般为 4% ~10%。

为了使铝能够迅速充分地混合，要将合金装入带孔的容器中投到锌锅底部。另外，还需要经常地添加以补偿铝的损失（由于氧化和在镀层上的消耗），添加的量和次数必须根据每次锌浴的化验结果而定。为了防止铝过量，添加时宜采取“少而勤”的原则（例如，每班添加两次）。为了快速确定锌浴中铝含量的情况，可取少量氯化铵晶粒撒在轻微氧化的表面上。当 w_{Al}低于 0.007% 时，氧化膜被溶解，晶粒自由移动；而当铝含量较高时，晶粒便停在表面上不动，而且渐渐挥发。

2. 镍的添加

目前，越来越多的热浸镀锌企业在热浸镀锌时，在锌浴中加入少量镍，它可以起到下列作用：①抑制 w_{Si}小于 0.25% 的钢在锌浴中的异常铁锌反应，减小这类钢出现灰暗、超厚、黏附性差的镀层；②提高镀层光亮性。但镍的添加过量，可能会在锌浴中出现颗粒增加及浮渣现象。

（1）对镀层组织的影响　锌浴中加入 w_{Ni}约为 0.1% 的镍可降低铁锌反应速率，消除活性钢镀锌时 ζ 相的异常生长，使镀层黏附性提高，表层可形成连续的 η 相自由锌层，镀层外观保持光亮。

在锌浴中加入 w_{Ni}为 0.04% ~0.12% 的镍时，能起到减缓或消除 w_{Si}小于 0.25% 活性钢的圣德林效应的作用，并随着加入镍量的提高其作用则越明显。但对高硅钢（w_{Si} >

0.25%），锌浴中镍的加入对减薄镀层的效果不大。

（2）对镀层性能的影响　锌浴中加镍可提高镀层中 ζ 相层的硬度，这可能是 ζ 相与 η 相之间出现了富镍相引起的。硬度的提高使镀层耐磨性得到提高，可减少镀件在搬运、贮存、运输及使用时镀层因碰撞或摩擦而损坏。对锌镍合金镀层钢管进行与常规镀锌钢管相同的弯曲操作，镀层不发生任何损坏，其加工性能保持不变。对该镀层进行冲击试验也可验证其具有良好的黏附性。锌镍合金镀层的耐蚀性与镀锌层基本相当。

（3）对锌渣及锌灰的影响　锌浴加镍会使锌渣增加。由于工件及锌锅上的铁不断溶入锌中，使锌浴中铁含量增加。在 450℃时，铁在锌中的溶解度为 0.03%，当铁含量超过该值时，便会生成 $FeZn_{13}$ 金属间化合物沉入锅底形成锌渣。当锌浴中加入镍后，铁的溶解度将下降，这意味着加镍促使一部分铁形成锌渣。为减少锌渣的形成，锌浴含铁量应尽量减小。当锌浴中的 w_{Ni} 为 0.06%～0.10%时，锌渣由原先的 Zn-Fe 二元合金相转变为 Zn-Ni-Fe 三元合金 Γ_2 相浮渣，对热镀锌是不利的。因此，锌浴中的镍含量 w_{Ni} 不能超过 0.06%。

锌浴加镍后锌灰的生成量会减少。

（4）锌浴中镍的加入方式　由于镍的熔点大大高于锌，锌浴中添加镍，往往需要首先转化成锌镍中间合金或采用镍粉直接合金化技术。目前国际上曾采用的锌镍中间合金有 Zn-2% Ni、Zn-0.5% Ni 中间合金和 Zn-0.24% Ni 预合金。表 3-22 为常用的锌镍合金及镍粉在热浸镀锌中的使用特性。

表 3-22　常用的锌镍及镍粉在热浸镀锌中的使用特性

w_{Ni}（%）	熔点/℃	合金相组成	在锌浴中的溶解时间	在锌浴中 Ni 的可溶出量	备　注
0.24	418	Zn + 2.5% δ	短	100%	
0.5	450	Zn + 5.0% δ	较短	100%	
2.0	580	Zn + γ + δ	可接受	95%	可能形成 Γ_2-FeZnNi 相
100（粉末）	1453	Ni	过长	85%	会形成 Γ_2-FeZnNi 相

由于镍加入锌浴中，镀层、锌渣中所带走的镍量均大于锌浴中的镍含量。当锌浴中 w_{Ni} 在 0.055%～0.06%的范围时，镀层中的镍含量比锌浴中高；而锌渣中的 w_{Ni} 为 0.5%，比锌浴中高出 10 倍，若形成 Γ_2 相浮渣，镍含量将更高；锌灰中 w_{Ni} 约 0.04%，略低于锌浴中。因此，要维持一定镍含量的锌浴，锌镍合金的实际加入量要高得多。这就涉及镍的有效利用率问题。

早期有报道称当锌浴中刚加入 Zn-2% Ni 合金时，锌浴中的镍含量很快上升，但持续的添加，镍的有效利用率（锌浴中的镍含量与添加量之比）降低很快，仅为 20%～30%。Zn-0.5% Ni 和 0.24% Ni 预合金最早是用于维持锌浴中较高镍含量（w_{Ni} 为 0.08%～0.12%）而生产的，预合金的意思就是直接使用而不再与纯锌进行稀释。但后来由于锌浴中镍的使用含量降低，Zn-0.5% Ni 合金也就作为中间合金使用了。由于 Zn-0.5% Ni 合金中的 δ-$NiZn_8$ 金属间化合物相量较少且分布更均匀，故镍的有效利用率更高，有报道称可达到 33%，但使用该合金的成本是 Zn-2% Ni 合金的 2 倍以上。Zn-0.24% Ni 合金接近共晶成分，它的熔点低，可迅速溶解于锌浴中，但这种合金使用成本过高而未被广泛采用。

目前国外使用较多的为 Zn-0.5% Ni 合金，而国内出于成本的考虑，使用较多的仍为 Zn-1% Ni 和 Zn-2% Ni 合金。

镍粉直接合金化是由加拿大 Cominco 公司研究开发的。采用该技术设备制作简单，成本低，操作方便，但可能产生浮渣，在目前尚未取得广泛应用。

3.4.3 镀锌操作

由于目前我国热浸镀锌企业均面临一个较大的难题，就是客户提供的钢结构件的钢材成分及类型千差万别，这就对热浸镀锌操作提出了较高的要求。不同成分及类型的钢结构件需采用不同的热浸镀锌操作工艺。适当的镀锌操作对获得良好的镀锌质量及较低的生产成本是非常关键的。热浸镀锌操作主要是对锌浴温度、浸入速度、浸锌时间、提升速度以及扒锌灰、捞锌渣等操作步骤进行有效控制及实施，图 3-20 所示为热浸镀锌实际操作情况。

图 3-20 热浸镀锌实际操作情况

1. 锌浴温度

实践表明，大多数工件在 440 ~ 460℃热浸镀锌能够得到满意的效果，而通常使用的工作温度是 450℃。热浸镀锌的最低温度应以在工件取出时锌液能自由地从工件流下来为准。一般来说，锌锅容量大，一次镀锌工件量少，镀锌温度可以低些。低的镀锌温度可以减少硅对热浸镀锌层的影响，减少灰暗、超厚镀层产生，减少锌灰和锌渣的形成，并能保证锌锅的安全和节约燃料。锌浴温度过高，则镀层厚度增加。锌浴温度从 450℃升到 470℃，钢材浸镀 30s 所产生的锌渣将增加一倍，因为温度越高合金层形成越迅速。但温度过低会使镀层太厚，工件不光滑，这是因为低温下锌液的流动性变差。因此，要想使产品质量良好同时锌耗较低，就必须注重控制锌浴的温度。

钢与锌液反应的临界温度是 480℃。当锌浴温度低于这个温度，锌锅表面的铁与锌液形成的致密合金层附着于锌锅表面，这个合金层可以减慢甚至阻止锌锅与锌浴的反应。当锌浴温度高于 480℃，锌锅表面的合金层会被破坏而成为非附着的结晶，于是锌将不断地与锌锅中的铁反应，加快对锌锅的侵蚀，减少锌锅的寿命，同时也会产生更多的锌渣。

为保护镀锌锅及获得良好的镀锌质量，准确地测量锌浴温度是很重要的。通常将热电偶插入锌锅两端的锌浴中测量，并及时调节控制锌锅的加热。

为了克服含硅的镇静钢和半镇静钢镀锌时出现灰暗、超厚及黏附性差的镀层问题，除在锌浴中加入合金元素外，在530～560℃的高温下镀锌也是一种有效的方法。但此时由于锌浴温度太高，不能使用铁制锌锅，而需采用耐火材料制作的锌锅，并须改变加热方式。高温镀锌通常只应用于小工件的镀锌生产中。

2. 浸入速度

在保证操作工人安全的前提下，工件浸入锌浴的速度要尽可能地快。这就要求已处理好的工件应尽可能干透，否则会引起严重的锌的飞溅，造成锌耗增加且不安全。工件浸入的速度还影响着镀层的均匀性，特别是长工件，若保持倾斜角度不变，先进入锌浴的一端与最后进入的一端在锌浴中浸没的时间是不同的，可以采用“先进先出”的办法来加以弥补。工件快速浸没于锌浴还有助于减少工件变形。

3. 浸锌时间

工件浸入锌浴时，表面的助镀剂盐膜将与锌发生剧烈反应。一般来说，把工件浸入锌锅中直至“沸腾”现象停止，即应立刻将工件取出来。这样所获得的镀层在大多数情况下均可满足标准要求。当工件浸入锌浴后的前一两分钟，工件表面的铁与锌液之间的反应迅速进行，形成铁锌合金层，但随着工件在锌浴中浸泡时间延长，合金层的生长速度将逐渐减小。但如果是含硅活性钢，其镀层的增长与时间成正比，因此浸锌时间应尽可能缩短。

4. 扒锌灰

由于工件表面助镀剂盐膜与锌反应后，会在锌浴表面形成一层锌灰，在工件从锌浴中取出之前，锌浴表面的锌灰必须去除，才能获得光滑表面的工件。可用锌灰扒将表面锌灰轻轻扒至锌锅的两端。锌灰扒可用木板或薄钢板制作。如果取出工件时工件表面黏附上锌灰，将影响工件的外观质量。扒锌灰时应注意不要过于用力，使锌浴面产生较大的搅动，这样容易使锌锅内壁形成的铁锌合金保护层脱落，加速锌锅腐蚀。

5. 提升速度

工件从锌浴中提出时的提升速度，对镀层的外观及厚度均可能产生较大的影响。一般说来，对于大多数工件，适宜的提升速度大约是1.5m/min。但对于不同材质不同类型的工件，提升速度也应做相应调整。对于硅含量较低的非活性钢，在不影响生产率的前提下，提升速率可以更低一些，这样可以将工件表面的锌液充分回流，所处理的工件更平滑光亮，厚度更薄。但对于硅含量较高的活性钢，需要较快地将工件提出，但提升速度太快，工件表面的锌液来不及充分回流至锌浴而凝结在工件上，形成毛刺、滴瘤和流痕，严重影响镀层表面质量并使锌耗增高。

镀锌时宜采用双速的电动起重机，若采用无级变速起吊的电动起重机更佳。这样可以使工件快速浸入而慢速取出。对于较长工件，提升速度慢会导致较长的操作时间，为了维持相当的生产量，须采用较快的速度。但工件取出速度一定要比锌在工件表面自由流动的速度慢些，以便得到均匀的纯锌层。

6. 捞锌渣

热浸镀锌的过程中，会不断形成锌渣。锌渣在静止的锌浴中会沉到锌锅底部，在工件浸锌操作时应尽量不要搅动它，以免将大量锌渣搅入锌浴中，使镀层中因黏附着锌渣而产生颗粒，影响工件外观质量，使锌耗提高。不宜采用太浅的锌锅，以免在镀锌过程将锌渣搅起。

应注意定期打捞锌渣，以免锌锅底部堆积过厚的锌渣层。一方面过厚的锌渣层容易在镀锌过程中被搅起；另一方面糊状的锌渣导热性差，过厚的锌渣层会使锌锅壁产生局部过热的现象，加速锌对铁的腐蚀，从而影响锌锅的使用寿命，严重时可能产生锌锅穿孔而漏锌。因此，必须用带孔的铲子或捞渣器定期从镀锌锅中清除掉积累的锌渣，间隔时间可根据工厂的实际情况，一般在一周或半个月内捞渣一次。

3.5 镀后处理

3.5.1 离心法和螺纹刷光法

1. 离心法

用笼子装的小工件镀锌以后，在镀层仍然处于熔化状态时，立即用离心法除去多余的锌液，使工件得到良好的光泽表面。这就需要尽快地将工件从镀锌锅移到离心机中。此外，还有一点也很重要，离心机需要由一台起动转矩大的电动机传动，以便在2~3s内使它加速到最高速度。常用的离心法是采用大约750r/min的速度，多余的锌液在最初几秒钟内就可甩掉，离心时间再延长并无明显效果。在生产过程中还必须适当注意零件的配合公差，因为这些工件在镀锌后还要进行装配，例如，螺栓孔、铰链栓孔，或那些已经组装但在镀锌后还要活动自如的工件。镀锌的螺栓和螺母的正常工艺规程是螺栓制成标准螺纹后才镀锌；螺母要先镀锌作为坯料，然后再进行内螺纹加工，将内螺纹扩径。

经过离心处理以后，工件立即倒入水中，使镀层凝结并防止工件粘在一起。

2. 螺纹刷光法

大工件上的螺纹用离心法是不适用的，应在镀锌后镀层凝结以前用旋转的刷子进行清理。这种处理可以减少镀层的厚度，但同时降低了镀层的保护价值，因此这种处理只限于工件的螺纹部分。

3.5.2 水冷

工件从锌浴中取出后应尽快水冷，以防止在缓慢冷却时合金层的过量生长导致产生灰暗镀层。为了改进镀层的平滑度和光泽度，可在水里经常加少量表面活性剂。

对于硅含量低的非活性钢，为防止工件变形，也可不采用水冷而直接在空气中缓慢冷却。

3.5.3 钝化

当工件需要较长时间的贮运时，应对工件进行钝化处理，以防止在储运过程中产生腐蚀。其腐蚀产物通常称为白锈。常用钝化方法有铬酸盐法和磷酸盐法。

1. 铬酸盐法

可采用一系列的专利或非专利的铬酸盐溶液对工件进行钝化。工件在溶液中短时间浸渍后，可在镀层表面产生一层铬酸膜，膜的颜色由黄色到金黄色，较薄的铬酸膜几乎是无色的，在多数情况下已能起到满意的保护作用。

最常用的一种有效的处理方法是，将镀后的工件立即投入温度为30~60℃的0.15%（质量分数）重铬酸钠溶液中。这种处理对防止白锈能得到令人满意的结果。

铬酸盐钝化处理可能降低涂层的附着力，因此，如果镀件还要进行涂装处理，就应该避免采用铬酸盐钝化处理。

2. 磷酸盐法

磷酸盐钝化处理在防止潮湿锈斑方面一般要比铬酸盐钝化处理的效果差些。但是，如果镀件随后还要进行涂装处理时，就应采用磷酸盐钝化处理而不用铬酸盐钝化处理。普遍使用的溶液是磷酸和重金属磷化物，再加一些专用的添加剂，促使镀层的形成和产生细晶粒结构，溶液一般要加热使用。

3.5.4 检测与修整

工件镀锌后应按 GB/T 13912—2002 或 ISO 1461：2009，对镀层厚度及外观质量即时进行检测。对镀件表面的锌瘤、挂锌等缺陷可进行必要的修整。详细方法见本书第7章。

3.5.5 堆放及贮运

空心件、板材、角钢以及同类型的镀件在热浸镀锌以后常常需要立即堆存起来。这就有可能由于镀件接触紧密，冷却太慢，而引起镀层的剥落。因此，镀件不要堆得太高，或在镀件之间加垫。另外，镀锌件贮存在潮湿条件下，镀层会产生腐蚀，形成白锈，使镀件失去金属光泽，严重影响外观质量。白锈的产生主要是由于镀件紧密堆放的表面间存有水点或水膜所致。镀件在潮湿条件下堆放、在运输中雨淋、潮湿空气的冷凝都是引起白锈的原因。在有腐蚀剂（如酸、蒸汽、海水浪花等）存在的条件下，腐蚀还会加剧。因此，镀件堆放及贮运过程中，除了防止碰撞划伤镀层外，还应注意防止白锈的产生。

1. 白锈形成机理

锌是非常活泼的金属，锌的表面与周围的潮湿空气接触，会首先与潮湿水汽发生化学反应，生成一层多孔的、胶黏状的 Zn（$OH)_2$ 腐蚀产物。随后，氢氧化锌会进一步与大气中二氧化碳反应，生成一层薄的、致密的、有一定黏附性的碱式碳酸锌 $2ZnCO_3 \cdot 3Zn(OH)_2$ 腐蚀产物，可以阻止镀层进一步腐蚀。

当镀件紧密堆积并置于潮湿的空气中时，由于镀件间的表面没有自由流动的空气，镀层的局部表面将不能发生形成上述腐蚀产物保护膜的化学反应，而是发生电化学腐蚀，形成白锈。白锈的形成机理实际上就是“氧浓差腐蚀电池”原理。

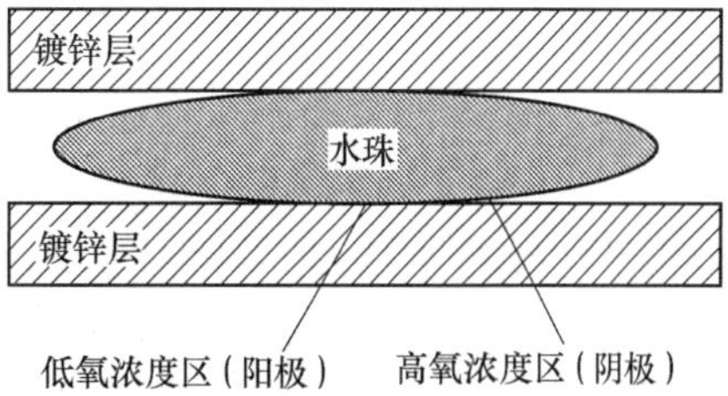

镀锌层
水珠
镀锌层
低氧浓度区（阳极）　高氧浓度区（阴极）

图3-21　白锈形成的氧浓差腐蚀电池模型

在潮湿环境中镀件密集堆放时发生的腐蚀反应，可以简化成发生在两镀锌层间被压扁水珠中的反应，如图3-21所示。这水珠仅有很小的表面暴露在空气中，接近水珠中心的锌表面和在水珠周边锌表面的氧供给量是不同的，这就导致两处锌的电位不同。中心地区氧浓度低成为阳极，而边缘地区氧浓度高成为阴极，从而形成氧浓差腐蚀电池。

阳极反应：
$$Zn \longrightarrow Zn^{2+} + 2e \quad (3\text{-}11)$$

阴极反应：
$$O_2 + 4e^- + 2H_2O \longrightarrow 4OH^- \quad (3\text{-}12)$$

总反应：
$$2Zn + O_2 + 2H_2O \longrightarrow 2Zn(OH)_2 \quad (3\text{-}13)$$

电化学腐蚀速度远高于化学反应腐蚀的速度，阳极区的锌会很快被腐蚀，腐蚀产物为没有保护能力的、相对易溶的氢氧化锌。由于在此条件下形成的氢氧化锌较稳定，锌离子就会不断离开镀层进入水中，因而加速了腐蚀。同时，空气中的 CO_2 很难进入阳极区，这就阻止了氢氧化锌向起保护性作用的碱式碳酸锌的转变。在这种情况下的腐蚀产物不能抑制反应的继续进行。

形成白锈时所需的水分来源多种多样。例如：镀件水冷后没有完全干燥，会造成在堆放或包装的时候镀件上留有水分；直接暴露在雨水或海水中，或由于大气温度的变化造成冷凝水，会导致镀件表面留有水分；紧密堆放的镀件由于空气流通不好而干燥缓慢，由于相互接触的表面间的毛细凝聚作用，也会导致镀件表面留有水分。

白锈的严重程度取决于残留水分的成分和在所处环境中持续的时间。如果残留的水分中含有来自海水中的氯化物、来自工业环境的硫化物或来自镀锌操作中助镀剂的残留物，都会提高水的电导率，从而增大氧浓差腐蚀电池的作用。

由于金属锌转变为氧化锌或氢氧化锌时体积增大 3 ~ 5 倍，因此形成的白锈体积较大，从而使白锈腐蚀程度看起来要比实际情况严重得多，严重影响镀层外观，但其实它们仅仅使基底镀层损失很少的锌。对于较厚的结构件镀层，通常白锈对镀层的耐久性及使用寿命没有影响或没有明显影响。

2. 白锈的预防及处理

（1）白锈的预防　当镀件贮存及运输需要紧密堆放在一起时，则应该采取足够的预防措施来防止白锈。在镀件周围保持低湿度的环境和在堆积的镀件间保证足够的通风，可使白锈减至最少。具体的预防措施如下所述：

1）可以采用表面处理方式来减少镀层白锈的产生。镀锌管和中空的镀件在镀锌后可涂一层清漆，像线材、板材和网材这类产品可打蜡和涂油，对热浸镀锌结构件水冷后即可进行铬酸盐或其他专用溶液的钝化处理。若镀件可以很快运走并安装时，可不需任何后处理。实际上，热浸镀件需不需要进行表面处理主要取决于镀件的外形和可能的储存条件。紧密堆放或套入的镀件防白锈的能力差，特别是当它们不打开连续存放几个星期以上时尤为如此。当然，如果镀件表面充分暴露时，一般可不进行后处理。如果镀锌表面在 6 个月内要进行涂装，则需选择适当的后处理工艺，以免影响锌层与涂层的黏附性。

2）镀件应该在干燥的、有良好通风环境的条件下加覆盖存放。

3）如果镀件只能露天存放，镀件应该从地面架高并用窄条隔离物分开，以便给所有镀件表面提供自由流动的空气。镀件应该倾斜放置以方便排水（见图 3-22）。镀件不应存放在潮湿的土壤上或腐烂的植被上。在船运时，如果镀件表面可能发生冷凝，也推荐使用隔离物。另外，如果镀件在运输时要过高山时会冷却，然后再到低处暴露于比较暖和潮湿的空气中，在这种情况下就必须使用隔离物。含松脂的木材不能用作隔离物或包装物，因为松脂本身就有腐蚀性。在运输和贮存镀件时推荐使用干燥的、未用防腐剂和防火剂处理过的木材，如杨木、槐木和杉木。存放在容器中的小镀件在包装前要彻底干燥。用包装箱密封时，建议加入一些干燥剂。

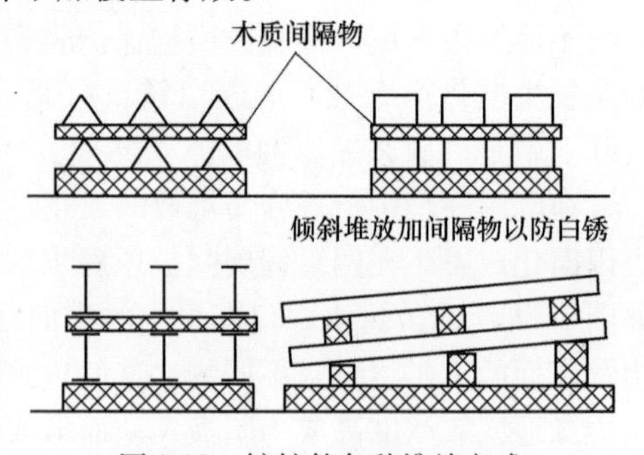

图 3-22　镀锌件各种堆放方式

4）覆盖的镀件不要放在可能会受到雨水、雾气、凝结水和雪水影响的地方。

5）当镀件需海运时，不应该把它们作为船面货物托运，也不应该把它们放入船的底舱处，在那儿有可能与底舱污水接触。在电化学腐蚀条件下，海水加剧白锈腐蚀。在海上特别是热带海洋湿度很大，这时提供干燥的环境和良好的通风设施就特别重要。

（2）出现白锈后的处理措施　镀件表面可能会出现大量的白锈，但实际对镀层的腐蚀是比较轻微的。在大多数情况下，白锈的出现并不表明镀层已严重破坏，也并不一定意味着镀件的使用寿命会减少。发生白锈后，镀件应摆开以使它们的表面迅速变干。镀件干了后，就立即检查。

当镀件表面的锈迹是轻微而平滑的或用指尖可以轻刮即掉的，在正常的工作环境中，锈斑会逐渐地消失并和周围的锌表面混成一体，在使用期限内不会对镀件的性能有影响。如果镀件上的锈迹在镀件安装后将暴露不充分，或将在潮湿的环境下工作，即使是非常浅的白锈也应去除，这样就不妨碍生成碱式碳酸锌保护膜。

中度到重度的白锈必须清除，否则在白锈生成区内就不能生成必要的碱式碳酸锌保护膜。腐蚀产物要用硬毛刷来清除，不能用钢丝刷。在清除白锈后，必须检查腐蚀区的镀层厚度，以确保留有足够的镀锌层。

在长期储存且生有白锈的镀件上，典型的白色和灰色的腐蚀产物可能会变黑。当这种情况出现时，就说明大量的镀锌层已经被腐蚀，镀件的使用寿命会降低。

在极端的情况下，由于在恶劣的环境中长期存放，形成了严重的白色沉积物或红锈，这已影响镀件在预期使用期内的使用，就必须重镀或按相关标准规定的方法进行局部修补。

第4章　热浸镀锌新技术及发展趋势

4.1　热浸镀锌合金技术

随着炼钢工业中的连铸钢坯技术逐步取代传统的低产出、高能耗的铸锭开坯技术，热浸镀锌行业又面临新的问题。连铸钢坯技术要求炼钢时应进行充分脱氧，通常采用Si或Al作为脱氧剂。由于Si成本低，能较好地去除钢中的氧，残留的Si还能增加钢的强度，故Si作为脱氧剂的炼钢技术应用较为广泛，该技术生产的钢大都是硅含量高的镇静钢或半镇静钢，它们与锌的反应较激烈，属于热浸镀锌的活性钢。活性钢镀件往往出现灰暗、超厚及黏附性差的镀层，使产品质量降低，镀锌成本大大提高。从20世纪60年代开始，广大的热浸镀锌工作者开始致力于寻找解决活性钢镀锌问题的方法。Zn-Ni合金镀层技术（Technigalva）正是为适应这一要求而产生并逐步推广应用的。在锌浴中 w_{Ni} 为0.04%～0.06%可抑制圣德林钢热浸镀锌时的Fe-Zn反应，获得的镀层厚度适宜，外观更光亮、平滑，并有较好的耐蚀性和黏附性。对于硅含量高的过圣德林钢材热浸镀锌，锌浴中加入上述合金对抑制Fe-Zn反应的作用并不显著。近几年来，随着对锌浴中加Sn的系统研究发现，锌浴中 w_{Sn} 为3%～5%能够显著抑制高硅活性钢热浸镀锌层的异常生长，镀层厚度明显减小。围绕所取得的研究成果，进一步开发出适合于工业应用的热浸镀锌技术，取得了一些研究成果及工业应用。

4.1.1　Zn-Al合金技术

Zn-Al合金镀层材料的研究始于20世纪60年代，随后铝成为热浸锌浴中最常用的添加元素，在锌浴中添加不同浓度的铝可以获得不同性质的镀锌层。常规批量热浸镀锌中往往添加质量分数不大于0.01%的铝，利用铝在锌浴表面选择性富集，可减少锌浴的氧化，从而提高锌浴及镀层表面光泽度。但此浓度下的铝对镀层的组织及性能没有明显影响，而随着铝含量的提高，Al对镀层的组织及性能明显改变，如Zn-0.2%Al镀层、Zn-5%Al-0.1%RE镀层（Galfan）、Zn-55%Al-1.6%Si镀层（Galvalume）。

1. 铝对锌浴中Fe-Zn反应的抑制机理

在锌浴中加入 $w_{Al}>0.15\%$ 的铝可以抑制Fe-Zn合金相的形成，其主要是由于在Fe与Zn的界面上形成了一层连续的 Fe_2Al_5 相，通常因 Fe_2Al_5 相会固溶一定量的锌，也常以 $Fe_2Al_5Zn_x$ 表示。该化合物阻碍锌原子的扩散，抑制或延迟Fe-Zn金属间化合物的生成。但是，低铝含量［$w_{Al}<1\%$］对镀层的Fe-Zn反应的抑制作用是非常短暂的，Fe_2Al_5 抑制层很快就会发生破裂，同时Fe-Zn合金层“迸发”形成，如图4-1所示。刘力恒等通过研究热浸镀Zn-0.2%Al镀层中抑制层失稳机理发现，Fe_2Al_5 抑制层的失稳机制有两种：一种是 Fe_2Al_5 与锌浴界面处铝的局部贫化导致锌对 Fe_2Al_5 的侵蚀，形成 $Fe_2Al_5Zn_x$，造成系统热力学稳定性降低，从而导致 Fe_2Al_5 被Zn侵蚀分解，同时在 Fe_2Al_5 与锌浴界面产生 $FeZn_{10}$（δ）相；另一种是锌通过 Fe_2Al_5 晶界向钢基体扩散，直接在 Fe_2Al_5 与钢基体界面产生δ相，

并引起 Fe_2Al_5 的迸发失稳。相对于低铝热浸镀，高铝热浸镀具有更厚的 Fe-Al 合金相层。研究表明，低铝含量（$w_{Al}<1\%$）热浸镀的 Fe-Al 相层厚度仅有数十到数百纳米，而高铝热浸镀，如 Zn-5% Al 的 Fe-Al 相层厚度可达 500nm 或更高。对于铝含量更高的镀层，Fe-Al 相层更厚，从而能够更强的抑制 Fe-Zn 反应，延长抑制层的存在时间。目前为止，高铝热浸镀锌层的组织结构和相关界面反应机理还有待进一步探索和完善。

2. Zn-Al 合金技术的工业应用

Zn-Al 合金镀层技术研究开展较早，但一直沿用到现在，并得到了不断的改善和广泛的工业应用。下面列举 3 种国内外常用的热浸镀 Zn-Al 合金技术。

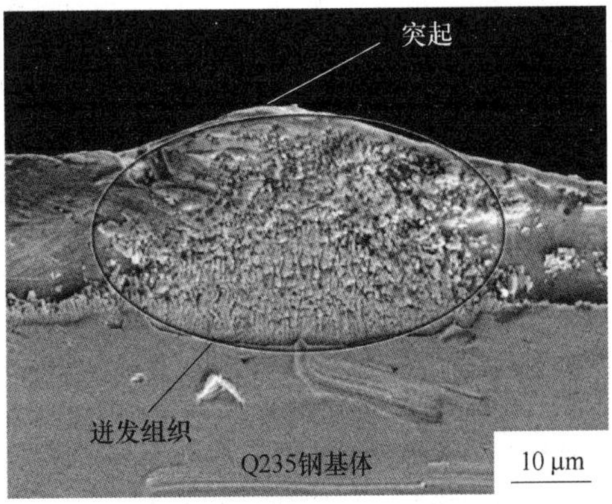

（1）Zn-0.2% Al 镀层　当锌浴中 w_{Al} 为 0.2%时，可完全消除合金中的 Γ 相和 δ_1 相，镀层中仅有 ζ 和 η 的共晶体和 η 相，得到的镀层薄且有好的韧性，广泛应用于带钢及钢丝的连续热浸镀锌。

图 4-1　Zn-0.2Al 合金镀层中典型的迸发组织

为了提高镀层的耐蚀性，稀土的添加成了关注的重点。Zn-0.2% Al 锌浴中加入微量稀土镧，发现含镧镀层中的镧并未明显抑制白锈的产生，但明显抑制了红锈的产生和扩展。Zn-0.2% Al 锌浴中添加的稀土具有细化镀层表面树枝晶，提高镀液流动性，降低镀层厚度和改善镀层耐蚀性的作用。

（2）Zn-5% Al-RE 镀层　Zn-5% Al-RE 镀层是由国际铅锌研究组织开发出来的新型镀层，商品名为 Galfan，镀层合金成分（质量分数）是 Al4.2% ~7.2%，RE（La 或 Ce）0.03% ~0.10%，余量为 Zn。Galfan 镀层具有较高的耐蚀性、优异的成形性和涂装性，其耐腐蚀性是普通镀锌层的 2 ~3 倍，成形性优于其他热浸镀锌层，与电镀锌层的成形性相当。

Galfan 镀层具有的优良性能是与其镀层组织密切相关的，其截面组织如图 4-2 所示。Galfan 镀层组织为典型的共晶组织，呈明暗相间的层状结构，由富铝相和富锌相相互交替构成，镀层的最外层为极薄的 Al_2O_3 层；镀层的金属间化合物层很薄，为 Al-Fe-Zn 三元金属间化合物，不存在脆性的 Fe-Zn 金属间化合物。其腐蚀产物能均匀覆盖在镀层表面，随腐蚀条件的不同，腐蚀产物有所不同。

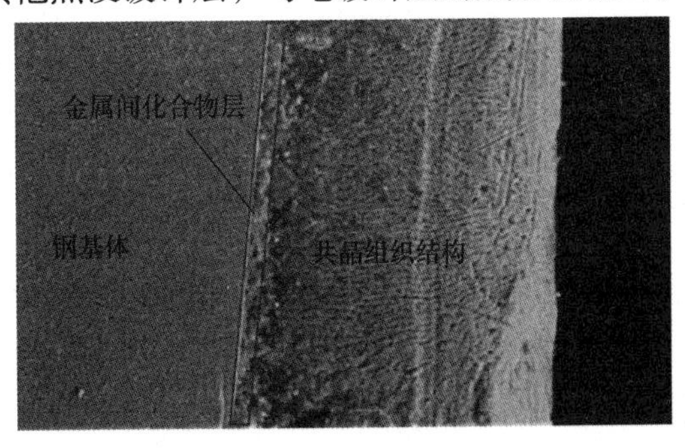

图 4-2　Galfan 镀层截面组织

在农村大气条件下的腐蚀产物为碱式碳酸锌[$Zn_4CO_3(OH)_6 \cdot H_2O$]，在工业和海洋大气条件下为碱式碳酸锌铝[$Zn_6Al_2(OH)_{16}CO_3 \cdot 4H_2O$]，在严酷海洋大气条件下为氧化锌(ZnO)、碱式碳酸锌[$Zn_4CO_3(OH)_6 \cdot H_2O$]和碱式碳酸锌铝[$Zn_6Al_2(OH)_{16}CO_3 \cdot 4H_2O$]的混合物，其腐蚀产物中非保护性的腐蚀产物 ZnO 减少。

Galfan 镀层优良的成形性主要源于两个原因：①镀层中不存在脆性的金属间化合物，避免了在此界面上裂纹形核；②细微的共晶组织可有效阻止裂纹的扩展。将 Galfan 镀层钢板进行弯曲、冲压和深拉时均不会出现镀层开裂、剥落现象，故该镀层广泛用于汽车、家电、建筑等领域。

Galfan 镀层现主要用于连续热浸镀锌的镀锌板和镀锌钢丝。由于锌浴中铝含量高，用于批量热浸镀锌时会引起常规助镀剂失效而造成漏镀，从而使其在批量热浸镀锌中的应用受限。目前，研究者对高铝情况下的助镀剂和助镀方法进行了大量研究，取得了重大突破，使 Galfan 镀层在批量热浸镀锌中的应用成为可能。

（3）Zn-55%Al-1.6%Si 镀层　美国的伯利恒钢铁公司（Bathelehem）对 w_{Al} 为 1%～70% 的锌铝合金层进行各种大气暴露试验研究，得到了性能优异的 Zn-55%Al-1.6%Si 合金镀层，并将其命名为 Galvalume，现主要用于连续热浸镀锌。这种镀层耐热性高，使用温度可达 375℃以上；耐蚀性好，比普通热浸镀锌层高 2～4 倍，耐蚀性和热浸镀 Al-4Si 合金镀层相似，盐水浸泡、抗高温氧化、抗高温硫化氢腐蚀性与铝镀层接近，还具有一定的阳极牺牲保护性能。

Galvalume 镀层具有独特的显微结构，其显微结构由外层和内层组成：外层的组织特点是富铝的树枝晶构成镀层结构的主体，其次是填充于富铝树枝晶间隙的富锌相，这是由于在连续热浸镀锌时较快的冷速下，Al-Zn 共析体中的铝依附先共析铝生长，而硅在固态锌、铝中的溶解度极小而析出细小针状的富硅相分布于树枝晶间；内层为金属间化合物层。

金属间化合物层的类型与锌浴中的硅含量有关，在 w_{Si} 为 1.5% 的锌铝浴中，金属间化合物层由两层组成，靠近钢基体侧为 Fe_2Al_5，靠近外层为 α-FeAlSi。而在 w_{Si} 为 1.3% 的锌铝浴中，金属间化合物层由三层组成，靠近钢基体侧为 Fe_2Al_5，中间层为 $FeAl_3$，靠近外层为 α-FeAlSi。另外，还可能有 Fe-Al-Zn-Si 四元相。

Galvalume 镀层腐蚀的初期，在 Al 的树枝晶间隙处的锌首先发生牺牲阳极腐蚀，腐蚀产物会填充塞紧树枝晶的间隙，形成一层致密的屏障，有效阻止腐蚀介质的穿透。盐雾腐蚀和 3% NaCl 溶液浸泡试验表明，Galvalume 镀层的腐蚀产物主要是 $Zn_6Al_2(OH)_{16}CO_3 \cdot 4H_2O$，减少了非保护性腐蚀产物氧化锌的生成。因此，Galvalume 镀层具有很好的耐蚀性。但由于针状富硅相的存在，且镀层主要为粗大树枝晶，易于在树枝晶的间隙间形成裂纹，造成 Galvalume 镀层钢板的成形性能不好。

近年来，国内还有在 Zn-55%Al 锌铝浴中加稀土的研究报道，加入质量分数为 0.1%～0.2% 的稀土对镀层的耐蚀性和耐高温性有较好的作用，但加入过量会生成成分复杂的稀土富集相，不利于耐蚀性的提高；稀土容易富集于锌铝浴表面，对锌铝浴面起保护作用；加入质量分数为 0.2% 的稀土可提高镀层的表面质量。

4.1.2　Zn-Ni 合金技术

加拿大镀锌协会的研究者最早提出了在锌浴中添加镍可以抑制含硅钢 Fe-Zn 反应的设想，并获得了国际铅锌研究组织提供的研究经费。最初试验的锌浴采用 PW 级锌，锌浴中 w_{Ni} 为 0.16%～0.17%。试验结果表明，锌浴中加镍对抑制含硅钢的 Fe-Zn 反应是有效的。这一试验结果引起了镀锌研究工作者的极大兴趣。

1. 镍对热浸镀锌 Fe-Zn 反应抑制机理

活性钢镀锌时，钢基体中的硅会促进 ζ 相迅速生长。锌浴中加入 w_{Ni} 约为 0.1% 的镍可降低铁锌反应速率，消除 w_{Si} 小于 0.25% 的活性钢镀锌时 ζ 相的异常生长，使镀层黏附性提高，表层可形成连续的 η 相自由锌层，镀层外观保持光亮。但对于 w_{Si} 大于 0.25% 的活性钢作用不明显。锌浴加镍对圣德林曲线的影响如图 4-3 所示。由图 4-4 可见，活性钢在纯锌浴中所获镀层中的 Fe-Zn 相生长较快，η 相不连续，镀层厚（见图 4-4a）；而在 Zn-0.1% Ni 浴中所获镀层中的 ζ 相的异常生长受到明显抑制，η 相连续（见图 4-4b）。

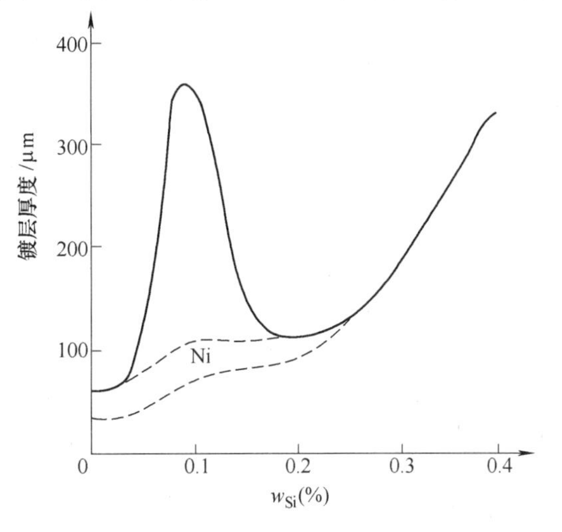

图 4-3　锌浴加镍对圣德林曲线的影响

关于镍对热浸镀锌 Fe-Zn 反应的抑制机理，目前尚没有完整的、统一的解释。Belfrage 和 Ostrom 报道了在 450℃ 的 Zn-0.15% Ni 合金镀浴中热浸镀锌后，在 ζ 相和 η 相之间存在一个富镍的相。Notowidjojo 等在 ζ 相的柱状晶粒顶部之间发现了某种颗粒，并推测它们是 Fe-Zn-Ni 三元合金。他们提出由于三元合金的形成，阻碍了 ζ 相的快速生长，三元合金可能是阻滞锌向 ζ 相扩散的一个阻挡层。

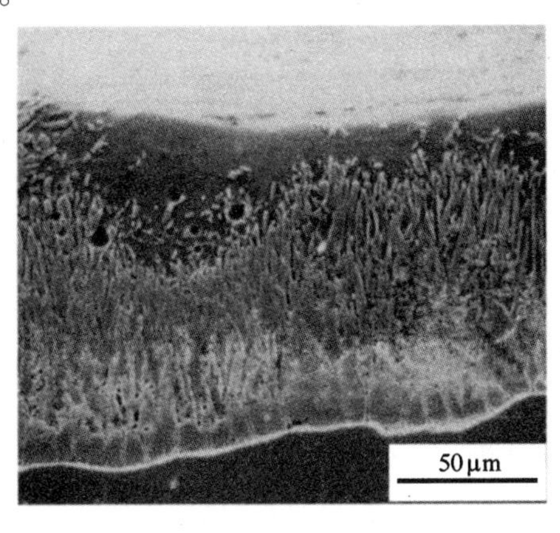

a)

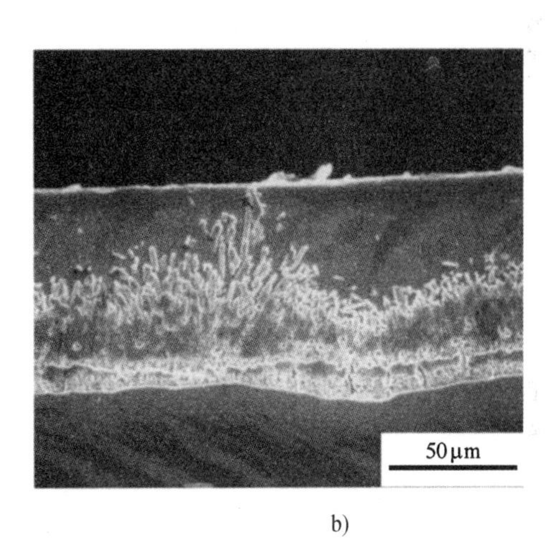

b)

图 4-4　不同锌浴中的活性钢热浸镀锌层 SEM 照片
a）纯锌浴　b）Zn-0.1% Ni 浴

GReumont 等在 450℃ 的 Zn-0.1% Ni 合金镀浴中热浸锌 30min 的镀层中，发现了位于 ζ 与 η 界面的 Fe-Zn-Ni 三元合金相颗粒，并称其为 Γ_2 锌渣相；后来确定其为 Γ_2-$Fe_6Ni_5Zn_{89}$ 相，其在 Fe-Zn-Ni 三元相图的位置如图 4-5 所示。

卢锦堂等人认为，在 Fe-Zn 反应进行过程中，在 ζ 相前沿存在 Zn-Fe-Ni 三元合金相 Γ_2 的阻挡层，有效地抑制了 ζ 相的继续生长。通过电子探针分析证明，在锌浴镍含量较高（w_{Ni} > 0.08%）时所获得的镀层中，在 ζ 相与 η 相之间确实存在一个富镍层 Γ_2 相。然而，根据 450℃ Fe-Zn-Ni 三元相图（见图 4-5），锌浴中 w_{Ni} < 0.06% 时 Γ_2 相不出现，这种阻挡层的形成不具有热力学可能性，但此时镍仍对镀层 Fe-Zn 反应有抑制作用，这可能与瞬时局部温度的变化有关。

镍的作用的另一个可能的解释是非铁硅化物的优先形成。在常规锌浴中浸镀活性钢时，在生长中的中间合金层存在铁硅化合物，为碎片状的 ζ 相异常快速生长提供了条件。而锌浴中加镍后，含镍硅化物优先于铁硅化合物生成，减少了铁硅化合物的形成，因而减少了硅对碎片状 ζ 相生长的促进作用。形成含镍硅化合物能较好地解释活性钢的活性程度与锌浴中镍含量的关系，但仍无法说明高硅含量时镍的影响作用减少的实验结果。

Reumont 等人尝试通过 Zn-Fe-Ni-Si 四元相图，解释了锌浴加镍后对活性钢的镀层 ζ 相生长减缓、ζ 相与 η 相界面变得平滑以及锌渣相的变化过程等，尽管较系统地解释了整个实验现象，但由于对 Zn-Fe-Ni-Si 四元相图本身认识的匮乏，该解释尚未得到普遍的认同。有关这方面的研究仍在深入进行中。

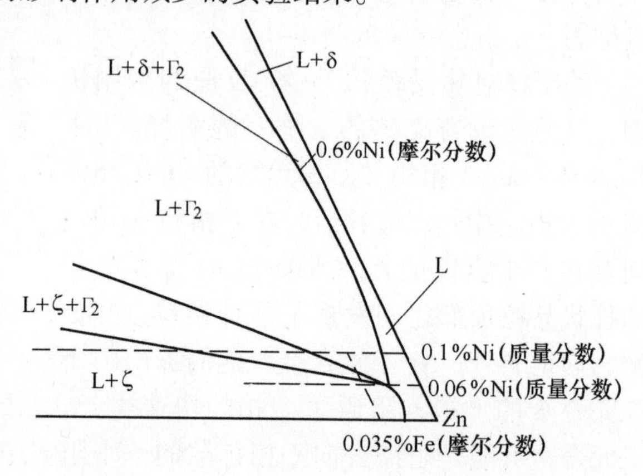

图 4-5 450℃下 Fe-Zn-Ni 三元相图富锌角

2. Zn-Ni 合金技术的应用现状

虽然热浸锌镍合金镀层技术的研究在 20 世纪 60 年代就已展开，但真正实现在工业上的应用则差不多在 20 年之后。

镍的熔点为 1455℃，大大高于锌的熔点 419.3℃。要在锌浴中添加镍，国际上通常采用 Zn-2% Ni 中间合金的添加方式，或采用 Zn-0.5% Ni、Zn-0.24% Ni 预合金添加方式，以及镍粉直接添加方式。

锌浴中镍含量在使用初期，通常采用 w_{Ni} 为 0.08% ~0.12%，这是根据长期实验研究的结果确定的。这个含量范围能最有效地抑制活性钢的圣德林效应。但在工业生产中，各个镀锌厂也不可避免地要接受一些非活性钢的镀锌，锌浴中镍对这类钢也具有减薄作用，这就会造成其镀层厚度达不到标准要求厚度的概率增大。当前国际上普遍采用 w_{Ni} 为 0.04% ~ 0.06% 的锌浴，这个镍含量范围既能较好地控制活性钢 ζ 相的异常生长，减少或消除活性钢出现超厚镀层，又能使非活性钢镀锌时容易获得标准要求的镀层厚度。同时，无论对于活性钢或非活性钢，都能获得外观光亮且黏附性好的镀层。

根据国内外大量工业实践应用的结果，热浸锌镍合金技术的使用可在原有常规热浸镀锌工艺及设备基本不变的情况下，有效地解决活性钢镀锌的问题，同时还具有以下特点：镀层更均匀、平滑、光亮；增加了镀层硬度；镀层较好的耐蚀性和黏附性；降低了锌耗与成本。

3. Zn-Ni-Bi 合金技术

锌浴中加铋可提高锌浴流动性，降低锌液的表面张力，使工件浸镀后提升过程中表面的液态锌能够更好地回流。另外，锌液中含铋对锅体有保护作用，使锅的使用寿命延长。同时，铋对镀层的结构、附着性、钝化及耐白锈性和涂装性等均无不利影响。铋可以降低锌渣的生成量，但它并不能抑制活性钢的异常生长。铋在锌浴中的作用与铅相似，但却没有铅的毒性。由于国外对铅的使用限制得越来越严格，使 Zn-Bi 合金得到了越来越广泛的应用。此种 Zn-Bi 合金镀层的商品名为 Galva Flow。

Zn-Bi 合金的广泛应用，使热浸镀锌研究工作者自然地想到研究 Zn-Ni-Bi 联合作用的效果。Pedersen 通过对比实验研究了锌镍合金浴中加铋的作用，结果表明，锌镍合金浴中添加铋并没有更好的效果。但 Fratesi 等人总结了不同工厂的实验结果认为，w_{Ni} 为 0.04%、w_{Bi} 为

0.1%左右的锌浴成分效果比单纯锌镍浴更佳，锌浴中的镍可以有效抑制圣德林钢的Fe-Zn反应；锌浴中的铋使镀浴的流动性更好，但对控制钢材热浸镀锌活性没有明显作用。Zn-Ni-Bi合金技术在欧洲国家的热浸镀锌企业已有不少的应用。

4.1.3 Zn-Sn合金技术

以前人们研究含锡的锌浴对热浸镀锌的影响认为，锌浴中仅含锡时，镀层不会出现锌花，此时锡对镀层的形貌及厚度均无影响。而当锌浴中同时含铅和锡时，会有锌花出现。

1997年Gilles等人在Zn-Ni浴中加入w_{Sn}为2.5%的锡或在锌浴中加入w_{Sn}为5%的锡后，发现这样可以降低活性钢、甚至高硅过圣德林钢和含磷钢中锌铁合金相的生长速率。这为解决过圣德林钢的热浸镀锌问题开辟了一个新的研究方向。

1. 含锡的锌浴中Fe-Zn反应抑制机理

研究锌浴中加入w_{Sn}为3%～12%的锡后，w_{Si}为0.37%钢热浸镀锌层厚度变化情况，结果表明，锌浴中w_{Sn}为3%～5%时，能够显著抑制高硅活性钢热浸镀锌层的异常生长，镀锌厚度明显减小。其抑制机理为：由于锡较难溶于Fe-Zn合金相层中，在热浸镀锌过程伴随着Fe-Zn合金层的生长，会把锡排到Fe-Zn相层与液相锌的生长界面上，当锡达到足够量时就会在Fe-Zn合金层生长前沿形成一连续层，阻挡铁与锌的互扩散，从而抑制Fe-Zn合金层的生长。

2. Zn-Sn合金技术的工业应用

锌浴中加入w_{Sn}为3%～5%的锡能够解决高硅钢的活性问题，但过高的锡含量会加速铁在液相锌中的溶解，引起锌锅的严重腐蚀；同时，也会使合金技术的使用成本过高而限制其应用。经过进一步的研究发现，在Zn-Sn合金技术的基础上，添加镍和铋或钒可以有效降低锌浴中锡的使用量，而且能够有效解决所有含硅活性钢镀层超厚问题，弥补了Zn-Ni合金不能解决高硅钢活性问题的不足。但是，此锌浴中锡含量过高，增加了引起焊接结构件开裂倾向，在欧洲一些国家对锌浴中的锡含量有限制，制约了此技术的广泛应用。

（1）Zn-Sn-Ni-Bi合金浴的特点　典型的合金浴的成分：w_{Sn}为1.2%，w_{Ni}为0.05%，w_{Bi}为0.1%～0.35%。由于锡和铋可以降低锌溶液的黏度，故该合金浴有好的流动性。同时，合金浴中的锡和铋可降低表面张力，因此锌浴浸润性较好。

由于该合金浴对镀件Fe-Zn反应有抑制作用，以及锌浴有良好的流动性及浸润性，所以采用该合金浴获得的镀层外观光亮平滑，并伴有锌花的出现。而且，还可以明显抑制活性钢超厚问题，降低了锌耗。

工业应用发现，采用Zn-Sn-Ni-Bi合金浴可降低锌渣量，锌浴中锡和铋的含量越高，产生的锌渣越少。对锌灰的产生量则影响不大。

户外腐蚀的暴露试验表明，该合金浴所获镀层与Zn-Ni浴镀层有相似的腐蚀速率。对镀层的可涂装性能基本没有影响。

从使用成本考虑，与普通锌浴比较，Zn-Sn-Ni-Bi合金浴每吨增加成本6%～12%，而Zn-Ni（Bi）浴增加3%～8%。不过，考虑该合金浴的使用成本，应结合其锌耗的降低情况，以找出使用何种合金最适宜。在锌价较低、非活性钢工件多的情况下，采用普通锌铅合金浴是最适宜的。如果有大于10%的活性钢工件，则采用Zn-Ni合金或Zn-Ni-Bi合金是最适合的。若活性钢工件占总量的35%，采用Zn-Sn-Ni-Bi合金是合适的。若锌价增高，合金浴使用成本反而会更低。

对于容易变形或开裂的工件，在 Zn-Sn-Ni-Bi 合金浴中，将更容易变形或开裂，甚至造成工件破坏。这个问题是在高硅钢方管热浸镀锌时发生开裂情况后提出的。若工件本身已存在因严重的冷变形而产生的较大残余应力，而工件高硅含量使其延展性较差，在 450℃下进行热浸镀锌时即相当于进行时效处理，故这个过程容易引发出裂纹。Zn-Sn-Ni-Bi 合金浴更易使这种问题出现，这是由于该合金浴较好的流动性及润湿性，使锌浴向工件的热量传导加快，引起工件内温度梯度增大，热应力增大。总的来说，即高残余应力 + 高热应力 + 延展性的丧失 = 开裂。通过使用一种特殊的传感器来检测钢浸镀过程中的温度梯度，发现在相同的热浸镀锌参数下，工件在 Zn-Sn-Ni-Bi 合金浴的温度梯度几乎是锌镍合金浴的 3 倍。尤其当 w_{Bi} 达到 0.15% 时，工件温度梯度达到最大。这种情况可通过调整热浸镀锌参数来进行补偿。例如，采用降低锌浴的温度、提高预热温度、改变溶剂成分以及加快浸镀速度等方式来弥补。

（2）Zn-Sn-V（Ni）合金浴　Adams 等人研究发现锌浴中 w_V 为 0.04% 及 w_{Ti} 为 0.05% 可有效控制 $w_{Si+2.5wP}$ 值高达 1% 钢材的铁锌反应。但这种合金浴最主要的缺点是锌浴含钛造成传统氯化铵助剂不适用，而导致锌灰很多。而当钒加入 Zn-Sn 浴中，研究发现，w_{Sn} 为 0.8% + w_V 为 0.08% 或 w_{Sn} 为 1% + w_V 为 0.05% 的锌浴成分可以有效控制 $w_{Si+2.5wP}$ 值高达 0.5% 时钢材的反应，包括采用 Ni-Zn 合金浴无效果的高磷低硅钢。在 Zn-1.2% Sn-0.02% V 合金浴中加入 w_{Ni} 为 0.055% 的镍，可以控制 $w_{Si+2.5wP}$ 高达 0.4% 时钢材的反应。

观察 w_{Si} 为 0.3% 的钢在 Zn-1% Sn-0.05% V 合金浴中所获镀层组织微观形貌发现，与低硅钢典型组织形貌一致，这表明 Fe-Zn 异常反应受到充分抑制。镀层外观平滑光亮，有锌花。

对合金镀层做附着性及耐蚀性试验均表明，合金镀层与纯锌层的附着性及耐蚀性基本一致。

锌锅腐蚀试验结果表明，镀锌温度为 450℃时，Zn-Sn-V-Ni 合金浴中钢材的失重量可与普通锌浴相当，表明该合金浴不会加速锌锅的腐蚀。

4.1.4　Zn-Al-Sn-Bi 合金技术

Kim 等人研究了锌浴中铋和铝的联合作用。研究发现，当锌浴中 w_{Bi} 为 0.1%、w_{Al} 为 0.025% ~0.05% 时，可获得平滑均匀并有良好光泽的镀层，同时可减少锌灰及锌渣，锌耗也可降低。但不能抑制高硅钢热浸镀锌时的 Fe-Zn 异常反应。

Fratresi 等人对 Zn-Al-Sn-Bi 合金浴进行了研究，结果表明，合金浴中 w_{Al} 为 0.035% 和 w_{Sn} 为 0.450% 时，能有效抑制高硅钢的活性。对于过圣德林钢，这种合金镀层厚度比纯锌镀层减少 65%，比 Zn-Ni 合金镀层减少 30%。对于高磷钢热浸镀锌，该合金浴更为有效，比纯锌镀层和 Zn-Ni 合金镀层厚度减少 90%。这些钢镀层组织都类似于亚圣德林钢，且镀层表面光亮平滑。

Zn-Al-Sn-Bi 合金镀层在工业和城市环境中，有良好的耐蚀性，然而在海边环境中稍差。与纯锌层及锌镍镀层相比，该合金镀层能保持较长时间的光亮。但镀层白锈的形成主要与储存环境有关，受合金浴成分影响不大。

锌锅腐蚀试验表明，使用 Zn-Al-Sn-Bi 合金浴在初始阶段会加速锌锅的损耗，但经过一段时间后，锌锅腐蚀速度将与普通锌铅浴相当。因而，工业纯铁制的锌锅使用寿命并无明显变化。

锌浴中w_{Al}为0.035%和w_{Sn}为0.450%，可提高镀层质量，减少锌耗，但使用常规助剂容易在此合金浴中失效。

4.1.5　使用锌合金技术应注意的问题

在锌浴中添加合金元素，可提高产品质量，降低生产成本，故一直以来都是研究的热点。当前，我国很多热浸镀锌企业正逐步由以往的小规模、作坊式工厂向大规模、自动化、高技术企业转型，越来越多的厂家采用了热浸镀锌合金技术，获得了更佳的镀锌质量及更好的经济效益，大大提高了镀锌产品的市场竞争力。但由于我国热浸镀锌厂家技术水平参差不齐，采用热浸锌合金技术应注意以下问题：

1）由于使用合金元素可在不改变原有热浸镀锌设备的基础上进行，所以使用极其方便。但这也决定了锌浴中添加合金元素后的有效作用是建立在完善的常规热浸镀锌工艺及设备的基础上的。因此，在使用热浸镀锌合金技术前，应先优化自身热浸镀锌工艺，也只有这样才能充分发挥合金技术的作用，不能将合金技术视为“包治百病的良方”。

2）应结合本厂的实际情况（如产品类型、钢材成分等）决定采取何种锌合金技术。同时在使用这类技术时，应该充分认识采用的是何种合金元素，它的最佳成分及含量，才能在使用过程中加以有效控制。只有维持适当的合金浴含量，做好化验分析工作，及时调整生产工艺，才能发挥这种合金的作用，否则可能造成危害。例如，锌浴中铝过量易产生漏镀，锌浴中镍过量可能产生颗粒，Zn-Sn-Ni-Bi合金浴可能使某些工件开裂等。

3）应采用正确的合金添加方法。由于大多数合金元素与锌的熔点相差较大，直接将纯金属加入到锌浴很难溶解，甚至可能造成浮渣增多等情况。对于钢结构件镀锌，最常用的加铝和加镍通常采用中间合金的方式添加。

4.2　低铬与无铬钝化技术

作为表面覆盖保护层的金属，往往需要有附加的防护措施，才能保证在一定的环境中满足耐蚀性要求。例如，锌作为金属表面覆盖层时，需要有足够的厚度才能保护基体金属，主要依靠了锌层的牺牲阳极作用，以及在大气和中性水环境中锌表面生成的致密的碱式碳酸锌膜的隔离保护作用。但在潮湿不通风的环境中，锌层腐蚀很快，形成的白色疏松产物不能保护锌层免遭进一步腐蚀，即产生了白锈。常见附加防护措施有磷化、铬酸盐钝化等。其中，钝化作为金属和金属涂层在不太恶劣环境中的一种有效防护措施，有着广泛的应用。

钝化处理是化学转化膜处理工艺中的一种，其原理是将金属表面从活化状态变为钝化状态，从而使金属溶解变缓。实际的钝化处理过程依赖于金属表面的电化学反应过程。其中包括一个阳极溶解步骤，这个过程中金属表面被氧化，与之伴随的阴极过程使钝化液中的某些离子被还原，产生的低价离子与金属的腐蚀产物一起组成表面的钝化膜。

常规的钝化处理是铬酸盐钝化。这种铬酸盐处理形成的金属混合物钝化层主要由三价铬和六价铬组成，其中三价铬作为骨架，而六价铬（铬酸盐离子）很容易从钝化膜中渗出来作为缓蚀剂。由于铬酸盐钝化成本低廉，使用简单，并且可以很好地提高金属的耐蚀性，因而在航空、电子和其他工业部门得到了广泛的应用。从1924年最先在镁上应用，到现在铬酸盐钝化已广泛用于铝、锌、锡、镉、铜、银等许多金属及其合金。铬酸盐钝化处理方法有直接浸泡法和电化学处理法等，所用溶液中均含有以六价形式存在的铬。

在过去十几年中，人们对铬酸盐的毒性有了深刻的认识，认为其毒性高且致癌。例如，1~2g铬酸或6~8g重铬酸钾能导致肾衰竭、肝损伤、血液紊乱和死亡；长期接触铬酸盐会导致丘疹、起泡和溃疡；吸入铬酸盐会导致肺癌发生。因此，工作场合的铬酸盐含量水平由政府严格规定，使用铬酸盐者须被告知铬酸盐可能导致的健康危险。美国OSHA（职业安全与健康协会）规定，在每周40h、每天8h的工作场合，不溶性铬酸盐在空气中的含量应小于$1mg/m^3$。

随着人们环保意识的增强，铬酸盐对人们身体的危害性又如此之大，不可避免地导致政府严格限制铬酸盐的使用、排放。为了解决这个问题，基本上有两种方法。一种方法是用更安全的生产工艺，包括使用防护服、防毒面具，将六价铬还原为三价铬的工艺（三价铬毒性比六价铬毒性低100倍），以及尽量使用低铬钝化工艺。以后，对铬酸盐的限制可能更加严格，而该方法没有最终解决铬酸盐排放问题。

另一种方法是寻找低毒或无毒的铬酸盐替代物。人们把目光转向与铬同属VIA族的钼和钨的盐以及硅酸盐、锆盐、钴盐、稀土盐和有机物等，对不同金属上的无铬钝化工艺进行了大量的研究。

4.2.1 三价铬钝化

与六价铬相比，三价铬毒性较低，在许多方面有着类似于六价铬的特性。而且，三价铬是基本的营养素，有助于促进糖、蛋白质和脂肪的代谢，以化合物形式存在的如醋酸盐、柠檬酸盐和氯化物的三价铬，是人体必需的微量元素。从生态的要求、现有工厂的适应性考虑，三价铬钝化将成为常规铬酸盐钝化最有可能被接受的合适的替代品。

镀锌及其合金的三价铬钝化，是国外首先提出来的新工艺，分为化学处理和电化学处理两种，应用最广泛的是化学处理。从我国的发展情况来看，早期三价铬钝化开发是基于环保对废水排放的限制应运而生的。其耐蚀性相对较差，外观质量不好。因此，未得到工业化生产应用。20世纪60年代开发的三价铬钝化技术，其许多方面的性能引起研究者的重视。20世纪70年代末，随着人们对钝化膜形成机理有了足够的认识，该项技术应用于工业化生产逐渐趋于成熟。近年来，随着三价铬钝化膜表面质量和耐蚀性的进一步提高，使得三价铬钝化越来越成为研究的热点。

1. 钝化机理

在酸性溶液中，六价铬与锌镀层发生化学反应，锌被氧化为Zn^{2+}，六价铬被还原为三价铬，锌镀层表面附近溶液的pH值升高，三价铬化合物沉淀在表面，形成含有水合铬酸锌、氢氧化铬及锌和其他金属氧化物的胶体膜。三价铬构成钝化膜的骨架，而六价铬靠吸附、夹杂和化学键力填充于三价铬的骨架之中。当钝化膜层因外力而刮伤或受到破坏后，六价铬与露出的锌层起反应进行再次钝化，使钝化膜得到修复，也称为铬酸盐的“自愈”能力。

为了模拟这种成膜机理，三价铬钝化也必须包含锌的溶解、钝化膜的形成以及钝化膜的溶解这三个过程。钝化液中首先必须包含一种氧化剂，起到六价铬同样的作用与锌起反应，使锌氧化为金属阳离子。其次，由于 Zn 的溶解消耗掉了溶液中的 H^+，Zn 表面溶液的 pH 值上升，三价铬直接与锌离子、氢氧根离子等反应，生成不溶性的锌铬氧化物隔离层，沉淀在锌表面上形成钝化膜。膜层中不含六价铬，不具有“自愈”能力。因此，除六价铬氧化阶段外，三价铬钝化与六价铬钝化机理基本相同。常用的氧化剂为硝酸盐，与锌的反应为

$$4Zn + NO_3^- + 9H^+ \longrightarrow 4Zn^{2+} + NH_3 + 3H_2 \tag{4-1}$$

根据三价铬钝化机理，三价铬钝化液中应含有氧化剂、成膜盐、络合剂和添加剂。氯化铬、硝酸铬以及硫酸铬等均可作为成膜盐。为了在较宽 pH 值范围内稳定三价铬离子，控制反应速度，须加入三价铬的络合剂。为了生成均匀及所期望的光亮钝化膜，可添加表面活性剂。由于三价铬钝化膜不具有“自愈”能力，一旦受到破损，腐蚀很快就会发生。为了弥补这一缺陷，吴以南等提出了添加封闭剂或使用后涂层的措施。有些封闭剂能与三价铬钝化膜发生反应，生成更耐久的保护膜，例如，在室温或高温下，以硅酸盐为基的封闭剂在三价铬钝化膜上反应，形成硅酸盐反应产物的厚膜。其他的封闭剂有磷酸盐、硅烷等。外涂层为有机清漆、聚合物、蜡、润滑剂和乳化剂等。除提高耐蚀性的作用外，钝化后处理还能改变钝化膜的颜色；润滑剂或油作为外涂层可提供特殊的润滑作用。因此，无论表面涂层或封闭层是有机物还是无机物，对镀层的耐热性、耐蚀性、耐磨性等性能都能予以改善。

2. 无色钝化工艺

对于热浸镀锌的钝化，Barnes 等报道了一种三价铬配方：Chrometan（铬鞣革）1.5g/L，次磷酸钠 0.75g/L，硝酸钠 1g/L，pH 值为 3，温度为 60～90℃。生成的无色钝化膜，经过 20～30h 中性盐雾试验，其白锈面积为 5%，相当于铬酸盐无色钝化的 15～30h。另外，有一种以草酸为基的三价铬络合溶液对镀锌件钝化处理的工艺，其典型配方为：首先制备水溶性的草酸铬络合物，例如，将 253.8g$Cr(NO_3)_3$ 分别加入 103.3g/L 草酸中反应，生成络合 $[Cr(CO_2O_4)_x(H_2O)_{6-2x}]_n^{+(3-2x)} \cdot A_{3-2x}^{-n}$，其中 x 大于 0 且小于 1.5，A 为 Cl^-、Br^-、I^-、NO_3^-、SO_4^{2-} 和 PO_4^{3-} 中任取一种阴离子；$[Cr(CO_2O_4)_x(H_2O)_{6-2x}]_m^{+(3-2x)} \cdot K_{3-2x}^{+m}$，其中 x 大于 1.5 且小于 3，K 为 H^+、Li^+、Na^+、K^+ 和 NH_4^+ 中任取一种阳离子。加热至沸腾，溶液变成红紫色后冷却至室温，再加入蒸馏水配成 1L 溶液。其次将上述溶液量取 40mL，加入蒸馏水配成 1L 溶液，并调节 pH 值，钝化时间为 30～60s。生成的钝化膜耐蚀性好，经中性盐雾试验表明，草酸与铬摩尔比为 0.5，pH 值为 2.0 时，22h 产生的白锈面积为 5%，66h 产生的白锈面积为 30%。

在英国专利公布的镀锌层三价铬钝化工艺中，钝化液由可溶性三价铬盐，如 $Cr_2(SO_4)_3$、$Cr(NO_3)_3$ 组成，三价铬的获得最好是将铬酸盐还原。有机还原剂有甲醇、乙醇、乙二醇、甲醛及对苯二酚，也可用无机还原剂（碱金属碘化物、亚铁盐、二氧化硫、碱金属亚硫酸盐）。还原六价铬使用还原剂时，用量要足够使六价铬充分反应，但用硫化物时则不能过量，否则剩余物会使钝化膜产生红锈。为了增加溶液活性，一般还加氟化物和无机酸。配方举例：质量分数为 1% 的三价铬盐，8mL/L 的 H_2SO_4（密度为 1.84g/cm^3，可用 4mL/L 的 HCl 代替），3.6g/L 的 NH_4HF_2，质量分数为 2% 的 H_2O_2（可用 7g/L 溴酸钠或 10g/L 氯酸钠代替）。上述配方中三价铬可用 94g/L 六价铬盐和 86.5g/L 焦亚硫酸钾及 64g/L 焦亚硫酸钠反应所得的产物。若用硫酸铬和醋酸铬，则上述配方质量浓度为 0.5g/L，表面活性剂用 Armohib25（一种胺系表面活性剂）32mL/L，pH 值为 1～3，温度为 20～35℃，时间为 10～30s。专利也介绍了一种绿蓝色的混合三价铬钝化液，绿色钝化液由铬酸盐还原为

三价铬，蓝色的钝化液可由铬酸盐还原，也可由硫酸铬溶于水，然后加入酸以及氟化氢胺来制备，并调节钝化液的pH值不小于2。该钝化液不含过氧化物以及别的氧化剂，混合时蓝色三价铬离子与绿色三价铬离子的质量比是1∶10～10∶1。镀锌层浸入该混合钝化液中15～30s后，得到无色膜。当蓝色和绿色三价铬溶液各取1.5g，加蒸馏水97g，钝化后样品经24h的中性盐雾试验，混合钝化膜的白锈面积为25%，而单独的蓝色、绿色钝化膜的白锈面积均大于50%，这表明混合膜的耐蚀性大大提高了。

我国也有人提出了镀锌三价铬钝化工艺，配方是：铬酐10～100g/L，酒石酸钾钠10～100g/L，硝酸30～70mL或硫酸20～60mL，也可是硝酸7～15mL和硫酸21～45mL的混合物。配制方法是：在常温常压下，将铬酐溶于水，再加入酒石酸钾钠搅拌溶化，放置数小时，让其充分反应，在此期间经常搅拌，pH值控制在4～5，然后加硝酸或（和）硫酸，搅拌均匀放置数小时，即得半透明紫黑色钝化液。钝化作用机理是六价铬被酒石酸钾钠还原为三价铬，三价铬离子与水形成紫色三价铬络离子$[Cr(H_2O)]^{3+}$。镀锌件由三价铬和硝酸根阴离子或（和）硫酸根阴离子协调形成无色钝化膜。该钝化膜的抗色变力和耐蚀性都比较高。

3. 彩色钝化工艺

有一种与铬酸盐钝化相媲美的彩虹色镀锌层三价铬钝化工艺是在室温下进行的。该工艺的钝化液配方是：三价铬化合物24～50g/L，次磷酸钠12～25g/L，硝酸钠8～15g/L，硼酸8～15g/L，添加剂1～5g/L；pH值为2～4.5；浸渍时间为1～2min。在pH值约为4时，可得到最厚的钝化膜。钝化后膜呈彩虹色，色泽随溶液组成、pH值、温度和浸渍时间的变化而变化。钝化液稳定，使用寿命长，三价铬钝化膜无论是湿的膜还是干燥后的膜，都比铬酸盐钝化膜耐磨性好。膜层附着力试验证明，三价铬钝化膜层比铬酸盐附着力好。三价铬的彩虹色钝化膜单位面积上的膜层重量能达到0.5～1.5g/m²。将锌的三价铬钝化膜与铬酸盐钝化膜（两者颜色相似，如彩虹色膜），浸泡在pH值为3的硫酸溶液中进行腐蚀失重试验，结果证明三价铬和铬酸盐相似颜色钝化膜的腐蚀速度相同。盐雾试验表明三价铬钝化膜抗白锈最短时间为72h。试验证明以三价铬盐为基加入次磷酸钠络合剂的钝化，能得到相当于铬酸盐钝化膜层耐蚀性和外观的钝化膜涂层。可以初步断定，这种三价铬方法可用来代替通常用的铬酸盐钝化。

对于镀锌及锌合金的三价铬彩色钝化，美国专利公开了用于锌镍合金的配方。三价铬可以由$Cr_2(SO_4)_3$、$Cr(NO_3)_3$、$CrPO_4$、$CrCl_3$和醋酸铬提供，最好是以六价铬还原为三价铬提供，质量浓度为1～15g/L。为得到彩虹色膜，溶液须含有卤素离子，特别是F^-和Cl^-，也可为这两种离子的混合物，质量浓度为1～5g/L，硝酸根离子质量浓度为0～10g/L，它们均由水溶性盐提供。酸可以是磷酸、亚磷酸、次亚磷酸及它们的混合物。该配方在w_{Ni}大于8%，钝化温度大于41℃时，才可得到彩虹色钝化膜，否则，钝化膜无色。典型配方为：$CrCl_3$ 8g/L，NH_4HF_2 1.5g/L，$ZnCl_2$ 0.5g/L，$NaNO_3$ 9.0g/L，用H_3PO_4（质量分数85%）调节pH值为1.2～1.6，温度为40～70℃。获得的彩虹色钝化膜耐蚀性和涂层附着力得到显著提高。通过中性盐雾实验，最短可达120h，白锈面积仅为5%。

上述钝化液中NH_4HF_2和H_3PO_4，对环境也存在一定的污染。另外，我国还有一种在镀锌或其合金层获得彩虹色三价铬钝化液专利，其组分是Cr^{3+}为0.2～20g/L，NO_3^-为8～300g/L，Cl^-为0.6～60g/L，Zn^{2+}为0.05～15g/L，pH值为2～3；其中NO_3^-与Cr^{3+}的质量比为（8～45）∶1，Cl^-与Cr^{3+}的质量比为（2～15）∶1。该钝化液组分简单，成本低廉，稳定性高，废水处理容易。通过盐水浸渍试验，抗白锈可达121～131h，与六价铬钝化的131～145h相当。电化学结果三价铬钝化的腐蚀电位E_{corr}为$-1.093V$，I_{corr}为$1.917\times10^{-2}mA/cm^2$；六价铬钝化的$E_{corr}$为$-1.067V$，腐蚀电流$I_{corr}$为$3.82\times10^{-2}mA/cm^2$，故该彩虹色钝化膜耐蚀性好。

Roman报道了三价铬钝化液中若含有不同的添加剂，则可得到不同颜色的钝化膜。例如，形成蓝色膜的钝化液含0.2～2.6g/L的Cr^{3+}，0.1～0.2g/L的（Mo^{3+} + Co^{2+}），0.1～0.2g/L的F^-，0.1～0.7g/L的SO_4^{2-}，5～15mL/L的HNO_3，处理温度为18～25℃，时间为20～60s。经X射线电子能谱仪（XPS）分析，该钝化膜是锌、铬、钴、钼等金属化合物的络合物。X射线衍射膜层结构是ZnO和Cr_2O_3等微晶组织。钝化时间越长膜层越厚，蓝色膜为0.4～0.6μm，黄色—彩虹膜为1.7～2.2μm，黑色膜可达1.9～2.5μm。盐雾试验表明，蓝色膜抗白锈可达到56h，而黄色—彩虹膜为98h，黑色膜可达120h。钝化层的微晶化合物使得镀锌层更加致密，其化学稳定性和耐蚀性都得到了提高，盐雾试验和阳极极化曲线的结果一致。阳极极化曲线说明，相同颜色的六价铬和三价铬的钝化膜的腐蚀趋势相同，黑色膜层的耐蚀性最好，其次是黄色—彩虹膜，最后是蓝色膜。

4. 封闭处理工艺

Upton对镀锌及其合金三价铬钝化封闭处理后的耐蚀性进行了研究。结果表明，对于无F^-的三价铬钝化得到相近于黄色铬酸盐厚度的膜层，中性盐雾试验时间为200h时，白锈腐蚀面积为5%，与其铬酸盐钝化膜耐蚀性相当；对于锌合金层，中性盐雾试验时间为270h，略高于铬酸盐钝化。然而，滚镀镀锌件钝化膜容易受到破坏，所以其三价铬钝化耐蚀性差。分别对三价铬钝化后进行了无机硅酸盐、有机清漆涂层及硅基有机涂层处理，镀锌的盐雾试验表明，时间分别达到330h、400h和300h，白锈面积为5%；锌合金钝化封闭处理后，进行电化学阻抗谱（EIS）试验，结果表明双电层的电容分别是$2.5\times10^{-6}F$、$2.8\times10^{-7}F$和$5.6\times10^{-5}F$，铬酸盐为$1.44\times10^{-5}F$。所有这些数据表明经封闭处理后，三价铬钝化膜耐蚀性显著提高，能够代替黄色铬酸盐钝化。

Bellezze等人也研究了碱性电镀锌件的三价铬钝化工艺，经三价铬钝化处理后，进行硅基的有机和无机封闭处理，形成含硅的化合物能够覆盖钝化膜孔隙和裂纹。为了比较其性能也进行了铬酸盐钝化及相应的封闭处理。三价铬进行封闭剂处理后有较厚的转化层，微观组织中未封闭的三价铬钝化表面粗糙，有机封闭剂组织有网状微裂纹。铬酸盐的组织表面有细小的微裂纹及明显的平行微裂纹线，添加封闭剂的铬酸盐组织类似于三价铬封闭处理的组织。中性盐雾进行30天后，三价铬进行封闭处理的白锈面积为20%，六价铬的白锈面积为37%，六价铬加有机硅盐封闭的白锈面积为5%，六价铬加无机硅封闭的白锈面积为4.5%，单独的三价铬已经完全腐蚀。值得注意的是，三价铬进行有机封闭剂处理后，耐蚀性高于无封闭处理的铬酸盐。这些结果表明，封闭剂大大提高了三价铬的耐蚀性，能够替代传统的铬酸盐钝化。

4.2.2　无铬钝化

1. 钼酸盐钝化

（1）钼酸盐的性质　钼酸盐的分子式一般为M（Ⅱ）MoO_4，含有游离的四面体离子

MoO_4^{2-}。用得最多的是水溶性碱金属钼酸盐，而微溶的钼酸钙、钼酸锌和钼酸锶则用在防蚀涂层上。与铬酸盐不同，钼酸盐的氧化性很弱，因此很适用于含有易氧化物质的体系。

钼酸盐在中性、碱性溶液中以单体形式存在，在酸性液中以聚合阴离子形式存在。简单四面体形式存在的钼酸盐阴离子在中性或碱性环境下稳定，而在酸性液中，则缩合成八面体形式的 $Mo_7O_{24}^{6-}$ 和 $Mo_8O_{26}^{4-}$ 存在。这种缩聚作用以一定步骤进行，从 pH 值为 6 开始，形成 $Mo_7O_{24}^{2-}$，至 pH 值为 4.5 时完成。

$$7MoO_4^{2-} + 8H^+ \longrightarrow Mo_7O_{24}^{6-} + 4H_2O \quad (4\text{-}2)$$

在 pH 值为 2.9，缩合为 $MO_8O_{26}^{4-}$，即

$$8Mo_7O_{24}^{6-} + 20H^+ \longrightarrow 7Mo_8O_{26}^{4-} + 10H_2O \quad (4\text{-}3)$$

在 pH 值为 0.9，即达等电位点时，钼酸 $MoO_3 \cdot H_2O$ 会沉淀出来。pH 值再低时，氧酰基阳离子 MoO_2^{2+} 形成。$Mo_7O_{24}^{6-}$ 和 $Mo_8O_{26}^{4-}$ 的盐是弱氧化剂，在中性条件下不稳定，会变成单体形式。如果酸化只含有 MoO_4^{2-} 和碱金属或铵离子的碱性溶液时，则钼酸盐按一定的步骤缩聚成一系列的同多钼酸盐离子；而如果这种酸性条件下水解时有某些金属离子或四面体形式氧化阴离子（如 PO_4^{3-}、SiO_3^{2-}）存在，就会形成杂多钼酸盐，其在强酸性条件很稳定，因为它们常常自身是强酸和强氧化剂，见表 4-1。一般来说，含有较小阳离子（包括一些重金属离子）的杂多酸盐在水中是溶解的，含有较大阳离子（如 Cs^+、Pb^+、Ba^{2+}）的盐则是不溶的，NH_4^+、K^+、和 Rb^+ 的盐有时也是不溶的。

表 4-1 钼酸盐的分子式、溶解度及其质量分数为 2% 溶液或饱和溶液的 pH 值

分子式	溶解度/(g/L)	pH 值
H_2MoO_4	0.26 (24.6℃)	3.6
$P_2O_5 \cdot 24MoO_3 \cdot nH_2O$	>10	1.6
$SiO_2 \cdot 12MoO_3 \cdot nH_2O$	≤0.1 (30℃)	2.3
$Li_2MoO_4 \cdot nH_2O$	44.81 (25℃)	9.6
$ZnMoO_4 \cdot nH_2O$	<0.1	6.4
$Na_2MoO_4 \cdot 2H_2O$	39.82 (30℃)	7.4

使用任何钝化剂、缓蚀剂必须考虑一系列技术、经济因素，其中就包括环境适应性和安全性。钼酸盐是少数几种不被认为有毒的缓蚀剂、钝化剂之一，因而在缓蚀剂应用方面，正在逐渐代替铬酸盐等，而在钝化方面也有一些研究。

钼是人体微量元素之一，作为某些主要酶的组分而发挥作用。钼对人体的一些疾病有极好的防治效果。例如，人吃了含有微量钼的蔬菜，可大大减轻牙痛之苦；钼还有防龋齿作用；提高粮食和蔬菜中的钼含量，可降低和防治克疝病的发病率。一些研究表明，缺钼会导致癌症发生，因而有研究者认为测定人体的钼营养状况，对肿瘤临床诊断有一定的参考价值。同时钼的化合物广泛用于维生素和矿物质补充中。因此，不像其他重金属，钼被认为只有极低或可忽略毒性，钼酸盐化合物被列入致癌可能性最小的化合物中。总之，钼酸盐毒性低，与铬酸盐相比，有优越的环境适应性。

（2）钼酸盐钝化的研究现状　钼与铬同属 VIA 族，钼酸盐已广泛用作金属材料在各种腐蚀环境下的缓蚀剂。近来，许多研究者研究了钼酸盐作为钝化剂使用的可能性，以及不同

处理工艺对钝化膜性能影响，也初步探讨了钼酸盐钝化的机理。钼酸盐钝化处理的方法主要有阳极极化处理、阴极极化处理和化学浸泡处理等几种。

1）成膜过程。Gabe 等在研究了锌表面黑色钼酸盐钝化膜成膜过程后认为，开始时，按照形核生长机制生长的膜覆盖表面并逐渐变厚，颜色从黄色变为棕色，直至黑色。在膜厚为 1μm 左右时，在膜最厚区域产生开裂以释放由于生长而产生的内应力。进一步生长时，在表面裂纹区域形成粒团状核并生长。结果是，裂纹不贯穿整个厚膜范围，因而暴露于腐蚀环境中时不会成为缝隙腐蚀的发生点。

卢锦堂等研究了热浸镀锌层上的钼酸盐钝化成膜过程后发现，在一定的钼酸盐溶液中钝化处理 1min，钝化膜在处于活化状态的锌晶界附近生长较快，产生堆积；处理 3min，在晶界附近产生开裂，而晶粒内未开裂；处理 5min，钝化膜整个表面已经布满裂纹；处理 8min，钝化膜裂纹缝隙加宽；处理 10min，可以见到较多二次裂纹，膜层有翘起；处理 15min，裂纹扩展，最宽处有 10μm 左右。大量试验表明，钝化处理时间大于 20min 时，钝化膜已经有脱落发生。这种表面裂纹形状是典型的受拉应力的膜在释放应力时发生开裂的情况。

2）成膜机理。X 射线衍射结果表明，钼酸盐钝化膜中含有 $2ZnMoO_4 \cdot ZnO$ 和 $Zn_3(PO_4)_2 \cdot 4H_2O$，而 XPS 研究结果表明，钼酸盐钝化膜中钼以六价（MoO_4^{2-} 或 MoO_3）和四价形式［$MoO(OH)_2$］存在。故在钼酸盐钝化膜的形成过程中，可能存在如下方式的反应。

①锌的腐蚀：

$$Zn \longrightarrow Zn^{2+} + 2e \tag{4-4}$$

$$2H^+ + 2e \longrightarrow H_2 \quad (\text{pH 值} < 5) \tag{4-5}$$

$$MoO_4^{2-} + 4H^+ + 2e \longrightarrow MoO(OH)_2 + H_2O \tag{4-6}$$

②钼酸盐钝化膜的形成：

a. 与磷酸的反应：

pH 值 <2.15

$$3Zn^{2+} + 2H_3PO_4 \longrightarrow Zn_3(PO_4)_2 + 6H^+ \tag{4-7}$$

2.15 < pH 值 < 7.20

$$2Zn^{2+} + 2H_2PO_4^- \longrightarrow Zn_3(PO_4)_2 + 4H^+ \tag{4-8}$$

b. 与钼酸盐的反应：

pH 值 <2.15

$$Na_2MoO_4 + 2H_3PO_4 \longrightarrow H_2MoO_4 + 2NaH_2PO_4 \tag{4-9}$$

$$Zn^{2+} + H_2MoO_4 \longrightarrow ZnMoO_4 + 2H^+ \tag{4-10}$$

2.15 < pH 值 < 6.0

$$Na_2MoO_4 + H_3PO_4 \longrightarrow NaHMoO_4 + NaH_2PO_4 \tag{4-11}$$

$$Zn^{2+} + HMoO_4^- \longrightarrow ZnMoO_4 + H^+ \tag{4-12}$$

钼酸盐钝化膜的形成过程大致可以认为是，热浸镀锌层浸入钼酸盐钝化液后，开始时（1min 内）按上述式（4-1）~式（4-9）反应，生成一层钼酸盐钝化膜。随着钼酸盐钝化膜的增厚，钝化膜内的内应力也增大。在 1min 左右，钼酸盐钝化膜开始从晶界开裂以释放内应力。开裂的钝化膜处露出新鲜的锌层，新的钼酸盐钝化膜随之在该处形成，覆盖形成的裂纹，这样不会形成贯穿整个钼酸盐钝化膜的裂纹。

3）钝化膜的组成与结构。对于 Zn 表面的钼酸盐钝化膜，Wilcox 等认为钼以四价钼和五价钼存在。韩克平等则认为膜表面以六价钼存在（MoO_3 或 MoO_4^{2-}），而膜内则以六价钼和四价钼（MoO_2）两种状态存在。Tang 等认为钼酸盐钝化膜表面几个原子层有五价钼和六价钼存在，而膜内部则以二价钼存在。

（3）钝化膜的性质

1）外观。钼酸盐钝化膜的颜色随膜厚和组成膜的钼价态而变化，从蓝色到绿色、棕色，直至黑色。利用扫描电镜，在某些钼酸盐钝化膜表面，可以看到如干涸河床般的微裂纹。微裂纹的产生是由于内应力释放。

2）钝化膜的接触电阻、耐磨性和耐热性。钼酸盐钝化膜的接触电阻不到铬酸盐钝化膜的0.5%，因此非常适用于需要较小接触电阻的场合。

通常钼酸盐钝化膜与黄色铬酸盐钝化膜有大致相当的耐磨性，而这对于经钼酸盐钝化的零件进行组装时很重要。

Tang 等在 90℃和 120℃检验了钼酸盐钝化膜的耐热性，在随后的腐蚀试验中没有观察到可测量的变化。而韩克平等则在 60℃下老化钼酸盐钝化膜 30min，膜的颜色不变，表明这种钝化膜可以用作一般环境下的装饰层。

3）钝化膜的附着力及涂装性。钼酸盐钝化膜与基体的附着力及涂装性研究不多。Kurosawa 等发现，用 Na_2MoO_4/H_3PO_4 钝化液处理抛光和带锈的中碳钢表面，可以产生结合非常紧密的钝化层。其中一些试样钝化后涂装醇酸树脂漆，经 93 天盐雾试验的结果表明，经 pH 值为 5 的钝化液处理过并涂装漆层的表面，可以达到保护等级 10（未处理时保护等级为 6）。这说明转化膜与漆层结合紧密。Tang 等也认为涂装漆层和封闭处理能提高膜层的耐蚀性。

4）钝化膜的耐蚀性。许多人研究了钼酸盐钝化膜的耐蚀性情况，并与铬酸盐钝化膜做了比较。一般认为，钼酸盐钝化膜推迟了白锈和红锈出现时间。锌表面钼酸盐阴极极化钝化膜盐雾试验结果表明，钼酸盐钝化能够显著提高镀锌层的耐盐雾腐蚀能力，并可与铬酸盐钝化相当，在酸性腐蚀介质下甚至可优于铬酸盐钝化。钼酸盐钝化膜因钝化温度过高或钝化时间过长会出现裂纹。裂纹的存在会降低钝化膜在中性盐雾腐蚀或盐水浸泡腐蚀中的耐蚀性。而在酸性盐雾腐蚀下，裂纹的存在对其耐蚀性影响较小，并在试验条件范围内，随钝化温度升高或钝化时间延长，所获得的钝化膜层越厚，其耐蚀性越好。钼酸盐钝化膜阻碍了锌腐蚀反应的阴极过程，显著降低腐蚀电流，从而阻碍了锌的腐蚀。

（4）钝化膜的成膜方法

1）前处理。钝化前，基体应干净，无氧化物、有机物及其他阻碍钝化膜形成的物质。根据不同的情况，所用的钝化前处理工艺也不同，常用盐酸或硝酸酸洗。

2）钝化处理方法和工艺条件。钼酸盐钝化处理主要有电化学处理和化学浸泡处理等几种。

①阳极极化方法钝化。对浸泡于钼酸盐钝化液中的试样施加一定的电流或电位，使试样阳极极化，从而试样在阳极过电位条件下钝化。Bijimi 等用阳极极化方法研究了锌表面钼酸盐钝化膜的形成情况，所用钼酸盐为钼酸钠，用 H_2SO_4、NaOH 调节 pH 值。

②阴极极化方法钝化。采用阴极极化方法，也可在锌表面获得钼酸盐钝化膜。一般选用饱和甘汞电极作为参考电极，铂电极为辅助电极，极化时可以控制电流或电压，使钼酸盐钝化液中的试样在阴极极化的条件下钝化。

各个研究者选用的钝化液不同。Wilcox 等、Gabe 等用钼酸钠，韩克平等则用复合钼酸盐钝化液（$(NH_4)_6Mo_7O_{24} \cdot 4H_2O/NaH_2PO_4$，研究了锌表面的彩色钝化膜情况。

3）化学浸泡处理。这种钝化方法就是直接将试片浸泡于钝化液中一定时间后取出。采用这种钝化方法时，主要考虑钝化液的组成和含量、pH 值、温度及钝化时间的影响。

Yakimenko 等在（$(NH_4)_2MoO_4/NH_4Cl$ 液中处理锌层 0.5～1.5min 获得了钝化膜，Wilcox 等和卢锦堂等用钼酸钠溶液（用硫酸和氢氧化钠调节 pH 值）处理锌层得到了钝化膜。

（5）钝化过程中各种因素的影响

1）pH 值的影响。研究发现，pH 值 <2 时，热浸镀锌层与钝化液反应剧烈，产生大量气体，反应后的镀层表面颜色很深（与磷化有点相似，因为此时钝化液中的磷酸含量很高），而钝化后耐蚀性不好；pH 值 >5 时，热浸镀锌层与钝化液反应后，无明显的钝化膜形成，耐蚀性也仅比未钝化的热浸镀锌层稍好；pH 值为 2～5 时，热浸镀锌层与钝化液反应较快，所形成的钝化膜的耐蚀性也比较好。

2）温度的影响。温度对钼酸盐钝化效果的影响与对铬酸盐钝化的影响不同。当温度高于 60℃时，对钼酸盐钝化而言，钝化效果仍随温度的升高而改善，这种现象在许多文献中得到了证实。而对铬酸盐钝化来说，在高于 60℃钝化时，钝化膜耐蚀性会下降。

3）钼酸盐含量的影响。钼酸盐含量对钝化效果的影响比较明显。当钼酸盐含量低于某一临界值时，会发现很难形成钝化膜；而钼酸盐含量越高，成膜速度越快，越易得到较厚的膜。

4）搅拌的影响。许多研究者均发现，搅拌对钝化影响不大。搅拌可以引起极化曲线的波动。

2. 硅酸盐及硅烷钝化

（1）无机硅钝化　锌是两性金属，既能与酸反应，也能与碱反应。基于此，无机硅酸盐钝化也出现了两种不同类型的工艺，即酸性硅酸盐钝化和碱性硅酸盐钝化。无机硅酸盐钝化的研究主要集中在硅酸钠、硅酸钾等强碱弱酸盐上，它们溶于水后呈碱性。早期的硅酸盐钝化工艺通常会在硅酸盐中添加一些酸或酸性添加剂，从而形成了酸性硅酸盐钝化工艺。目前国内外研究较多的是碱性硅酸盐钝化，其特点是不添加酸性物质，通常是用硅溶胶、水玻璃（硅酸钠）或者两者混合配制钝化液，是基于硅酸盐本性的一种钝化工艺。

1）酸性硅酸盐钝化。韩克平等在硅酸钠钝化液中添加硫脲和氨基三甲叉膦酸，确定了 pH 值为 3.0、温度为 30℃和钝化时间为 1min 的硅酸盐钝化工艺参数，得到了耐蚀性与铬酸盐钝化膜相当的硅酸盐膜层。用俄歇电子能谱（AES）定量测定各组成元素的含量时发现，当 Ar^+ 溅射 5min 后，钝化膜中组成元素的含量趋于稳定，这表明钝化膜为均相膜。进一步的 XPS 分析表明，该膜层表面的锌以 ZnS 形式存在，而在膜内则以 ZnO 形式存在。李广超的研究表明，膜层中 ZnO 是钝化液的氧化性成分与锌作用产生的，而膜层 ZnS 的产生则是镀锌层表面溶解的锌与溶液中的 S^{2-} 反应所形成的。在钝化液的酸性条件下，硫脲水解产生 H_2S，当锌表面 Zn^{2+} 浓度达到一定程度，就会有 ZnS 沉淀膜形成。正是形成了这种双膜层结构，阻碍了腐蚀介质和氧气的通过，增强了膜层的耐蚀性。值得注意的是，钝化液中的硅酸盐并未参与成膜。

李广超对镀锌层硅酸盐钝化工艺进行了研究，其钝化液成分为 $Na_2SiO_3$40g/L、98%（质量分数）$H_2SO_4$4mL/L、30%（质量分数）$H_2O_2$40mL/L、CH_4N_2S（硫脲）7g/L、67%（质量分数）$HNO_3$2mL/L、85%（质量分数）$H_3PO_4$2mL/L。试验中，分别用 98% H_2SO_4、

67% HNO_3 和 85% H_3PO_4 调节 pH 值至 3，温度为 30℃、钝化时间为 90s。采用中性盐雾试验测试转化膜的耐蚀性，试验结果表明，当 pH 值低于 3 时，溶液中 H^+ 浓度大，加速镀锌层的溶解从而不利于成膜，耐蚀性降低；当 pH 值高于 3 时，镀锌层的溶解速度太慢，钝化膜成膜不完整，也会降低膜层的耐蚀性。

范云鹰等研究了硅酸盐彩色钝化，其钝化液成分为 $Na_2SiO_3$30.0g/L、$H_2SO_4$25.0g/L、$H_2O_2$25.0g/L、$CuSO_4$0.1g/L，pH 值为 1.5～2.5，钝化时间为 10～100s。使用该工艺可以在镀锌层表面获得彩色、光亮、均匀的钝化膜，其耐蚀性与六价铬盐钝化膜相当，耐中性盐雾腐蚀可达到 200h。研究表明，硅酸钠的含量不宜过高，若过高会影响钝化液的稳定性，钝化液中容易出现胶状固体。同时，指出钝化膜出现不同的色彩是钝化膜化学组成和光的干涉共同作用的结果。此外，作者对硅酸盐钝化膜层进行了表面形貌研究，SEM 照片表明，硅酸盐膜层结构均匀、致密，表面均匀分布着一些球形颗粒，这些颗粒部分的硅含量明显高于其他部分，可能是钝化液中的 SiO_2 颗粒沉积在锌层表面所致。

范云鹰等还研究了酸性硅酸盐钝化的机理，其钝化液成分为 $Na_2SiO_3$30g/L、$H_2SO_4$5mL/L、$TiCl_3$0.5g/L、$H_2O_2$20mL/L、DK-WSL 蓝白钝化剂 20g/L，pH 值为 2，钝化温度为 30℃，钝化时间为 30s。结果表明，在此工艺下能够获得蓝色的钝化膜，其耐中性盐雾试验结果为 75h，具有较好的耐蚀性。通过 XPS 对膜层进行成分分析，研究酸性条件下硅酸盐钝化的成膜机理。研究表明，在酸性条件下，在镀锌层和钝化液的界面处发生锌层溶解、Zn^{2+} 与硅酸的反应、Ti^{3+} 的氧化等一系列化学反应，从而在镀锌层表面形成主要成分为 SiO_2、$Zn_4Si_2O_7 \cdot (OH)_2 \cdot 2H_2O$、$TiCl_4$、$TiO_2$、$Na_2SiF_6$、$ZnCl_2$ 等化合物的钝化膜。

刘瑶等在硅酸盐钝化液中加入 H_2SO_4，控制其 pH 值在 2～5，所得硅酸盐钝化膜明显提高了锌镀层的耐蚀性。中性盐雾试验结果表明，其耐蚀性与铬酸盐钝化膜相当。电化学测试结果表明，硅酸盐钝化膜能有效地抑制腐蚀的阴极过程和阳极过程，阻碍腐蚀反应的进行。SEM 照片显示硅酸盐膜层致密、均匀。能谱分析表明，成膜后氧含量是钝化前的 4 倍，这说明形成了一层无色透明的致密膜层，对镀锌层有良好的物理隔离作用。

Hara 在硅溶胶中添加 4.2mmol/L $Ti(SO_4)_2$、1.8mmol/L $CoSO_4$ 和 4.2mmol/L $C_2H_4(COOH)_2$，然后用硝酸调节 pH 值为 2。将试样浸入钝化液中 90s，随后在 80℃下干燥 5min，得到钝化膜。用质量分数为 3% 的 NaCl 溶液做浸泡试验，纯锌试样在 15～20 天会出现红锈，而硅酸盐转化膜试样则需要 40～50 天。中性盐雾试验显示，铬酸盐转化膜试样比硅酸盐转化膜试样更早出现白锈，这表明硅酸盐转化膜耐蚀性优于铬酸盐转化膜。对膜层进行红外分析，在 970cm^{-1} 处出现了 Ti—O—Si 键，在 800 cm^{-1}、1074 cm^{-1} 和 1238cm^{-1} 出现了 Si—O—Si，然而没有观测到 Ti—O—Ti 键。进一步的试验结果表明，$Ti(SO_4)_2$ 能够强烈地影响膜层的生长速率，添加了 $Ti(SO_4)_2$ 之后膜层厚度能够增加至 5μm，钴离子能够细化晶粒，增加膜层与锌的结合力，硝酸根离子则能使膜层更加紧密。

Dikinis 等认为，对于酸性硅酸钠溶液而言，必须要有氧化介质的存在才能成膜，故在硅酸钠钝化中添加 Ti^{3+} 和羧酸，研究其对硅酸钠钝化的影响。研究表明，Ti^{3+} 和羧酸的存在增强了膜层的稳定性，改善了膜层形貌，能够提高硅酸钠膜层的耐蚀性。红外图谱显示，膜层中存在 Si—O—Ti 键和 Si—O—Si 键，正是由于这一结构的存在，使得膜层的耐蚀性和装饰性得到了大大的提高。

2）碱性硅酸盐钝化。Socha 等通过增重法研究了硅溶胶悬浊液在锌表面上成膜的动力学及其成膜机制。配制了硅溶胶（平均直径为7nm）与硅酸钠水溶液（SiO_2与Na_2O的摩尔比为1∶1）和KOH的混合溶液，其中硅溶胶和硅酸钠的质量浓度分别为24g/L和22g/L，用KOH调节pH值为11.3。在该pH值下，二氧化硅粒子的溶解会产生多种不同形态结构的硅酸盐负离子，这些不同种类的硅酸盐负离子表面的羟基化程度不同，而且不同的前处理方式及温度等因素也会影响镀锌层表面的羟基化程度。这些影响羟基化的程度的因素同时也影响了二氧化硅与硅酸盐在锌层上的沉积及其交联强度，从而决定了膜层的耐蚀性。

Dalbin等用浸泡法，把电镀钢片分别浸入纯二氧化硅溶胶、纯硅酸钠溶液（SiO_2与Na_2O的摩尔比为1∶1）和两者的混合溶液中，利用中性盐雾试验得出的溶液成分为25g/L SiO_2 +20 g/L Na_2SiO_3。随后他们研究了不同镀锌基底和不同干燥温度对耐蚀性的影响，结果表明，当使用碱性镀锌获得的基底时，其耐蚀性与铬酸盐相当，而且适宜的干燥温度为85~165℃，更高的温度并不会提高其耐蚀性。这说明适当的干燥温度有利于基底与溶液之间的成膜反应，即羟基之间的缩合脱水应在干燥的条件下进行。

Yuan等采用二氧化硅粉体、氢氧化钠及蒸馏水为原料，配制成二氧化硅的质量分数为5%，模数不同的硅酸钠溶液，研究了硅酸钠模数对热浸镀锌钢钝化膜耐蚀性的影响。采用俄歇电子能谱（AES）进行剥层分析时发现，膜层含有Zn、O、Si三种元素，膜层主要由二氧化硅、硅酸锌以及锌的氧化物、氢氧化物组成。通过塔菲尔极化（Tafel）、电化学阻抗谱（EIS）和中性盐雾试验（NSS）研究膜层的耐蚀性，结果表明，当硅酸钠溶液的模数≤3.50时，随着模数的增加，硅酸钠溶液中聚合度较大的硅酸负离子的比例也增加，聚合度较小的硅酸负离子的比例则相对降低，因而更有利于形成连续致密的保护膜，膜层对基体的保护作用增强；模数继续增大时，可能发生二氧化硅过度聚合而不利于形成致密的保护膜，膜层对基体的保护作用变差。

Yuan等随后研究了硅酸钠溶液中硅酸负离子分布对膜层耐蚀性的影响。结果表明，当SiO_2与Na_2O的摩尔比不同时，Si—O键的类型和硅酸负离子的分布都将有所不同。当模数很低时，硅酸负离子主要呈单体、线性和无循环分布；随着模数的增加（SiO_2与Na_2O的摩尔比≥3∶1），溶液中硅酸负离子的聚合度升高，发生脱水缩合，膜层中Si—O—Zn键和Si—O—Si键也增多。研究表明，脱水缩合是由于基体表面存在Zn—OH键，硅酸钠溶液中存在的Si—OH与Zn—OH形成氢键而快速吸附至基体表面，其反应方程式可表达为Si—OH + Zn—OH = Zn—O—Si + H_2O。另一方面，硅酸钠本体溶液中不同聚合度的硅酸盐负离子与吸附在基体表面的Si—OH键形成氢键也能吸附在上面，其反应方程式可表达为Si—OH + Si—OH = Si—O—Si + H_2O。

Yuan等对碱性硅酸钠膜层进行划伤试验。结果表明，在SiO_2与Na_2O的摩尔比较高的溶液中获得的硅酸盐转化膜具有较好的耐蚀性和自愈性。这是由于硅酸盐膜具有Si—O—Si键和Si—O—Zn键交联组成的骨架，其中存在可溶出的带有硅烷醇基Si—OH的硅酸盐负离子，在划伤后能够重新反应生成膜层，因而该钝化膜具有自愈性。

Min认为硅酸盐钝化是取代六价铬钝化的可行方案，但是为了得到防水性优良和耐蚀性好的硅酸盐膜层，必须要在钝化后进行干燥，这在实际的工业生产过程中较难实现。针对这一问题，作者研究了在硅酸钾溶液中（SiO_2与K_2O的摩尔比为3∶1）添加甲基硅酸钾（PMS）对膜层耐蚀性的影响。研究结果表明，添加PMS是一种非常有效的增强热浸镀锌钢耐蚀性的方式。能谱仪（EDS）分析表明，膜层表面主要元素有Zn、Si、O、K和C。进一步的红外测试结果表明，在 800cm^{-1}和 1300cm^{-1}附近发现了 Si—O—Si，在 1355～1395cm^{-1}和 1430～1470cm^{-1}范围内发现了—CH_3，在 1260cm^{-1}处发现了 Si—CH_3，这表明 PMS 参与了硅酸盐膜层的形成，而且 PMS 的甲基基团（—CH_3）使亲水性的硅酸盐膜层转变为疏水性的膜层，其膜层耐蚀性与经过高温干燥的未添加 PMS 的硅酸盐转化膜的耐蚀性相当。

Veeraraghavan 等配制了 SiO_2 与 Na_2O 的摩尔比为 3.22:1 的硅酸钠溶液，通过电沉积的方法在锌板上成膜。试验中把锌板作为阴极，在 12V 的电压、75℃的温度下通电 15min 进行成膜，随后在 175℃的温度下进行 2h 的后处理，得到最终的硅酸盐膜层。试验表明，通过此方法获得硅酸盐膜层的耐蚀性优于铬酸盐钝化膜的耐蚀性。

（2）有机硅钝化　目前有机硅钝化方面研究得较多的是硅烷偶联剂钝化。硅烷偶联剂实质上是一类具有有机官能团的硅烷，在其分子中同时具有能与无机质材料化学结合的反应基团和与有机质材料化学结合的反应基团。正是因为具有这样特殊的结构，目前硅烷正成为金属表面防腐蚀领域的重要材料之一。

单独的硅烷钝化所形成的硅烷钝化膜相对较薄，耐蚀性较差。现在关于硅烷钝化的研究主要集中在添加稀土元素来改善其耐蚀性。

Montemor 研究在硅烷中掺加硝酸铈和硝酸镧对热浸镀锌钢耐蚀性的影响。结果表明，在硅烷中掺加稀土离子能够提高钝化后膜层的耐蚀性，硝酸铈和硝酸镧的存在导致形成的膜层有更好屏障作用。进一步研究表明，掺加硝酸铈比掺加硝酸镧更加有效，掺加硝酸铈能够提高膜层电阻两个数量级。

Montemor 等在 BTESPT{双-[3-(三乙氧基)硅丙基]四硫化物}硅烷溶液中分别添加 SiO_2 和 CeO_2 纳米微粒，并用铈离子（Ce^{3+}）活化。研究表明，Ce^{3+}可以增加改性硅烷膜的耐蚀性，这是因为 Ce^{3+}的存在会在增加膜层的厚度同时减少孔洞；另一方面，Ce^{3+}会促进硅醇基团 Si—OH 的形成，使得膜层的交联程度上升，从而增加膜层耐蚀性。研究结果显示，单独添加 SiO_2 不能抑制腐蚀，而添加 CeO_2 则可以强烈地抑制腐蚀。这是因为 CeO_2 可以通过在氧的次点阵中形成电荷补偿的缺陷与其他种类的离子结合，比如结合 Cl^-，因此能够抑制腐蚀。

Trabelsi 在 BTESPT{双-[3-(三乙氧基)硅丙基]四硫化物}硅烷溶液中掺入硝酸铈和硝酸锆，分别研究了其对耐蚀性的影响。结果表明，在硅烷中掺入硝酸锆并不能减小腐蚀速率，而掺入硝酸铈则会减小基底的腐蚀速率。这可能与铈的氧化物或氢氧化物在阳极区域附近的沉积有关，这些沉积物减小了阴极活性，阻碍了电子从阳极到阴极的传输，从而减小了腐蚀速率。

韩利华等配制了 KH-560 硅烷溶液，用浸泡法对热浸镀锌钢进行钝化，钝化时间为 90s，随后在 130℃下干燥 45min 获得硅烷膜。采用塔菲尔极化曲线、电化学阻抗谱和盐水浸泡试验，比较了硅烷膜试样和空白试样的耐蚀性。结果表明，经硅烷处理后的试样腐蚀电流密度下降，极化电阻升高，其耐蚀性优于空白试样。

郝建军把电镀锌片浸入烷氧基硅烷钝化液中 15s，取出后放入温度为 200℃的烘箱中烘干 8min，从而获得硅烷膜层。他还在钝化液中添加氟锆酸铵、硝酸铈、氟锆酸、AH-103（主要是几种锆盐混合物）等物质，发现这些添加剂都能在一定程度上改善硅烷膜的耐蚀性。比较而言，AH-103 的加入对钝化膜耐蚀性的改善最为明显。研究认为，这是因为硅烷的烷氧基（—OR）转变为硅羟基［—Si（OH）］，然后硅羟基缩合成硅氧的聚合物，从而改善了耐蚀性。

隋艳采用3-缩水甘油醚氧基丙基三甲氧基硅烷作为钝化剂对镀锌层进行钝化研究，分析有机硅烷浓度、钝化时间、钝化温度、干燥温度及干燥时间对钝化效果的影响。最终确定的工艺参数为：有机硅烷20～40ml/L，钝化时间20s，钝化温度30℃，干燥温度140℃，干燥时间40min。使用该工艺得到了无色、均匀的膜层，能有效保护镀锌层。

（3）复合硅酸盐钝化　Hamlaoui配制钼酸盐-磷酸盐-硅酸盐（MPS）混合钝化液，其成分为Na（MoO_4）·$2H_2O$、Na_3（PO_4）·$12H_2O$、$Na_2Si_3O_7$·$3H_2O$，经过优化得出了三种成分的质量比为1∶1∶2。将镀锌钢试样浸入该钝化液中成膜，钝化时间为15min。通过电化学测试对MPS膜层进行研究，结果表明，MPS钝化膜表现出很好的电化学稳定性，具有比铬酸盐钝化膜更好的耐蚀性。分别在酸性和碱性环境中进行浸泡试验，结果表明，MPS膜具有很好的耐蚀性，尤其是在碱性环境下。这是因为硅酸盐的存在，会形成一层致密的物理屏障阻止腐蚀性离子的通过。

Song在钼酸盐-磷酸盐-硅酸盐（MPS）体系中额外添加了硅烷，用HNO_3调节pH值为11.9，形成了钼酸盐-磷酸盐-硅酸盐-硅烷（MPSS）体系。采用该MPSS体系对电镀锌进行钝化处理，钝化时间10s，随后在120℃下干燥10min成膜。通过浸泡试验、电化学测试和形貌观察，对MPSS膜层和MPS膜层进行对比，结果表明，MPSS膜层比MPS膜层具有更好的耐蚀性，而且其膜层更厚。这是由于添加了硅烷和硝酸，使MPSS膜层形成了外层C—Si—O，内层Mo—P—O—Zn的结构。

潘春阳等认为有机酸能提供硅酸盐钝化所需的羧基和羟基，可促进硅酸盐成膜。采用硅酸盐和有机酸单宁酸对镀锌钢板表面进行复合钝化，钝化液成分为$NaSiO_3$35g/L、H_2O_2（质量分数为30%）10mL/L、H_2SO_4（质量分数为98%）5mL/L、$CuSO_4$2g/L、$NaNO_3$10g/L、单宁酸5g/L，调节pH值为2.0，温度为50℃，钝化时间30 s，钝化后于60～70℃老化5～10 min。采用醋酸铅点滴试验和中性盐雾试验研究了钝化膜的耐蚀性。试验结果表明，耐醋酸铅点滴腐蚀时间为79s，耐中性盐雾腐蚀时间达128h，其耐蚀性虽不及六价铬钝化膜，但优于三价铬钝化膜。

吴海江等采用两步法，先对热浸镀锌进行钼酸盐钝化成膜，随后再进行硅烷钝化，获得了钼酸盐-硅烷复合膜。采用AES对膜层进行分析，结果表明，复合膜层具有双层膜结构，最外层是由C、Si、O组成的硅烷膜，内层是钼酸盐转化膜。采用中性盐雾试验和电化学测试膜层的耐蚀性，结果表明，复合膜层协同发挥了钼酸盐膜层和硅烷膜层的作用，显著增强了膜层的耐蚀性。

张振海等采用两种硅烷偶联剂（KH560和KH602）复配成有机硅烷钝化剂，随后再添加经过双氧水改性的$TiOSO_4$和Na_3VO_4，对镀锌板进行钝化，获得了有机硅烷-无机组分复合膜。通过中性盐雾试验、电化学测试、附着力测试和电子显微镜测试对膜层进行研究。试验结果表明，复合膜层能够有效改善钝化膜的耐蚀性，无机组分的添加能够提高膜层的附着力，促进成膜从而形成平整致密的复合膜层。

3. 钨酸盐钝化

钨与铬、钼同族，钨酸盐在作为金属缓蚀剂方面与钼酸盐有相似性，因而人们对钨酸盐钝化也有研究。

Bijimi等主要研究了锌、锡等在钨酸盐中的阴极、阳极极化特征，24h盐雾试验表明，在锌表面生成的钝化膜中，钨酸盐钝化膜的耐蚀性要低于铬酸盐钝化膜。

另外，Cowieson 等研究了用钨酸盐钝化 Sn-Zn 合金的方法，并研究了其抗盐雾和抗湿热性。试验结果表明，钨酸盐钝化膜抗盐雾性能和抗湿热循环试验性能低于钼酸盐和铬酸盐钝化膜。

4. 含锆溶液

含锆溶液代替铬酸盐用于铝基表面的前处理，但还较少用于锌基金属的处理。一般来说，锆基无铬钝化液也可处理锌基表面，作为涂装的前处理，一般不作为最终处理。

锆基无铬钝化液主要包含有 H_2ZrF_6，它提供 Zr 和 F。另外，常需加入少量的 HF。近来发展的锆基钝化液常还包括一些高分子化合物。

Schram 等研究了铝表面的锆基转化膜的组成和结构等。Deck 等发明了一种基于 H_2ZrF_6 的可就地干燥的无铬钝化液。Gal-Or 等研究出一种可阴极极化处理石墨和钛的锆基处理液。反应过程中，阴极极化促进 $Zr(OH)_4$ 沉淀在表面，而后用升温的办法使其转化为 ZrO_2。

5. 含钴溶液

二价钴和三价钴的络合物均可钝化处理金属 Al、Mg、Zn、Cd 等。Schriever 等发明的钝化液含 0.01mol/L 饱和的二价钴盐（CoX_2，X = Cl、Br、NO_3、CN、$1/2SO_4$ 等），0.03mol/L 饱和硝酸盐和 0.06 ~ 6.0mol/L 的乙酸胺。波音公司的处理液中含三价钴盐、铵盐、无机络合剂（如亚硝酸盐等）、水溶性胺类（如 TEA、EDTA 等），经该溶液处理可提高铝合金表面耐蚀性及与漆膜的结合力。该公司另一钝化液则含 0.01mol/L 饱和的三价钴络合物 $Me_3[Co(NO_2)_6]$（Me = Na、K、Li），在 pH 值为 7.0 ~ 7.2 时处理 Al、Mg 等，可形成表面含钴的氧化膜。

6. 稀土金属盐

稀土钝化技术因具有无毒、无污染、防蚀效果好的特点而备受关注。Hinton 等人报道了稀土盐（$CeCl_3$）对锌层钝化作用的研究结果，提出了稀土转化膜耐蚀性的阴极抑制机理。该机理认为，金属上稀土转化膜的存在，尤其是膜对阴极反应活性部位的覆盖，阻碍了氧气和电子在金属表面和溶液之间的转移和传递，也就是说，阴极还原反应被稀土膜有效地抑制，而这一反应是腐蚀过程中的控制步骤。阴极反应受阻，从而导致了金属腐蚀速率的降低。Roman 和 Shoji 对锌表面稀土转化膜也进行了研究和评价。他们的试验结果表明，稀土转化膜的形成，对金属锌的腐蚀起到了良好的保护作用。

7. 有机物涂层

（1）植酸 植酸是金属的优良缓蚀剂，也是金属表面处理的理想螯合剂，常用作锌与锌合金的表面处理剂。它是从粮食作物中提取的有机磷酸化合物，外观为棕黄色稠状液体，易溶于水、质量分数为95%的乙醇和丙酮，相对分子质量为 660.4，分子式为 $C_5H_{18}O_{24}P_6$。植酸分子中含有能同金属配合的 24 个氧原子、12 羟基和 6 个磷酸基。植酸是一种极罕见的金属螯合剂，当与金属络合时，易形成多个螯合环，所形成的络合物在广泛的 pH 值范围内皆具有极强的稳定性。植酸在金属表面同金属络合时，易形成一层致密的单分子有机保护膜，能有效地阻止 O_2 等进入金属表面，从而抑制金属的腐蚀。由于膜层与有机涂料具有相近的化学性质，并含有羟基和磷酸基等活性基团，能与有机涂料发生化学作用，因此，植酸处理过的金属表面与涂料有更强的黏结性能。

（2）羟乙叉基二膦酸（HEDP） 羟乙叉基二膦酸是一种重要的金属缓蚀剂、螯合剂，广泛地用于钢铁材料的缓蚀方面。20 世纪 80 年代以来，对 HEDP 作为缓蚀剂应用于镀锌无铬钝化液进行了广泛的研究。朱传方等合成了 HEDP 并用于镀锌及无铬钝化液中，发现其能够延缓镀锌层的腐蚀。缓蚀效果与 HEDP 的含量有关，随着 HEDP 含量（不超过 4g/L）的增大，其缓蚀率增加。这是因为 Zn^{2+} 可与 HEDP 在金属表面形成铬合物的沉淀膜，其膜的颗粒直径等参数与镀锌层颗粒相当，从而使钝化膜致密，延缓了膜的腐蚀。

（3）单宁酸　单宁酸分子式为 $C_{76}H_{52}O_{46}$，是一种多元苯酚的复杂化合物，无毒，易溶于水，其水溶液呈酸性，能少量溶解基体金属锌。单宁酸钝化液是主要成膜剂，提供膜中所需要的羟基和羧基。当镀锌及其合金层与单宁酸溶液接触时，单宁酸的羟基与镀层反应并通过离子键形成锌化合物，而且单宁酸的大量羟基经配位键与镀锌层表面生成致密的吸附保护膜，提高锌层的防护性。

（4）二氨基三氮杂茂（BAT4）及其衍生物　Chen 等认为，一些特别的锌的有机螯合处理能在锌表面形成一层不溶性有机复合物薄膜，膜内分子以配位形式与金属基体相结合，构成屏蔽层，使膜致密，增强了膜的耐蚀性。K. Wippermann 等利用多种三氮杂茂衍生物来抑制锌的腐蚀，通过电容电位曲线法和 XPS 分析，发现锌镀层上生成了一层最大厚度为 3nm 的保护性三氮杂茂锌膜（Zn-BAT4），加强了有机物三氮杂茂的缓蚀性。

（5）苯骈三氮唑（BTA）　王新葵等通过测试锌电极在不同含量的苯骈三氮唑（BTA）溶液中的极化曲线、滴汞电极的微分电容曲线，得到了 BTA 对金属锌的缓蚀性。BTA 属于混合型缓蚀剂，在锌的表面上发生吸附，能与金属锌形成螯合官能团。这些物质在锌层表面形成稳定、不溶性的金属螯合物，对金属锌具有很好的缓蚀作用。

（6）季铵盐　王建明等采用新洁尔灭（标记为 R_4NBr）、四丁基溴化铵[$(C_4H_9)_4NBr$]和四乙基溴化铵[$(C_2H_5)_4NBr$]等几种季铵盐，对锌在 KOH 溶液中的吸附及缓蚀行为进行了电化学研究。他们发现 $(C_2H_5)_4NBr$ 和低含量（≤1.0mol/L）的 R_4NBr 对锌的缓蚀作用属于覆盖效应。缓蚀剂在电极表面的吸附无选择性，通过机械隔离作用，阻抑电极反应的进行。另一方面，由于锌表面的负电性，R_4NBr 的缓蚀效率明显高于 $(C_2H_5)_4NBr$。这是因为这两种季铵盐实际上是以其阳离子基团吸附于锌表面而起缓蚀作用的，在 R_4NBr 的阳离子基团中含有苯环，由于苯环的负电性，使得吸附离子之间排斥力减弱，故在锌表面能够达到较高的覆盖度，因而缓蚀作用较强；而 $(C_4H_9)_4NBr$ 对锌的缓蚀则属于负催化效应，通过有选择性地吸附于锌表面的阳极区，抑制锌的阳极溶解反应，从而起到缓蚀作用。

8. 有机物、无机物的协同缓蚀作用

采用单一的钝化液试剂处理镀锌层，所得钝化膜的耐蚀性与铬酸盐钝化相比仍是差一些。随着无铬钝化研究的深入进行，人们发现借助有机分子、无机分子间协同缓蚀作用可以提高镀层的耐蚀性。

李燕等对 Na_2WO_4-BTA-Zn^{2+} 的协同缓蚀机理进行了探讨，认为 BTA 与 Zn^{2+} 形成不带电荷的 BTA-Zn 络合物，它与钨酸钠分别作用于阴极和阳极，抑制了两极的反应，减缓了腐蚀。

陈锦虹等在水溶性丙烯酸树脂中，加入少量钼酸盐和磷酸盐得到试验用钝化液，经中性盐雾试验、湿热试验和盐水浸泡试验，得出钝化膜的耐蚀性已接近铬酸盐钝化水平。他们认为该钝化膜耐蚀性的提高是由于具有双层结构的丙烯酸树脂膜层隔离了镀锌层与腐蚀介质的接触，抑制了阴极反应，且由钝化液中的钼酸钠、磷酸二氢钠提供的无机官能团（如

MoO_4^{2-}、PO_4^{3-} 等）和由丙烯酸树脂提供的某些有机官能团发生了交联作用，抑制了裂纹的进一步扩展。

Susai Rajendran 等研究了聚丙烯酰胺（PAA）、己二酸聚丙烯酯（PPA）和 Zn^{2+} 在钢保护方面的协同缓蚀效应，认为三者之间形成的络合物抑制了阳极和阴极反应，从而增强了其耐蚀性。

木冠南等用失重法和电化学法，研究了稀土钇（Ⅲ）离子和非离子表面活性剂聚乙二醇辛基苯基醚（OP）在磷酸介质中对锌腐蚀速度的影响，发现在特定的含量范围内，钇离子和 OP 对锌有强烈的缓蚀协同作用。其原因在于，钇为镧系元素，有较多的空轨道，OP 分子中醚氧基中的氧原子有两对电子未成键，这样钇很容易与 OP 生成配合物 Y—OP，这种配合物相对分子质量较大，对锌表面的范德华力较强，有可能吸附到锌表面。这种配合物与锌表面可生成表面化合物或者致密的 Y_2O_3 氧化膜，同时吸附到锌表面的 OP 分子也将有效地覆盖在锌表面，这些均使锌的耐蚀性大大增强。研究还发现，在磷酸介质中加入 Y^{3+} 和 OP 后，锌片的阳极极化曲线不断向正方向偏移，而阴极极化曲线则不断向负方向偏移，这说明 Y^{3+} 和 OP 均为吸附型缓蚀剂，即同时阻滞阳极和阴极过程。很显然，Y^{3+} 进入金属锌表面的过程中，OP 分子起了桥梁作用。

综上所述，虽然文献报道了各种不同的无铬钝化工艺，但从整体上说，目前还没有一种无铬钝化工艺能够完全代替铬酸盐钝化工艺。不过，一些无铬钝化工艺在某些方面已经与铬酸盐钝化相当，甚至某些方面还强于铬酸盐钝化。随着环保要求的日益严格，对于量大面广的镀锌行业，无铬钝化有着广泛的应用前景，对无铬钝化工艺的研究也会越来越深入，应用也会越来越多。

4.3 镀锌钢筋的研究与应用

混凝土是现代建筑结构中最主要的原材料之一，通常由混凝土构成整座建筑最受力的结构框架。一旦混凝土结构出现恶化或崩塌，不但可能造成巨大的经济损失，还可能造成人员伤亡。混凝土出现性能降低有多种因素引起，其中，钢筋的腐蚀是一个主要的原因。混凝土为钢筋提供了一个碱性环境，钢筋的腐蚀及腐蚀产物的膨胀，将导致混凝土的延伸和恶化，进而导致裂缝的产生。因此，应对钢筋进行防腐保护，钢筋热浸镀锌就是一种很有效的防腐保护方法。

4.3.1 钢筋混凝土环境

混凝土是一种复合材料，它由水泥浆等材料组成。水泥是用腐蚀性的石灰、黏土和一些附加料，经过 1400 ~ 1500℃ 高温烧结而得到的，它典型的成分：w_{SiO_2} 为 23%，$w_{Al_2O_3}$ 为 6.5%，$w_{Fe_2O_3}$ 为 3%，w_{CaO} 为 64%，w_{SO_2} 为 2.1%，w_{MgO} 为 0.6%。当这种水泥与水混合后，将发生水合过程。水泥与水刚混合后，水泥浆还有流动性；混合几个小时后，水泥浆的流动性严重降低，水泥微粒表面发生水合过程；一天之后，水泥颗粒被固化并在颗粒之间发生水合过程，形成连续的水泥凝胶，最终形成水泥的内部结构；一周以后，硬化了的水泥浆有较高的强度，而且形成高密度的凝胶结构。

上述过程表明，混凝土中存在大量的气孔，这些气孔被划分为凝胶孔洞、细裂缝和空隙。其中第一类气孔很小，它是经过水合过程形成的，直径尺寸约为 $\phi 0.001\mu m$；第二类气孔是因水分蒸发形成混凝土而产生，其直径尺寸为几个微米；最后一种为毛细孔隙，它对扩散起重要作用。这些孔隙结构的形成与水灰比有很大的关系，随着水灰比的逐渐增大，混凝土孔隙率越来越高，而其致密度则越来越低，导致疏松、多孔型结构的形成。

由于混凝土为一种多孔型结构，外部的腐蚀性介质就能够渗透、扩散到混凝土内部甚至到达钢筋表面，孔隙越多，腐蚀性介质渗透、扩散就越容易，混凝土中的钢筋就越可能发生腐蚀。例如，空气中的 O_2、CO_2 及水分就极易通过凝胶孔洞和毛细孔隙，从外面渗透扩散到混凝土内部。当 CO_2 渗入混凝土中，形成碳酸钙导致混凝土碱性降低，使混凝土发生“碳化”；而当水分通过大量的毛细孔隙扩散到混凝土中，将会以不同的形式滞留在这些孔隙中，形成孔隙液，有利于可溶性离子的扩散迁移。当这些孔隙中充满水时，因为空气在水中扩散很慢，所以此时空气的扩散率将大大降低。

此外，氯化物也是混凝土中钢筋腐蚀的重要环境影响因素。当混凝土被应用到海水环境或者寒冷地区（如含氯融雪剂的使用）时，游离的氯离子（氯化物电离产生）能够较容易地通过混凝土孔隙结构扩散移动至钢筋表面，造成混凝土钢筋发生腐蚀破坏。因此，从某种意义上讲，混凝土的致密性决定了钢筋混凝土结构的耐久性。

4.3.2　混凝土中钢筋的腐蚀

1. 钢筋腐蚀破坏机理

铁锈实际是钢铁材料发生了电化学腐蚀反应所生成的腐蚀产物。铁锈的产生是由于在钢铁材料表面局部出现了化学电位的不同，出现了阴极、阳极和电解质。钢铁材料表面电位不同是由于其成分与组织的不同、杂质的出现、不平衡内应力和腐蚀的环境等因素造成的。

在电解质存在的情况下时，钢铁材料表面电位的不同将导致腐蚀原电池的产生，它由微小的阳极和阴极组成。由于电池中的电位不同，带负电的电子从阳极流向阴极，阳极区域的铁原子转变成带正电的铁离子。阳极吸引的带正电铁离子（Fe^{2+}）与电解质中带负电的氢氧根离子发生反应，从而导致了铁锈的产生。带负电的电子在阴极表面与电解质中带正电的氢离子反应形成氢气。腐蚀原电池中的化学反应如图 4-6 所示。

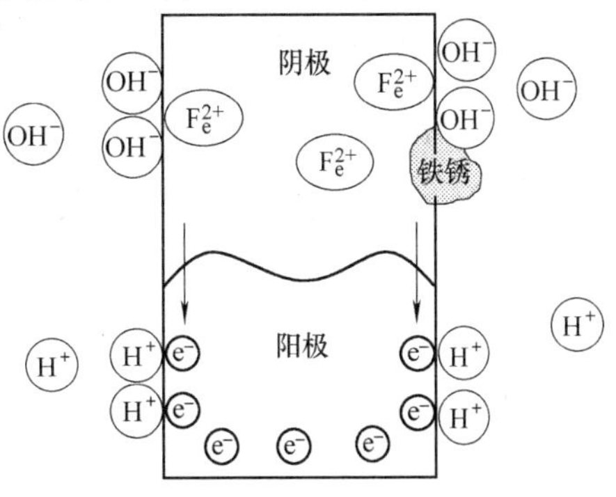

图 4-6　腐蚀原电池中的化学反应

对于混凝土中的钢筋，由于混凝土中高碱性溶液的存在（pH 值一般为 12 ~ 14），结合铁-H_2O 系电位-pH 图（见图 4-7）可知，钢筋在这种环境下表面会形成一层致密的水化氧化铁（γ-$Fe_2O_3 \cdot 2H_2O$）薄膜，起到防止钢筋进一步腐蚀的保护作用，钢筋处于惰性状态。通常钢筋表面保护性薄膜破坏有两种原因：①因混凝土碳化而引起钢筋混凝土保护层的碱度降低（pH 值可降至 9 以下），当混凝土 pH 值低于 11.5 时，钢筋表面的钝化薄膜就会受到破坏；②由于氯离子和氧的扩散侵蚀而破坏钝化薄膜，钝化薄膜的破坏，失去了对钢筋的保护作用。若有空气（指其中的氧气）和水分侵入，钢筋便开始发生腐蚀。腐蚀的机理是发生吸氧性电化学腐蚀，阳极反应为 $Fe \longrightarrow Fe^{2+} + 2e$，阴极反应为 $H_2O + 1/2O_2 + 2e \longrightarrow 2OH^-$。电化学腐蚀必须具备两个基本条件：存在两个电势不等的电极；金属表面存在必要的电解质液相薄膜。一般来说，由于钢筋成分不均匀或氧气含量的差异，第一个条件总是能够满足的；第二个条件则要求混凝土中腐蚀的相对湿度大于60%。因此，潮湿或水溶液环境下的混凝土钢筋容易发生腐蚀。

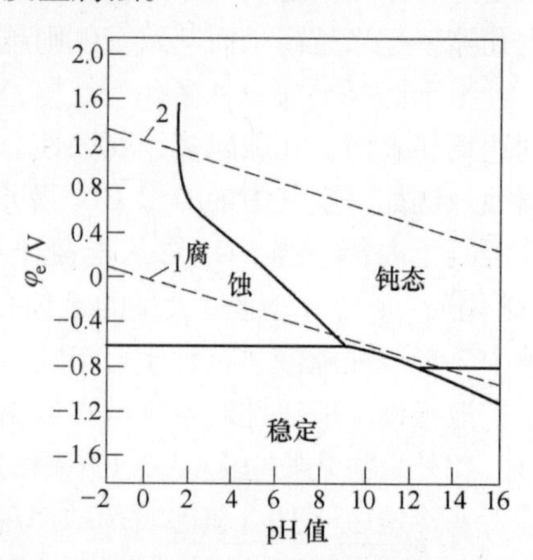

图 4-7 铁-H_2O 系电位-pH 图

1—表示 H^+ 和 H_2 平衡关系

2—表示 O_2 和 H_2O 之间平衡关系

混凝土中的钢筋发生腐蚀，会引起混凝土的破碎，图 4-8 所示为混凝土的破碎过程。由于钢筋发生了腐蚀，在其表面将产生氧化铁（红锈），腐蚀后钢筋（表面覆着红锈）的体积为原钢筋体积的 6 ~ 10 倍，造成钢筋周围体积的增加，从而使在混凝土周围产生分裂性的拉应力。当这种拉应力超过了混凝土的抗拉强度时，混凝土就会产生裂纹，裂纹产生的同时又会进一步加剧钢筋的腐蚀。与受载荷而产生的横向裂纹不同，腐蚀裂纹通常平行于钢筋。随着腐蚀的进行，纵向裂纹变宽，与横向的结构裂纹一起，最终导致了混凝土的破碎。

2. 钢筋腐蚀的影响因素

影响钢筋腐蚀的因素很多。在一般大气条件下，影响钢筋腐蚀的主要因素有氯离子，混凝土碳化，环境条件（温度、湿度、含量等），混凝土渗透性和保护层厚度，钢筋位置与直径等。混凝土的渗透性与其强度、孔隙率、裂缝宽度及密度有关。

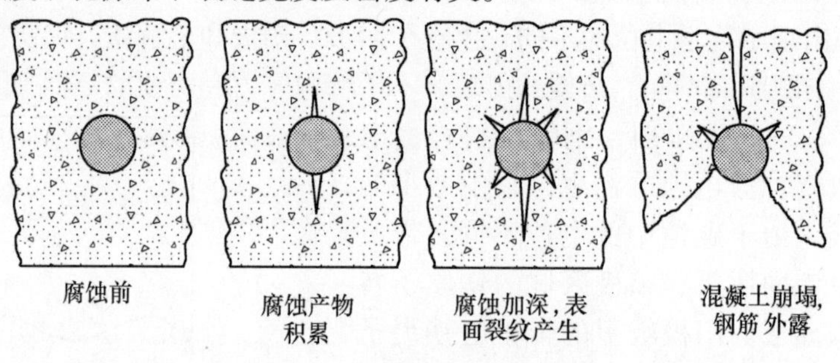

图 4-8 混凝土的破碎过程

（1）氯离子的影响　氯离子能够加速钢筋的锈蚀，这已在大量工程实践中得到证实。氯离子的腐蚀作用机理如下所述。

1）破坏钝化膜。水泥水化的高碱性（pH 值≥12.5），使钢筋表面产生一层致密的钝化膜。最新研究表明，该钝化膜中包含有 Si—O 键，对钢筋有很强的保护能力。然而钝化膜只有在高碱性环境中才是稳定的。研究与实践表明，当 pH 值 <11.5 时，钝化膜就开始不稳定（临界值）；当 pH 值 <9.88 时，钝化膜生成困难或已经生成的钝化膜逐渐破坏。Cl^- 进入混凝土中并到达钢筋表面，当它吸附于局部钝化膜处时，可使该处的 pH 值迅速降低到 4 以下，于是该处的钝化膜被破坏。

2）形成“腐蚀电池”。Cl^- 对钢筋表面钝化膜的破坏首先发生在局部（点），使这些部位（点）露出了钢基体，与尚完好的钝化膜区域之间构成电位差（作为电解质，混凝土内一般有水或潮气存在）。钢基体作为阳极而受腐蚀，大面积的钝化膜区作为阴极。腐蚀电池作用的结果是，钢筋表面产生点蚀（坑蚀）。由于大阴极（钝化膜区）对应于小阳极（钝化膜破坏点），坑蚀发展十分迅速。这就是 Cl^- 使钢筋表面产生“坑蚀”为主的原因所在。

3）Cl^- 的去极化作用。阳极反应过程是 $Fe \longrightarrow Fe^{2+} + 2e$，如果生成的 Fe^{2+} 不能及时“搬运走”而积累于阳极表面，则阳极反应就会因此而受阻；Cl^- 与 Fe^{2+} 相遇会生成 $FeCl_2$，从而加速阳极过程。通常把加速阳极的过程，称作阳极去极化作用，Cl^- 正是发挥了阳极去极化作用的功能。应该说明的是，$FeCl_2$ 是可溶的，在向混凝土内扩散时遇到 OH^-，立即生成 $Fe(OH)_2$（沉淀），又进一步氧化成铁的氧化物（通常的铁锈）。由此可见，Cl^- 只是起到了“搬运”作用，它不被“消耗”。也就是说，凡是进入混凝土中的 Cl^-，会周而复始地起破坏作用，这正是氯盐危害的特点之一。

4）Cl^- 的导电作用。腐蚀电池的要素之一是要有离子通路。混凝土中 Cl^- 的存在，强化了离子通路，降低了阴极、阳极之间的电阻，提高了腐蚀电池的效率，从而加速了电化学腐蚀过程。氯盐中的阳离子（Na^+、Ca^{2+} 等）也降低阴阳极之间的欧姆电阻。

研究表明，钢筋的腐蚀速度与 Cl^- 含量呈线性关系。Cl^- 引起的钢筋腐蚀包括四个阶段：腐蚀诱导阶段、腐蚀开展阶段、腐蚀加速阶段和裸露腐蚀阶段（见图 4-9）。

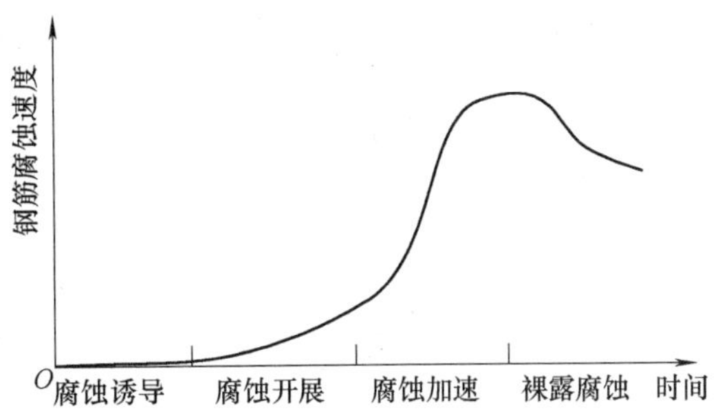

图 4-9　混凝土中 Cl^- 侵蚀引起钢筋腐蚀速度变化

此外，混凝土中 Cl^- 的来源主要有两个：①配制混凝土时由原材料带入的 Cl^-（外加剂和海水等）；②从外界环境渗透到混凝土中的 Cl^-（除冰盐、海洋环境等）。原材料带入的 Cl^- 大部分被水泥浆体吸附以结合 Cl^- 的形式存在，对钢筋的腐蚀影响不大，在混凝土中加入少量氯外加剂是允许的。外界环境中的 Cl^- 通过混凝土保护层到达混凝土—钢筋界面并逐渐积聚，使钢筋表面孔溶液中的 Cl^- 含量逐渐增大，最终达到临界含量，致使钢筋开始腐蚀。

Cl^- 通过毛细吸附和扩散作用，穿透混凝土保护层到达钢筋表面。当钢筋表面溶液中的 Cl^- 含量达到某临界值时，钢筋转入活化状态，开始腐蚀。随着腐蚀产物的增加，腐蚀产物体积膨胀，作用于周围混凝土，裂缝开始出现，钢筋的腐蚀速度明显加快，直到混凝土裂缝达到 0.1～0.5mm。但在保护层剥落以至钢筋完全裸露，失去微电池腐蚀条件时，钢筋腐蚀速度反而会有所降低。这种由 Cl^- 侵蚀引起的混凝土开裂和钢筋增强作用的失效，在海上（特别是气温较高的海洋）工程结构中非常严重。

（2）混凝土碳化的影响　混凝土与大气中的 CO_2 接触时，其中水化物可以与 CO_2 反应生成碳酸盐而降低混凝土的原始碱度，这种作用称为混凝土的碳酸盐化，简称碳化。反应方程式为

$$Ca(OH)_2 + CO_2 \longrightarrow CaCO_3 \downarrow + H_2O \tag{4-13}$$

碳化作用是通过破坏混凝土保护层而使钢筋发生腐蚀的。碳化作用不但可以降低混凝土上的原始碱度，而且还会导致混凝土粉化，使之失效，失去其对钢筋的保护作用。同时碳化作用使更多的自由氯离子，从只有在高值才稳定的氯化铝酸盐中释放出来，使得孔隙溶液中氯离子含量增加，这种影响已被 Tuutti 证实。这样就使得钢筋腐蚀速度增加，并在氯化物较少量时就发生腐蚀。

CO_2 主要是通过扩散过程进入混凝土并使之碳化的，同时 CO_2 扩散也受温度的影响，随着温度升高，扩散加快。

（3）环境条件的影响　环境因素对钢筋腐蚀也有很重要的影响。Arrhenius 定律指出，温度每升高 10℃，腐蚀反应速度增加 1 倍；同时，较高的温度也大大缩短了钢筋的脱钝时间（30℃比 10℃缩短 66%）。相对湿度对混凝土中钢筋的腐蚀有双重作用：一方面影响混凝土中氧气的扩散速度，另一方面影响混凝土的电导性。因此，存在一个钢筋腐蚀速度最快的相对湿度。在不含氯离子的环境中，相对湿度约在 80% 时钢筋腐蚀最快；而在含氯离子的环境中，相对湿度约在 65% 时钢筋腐蚀最快。在大气中氧气的供给对钢筋的腐蚀速度的影响无限制作用。而在深海区，即使氯离子大量存在，但由于缺乏氧气，钢筋也不会腐蚀。

（4）其他因素的影响　一般来说，由于暴露程度较大，角部钢筋的腐蚀速度为中间钢筋的 1.3 ~ 1.5 倍。混凝土的渗透性能与钢筋腐蚀速度有直接关系。研究表明，裂缝分布越密，混凝土水灰比越大，养护时间就越短，强度越低，裂缝宽度越大，混凝土渗透性越好，钢筋腐蚀越快。采用矿渣水泥的混凝土中的钢筋腐蚀速度为普通水泥的 1.7 ~ 1.9 倍。关于粉煤灰对钢筋腐蚀的影响，研究认为，混凝土中粉煤灰掺量小于 30%（质量分数）时，对钢筋腐蚀无不利影响，甚至是有利的；但掺量超过 45%（质量分数）时，往往由于非粉煤灰自身的原因（水灰比、粉煤灰质量、养护质量等因素）而加速钢筋的锈蚀。

总之，混凝土碳化和氯离子侵蚀是影响钢筋腐蚀的两个最主要的因素。

4.3.3 热浸镀锌钢筋的耐蚀性

热浸镀锌镀层对钢铁材料具有双重保护的性质。一是物理保护作用，由于热浸镀锌在钢铁材料表面形成了一个坚硬的、由金属键结合作用的镀锌层，它可以完全覆盖其表面，使之从环境的腐蚀反应中隔开；另一作用是锌的阴极保护作用，在镀层受到损坏或少量不连续时，依然对钢铁材料起牺牲阳极的保护作用。

应该注意的是，热浸镀锌钢筋在混凝土中的表现与热浸镀锌钢在空气条件中的表现有很大不同。

1. 物理防护

在大气环境中，镀锌层表面由于形成了一层致密的腐蚀产物而使镀层处于钝化状态，大大减缓了镀层在大气中的腐蚀。同样，锌也可以与新鲜水泥反应，而在镀层表面形成具有钝化作用的锌腐蚀产物保护膜层，可以更有效地抵抗 Cl^- 的侵蚀。

2. 阴极保护

镀锌层可以为裸露的钢基体提供阴极保护。当锌和钢基体在腐蚀电解质中互相接触时，锌被慢慢消耗，钢基体受到保护。当镀锌钢受到刮伤、钻孔、划痕以及严重磨伤等情况时，会造成钢基体裸露小区域，锌的牺牲阳极反应可为此区域提供电化学保护，直至邻近的锌都被消耗完。

在混凝土的碱性环境中，钢基体及经铬酸盐钝化后的镀锌层通常均处于钝态。但氯离子能够渗透到钢基体表面并破坏这种钝化状态，引起钢基体生锈或锌的腐蚀。而镀锌层对混凝土中氯离子对钢筋的腐蚀有良好的保护作用。热浸镀锌钢筋可以经受住比未镀锌钢筋高几倍（至少 4 ~ 5 倍）含量的氯离子溶液的腐蚀。

未镀锌钢筋在混凝土中 pH 值低于 11.5 时即不能处于钝态，而镀锌钢筋可以在 pH 值更低的混凝土条件下依然会发生钝化。因此，钢筋镀锌后可以更好地防止混凝土碳化的发生。

与未镀锌钢筋相比，镀锌钢筋具有更耐氯化物腐蚀及更好的防碳化性能，已被普遍接受。

在钢筋生产、运输、堆放以及进入混凝土后，热浸镀锌层均能对钢基体提供较好的保护。有时，由于混凝土很薄或渗水、裂缝或损坏，钢筋处于暴露条件，镀锌层均可以提供良好的保护性能。由于锌的腐蚀产物比铁的腐蚀产物体积小，发生在镀锌层的腐蚀对周围混凝土仅有很小的影响，甚至几乎不会产生任何破坏。锌腐蚀产物是粉末状不连续的，且可从钢筋表面转移至混凝土中，减小了锌腐蚀导致混凝土破碎的可能。

4.3.4　热浸镀锌钢筋的力学性能

1. 延展性、屈服强度和抗拉强度

钢筋的延展性、屈服强度和抗拉强度对于防止钢筋混凝土的脆性断裂失效是十分重要的。实验表明，只要采用适当的钢材、加工技术及热浸镀锌技术，热浸镀锌对钢筋的延展性、屈服强度和抗拉强度均不会产生影响。

2. 疲劳强度

对镀锌钢筋疲劳强度的测试试验结果表明，受周期应力载荷作用后，变形的镀锌钢筋在置于较差的环境下的表现比未镀锌钢筋更好。

3. 结合强度

钢筋与混凝土之间良好的结合对于保证钢筋混凝土结构性能是非常重要的。无论钢筋表面采取何种保护性涂层，均应考虑对钢筋与混凝土之间结合强度的影响。对镀锌钢筋及未镀锌钢筋与混凝土之间结合力的研究表明：

1）钢筋与混凝土之间的结合力变化取决于时效和环境。

2）在某些情况下，镀锌钢筋与混凝土之间形成足够的结合力所需要的时间比未镀锌钢筋更长，所需时间取决于锌酸盐与水泥之间的反应。

3）镀锌钢筋和未镀锌钢筋与混凝土之间经充分结合后的结合强度基本相同。图 4-10 所示为在不同试验条件下钢筋与混凝土的结合强度。

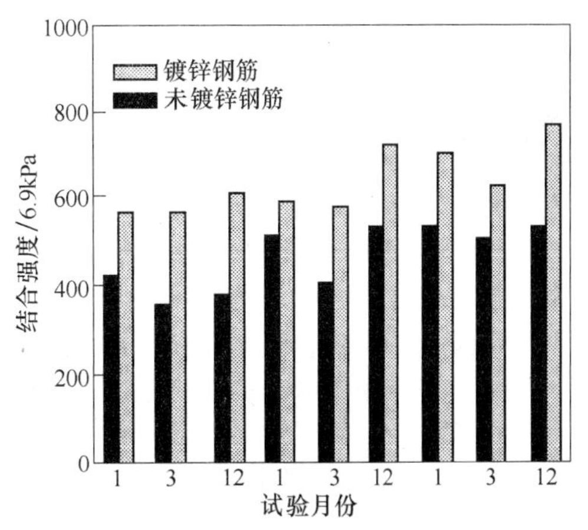

图 4-10　不同试验条件下钢筋与混凝土的结合强度

4. 混凝土中锌的反应对性能的影响

在混凝土养护过程中，钢筋的镀锌层会与碱性的水泥浆料进行反应，在镀层表面形成稳定的、不溶的锌盐，并伴有氢气的产生。这就使钢筋可能吸收氢气而造成钢筋的脆断（氢脆）。试验研究表明，这种反应产生的氢气不会渗透镀锌层到达钢基体，同时，混凝土硬化时这种反应就会停止。

锌酸盐与刚配好的水泥浆料间反应，可能会延迟混凝土的硬化及钢筋混凝土初期的结合力变化，但在混凝土彻底硬化以后，这种反应不会对结合力产生不良影响。

大多数型号的水泥以及多数的粒料中会含有少量的铬酸盐。这些铬酸盐可以钝化镀锌层，减少锌与混凝土之间反应时氢气的产生。水泥和粒料带来的铬酸盐使最终混凝土混合物中的铬酸盐质量浓度少于0.1g/L时，可以预先将镀锌钢筋进行铬酸盐钝化，或在混凝土混合时在水中加入铬酸盐。

4.3.5 与环氧树脂涂层钢筋的比较

在日本及北美一些国家，混凝土钢筋表面的环氧树脂涂层主要被用作大型公路桥梁，而且已经应用多年，防腐效果良好。混凝土钢筋通过环氧树脂涂层方式进行腐蚀防护，能有效地保护钢筋基体不受腐蚀，同时切断了三种对钢筋造成腐蚀的破坏因素（水、氧气和Cl^-）。而对于热浸镀锌钢筋而言，钢筋初始阶段会被腐蚀，当钢筋表面产生了不溶性腐蚀产物后，可阻止其基体进一步腐蚀。因此，通常把环氧树脂涂层钢筋的防腐称作为物理防腐，而热浸镀锌钢筋的防腐则称为电化学防腐，二者的防腐机理是不同的。

仅防腐而言，环氧树脂涂层以其不与酸、碱等物质反应，具有极高的化学稳定性和延展性，而且干缩性小，能有效地阻隔钢筋与外界接触，不与混凝土产生电化学腐蚀等优点而被广泛应用。但环氧树脂涂层钢筋防腐也并不是绝对有效，它还存在许多的问题（与热浸镀锌钢筋镀层防腐相比较）。例如，美国佛罗里达州珊瑚礁上的大桥桥梁采用环氧树脂涂层钢筋，钢筋在混凝土中存在原电池腐蚀破坏的现象，最终导致环氧树脂涂层钢筋防腐方法在佛罗里达州被淘汰。环氧树脂涂层钢筋中涂层与基体机械结合的强度低，容易脱落，从而导致钢基体与外界直接接触形成原电池而被腐蚀。同时，环氧树脂涂层钢筋生产的投资、加工成本高；环氧树脂涂层钢筋不能与外加电流阴极保护联合使用（因为环氧树脂涂层钢筋之间被绝缘的涂层隔开，缺乏连续性，所以外加电流阴极保护达不到保护效果）。此外，环氧树脂涂层钢筋涂层在实际施工过程中一旦被破坏，就会造成点蚀或局部腐蚀而无法愈合，也就是说，环氧树脂涂层钢筋涂层无自修复能力。热浸镀锌钢筋适于碱性环境，产生的腐蚀产物对基体的防腐效果好，而且对防护层缺陷不敏感，可以与电流阴极保护联合使用，实现最佳防腐保护，但热浸镀锌钢筋容易遭受Cl^-的侵袭导致防腐失效。因此，到底哪一种方法对混凝土钢筋防腐更好呢？这个问题人们一直争论不休，截至目前也没有明确的答案。由于二者的防腐机理不同，所以不能一概而论，应该视具体情况而定。对于热浸镀锌钢筋而言，钢筋表面首先发生腐蚀，然后生成腐蚀产物达到化学防腐的目的。而环氧树脂涂层钢筋则完全撇开了环境因素的影响，由防腐机理可知，当涂层完整时，腐蚀不会发生。

对于二者优缺点的讨论，人们一个普遍的共识，那就是热浸镀锌钢筋对保护层的缺陷不及环氧树脂涂层钢筋敏感。换言之，热浸镀锌钢筋比环氧树脂涂层钢筋更能容许涂层缺陷的存在。这主要有两方面的原因：其一，由于热浸镀锌钢筋的锌保护层与基体是冶金结合，结合强度高；其二，锌的存在使得基体产生阴极保护（牺牲阳极——锌），即使保护层有缺陷产生，它仍然能起到保护作用。从经济角度考虑，热浸镀锌钢筋的操作工艺简单，生产成本比环氧树脂涂层钢筋低。此外，热浸镀锌钢筋还有一些优点，那就是它一般不受中和作用（碳化作用）的影响。如果综合考虑热浸镀锌钢筋的性能特点后，将热浸镀锌钢筋与环氧树脂涂层钢筋一起使用，那么防腐效果将会更加理想。

4.3.6 连续热浸镀锌钢筋技术

针对热浸镀锌钢筋生产率低、镀层厚且现场施工的问题，国际锌协会组织研究开发了连续热浸镀锌钢筋工艺。通过该工艺，可以获得性能优良、成本适宜的连续镀锌钢筋。

1. 作用原理

使用含少量铝（质量分数为 0.2%）的锌浴对钢筋进行连续热浸镀锌生产，所获得的镀层几乎均为纯锌层，仅在 Zn 与 Fe 界面有一层厚约 0.1μm 的三元合金层（$Fe_2Al_5Zn_x$）。由于这种镀锌层具有很薄的合金层（与连续热浸镀锌板材组织结构类似），使得镀层黏附性好，所以在弯曲或拉伸时镀层不会出现开裂或剥落。

同时，钢筋镀锌时浸没于熔融锌浴中的时间很短，通常仅为 4 ~ 5s。这就能使所有等级的钢（普通结构钢和高强度钢）在热浸镀锌时避免了脆变的风险。事实上，在钢筋浸入锌浴之前，矫直带给钢筋的任何冷加工应力在经过预热处理后已基本释放。所用等级的钢筋（包括高强度钢），都能获得与纯锌层保护性能基本相同的镀层。

2. 连续热浸镀锌工艺

钢筋连续热浸镀锌工艺包括喷砂、前处理，预热、流动式浸锌，再经气刀吹抹后即可获得热浸镀锌钢筋（见图 4-11）。其中喷砂是采用机械方法去除钢筋表面锈蚀及油污。前处理有两种方法：一种是采用助镀法，这种方法后续预热及热浸镀锌部分都不需要特殊环境气氛，采用氯化锌等特殊助镀剂溶液，即可实现含高铝（质量分数为 0.2% ~10%）锌浴的热浸锌而不出现漏镀。但这种方法受预热处理温度的限制，并且产生的副产物较多。这种方法成本低，适用于较低线速度（18m/min）的生产。另一种方法是采用还原气氛法，即不需要采用化学处理，而是采用还原气氛（一般为 95% 氮气 +5% 氢气）的感应预加热。这种方法适用于锌或锌铝合金镀层，对预热处理没有限制，同时产生的副产物少，但是成本较高。该方法具有较高线速度生产和无需助镀的优点。预热采用感应加热，将钢筋温度加热到较高温度，从而使热浸镀锌浸入时间从几分钟缩短至几秒。预热温度和感应加热气氛决定于前处理方式的选择。

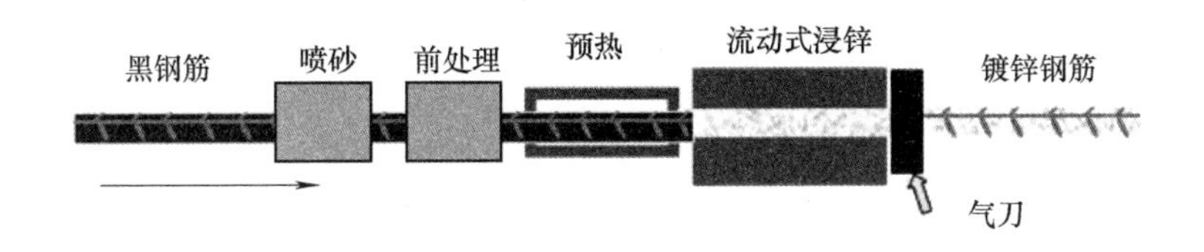

图 4-11　钢筋连续热浸镀锌工艺

流动式浸锌是将底部锌浴采用锌泵抽取至上部固定的锌液小槽中，小槽的两端都用带孔的板封住，钢筋可以从板上的孔中通过，槽内的液态锌可通过小孔流回锌浴中。当钢筋逐段通过锌液小槽时，槽内的液相锌即可与浸没部分的钢筋进行反应而获得热浸镀锌层，镀锌后的钢筋通过一个圆形气刀，以控制镀层厚度及质量。随后可进行水冷及钝化处理。如果需要，还可以进一步涂覆环氧树脂而在钢筋表面获得环氧树脂热浸镀锌双涂层。

目前连续热浸镀锌钢筋在国内外已有实际生产应用，相关标准有 GB 32968—2016《钢筋混凝土用锌铝合金镀层钢筋》、GB 33240—2016《钢筋混凝土用锌铝合金-环氧树脂复合涂层钢筋》，以及参考美国标准 ASTM A1094《混凝土钢筋结构用连续热浸镀锌说明》。

4.4 无烟助镀技术

4.4.1 常规助镀工艺应用现状

1. 存在问题

氯化锌铵双盐（$ZnCl_2 \cdot 2NH_4Cl$）或三盐（$ZnCl_2 \cdot 3NH_4Cl$）助镀液已被热浸镀锌企业广泛采用，但在使用过程中，附有氯化锌铵盐膜的钢铁工件在热浸镀锌时往往会产生较大的烟尘，影响工厂的操作环境。这是由于盐膜中的 NH_4Cl 分解温度低，远低于常规热浸镀锌温度 450℃。NH_4Cl 受热分解会形成 NH_3 和 HCl，这两种气体在锌浴的上方又可以结合成微米级或纳米级晶体颗粒。可以进行这样的试验，将分别装有氨水及浓盐酸试剂的 2 个试剂瓶并排放置，并打开瓶盖，两个瓶子中将分别挥发出 NH_3 和 HCl 气体。几分钟之后，在瓶子的上方两种气体发生混合，并且形成较浓白色烟雾，这就是 NH_4Cl 烟雾。对热浸镀锌过程中产生的烟尘进行收集分析可知，烟气中主要成分为 NH_4Cl，并伴随有 NH_3、HCl、ZnO 等，烟气呈白色；而在锌浴中有铝的情况下，还有青色的 $AlCl_3$ 烟气。这些气体对人体并没有太大的危害，但长期处于较大烟气的环境中，对人体将产生不良影响。

2. 目前解决办法

对于热浸镀锌过程中产生的烟尘，我国大多数企业并未采取适当措施进行处理。而在欧美国家，普遍采用了烟尘收集过滤处理的方式，将所产生的烟尘经抽气系统收集后在过滤器中进行处理。这种烟尘收集处理系统设备庞大、运行能耗较高，可将 75% ~95% 的烟尘抽取并去除，较好地改善了镀锌操作环境。有关内容将在 8.2.1 节详细介绍。

为了免去庞大的吸烟过滤系统及因运行此系统所需的巨大能耗，还有一个简单可行的办法，即避免所采用的助镀剂在热浸镀锌时产生烟雾。只要开发出一种无烟助镀剂以取代目前使用的氯化锌铵助镀剂，就不再需要安装和维修保养烟尘收集过滤设备。目前已开发出了 $ZnCl_2$/KCl（NaCl）系、Cu/Sn 系等新型无烟助镀剂。

4.4.2 $ZnCl_2$/KCl（NaCl）系助镀剂

通过借鉴焊接工业焊接熔剂的研究经验，用不同盐的混合物进行了多次试验，希望找到性能良好并且不产生烟雾的助镀剂，同时从成本上来说也是便宜的。采用 $ZnCl_2$ 和 NaCl 或 KCl 混合盐，经过试验获得了满意的效果。

Allen 等人采用 w_{ZnCl_2} 为 65%、w_{KCl} 为 35% 的助镀剂进行试验，助镀剂的温度为 60℃，密度为 1.1 ~1.2g/cm^3，并与常规氯化锌铵助镀剂进行了比较。研究发现，该助镀剂在热浸镀锌过程中几乎不产生烟尘，同时，在所研究的含量范围内，使用该助镀剂所获得的镀层厚度与常规助镀剂所获得的镀层厚度基本一致。但用于含铝锌浴时，仍会产生少量青色烟气，经分析为 $AlCl_3$。因此，当采用氯化物助镀剂时，如果锌浴中添加了铝，要完全避免产生烟雾是不可能的。

另外，由于该助镀剂中不含易分解的 NH_4Cl，所以在烘干时，可以提高烘干温度，甚至可达到常规镀锌温度。这样可以缩短镀锌时间，提高生产率。

该助镀剂以 KCl 或 NaCl 取代 NH_4Cl，只是在原有助镀剂成分上加以改变，对整个热浸镀锌生产工艺不需要进行其他改变，故使用非常简单方便。该助镀剂虽然减少了烟尘，但助镀效果并不理想，容易产生漏镀。对以 $ZnCl_2$ 和 NaCl 或 KCl 为基础，添加其他氯盐的助镀剂成分也有研究，并有一些专利技术，但在工业上没有较大的应用。

4.4.3　Cu/Sn 系助镀剂

另一种取代方式是将常规助镀时在工件上产生一层氯化锌铵盐膜的方式进行改进。浸入新型助镀液时，在工件表面形成一层用来“牺牲的”均匀金属涂层薄膜，它仍可以起到常规助镀液所产生的作用，即确保热浸镀时有一个完全活性的金属表面，防止钢铁材料表面的氧化。

研究发现，Cu 和 Sn 可以通过化学镀的方式，在洁净钢铁材料表面分别形成镀层，同时在一定条件下用含有该两种金属盐的溶液，通过化学镀可在钢铁材料表面获得 Cu/Sn 复合镀层薄膜。钢铁材料上的这种金属薄膜可以起到常规助镀盐膜在热浸镀锌中的作用，并具有自身独特的特点。

1. 助镀操作工艺

Cu/Sn 系助镀剂是氯化铜和氯化锡在室温下盐酸中的混合物。Cu/Sn 系助镀剂的成分见表 4-2。

表 4-2　Cu/Sn 系助镀剂成分

组　　成	成分（质量分数,%）	组　　成	成分（质量分数,%）
氯化铜	0.1～0.25	盐酸	3～8
氯化锡	3～5		

按照表 4-2，在室温下配制一定 pH 值的助镀液，为纯净无黏性溶液。通常将酸洗后的工件浸入助镀溶液 30～60s，若酸洗后的工件表面特别干净则可浸泡更短的时间。浸泡后，在工件表面获得均匀的泛金黄光泽的红色或橙色 Cu/Sn 薄膜，薄膜主要含铜。若薄膜层不均匀则会影响膜层颜色，可以很容易地观察到。

采用该助镀剂仅需对常规热浸镀锌工艺进行稍微调整，使用简单方便。如图 4-12 所示，工件仍采用常规的碱洗脱脂及酸洗除锈工艺，无须改变，仅在酸洗后用稀酸溶液清洗取代了通常的清水漂洗环节。稀酸溶液可采用质量分数为 3%～5% 的盐酸溶液，其目的是彻底清除酸洗后工件表面残留的铁盐及锈迹，并使工件在浸入助镀液之前保持表面呈酸性。应该注意的是，稀酸漂洗溶液中的 HCl 含量必须低于助镀剂中的 HCl 含量。这样可以避免 Cu/Sn 助镀液中的 HCl 含量不断增加而超出其使用上限。

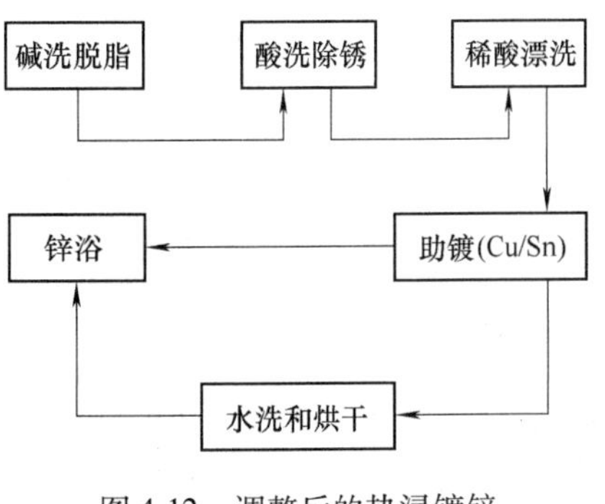

图 4-12　调整后的热浸镀锌工艺流程

助镀后的漂洗/烘干环节或仅烘干环节是非常重要的，这两种都可以得到相似的镀锌层。但当工件助镀后需间隔较长的时间热浸镀锌时，应采用漂洗/烘干环节。这样，通过清水漂洗后，工件表面黏附着的助镀液被冲洗干净，进一步烘干后，可以确保助镀后的工件在未浸锌前表面不被腐蚀。

2. 助镀液特征

助镀液中的HCl含量非常重要。溶液在低HCl含量时不稳定，会变得混浊。在高HCl含量时，工件上的Cu/Sn薄膜看上去很正常，但镀锌后获得的镀层质量差。氯化锡和氯化铜的含量也很重要，应该注意检测。如果氯化铜的含量低于临界下限，Cu/Sn层的形成率就会降低，就会导致在特定的时间内不能得到适宜的Cu/Sn膜层，膜层也会不均匀。如果氯化锡的含量低于特定的下限，氯化铜的相对含量就会升高，导致高的Cu/Sn层形成率，形成较厚的Cu/Sn薄膜，不利于适宜的热浸镀锌层形成。

出现的这些现象可以用Cu/Sn助镀液的电化学特性来分析解释。当新的助镀液准备好之后，氯化锡在酸性溶液下会络合成$SnCl_6^{2-}$；同时二价铜会还原为一价铜，以$CuCl_4^{3-}$的形式存在。当这两种离子同时存在时，就会形成一种含有复杂平衡的无色溶液。当pH值保持在一定范围内时（例如，HCl含量符合前面所说的操作范围），这种混合物稳定，不易水解，且具有较高的抗氧化性。在这种状态下，该助镀液可长时间保持稳定。

当助镀液中的平衡含量发生变化时，通过溶液的颜色变化可很容易地判断出。当$CuCl_4^{3-}$中的铜氧化到二价状态时，会形成$CuCl_4^{2-}$，这时溶液会为黄色或绿色。另外，$CuCl_4^{3-}$也会水解，形成$Cu(H_2O)_{6-n}Cl_n^{2-n}$。而当溶液pH值过低时，四价锡会水解生成$Sn(OH)_4$或者$SnO_2 \cdot 2H_2O$。未水解的锡化合物是无色的，故当溶液颜色发暗或混浊时，就可分析出锡化合物发生了水解反应。

3. 对镀层及锌浴的影响

使用Cu/Sn助镀剂可获得符合热浸镀锌标准所要求的镀层厚度，镀层微观组织形貌与使用常规助镀剂得到的镀层组织形貌基本没有区别。研究发现，工件上的Cu/Sn薄膜金属层在热浸镀锌时，一部分可能与钢基体形成合金，另一部分可能弥散分布在镀层中。电子能谱分析无法探测出铜元素或锡元素在合金层中。

对使用Cu/Sn助镀剂一年后的锌浴进行成分分析表明，锌浴中的铜和锡含量没有明显增加，表明助镀并不会使锌浴中的铜不断增加，否则可能会因锌浴中铜含量过高而影响锌锅寿命。

另外，采用常规氯化锌铵助镀剂时，不可避免地会使一定量的铁盐进入锌浴，这部分铁将形成锌渣。而Cu/Sn助镀液助镀清洗烘干后，在工件表面形成的复合金属膜层中没有铁盐的存在，故由于助镀剂带入的铁盐而形成的锌渣也会相应减少。同时，因工件表面的复合金属膜层与锌浴的反应不会像常规助镀剂那么剧烈，从而使镀锌时形成的锌灰大大减少。

4. 使用Cu/Sn复合膜层的原因

酸洗后的工件在单独的化学镀铜溶液中，容易形成一层厚且易剥落的铜膜层，膜层生成速度快。这种厚膜使得工件镀锌后获得的镀层质量差，虽然不会出现漏镀，但易形成毛刺。工件单独化学镀锡时，可获得较好的热浸镀锌层。但酸洗后，工件在单独镀锡溶液中膜层沉积速度慢，浸入时间须超过5min，且溶液还必须加热到70℃。这就限制了单独采用化学镀锡溶液作为助镀剂。

在使用Cu/Sn复合助镀剂的情况下，薄膜镀层由于铜的存在而迅速生长，因此助镀可在室温下进行。同时锡的存在控制了镀层的生长，可得到复合Cu/Sn金属薄膜层。对膜层的成分分析表明，锡在整个Cu/Sn薄膜镀层中约占1%。当酸洗后的工件表面浸入到Cu/Sn助镀剂中30s时，可得到大约0.1μm厚的Cu/Sn复合膜层。

5. 适用范围

对于常规热浸镀锌浴采用的锌浴成分，如 Zn-Pb 浴，Zn-Bi 浴及 Zn-（0.008% ~ 0.02%）Al 浴，使用 Cu/Sn 助镀剂助镀的工件所获得的镀层与常规助镀下所获得的镀层质量相同。显示该新型助镀液适用于常规热浸镀锌。

另外，高温热浸镀锌以及高铝（w_{Al}为 5%）锌浴镀锌时，常规助镀剂往往会产生漏镀等问题而不能采用，而采用 Cu/Sn 助镀剂可获得较好镀层质量。因此，Cu/Sn 助镀剂比常规助镀液助具有更大的适用范围。

6. 环保与安全

常规助镀剂如三盐助镀剂（$ZnCl_2 \cdot 3NH_4Cl$）会在 350℃下分解生成 HCl、NH_3 和其他气体，使得工件热浸镀锌时产生大量 NH_4Cl 烟尘，影响操作环境。另外，工件表面的常规助镀剂盐膜容易吸潮，不易干透，潮湿的盐膜与锌浴反应剧烈，易引起爆锌，存在安全隐患。而采用 Cu/Sn 助镀剂，热浸镀锌过程中不会产生大量 NH_4Cl 烟尘。尤其对于铝含量较高（w_{Al}为 5%）的锌铝合金浴，若工件浸入 Cu/Sn 助镀剂后再经完全的漂洗和烘干，则工件表面的膜层不含氯。这样就可以避免 $AlCl_3$ 烟气的生成，也不会发生像常规助镀剂因锌浴中铝含量过高而造成助镀剂失效的现象，即使在高铝锌浴中使用，也不会出现漏镀。

7. 烘干

工件在热浸前进行烘干，不仅可以使 Cu/Sn 复合膜均匀且黏附性好，而且可以使膜层完全覆盖于工件表面。烘干温度可以高达 300℃，Cu/Sn 膜层仍可以保护工件表面不受氧化。经高温烘干后的工件更有利于热浸镀锌。

8. 存在的问题

1）热浸镀锌时不具备酸洗活化的作用。与氯化锌铵助镀剂的作用机理不同，工件表面形成的 Cu/Sn 复合金属膜，不能在热浸镀锌过程中进一步酸洗活化工件表面，助镀效果比常规助镀剂效果稍弱。

2）助镀前工件表面质量要求高。由于工件浸入 Cu/Sn 助镀剂过程实际上是化学镀 Cu/Sn 层的过程，对浸入溶液前的工件表面质量要求较高，酸洗后工件表面保留的任何铁锈或者酸洗污点都会影响 Cu/Sn 膜层的均匀及黏附性，进而在热浸镀锌过程中可能产生镀锌缺陷。

3）使用成本较高。Cu/Sn 助镀液原材料（尤其是氯化锡）的成本高于传统助镀剂，其使用成本较高。但值得注意的是工件表面助镀膜层形成时，溶液中 Sn 盐的消耗比 Cu 盐要少得多，大部分的 Sn 是工件从助镀液中带走的。当然，由于采用 Cu/Sn 助镀液使锌渣量减少等因素将节约部分成本。

4）助镀液的检验及补充更重要。由于助镀液中成分及酸度等因素对助镀液的性质影响较大，故 Cu/Sn 助镀液的成分及工艺参数应严格控制，及时调整，以防失效。

5）浸锌时间更长。由于工件表面形成的 Cu/Sn 薄膜，具有比锌浴温度高得多的熔点，需要 30s 以上的时间，才能完全溶解，使铁锌合金反应开始进行，所以工件浸锌时间不宜过短。

目前，热浸镀锌无烟助剂的研究虽然取得了一些研究成果，但并未在工业上取得普遍应用，有关方面的研究还须进一步深入。

第5章 热浸镀锌钢铁结构件的设计

5.1 热浸镀锌钢铁结构件的材料选用和加工

设计人员决定采用热浸镀锌作为钢铁结构件防腐蚀方法时，应该首先了解热浸镀锌过程的基本步骤，了解热浸镀锌过程中的反应、钢的成分对热浸镀锌层的影响，并在设计过程中合理选择钢的品种，应用某些规则和借鉴成熟的实践经验（例如，ASTM A385 标准《提供组合钢结构件的高质量热浸镀锌层的实践》中的一些内容)，使所设计的钢结构有良好的热浸镀锌工艺性，以保证能制造出质量最好的热浸镀锌件，并减少热浸镀锌的成本。

从设计到热浸镀锌的全过程，设计人员、制造者和镀锌者之间应经常进行交流，及时和尽可能详细地相互传递设计与实施方案方面的信息，这样对获得高质量的热浸镀锌钢结构件很有好处。

热浸镀锌的基本工艺步骤是：脱脂、酸洗、浸溶剂、热浸镀锌、检验；这些基本步骤在各个热浸镀锌厂之间差别不大。基于热浸镀锌工艺上的特殊性，本节将介绍热浸镀锌钢结构件设计过程中选择材料及确定加工工艺方法时要考虑的几个问题。

5.1.1 材料选择和镀层厚度

设计钢结构件时，对于钢材选用，通常考虑的主要是力学性能（强度和韧性等)、加工性能和成本。但对于热浸镀锌钢结构件，选用材料的化学成分对热浸镀锌质量却有着很大的影响。

热轧钢、冷轧钢、铸钢、锻钢、铸铁等钢铁材料大多都能用热浸镀锌方法防腐蚀，以提高使用寿命。工程中用普通碳素结构钢和低合金高强度结构钢制成的热浸镀锌产品最为普遍。但是，能获得优良镀层的钢铁材料的主要化学成分为：w_C 低于 0.25%、w_P 低于 0.04%、w_{Mn}低于1.35%、w_{Si}低于0.03%或为0.15%~0.25%。显然，并非所有的普通碳素结构钢和低合金高强度结构钢都符合这个成分范围。

在热浸镀锌的过程中，钢铁材料中的铁与锌反应生成一系列的铁锌合金层，外面覆盖一层纯锌层。正常的镀锌层中，铁锌合金层一般占镀层总厚度的50%~70%。钢中的一些元素能显著影响热浸镀锌过程的反应，改变镀层的组织结构以及镀层外观。例如，钢中含有一定量硅和磷能导致几乎整个镀层生成铁锌合金层。主要由铁锌合金层构成的镀层，其黏附性要比典型的正常镀层差；缺少纯锌层的镀层会呈现不光滑的灰色外观。

铸件的表面状况对热浸镀锌质量影响很大，表面质量好的铸件通常都能成功地进行热浸镀锌。如果铸件表面黏结有型砂和夹杂物，则很难在常规酸洗液中去除，会大大降低热浸镀锌质量。用喷丸、喷砂的方法清理铸件表面，不但可以除锈，而且能有效地除去铸件表面的铸造粘砂和夹杂物。铸件喷砂清理后再正常进行酸洗等热浸镀锌其他工序。由于大多数热浸镀锌厂没有喷砂除锈设备，喷砂清理通常在铸造厂进行。

设计热浸镀锌铸件时应遵循以下规则：

1）采用较大半径的铸造圆角，尽量避免尖锐的结构和深凹的缝槽，以利于铸件喷砂除锈清理。

2）铸件壁厚要尽量接近，防止铸件在浸锌加热和镀后冷却过程中产生过量变形甚至开裂。

热浸镀锌镀层通常要比电镀、化学镀、机械镀等方法获得的镀层厚，镀层的耐腐蚀寿命也比较长。但过厚的镀层在热应力、剧烈冲击等作用下容易剥落。实践中镀层厚度符合相应标准要求即可，不宜片面追求超厚镀层。

5.1.2　热浸镀锌结构件材料的组合

不同成分的材料（有些钢材含有过多的碳、磷、锰、硅等）或不同表面状态的材料组合在一起时，将很难得到外观均一的镀层。应尽量避免新旧钢材或铸件与轧制钢件同时使用在同一镀锌构件中。表面过度锈蚀的钢材或者铸钢件，不应与表面为光滑洁净机械加工面的钢材混合使用于同一镀锌构件中，因为它们所需的酸洗时间不同，一起酸洗可能导致光滑洁净的机械加工表面过酸洗。铸件、轧制件以及不同表面状态的材料应该分开来热浸镀锌，热浸镀锌后再组装起来。如果同一构件不可避免地要采用不同表面状态的材料，则构件的非机械加工表面在酸洗前，应该进行彻底的喷砂除锈处理，镀锌时才能获得厚度比较均匀的镀层。

采用喷砂除锈处理，低硅钢镀件的镀层将会比直接酸洗情况下的镀层厚一些。这是因为喷砂除锈使钢的表面变得粗糙，从而增加铁与液态锌反应的表面积，使铁与液态锌的反应增加，铁锌合金层增厚。有时合金层会生长到镀层表面，使镀层呈不光亮的灰色外观。

5.1.3　焊接结构件上的焊缝区镀层

焊接结构件的焊缝成分及焊接区域的清理状况都会影响镀层的特性。使用药皮保护的焊条和焊剂保护的焊接方法，往往会有焊渣黏附在构件上。这些焊渣残留物在热浸镀锌厂常用的酸洗液中呈化学惰性而去除不了，将妨碍锌与焊接金属的反应，使镀件的焊缝处镀层表面粗糙或不形成镀层。因此，焊接接头上的焊渣残留物必须用尖锤、钢丝刷、铁铲、砂轮打磨或喷砂处理等工具或方法清理干净。

焊接时，推荐使用惰性气体（如氩气）或二氧化碳气体保护焊接方法，它们基本上不产生焊渣，但易产生金属飞溅，这些飞溅物要去除掉。焊接厚大构件直焊缝或环形焊缝建议使用埋弧焊，以提高生产率。

焊缝未焊透将会使前处理溶液渗入未焊透的缝隙中。渗入的液体在镀锌时被加热沸腾而造成镀层表面缺陷。由于表面张力的原因，锌液不容易渗入到比 1mm 更窄的缝隙。残留在镀件缝隙里的溶剂将会吸收空气中的潮气而产生热浸镀锌后污染和腐蚀问题。

如果要求热浸镀锌后焊缝上的镀层平齐美观，所用焊接材料的化学成分应尽量接近焊接基体母材金属的化学成分，或者用低硅或是无硅的焊接填充材料。硅含量高的焊接填充材料可能会在整个焊缝上形成过厚而粗糙或灰暗的镀层，特别是基材表面光滑的焊接件，焊缝与基材的镀层色泽、平滑度差异会更为明显。

5.1.4 热浸镀锌钢的力学性能

热浸镀锌过程一般不会使低碳结构钢的力学性能发生大的变化。在国际铅锌研究组织的赞助下，英国 BNF 金属技术中心曾对世界上主要工业国家的 19 种结构钢热浸镀锌前后的力学性能进行了研究，研究的钢种大致相当于我国标准 GB/T 700《普通碳素结构钢》和 GB/T 1591《低合金高强度结构钢》中所列的一些钢种。BNF 的研究报告《结构钢及其焊件的热浸镀锌》中得出结论：镀锌过程不会影响任何一种被研究的结构钢的拉伸、弯曲和冲击性能。

值得注意的是，很多钢结构中的部件是用冷轧钢或通过冷作加工方法来制造的。冷变形能增加钢在热浸镀锌后出现应变时效脆性的可能。一些应用情况也已证明，过度的冷作加工会导致热浸镀锌钢出现应变时效脆性。室温时应变时效进行得相对较慢，而在热浸锌的加热过程中却进行得很快。任何形式的冷变形都会降低钢的塑性。冲孔、开槽、剪切、剧烈弯曲等冷加工操作，都可能导致应变时效敏感的钢产生脆性。设计热浸镀锌钢结构件时，应尽量避免采用大幅度的冷作变形。如图 5-1 所示，改变梯子的设计，不采用大幅度冷弯的圆钢，以防止热浸镀锌后出现应变时效脆性。

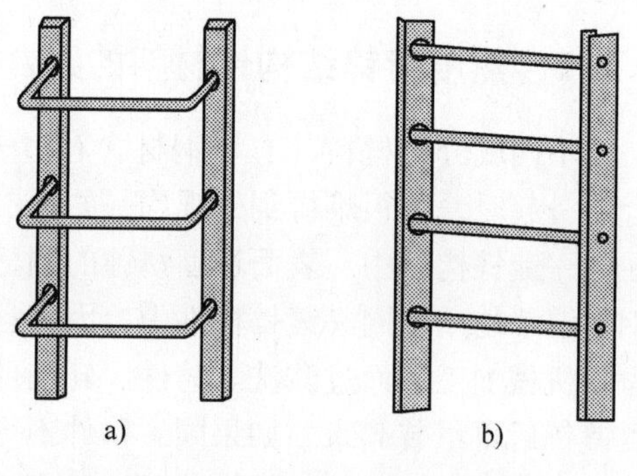

图 5-1 避免大幅度冷变形的示例
a）不合理 b）合理

还有一些钢铁材料，随着工作环境温度的降低，其脆性会明显增加。而热浸镀锌会提高韧-脆转变温度，在严寒气候条件下使用热浸镀锌件时要注意。

采取下列一些措施可防范或减少这些脆性的发生：

1）选择 w_C 低于 0.25% 的钢。

2）选择韧-脆转变温度低的钢。以保证钢热浸镀锌后韧-脆转变温度仍低于镀件的使用温度，即在使用温度材料仍处于韧性状态。

3）选择应变时效脆性敏感性小的铝镇静钢。

4）w_C 为 0.1% ~0.25% 的钢弯曲时，弯曲半径至少是截面厚度的 3 倍；如果弯曲半径不得不小于截面厚度的 3 倍，则弯曲后应该在 600℃进行去应力退火，退火保温时间根据截面厚度按 0.4h/cm 计算。

5）剪切或冲孔会使切口或孔缘产生严重的冷变形区，还可能会产生撕裂缺口。因此，热浸镀锌件应尽量避免此类操作。特别是对于厚截面材料，最好选火焰切割或锯切。材料的厚度超过 20mm 时，应该用钻孔，不用冲孔；如果采用冲孔，则应该先冲一个较小的孔，单边应留 3mm 余量，冲孔后再将孔铰或钻到要求尺寸。材料厚度为 6 ~20mm 时，若冲孔模具刃口锋利、上下模之间的间隙合理，冲孔不会产生大的冷变形区。当材料的厚度小于 6mm 时，冲孔后热浸镀锌前不必消除应力。

制作一些重要场合下应用的构件时，建议在 650℃ 以上的温度进行热变形成形。在 ASTM A143《防止热浸镀锌结构钢产品变脆的实践及脆性检测方法》中，对冷作加工和消除应力工序提供了一些指导意见，值得借鉴。

产品批量生产之前，最好对一定量的冷作成形工件试样进行热浸镀锌和测试，以评判钢产生应变时效脆性的倾向和程度。

5.1.5　氢脆

氢脆是一种通常发生在高强度钢中的脆化现象。钢在酸洗过程中会吸收氢原子，被吸收的氢原子在钢内（钢的晶界、位错等地方）逐步聚集到一起时，就会产生氢脆。在浸锌温度下，氢会从钢中逸出，而使氢脆很少发生，尽管如此，还是应采取防范措施去避免它。对于高强度钢（特别是抗拉强度超过 1050MPa 的钢）构件，建议用喷砂代替酸洗除锈，以避免吸入氢原子。

5.1.6　镀件尺寸与重量

热浸镀锌构件的最大尺寸受镀锌锅尺寸的限制。当镀锌件太大不能整体浸入镀锌锅而有超过一半长度能浸入时，可以将构件分两段先后进行热浸镀锌。

在大型热浸镀锌钢结构件设计时，工件的重量有时也要考虑。如镀件重量超过镀锌厂的起重设备的起吊能力，则应考虑改变设计或与镀锌厂商讨解决起重设备能力不足的方法。

5.2　热浸镀锌钢结构件结构设计的有关要求

钢铁结构件进行热浸镀锌时必须满足如下一些基本条件：

1）钢铁结构件需镀锌的表面必须是完全洁净的。

2）钢铁结构件的表面必须能密切地接触锌液。

3）钢铁结构件必须被加热到锌浴的温度 450℃左右。

4）钢铁结构件尺寸大小合适，必须能放入前处理槽和镀锌槽。

钢铁结构件必须正确设计，才能满足上述基本条件，并保证热浸镀锌过程的顺利进行，从而获得满意的符合要求的热浸镀锌质量。本节将从热浸镀锌工艺角度出发，介绍热浸镀锌钢铁结构件设计中应注意的几个方面的基本要求，并介绍一些应用实例。

5.2.1　排气孔的设计要求

工件的结构必须保证助镀溶剂和锌液能顺畅地流通和接触工件所有需要镀锌的表面。工件内部或外部的凹坑中遗留空气，将会妨碍助镀溶剂充分处理工件表面，并且妨碍锌液和钢铁接触形成热浸镀锌层。

钢的密度（7850kg/m^3）和锌液的密度（6620kg/m^3）差异相对比较小，如果钢铁工件中包容的空气过多，工件可能会受到足够大的浮力而浮在锌浴上面。一般说来，对于中空工件，空气所占体积超过空腔容积的 15%，工件将不会沉没到锌浴里去。因此，工件上应有足够大小、数量及位置分布合理的排气孔，以保证足够的排气能力，如图 5-2 所示。

排气孔的尺寸决定于工件里需排出的空气体积和包围排气区域的钢铁表面积（每平方米钢铁表面会产生大约 200g 的灰渣，也必须能通过排气孔顺畅地排出）。空气体积和包围排气区域的表面积越大，排气孔的尺寸就应越大。

排气孔的位置决定于工件的形状和工件镀锌时悬挂的角度。特别值得注意的是，工件在制作或者镀前处理过程中，水和溶剂溶液可能进入中空腔内，若它们残留在工件内，当镀锌时工件被加热到450℃时，水将强烈汽化，汽化后体积将膨胀大约1750倍，会产生很大的压力，如果没有足够大的排气孔供过热蒸汽逸出是很危险的。

图5-2　工件上应有足够大小、数量及位置分布合理的排气孔

排气孔设计的基本规则如下所述：

1）最小排气孔直径不得小于 ϕ8mm，一般为 ϕ12mm 比较合适。

2）排气孔不应该设在中空件端面中心和连接件长度方向的中间，应该设在中空件端面的边缘和连接件接头处。

3）排气孔应设在工件镀锌时的最高点，如果排气孔不位于工件的最高点，气体会残留在工件的“气室”内，“气室”内壁将镀不上锌，如图5-3所示。

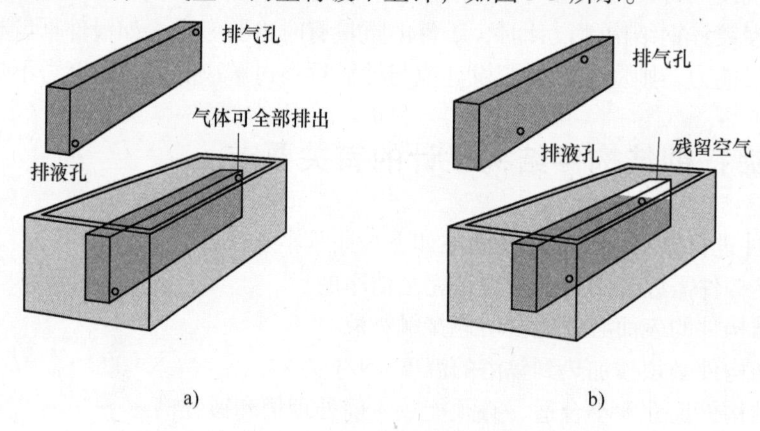

图5-3　中空件中的排气孔和排液孔的位置设计

a）正确　b）不正确

4）大的中空容器每立方米的体积需要有1250mm^2 的排气孔面积，相当于每立方米的中空体积需要一个直径为 ϕ40mm 的排气孔。

5）中空件（管子、矩形和方形中空零件等）需要的排气孔最小截面积相当于零件横截面积的25%，排气孔可以是一个或多个。中空件的端头完全敞开是首选的设计方案。

6）连接起来的中空件需要有尽可能靠近接头的外排气孔；也可采用内排气孔（即中空件内部的排气通道），内排气孔的大小应与各连接部分的内口尺寸相同，如图5-4所示。

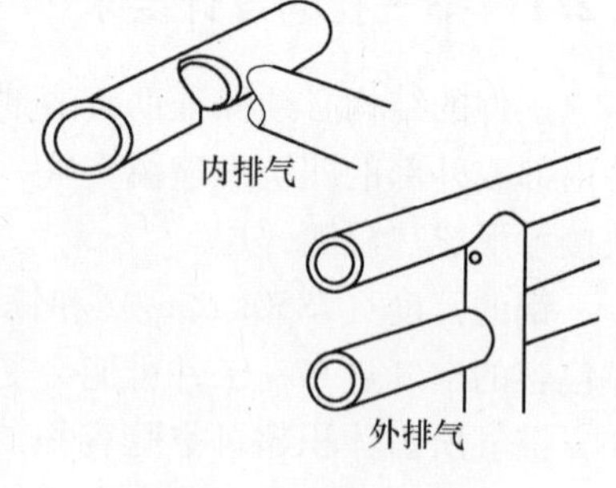

图5-4　中空件连接时的内排气与外排气

7）如果被焊缝包围的大的重叠表面间可能含有积液，或在镀锌前处理过程中溶剂等会不可避免进入该区域，那么该重叠表面区域则需要设排气孔。超过40000mm^2 的重叠面积应该有一个直径为 ϕ10mm 的排气孔；重叠面积小于10000mm^2 一般不需要设排气孔；重叠面积介于两者之间时，要根

据重叠表面周边焊缝的密封性，以及焊接时利用焊接热使重叠面在被密封前加热干燥的情况而定。对于较长或者较大的重叠区域，为了排气顺畅需要间隔设置排气孔。特别大的重叠面对于热浸镀锌是不合适的，应予以避免。

5.2.2　进排液孔道的设计要求

热浸镀锌过程中工件浸入处理液或者熔锌后，液体应能在工件内外不受阻碍地自由流动，否则将会产生严重的质量问题。进排液孔道设计不正确，会导致镀层外观很差和部分区域漏镀，并会使耗锌增加，造成不必要的浪费。

合理设计热浸镀锌构件的进排液孔道的一些做法如下所述：

1）若采用支撑板，所有的支撑板在装配前应该至少切去边长 20mm 的角，以保证排液顺畅；如果支撑板不能切角，则应该在离连接角尽可能近的位置，设置直径至少为 ϕ13mm 的孔，如图 5-5 所示。

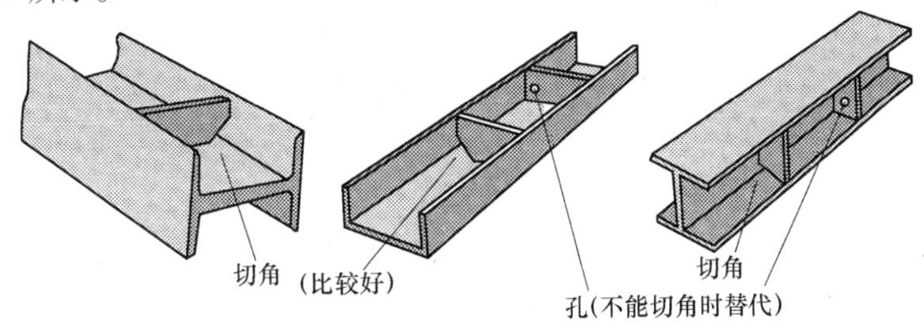

图 5-5　支撑板切角或加工孔以形成排液通道

2）槽钢或工字钢端部有封板，则应该在尽可能靠近槽钢的槽角或工字钢立筋的位置，设置直径至少为 ϕ13mm 的孔，如图 5-6 所示。

3）进排液孔的大小决定于工件中可流入锌液的体积和构件的结构细节。工件镀锌时，要以一个稳定的速率浸入镀锌槽。如果进排液孔太小，锌液不能及时流入工件空腔，则工件可能受到较大浮力而浸入锌液过慢，形成不均匀的浸镀，在工件完全沉入镀锌槽之前，工件一些部位上的溶剂已遭破坏，将大大影响镀层质量。进排液孔太小，甚至会导致工件在浸锌槽中漂浮、翻滚、浸入过程摆动不定。图 5-7 所示为一个大容量容器（能容纳熔锌超过 10t）中的大进排液孔。当一个中空件从镀锌槽中取出时，锌液必须能够从其中很顺畅地流出来，使工件内部的锌液面与镀锌槽中的锌液面基本处于同一个水平面上；否则，高出镀锌槽的锌液面的熔锌则成为额外的重量作用于工件及提升设备上，对于一些薄壁容器可能会导致显著变形，同时也加大了提升设备的负荷，进而可能造成设备故障。

图 5-6　工字钢端部的封板设置排液孔

图 5-7 大容量容器中的大进排液孔

进排液孔的位置决定于构件的形状和镀锌时悬挂的角度。封闭的长管筒排气和进排液孔分布在起吊方向同一直径的相反方向上，如图 5-8 所示。

进排液孔设计的基本规则如下所述：

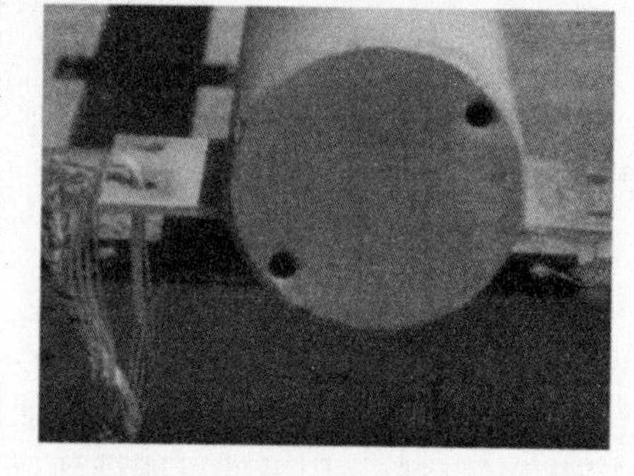

图 5-8 封闭的长管筒上的进排液孔

1）进排液孔的直径不应该小于 ϕ10mm，首选最小直径为 ϕ25mm。

2）进排液孔不应该位于中空件端头封板和连接件的中间，而应该位于端面封板的最边缘和连接件的连接处。

3）较大的中空容器每立方米的容积需要 10000mm^2 的进排液孔面积。

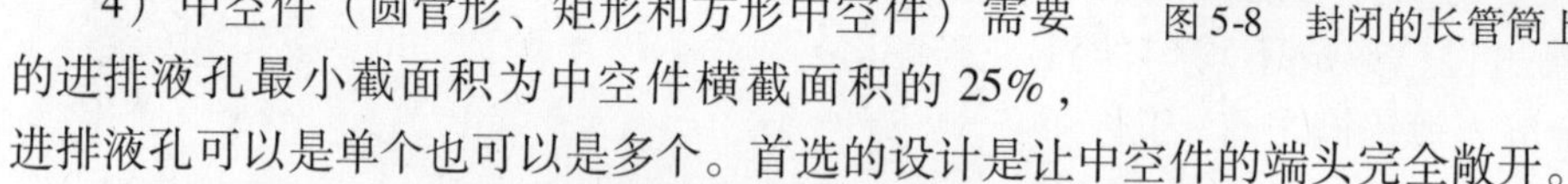

4）中空件（圆管形、矩形和方形中空件）需要的进排液孔最小截面积为中空件横截面积的 25%，进排液孔可以是单个也可以是多个。首选的设计是让中空件的端头完全敞开。

5）由多段中空零件连接而成的中空构件上的外进排液孔，应设在尽可能靠近连接处。建议尽量使用直径与中空零件内径相等的内排气孔，以确保前处理液和锌液能自由流进流出，腔内气体也能及时有效地排出，如图 5-4 所示。

值得注意的是，如果排液孔不位于工件镀锌时的最低点，前处理过程进入的水溶液会残留在工件内的“留液区”，浸锌时则有爆炸的危险；同时，工件从锌浴中提出时，锌会残留并凝固在“留液区”，不但造成锌的浪费，增加了镀锌的成本和工件重量，而且还可能会妨碍装配。

图 5-9 ~ 图 5-11 所示为一些良好的设计示例，在这些设计中不需要另外再专门设置排气和进排液的工艺孔道。

图 5-9　设计接头时留下合适的排液孔道

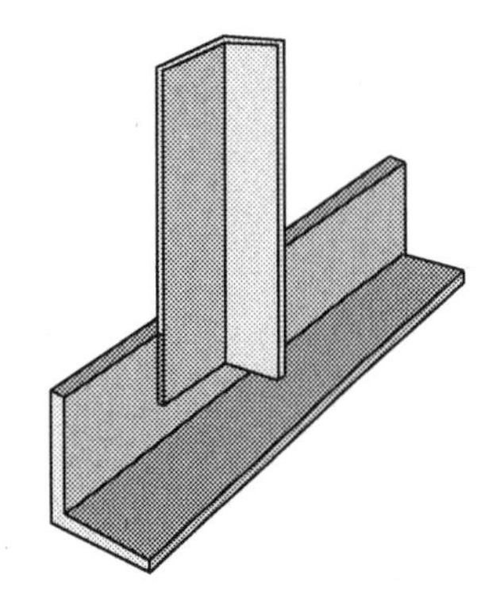

图 5-10　锌液可自由流动而不易积聚的角钢连接

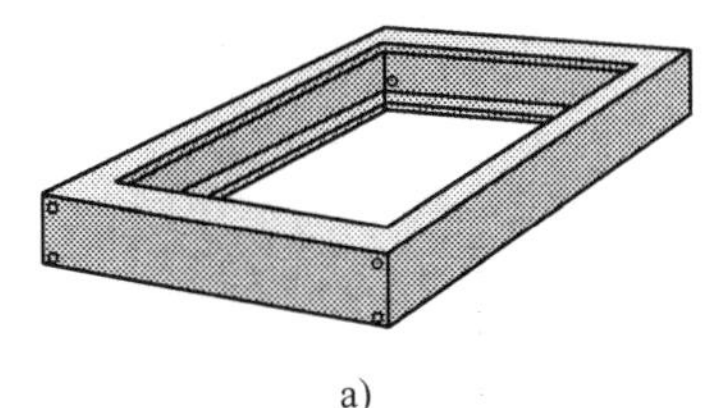

a)

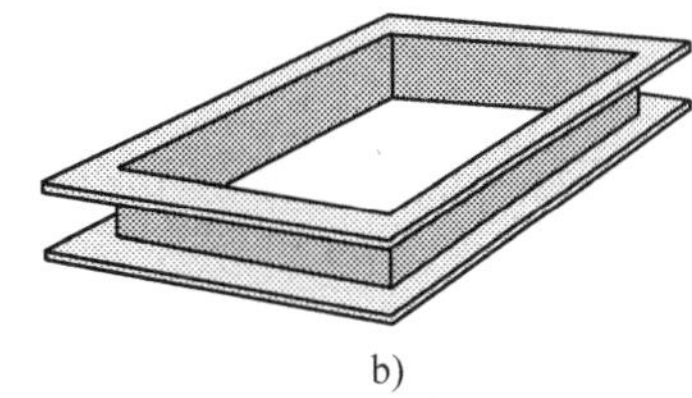

b)

图 5-11　不需要专门开设排气排液孔道的槽钢结构
a）凹槽向内的框架（需开设多个排气排液工艺孔）
b）凹槽向外的框架（不需要专门开设排气排液工艺孔）

5.2.3　防止变形的要求

钢结构件浸入镀锌槽中后，将被逐渐加热到镀锌温度（一般为 450℃）。钢结构件的加热速度取决于结构件的厚度及其总质量等。

钢结构件被加热到热浸镀锌温度，钢的冶金学微观组织没有什么变化，但屈服强度大约降低 50%。镀锌时工件相邻部分进入锌浴的时间不同，这两部分钢分别处于不同的温度下，产生的热膨胀彼此之间不一致，将产生热内应力；当相邻部分的厚度差别增大，热内应力也会增大。在热内应力的作用下，刚度较小的区域受刚度较大的区域约束而会产生塑性变形。焊接、冷作成形等加工过程中，在工件上产生的内应力残留下来后，与热内应力叠加，也会加剧工件在热浸镀锌时的塑性变形。

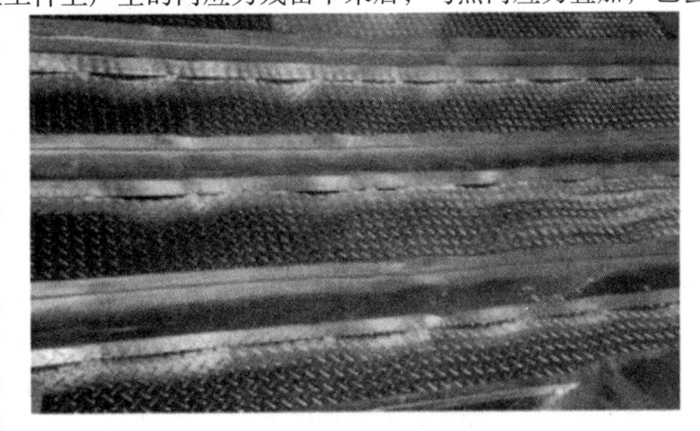

图 5-12　花纹钢板焊接结构件热浸镀锌后的变形

设计、制作和镀锌三方之间有责任进行密切合作，共同采取有效措施以减小或消除热浸镀锌变形。图 5-12 所示为 3mm 厚平台花纹钢板由于不适当地采用了焊接后热浸镀锌工艺安排所造成的波浪形变形。如果该焊接结构件分割为多个部件，各个部件分别热浸镀锌后再用紧固件连接起来，将会显著减小变形。

合理设计结构和采用合适的加工工艺、热浸镀锌工艺，对防止构件热浸镀锌变形是非常重要的。为防止变形，设计时应遵循如下基本规则：

1）构件的各部分厚度应尽量均匀；除非构件中薄壁连接部分尺寸很短，否则应避免相邻部分的厚度差异过大。

2）焊接和装配技术应确保构件（或部件）的内应力很小。

3）确保排气和进排液顺畅，使构件能够尽可能快地浸入锌液中和从锌液中提出，以减少构件各部分之间的温差，减小滞留锌液附加重量对变形的影响。

4）确保构件的设计结构在钢的屈服强度下降50%的情况下，仍能支持自身重量而不产生塑性变形；否则应考虑增加工艺支撑，增加构件刚度。

5）避免使用大面积的薄平板（厚度在8mm以下）。

6）用剪板机剪切钢板，不但在尺寸控制上比用氧气切割钢板好，而且板的变形也较小，生产工艺中可推荐使用。

在热浸镀锌过程中，为了防止镀锌构件变形，应遵守如下基本规则：

1）构件要尽可能快地平稳浸入锌液中。

2）构件与锌液液面的接触面应尽可能小，因为这个面附近构件上产生的温差最大。

3）构件从镀锌槽中取出要尽可能快而平稳。

4）空冷时会变形的构件冷却时要维持水平支撑，更不要用水冷却。

根据热浸镀锌构件发生变形的倾向，大致可将其分为以下三类：

1）低变形倾向的构件：热轧角钢、槽钢、工字钢、圆钢、钢管等型钢制成的部件及构件，波纹板、格栅、肋状板和厚钢板（厚度大于16mm）等制成的构件。

2）中变形倾向的构件：薄壁卷筒件、薄壁的长管、焊缝分布不对称及相邻部分厚度差异大的构件、中厚钢板(8~16mm)件、一些因长度长于镀锌槽需分段先后两次浸镀的构件。

3）高变形倾向的构件：大的薄钢板件（厚度8mm以下，该厚度值与薄钢板件的形状和面积有关），由花纹板、薄钢板及型钢框架组成的平台，长而截面极不对称的构件等。

5.2.4　其他的设计要求

镀锌件结构设计时，除考虑前面讨论的排气、进排液和防止变形的要求外，还应注意，三维构件占据的空间较大，二维构件热浸镀锌和运输比三维构件经济、方便。图5-13所示为主要由方管构成的体积大质量小的三维构件。在这种体积大质量小的构件上，不但合理设计排气和进排液通道比较麻烦，而且会增加镀锌和运输成本。超长或超宽的构件虽然可以分段先后两次浸镀，但将会增加镀锌成本并影响镀锌质量。间隙配合件之间

图5-13　主要由方管构成的体积大质量小的三维构件

需要预留设计间隙，以容纳镀锌层。

5.3　典型热浸镀锌钢结构件的设计

5.3.1　栏杆

图 5-14 所示为某热浸镀锌栏杆的组装结构和所设计的内排气孔（图中 2、4、5）及最少的外排气孔（图中 1、3）。设计内外排气孔的具体要求为：外排气孔 1、3 应该尽量靠近连接焊缝，直径不小于 ϕ10mm；为了获得最佳的热浸镀锌质量和降低镀锌成本，应该以管子的内径作为内排气孔 2；转角部位的外排气孔 3 的直径不小于 ϕ13mm；4 和 5 端头应该完全敞开，所有与 4、5 部位连接而阻碍管口完全敞通的零部件，都应该分开热浸镀锌，镀锌后再连接起来。

为降低制造成本或因某种原因不能采用图 5-14 中所示全管径内排气孔时，可选用图 5-15 所示的替代做法。在图 5-15 所示的替代做法中，每个外排气孔 1 必须尽量接近焊缝，其孔径必须是管子内径的 25%，但最小值不能小于 ϕ10mm；在每个管端头的交叉接头处有两个相隔 180°的外排气孔，并应根据热浸镀锌的吊装方式将它们设置在适当的方位。转角及类似部位的排气孔 2 的直径不小于 ϕ13mm；栏杆的端头 3 和 4 应该完全敞开，所有与端头 3、4 连接而阻碍管口完全敞通的零部件都应该分开热浸镀锌，镀锌后再连接起来。

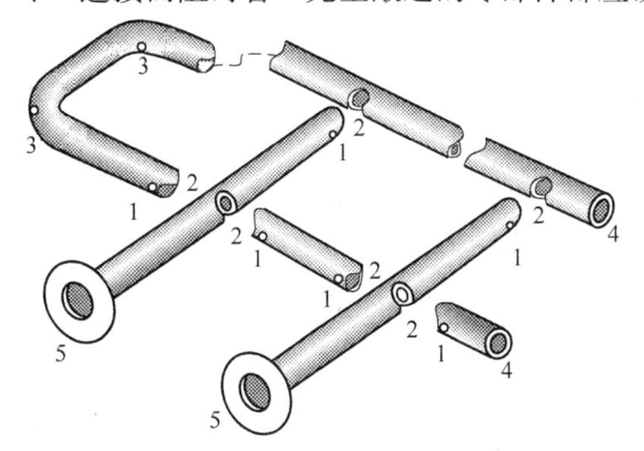

图 5-14　某栏杆的内排气孔和最少的外排气孔
1、3—外排气孔　2、4、5—内排气孔

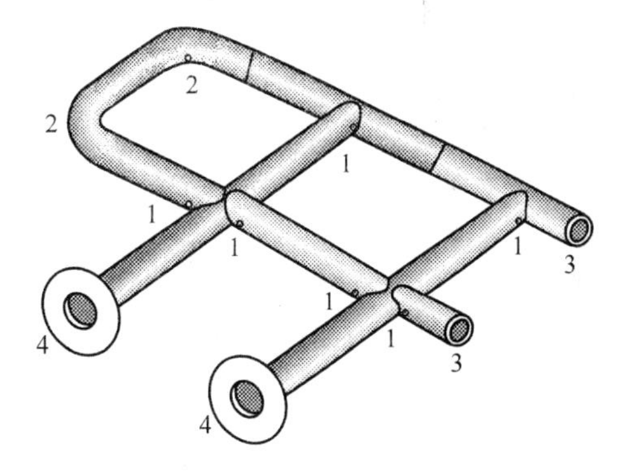

图 5-15　栏杆设计中不采用全通孔的内排气孔时的一种做法
1、2—排气孔　3、4—端头

5.3.2　矩形管构架

图 5-16 所示为一矩形管构架。构架中每个垂直段的每个端头部应该有两个沿水平方向相隔 180°的孔，孔的尺寸最好相等，两孔面积之和最小应等于该垂直段横截面积的 30%，孔的位置如图 5-16 中 A 和 B 所示。

水平段端口最希望是完全敞开的，如图 5-16 中 1 所示。如果水平段端口有端板，则端板可以采用图 5-16 中 2 所示的开孔做法。如果矩形管截面的两邻边之和 $H+W\geqslant 60$cm，孔的面积之和应该等于矩形管截面积的 25%，即为 25%HW；如果 60cm $>H+W>$ 40cm，则开孔的面积之和应该等于管的截面积的 30%；如果 40cm $>H+W>$ 20cm，则开孔的面积之和应该等于管的截面积的 40%；如果 $H+W<$ 20cm，则管口应完全开放。

5.3.3 直径为7.6cm（3in）以上钢管的组合构架

图5-17所示为一直径为7.6cm（3in）以上钢管的组合构架。竖直段上的外排气孔或进排液孔的位置如图5-17中A、B所示，每个竖直段端头应该有两个沿水平方向相隔180°的孔（如图中C、D、E、F所示），所有孔的尺寸最好相等；每个端头的两个孔（C与D或E与F）面积之和，最小应等于该竖直段横截面积的30%。

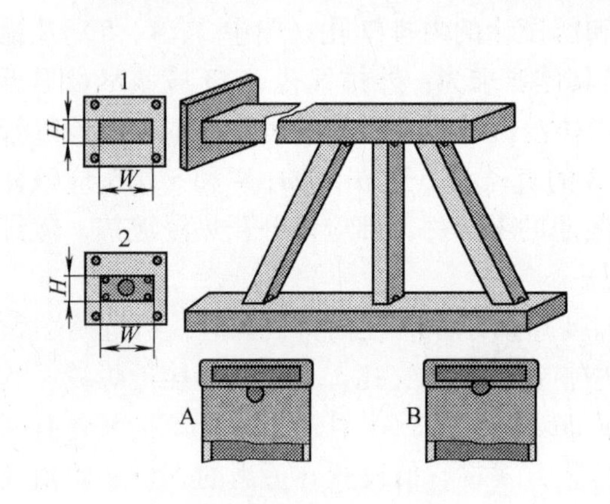

图5-16 矩形管构架
A、B—孔的位置 1、2—端口

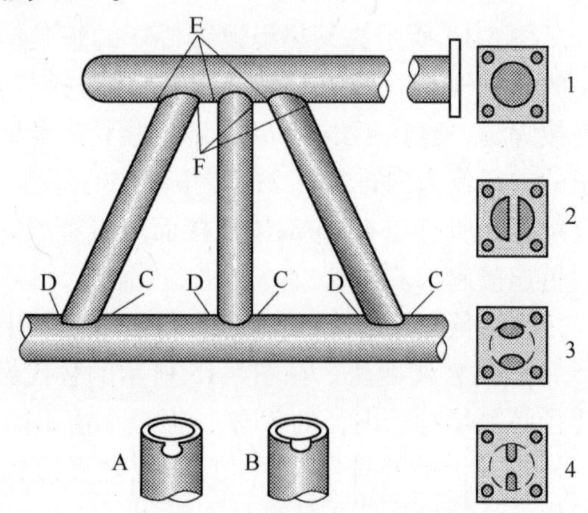

图5-17 直径为7.6cm(3in)以上钢管的组合构架
A、B、C、D、E、F—孔的位置 1~4—端板开孔情况

水平段端板最好完全开通，即开口孔径与圆管内径相同，如图5-17中1所示。水平段端板上开孔的一些替代做法如图中2、3、4所示，开孔的面积之和最小应等于水平段管截面积的30%。

5.3.4 钢管梁柱、灯杆和电力杆

这类构件底部带有与基础连接的基座板，有的顶部有盖板，如图5-18所示。最好的做法是将钢管端头完全开通，即基座板或盖板上开孔，孔径分别与底部和顶部的管径一样，如图5-18中1所示。如果管端不允许完全开通，可选择采用图5-18中2、3、4所示的做法。

如果盖板和基座板上不允许开孔，则必须在钢管端部相隔180°开两个半圆的孔，如图5-18中5所示。

对图5-18中2~5所示的做法，排气孔或进排液孔的尺寸：内径等于大于7.6cm（3in）的钢管，每个端头的开孔面积不小于钢管内孔面积的30%；内径小于7.6cm（3in）的钢管，开孔面积不小于钢管的内孔面积的45%。

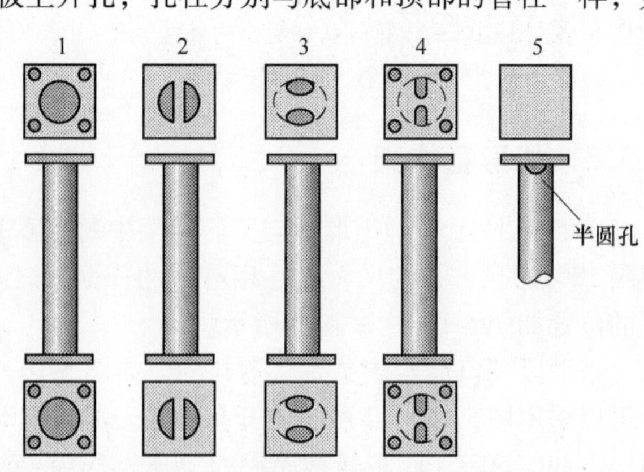

图5-18 钢管梁柱、灯杆和电力杆
1~5—开孔情况

5.3.5　箱形部件

图 5-19 所示为一箱形部件，图中表示了箱体端板的开孔位置、开孔形式和箱体内撑板的切角位置。端板边上的孔与内撑板切角都必须足够大。箱体尺寸用内截面的两边长之和 $H+W$ 表示，孔的面积和内撑板切角面积则可根据箱体尺寸 $W+H$ 确定。当 $H+W \geqslant 60$cm 时，孔的总面积（或内撑板切角总面积），应该等于箱体横截面积 HW 的 25%；当 60cm > $H+W$ > 40cm 时，孔的总面积（或内撑板切角总面积），应该等于箱体横截面积的 30%；当 40cm > $H+W$ > 20cm 时，孔的总面积（或内撑板切角总面积），应该等于箱体横截面积的 40%；当 $H+W$ < 20cm 时，箱口不加端板而完全敞开，管内也不必设内撑板。

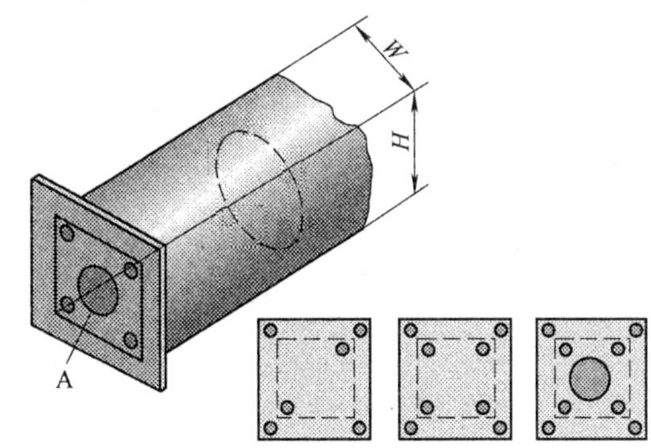

图 5-19　箱形部件

如果采用端板中心处开孔（见图 5-19 中孔 A）的形式，表 5-1 列出了该中心孔的尺寸。

表 5-1　中心孔的尺寸

箱体尺寸 $H+W$/cm	120	90	80	70	60	50	40	30
中心开孔(A)直径/cm	20	15	15	15	12	10	10	8

注：表中中心孔尺寸主要适用于，箱体内撑板之间最小间距为 900cm 左右正方形截面的箱体。对于矩形截面的箱体，要计算所需的开孔面积，并根据热浸镀锌操作要求确定开孔的位置。

5.3.6　锥形标志杆

图 5-20 所示为一锥形标志杆，其小端端口（图 5-20 中 A 处）应完全敞开；大端端口也最好完全敞开，如图 5-20 中 1 所示。图 5-20 中 2 ~ 4 所示大端头的开孔方式可替代完全敞开的做法。当锥形标志杆大端内径等于或大于 8cm 时，大端头开孔的总面积应该等于锥形杆大端内孔面积的 30%；当锥形标志杆大端内径小于 8cm 时，大端头开孔的总面积应该等于锥形杆该处内孔面积的 45%。

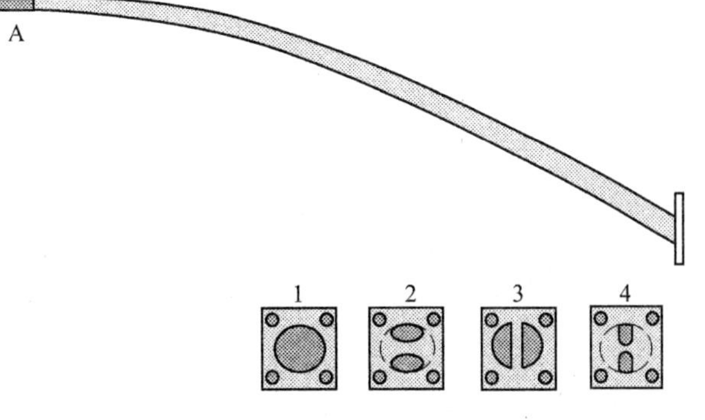

图 5-20　锥形标志杆

A—小端端口　1 ~ 4—大端端口

5.3.7　罐体或容器

封闭或半封闭的中空构件若有内部加强板和端头封板（或端头法兰），则这些加强板和端头封板（或端头法兰）上都应该有排气孔或进排液孔。把排气孔或进排液孔直接开设在端头封板（或法兰）上，比开在其他面上更经济方便些。对于圆筒形中空构件，这些孔应分别位于构件两端头封板（或法兰）上同一直径方向相反的两端，即构件的对角位置；其内加强板应在垂直于排气孔和进排液孔所处直径方向两侧，各切去一个足够大小的弓形面积，或各开一孔。

在矩形截面中空构件中，内加强板的四个角应该要切去。所有大型空心构件的内加强板的中央还应该开孔。

罐体或容器是常见的封闭或半封闭的中空构件。罐体或容器在热浸镀锌过程中，清洗液、溶剂和锌液应该能从罐体或容器底部流进容器，而空气能在罐体或容器内的封闭空间中顺畅向上流动，并从最顶端的开孔处排出。排气孔和进排液孔的位置和尺寸是很重要的。

如果罐体或容器内外表面都需要热浸镀锌，则至少要设置一个排气孔和一个进排液孔。进排液孔的大小至少相当于每立方米的容积开有直径为 ϕ10cm 的孔，在允许的情况下，进排液孔应该尽可能大，最小开孔直径为 ϕ5cm。排气孔设置在进排液孔的对角位置上，且与进排液孔的尺寸相同，以使空气排放顺畅。罐内阻碍空气和溶剂、锌液流动的阻碍物，例如加强板等，其顶部和底部应该切去一部分，或者开出合适的孔，以使液体和气体能自由流动，如图 5-21 所示。罐体或容器的检修孔、观察孔、排气孔、进排液孔等与本体的连接处，应该加工成与本体内壁平齐，以防止锌的额外积聚（见图 5-22）。必要时，还应该在适当的部位另外设置孔口，以便容器中的溶剂反应物和锌灰能顺畅漂浮逸出容器至锌浴表面，并防止形成空气穴，以保证溶剂和锌液完全浸润容器内表面。

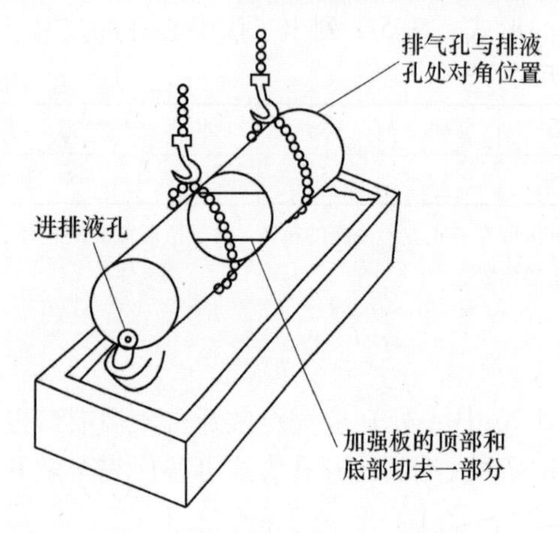

图 5-21 罐体的排气、进排液孔

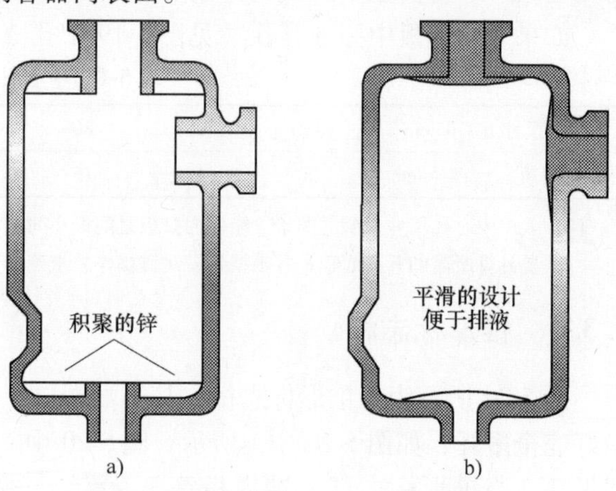

图 5-22 罐体或容器的检修孔、观察孔、排气孔、进排液孔与本体的连接
a）不合理 b）合理

如果构件仅仅需要外表面镀锌（例如，某些容器或热交换器），可延长或加设排气管；构件热浸镀锌时，排气管出口始终处于锌液面以上，构件内的气体可以顺利排出，如图 5-23 所示。排气管与构件本体相连接的管口应当加工成与构件内壁相平齐。需要注意的是，构件上采用这些临时装置后，热浸镀锌时往往需要特殊的挂件设备。因此，在这类封闭或部分封闭的容器的设计过程中，应当及时听取热浸镀锌厂的意见和建议。

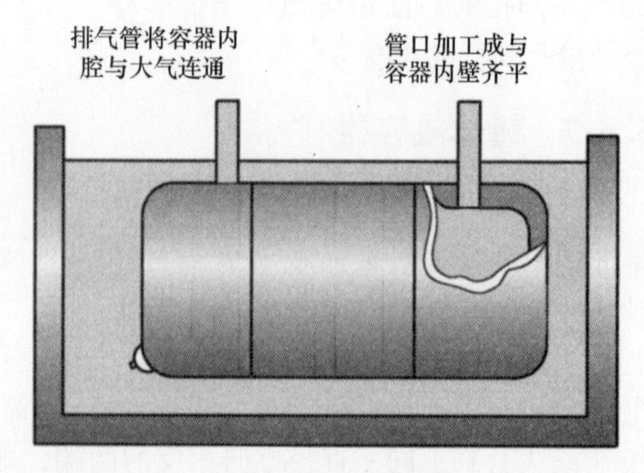

图 5-23 仅外表面需要热浸镀锌的容器

5.3.8　螺纹件

热浸镀锌是在裸露的钢铁件表面上形成一定厚度的耐蚀镀层，热浸镀锌后钢铁件的尺寸会稍微增加。热浸镀锌件之间装配连接一般都用热浸镀锌的紧固件。螺杆等外螺纹件热浸镀锌后螺纹外径会增大，必须适当增大与之配合的内螺纹的直径才能正常装配，如图 5-24 所示。为了保证螺纹连接的承载能力，通常将螺栓、螺杆等零部件上的外螺纹加工成标准尺寸的螺纹，而将配合的内螺纹扩径，即超尺寸攻螺纹。

图 5-24　与经热浸镀锌的标准螺栓装配的螺母需要扩径

在 ASTM A563《碳钢与合金钢螺母技术条件》中，列出了与热浸镀锌螺栓配套的螺母的内螺纹最小扩径量，见表 5-2，这些数据也适用于其他螺纹连接件，可供参考。显然，既要保证螺纹连接的可靠性，又要使紧固件能方便地装配，扩径量过大或过小都是不行的。

表 5-2　与热浸镀锌螺栓配套的内螺纹的扩径量

螺栓公称直径 D/mm	≤12	>12 ~ <25	≥25
内螺纹扩径量/mm	0.4	0.53	0.79

考虑到外螺纹件与内螺纹件装配后，常有部分外螺纹将处于非旋合状态而外露，为了保证外螺纹镀层完好而耐蚀性足够，热浸镀锌后是不允许用板牙回套外螺纹的；而热浸镀锌后的内螺纹则可以回攻以适应与外螺纹的装配。尽管回攻时内螺纹上的镀层可能被损坏，但具有完好热浸镀锌层的外螺纹与其紧密接触装配，仍能防止内螺纹腐蚀。如果热浸镀锌后除余锌（用离心法或爆锌法）处理得较好，螺纹较光滑，内螺纹不必回攻也能与外螺纹很好配合。

在生产实践中，也有一些更经济的做法。例如，如果设计强度允许，对公称直径超过 38mm 的外螺纹，热浸镀锌之前把外螺纹加工成比公称直径小 0.79mm（该数值应根据镀锌层厚度等具体情况确定），则外螺纹和内螺纹热浸镀锌后可直接装配，不必对内螺纹扩径。又例如，先加工出内螺纹的底孔，热浸镀锌之后再攻内螺纹，这样可以省去镀锌前加工出的内螺纹镀后再进行回攻所增加的成本，并可避免两次攻螺纹可能出现的螺纹乱扣现象。对批量生产内螺纹件或同一构件上有许多螺纹孔时，这种做法是值得推荐的。

热浸镀锌螺纹件从锌浴中提出时，往往螺纹上挂有多余的液态锌。为除去螺纹上多余的液态锌而获得平滑的镀层，一些小的螺纹件从镀锌浴中提出后，还要在专门的离心设备中做离心脱锌处理。工件太大或太长（例如，长的螺杆）而不能进行离心脱锌处理时，可以在工件上的锌尚未凝固时用金属刷清除螺纹中多余的锌。

焊接在装配部件上的螺栓或外螺纹件，可能不得不在部件热浸镀锌冷却之后，再清除螺纹中多余的锌。这时需要用氧乙炔焰重新加热螺纹，并用钢丝刷清理。对于这种情况，如果可能则应考虑用其他方法取代焊接螺栓。

热浸镀锌螺纹件的选材和加工还应该注意以下几点：

1）建议选用低碳低硅钢材料，如果用碳、硅含量较高的钢，容易造成螺纹镀层过厚而粗糙，这样将不利于内、外螺纹件的装配。

2）热加工成形（如热镦头、热弯曲）的螺纹件在加工螺纹前必须清理氧化皮，否则热浸镀锌前的酸洗时间会较长，无氧化皮的螺纹可能发生过度酸洗。

3）螺纹的表面加工质量差（粗糙、呈鱼鳞状等）会使镀层粗糙并增厚。加工过程刀具过量磨损，也会使外螺纹大径增大，或内螺纹小径减小，或使内外螺纹之间配合间隙减小。这些都不利于热浸镀锌内、外螺纹件的装配。

5.3.9　间隙配合件

要相互进行间隙配合组装的热浸镀锌零件，热浸镀锌前配合面之间须留有足够的间隙，以确保增加了热浸镀锌层之后，装配在一起的间隙配合件仍能运动自如，如图5-25所示。

合页是一种常用的间隙配合件，它在热浸镀锌后再用螺钉固定到其他部件上。所有热浸镀锌合页应该做成具有活动定位销子的形式，各部分分开热浸镀锌。热浸镀锌前，合页两叶片的相邻面间应有0.8mm以上的间隙，如图5-26所示。由于热浸镀锌后形成镀锌层使合页销孔内径有所减小，建议使用直径小一点的销子以适应销孔内径的减小；也可以在镀锌之后，将合页叶片中的销孔直径胀大0.8mm，以使用正常加工尺寸的镀锌销子。装配时，要清除叶片销孔内多余的锌。

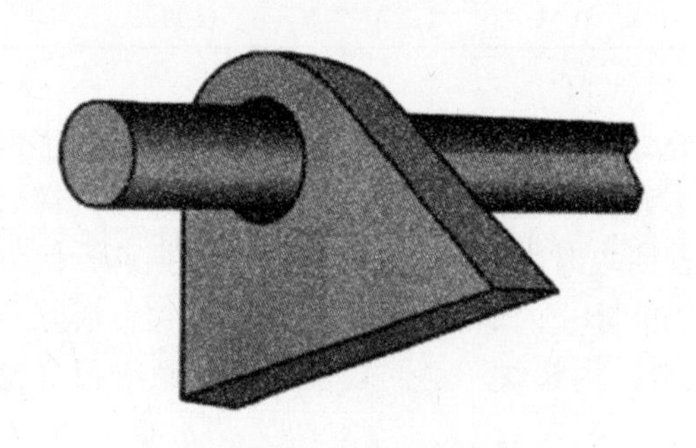

图5-25　相互间隙配合的热浸镀锌零件配合面间须预留足够的间隙

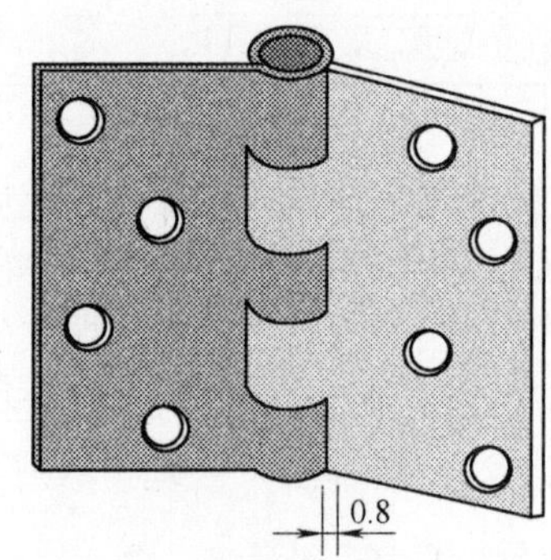

图5-26　热浸镀锌前合页相邻面间留有0.8mm以上的间隙

有时，已热浸镀锌的零件组装后间隙配合性能欠佳。一些装配部件如出现这种情况，可以对已热浸镀锌的间隙配合零件进行再加热，以改变配合面上锌层厚度及去除多余的锌，使它们配合后运动自如。

5.3.10　标记的打印

实践中，常常需要在热浸镀锌构件上做一些标记，例如，工件编号、工程号、日期、地址、船运标识等。为了使这些标记在热浸镀锌后清晰可见，又不会破坏镀锌层的完整性，应该在镀锌之前选择标记方法，并细心做好准备工作。

由于热浸镀锌所用的酸洗碱洗溶液不能清理待镀件上的油漆、彩笔标记等物质，所以不能用这些物质在需要热浸镀锌的构件上涂刷书写，否则会大大增加额外的清理工作量和费用，清理不彻底就容易造成一些区域漏镀。图5-27所示为在待镀工件上做永久性标记的三种方法，不管哪一种标记方法都要便于工作现场和工件镀锌之后能被迅速地识别。

（1）打印或冲印　用钢字或凸印模将标记打印或冲印在工件上指定的表面，标记的方向朝向工件中心为好。为了保证标记热浸镀锌后易于阅读和识别，标记的高度至少为12mm，打印或冲印的标记深度至少为0.80mm。但打印标记方法不能用于容易破裂（例如，过薄、对应变时效和应力集中敏感）的工件。

（2）熔敷焊接　直接在工件上熔敷堆焊标记，标记可以由连续焊道形成，也可以由一连串的焊珠组成。为了保证标记及其附近能与工件其他地方一样形成合格的镀锌层，必须将焊剂焊渣等清除干净。

（3）金属标签　将标记内容用钢印打在薄钢板标签上或熔敷焊接在薄钢板上，薄钢板标签用钢丝系在工件指定地方。它们不能用铝片和铝丝来替代，因为铝在前处理的热碱溶液中和锌浴中会溶解。系标签时钢丝应宽松一些，使钢丝不挨靠标签平面，整个标签能进行正常热浸镀锌，同时镀锌后钢丝也不容易与标签凝固连在一起。也可以将打印或焊好标记内容的薄钢板标签（厚度一般不小于2.5mm），焊在工件上指定的位置，焊接时标签四周实施封焊。

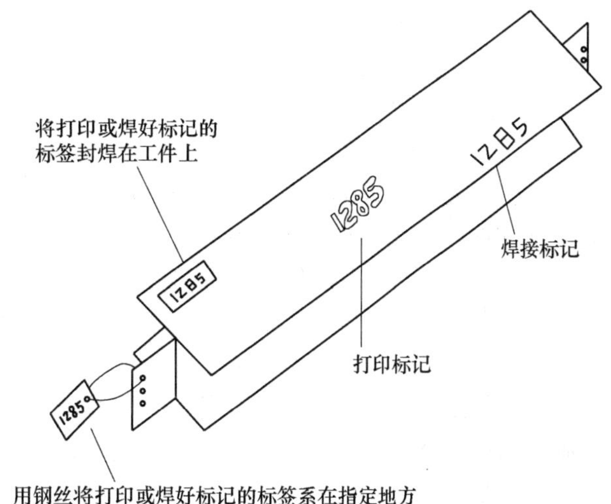

图 5-27　在待镀工件上做永久性标记的三种方法

临时性的标记，应指定使用钢丝系标签的方法，以便在热浸镀锌后需要的时候将金属标签拆卸下来。如果只是为了热浸镀锌前在工件上做临时标记，可采用水溶性书写液或标记液。

第6章 常规热浸镀锌设备

6.1 锌锅

钢结构件热浸镀锌的熔锌槽，通常称为锌锅，绝大部分是用钢板焊接而成的。钢制锌锅不但制作方便，而且适用于各种热源加热，使用维护也方便，特别适宜于大型钢结构件热浸镀锌生产线配套使用。用其他耐火材料制作内加热、上加热、感应加热等形式的熔锌槽，制造成本和维护要求都比较高，很少用于钢结构件热浸镀锌。

热浸镀锌镀层质量以及生产效益的好坏，与采用的工艺技术和锌锅的寿命有密切关系。如果锌锅过快地腐蚀，导致过早损坏甚至穿孔漏锌，造成的直接经济损失和停产的间接经济损失是很大的。因此，如何提高锌锅的使用寿命，是热浸镀锌工作者极为关心的问题。本书将对材料、加工、结构、升温、锌浴温度、加热强度等这些主要影响锌锅使用寿命的因素进行介绍和分析。

6.1.1 锌锅材料

选择锌锅材料时，首先要看它耐锌液腐蚀的能力，而对它的强度、抗氧化等其他性能的要求相对是次要的。工业纯铁中碳和硅的含量很少，液态锌对纯铁的腐蚀速度是很小的，国外常用纯铁制作锌锅和浸在锌浴中的一些其他设备零部件。

杂质和合金元素大多会增加钢在锌浴中的腐蚀。钢在锌浴中的腐蚀机理与钢在大气或水中的腐蚀机理完全不同。一些耐腐蚀、抗氧化性能好的钢，如不锈钢、耐热钢，其抗锌液腐蚀能力均不如纯度较高的低碳低硅钢，所以也常用纯度较高的低碳低硅钢来制造锌锅。在钢中加入少量的碳和锰($w_C < 0.1\%$，$w_{Mn} < 0.5\%$)，对钢的抗锌液腐蚀能力影响不大，却能提高钢的强度。著名锌锅制造商德国 W. PILLING 公司提供的锌锅钢材化学成分为：$w_C \leqslant 0.08\%$，$w_{Si} \leqslant 0.02\%$，$w_{Mn} \leqslant 0.50\%$，$w_P \leqslant 0.015\%$，$w_S \leqslant 0.010\%$。这种成分的钢已被确认为锌锅专用钢。过去，我国一直多用 08F、05F 钢制造锌锅，虽然这些钢也是低碳低硅钢，但由于是沸腾钢，氧化物夹杂较多，钢的组织致密性也较差，还不是理想的锌锅材料。近年来，我国的钢铁企业也开发了一些锌锅专用钢，在实际应用中取得了不错的效果。

除了对钢的化学成分要求外，还应强调的是，钢板的成分偏析和局部宏观缺陷(疏松、夹渣、折叠、气孔等)，都可能对锌锅造成极大的危害。因此，对锌锅用钢板和锌锅制造质量进行严格检验是必要的。

6.1.2 锌锅的尺寸和结构

锌锅形状要有利于锌锅在制造和使用过程产生内应力及应变的可能降低到最低限度。锌锅一般做成为长方体形状的容器，这样的锌锅在实际热浸镀锌生产中最为适用。有时为了操作方便也会使用形状复杂的锌锅，但是这样的锌锅可能热应力很大，一般不推荐使用。锌锅的尺寸必须根据热浸镀锌工件的尺寸、锌锅的生产能力来决定。

1. 锌锅的尺寸

锌锅的尺寸首先按产品的需要而定，锌锅的最小尺寸（长度、宽度和深度）必须保证单个大工件或一定数量的小工件能方便地浸入锅内。

由于锌浴面散热很大，在满足工件能方便地放入的前提下，应尽量减小锌锅的长度和宽度，以节省能耗。减少锌浴面的散热，就可以减少通过锌锅壁的传热量，也就可以降低锌锅的加热强度，这有利于延长锌锅的使用寿命。锌浴面小，锌浴面的氧化产生的锌灰也会减少。

为了适应输电钢杆这类较长而一端尺寸较大的热浸镀锌产品，又不希望锌锅容积太大，可将锌锅做成为一头宽一头窄即水平截面为狭长的等腰梯形的形状，但锌锅两端的宽度不能相差太大。

锌锅的长度、宽度确定后，可考虑适当加大锌锅深度，加大锌锅的深度有以下好处：

1）工件浸入较深的锌锅时，不容易接触到和搅动锅底的锌渣，有利于沉渣。在沉渣好的锌浴中生产的工件表面光滑，锌层较薄且比较均匀。

2）增大锌锅的容锌量，即增大锌浴的热容量，工件浸入时锌浴的温度波动减小。

3）在相同的输入功率下，锅壁加热强度将减小，可减小锌锅内壁与锌浴的温差，这对提高锌锅寿命至关重要。

在生产实践中，锌锅的宽度和深度的比例范围通常为1：（1.3～2）。

2. 锌锅的结构

制造锌锅用的钢板厚度通常为40～50mm。尺寸很大的锌锅，或生产能力很高的锌锅（例如，用于带钢和钢丝连续热浸镀锌的锌锅），也有用更厚的钢板制造的，甚至可堆焊锌锅材料加厚锅壁。一些小和浅的锌锅，也可用厚度为30～40mm的钢板制造。锌锅上锅沿加强板厚度通常与锅壁相同。

根据锌锅各立面之间以及立面与底面的连接方式，锌锅的结构通常可分为下列三种形式：

1）锌锅长度方向的中间部分由一段或多段预弯成U形的钢板组成。预成形的锌锅端头板包含锌锅的端头立面和小部分侧立面及底面，这些面之间为圆弧过渡，端头的两个底角成球冠面，然后将端头板与中间U形段焊接起来，如图6-1a所示。这样的结构可以使锌锅的危险区，包括底面与立面的转接处、端立面与侧立面的转接处，产生应力集中的倾向大大减小。这种形式的锌锅可使用最新的自动电渣焊技术，填充电极用与锌锅钢板完全相同的低碳低硅材料轧制或拉制而成。目前，国外的大型锌锅均采用这种结构形式。

2）锌锅锅壁由两个平的侧立面板与两块预制成U形的端部立面板组成，将所有立面板焊在一块平底板上，如图6-1b所示。立面板与底板之间的焊缝为角焊缝，不可能使用电渣焊。这种结构形式的锌锅底部转角为直角，这个部位的焊缝区将成为应力最大的危险区和薄弱点，对深度较大的锌锅，这一情况更值得注意和警惕。一般认为，这种结构形式不宜用于深度2m以上的锌锅。

3）锌锅的侧立面和端头立面均为平板，它们组焊在一块平底板上，如图6-1c所示。这样的锌锅结构的底部焊缝位置将成为应力最大的危险区。这种结构一般只能用于尺寸较小的锌锅。

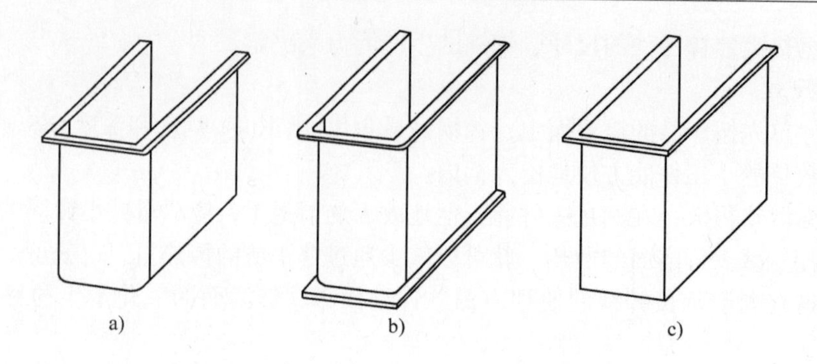

图 6-1 锌锅的几种结构

a）端头及底部圆角结构 b）端头圆弧底部直角结构 c）直角拼接结构

6.1.3 锌锅的加热强度和生产能力

加热锌锅时，提供的热量主要用来加热工件、吊装工具、补偿锌浴面和热浸镀锌炉的散热。锌锅的加热强度，不但关系到能否维持锌浴的正常工作温度，也是决定锌锅寿命的重要因素。锌锅壁的加热强度不能超过 $24kW/m^2$。特别要强调的是，这里所说的加热强度极限值，不但是对整个锌锅壁的平均加热强度的限制，也是对锌锅壁每一局部加热强度的限制。很多锌锅发生局部过侵蚀并非由于锌锅材料的问题，而是由于局部过热引起的。在发生局部过侵蚀的锌锅内壁处，实际温度达到了铁在锌液中高速溶解的温度，在这样的温度下起保护作用的铁锌合金层破裂、脱落，铁锌之间的扩散反应加快，锌锅内壁的侵蚀也就加快。局部过热可能是加热不均匀引起的。加热不均匀的原因可从热浸镀锌炉的结构、加热系统的设计和运行情况等方面查找；此外，锅底的锌渣或锅面的锌灰过量积聚也常常是引起加热不均匀的重要原因。这些灰渣积聚的死角处，锌液自由对流受阻，热源传入的热量不能通过锌液对流迅速带走，从而导致这些地方锌锅内壁温度升高，造成局部过热。

当工件放入锌锅时，工件吸收锌液热量升温，锌液的温度会下降。锌液降温提供的热量与工件升温吸收的热量是平衡的。为了使锌液温度维持在正常的镀锌温度，锌锅内锌液必须有足够大的热容量，即锌锅必须要有足够的容锌量。一般来说，锌锅的容锌量应比每小时放入锌液内构件的重量大 30 ~ 40 倍以上；即锌锅的生产能力以每小时的产量计，不应超过锌锅容锌量的1/40 ~ 1/30。

6.1.4 锌锅的使用

1. 锌锅的存放

遭到腐蚀或锈蚀的锌锅表面会变得相当粗糙，这将引起液态锌对它更严重的侵蚀。因此，新锌锅在使用前若需存放较长一段时间，需要采取防腐蚀保护措施，包括涂装防护，放入车间内或加盖避免雨淋，底部垫高避免积水浸泡等，在任何情况下都不要让水汽或水积聚在锌锅上。

2. 锌锅的安装

安装锌锅时必须按制造厂的要求，把它移放在锌炉内。新锅使用前，一定要将锅壁上的铁锈、残余的焊渣飞溅和其他污物、腐蚀物清除干净。铁锈需要用机械法清除，但不能损伤锌锅表面或造成表面粗糙，可用合成纤维的硬刷来清刷。

锌锅受热时会膨胀，因此要有自由膨胀的空间。另外，锌锅长期处于高温状态，还会产生蠕变。因此，设计时应注意对锌锅采取适当的支撑结构，以防止其在使用过程中逐步变形。

3. 锌锅内锌锭的堆装

往新的锌锅内装入锌锭时必须选用品质较好的锌锭，以减少液态金属对锌锅的有害作用。锌锭装入锌锅时，应按图 6-2 所示方法摆放，这样可保证锌锭与锅壁间热传导良好。锌锭上面可以覆盖一层木炭，这样既可以起到隔热保温的作用，还可起到防止锌氧化的作用；也可在锌锅上加盖隔热盖以减少热量散失。由于锌的热膨胀系数为铁的三倍，为了防止加热升温过程中锌膨胀对锅壁产生太大的压力，摆放锌锭时，在锌锅长度方向的中间要留有足够的间隙，在这个间隙中间可以放一些木条。锌锅加热升温过程中，这些木条将被膨胀的锌锭挤压，然后燃烧，未燃尽的木条和燃烧产物最后上浮到锌液表面。

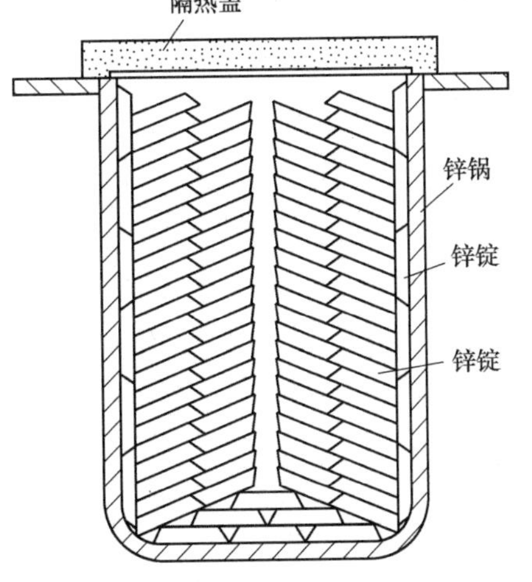

图 6-2　锌锅内堆装锌锭的方法

加热过程中靠近锅壁的锌锭首先熔化，熔化的锌与锌锅壁反应可形成一层铁锌合金保护层。

4. 升温熔锌

在锌锭熔化并达到工作温度以前，在锌锅壁内外温差和锌液的腐蚀作用下，锌锅存在开裂损坏的危险。

钢的抗拉强度随温度升高而降低，在 450℃时，其抗拉强度小于 100MPa。锌锅壁内外温差会在锅壁内侧产生拉应力。例如，锌锅壁内外温差达 60℃时，就会在锅壁上产生 120 ~ 130MPa 的拉应力，高于钢的抗拉强度。锌液对锅壁的静水压力也会使锅壁产生拉应力。这两种原因产生的拉应力叠加产生的最大拉应力值，出现在锌锅立壁与底部之间的转折区，特别是在锌锅长边的中部，因此这个部位是加热过程中最危险的区域。为了避免锌锅出现开裂，加热和冷却必须十分缓慢，以便尽量减少锌锅各部分的温差。

正常情况下，纯锌液与锌锅反应会在锌锅内表面形成一层均匀的铁锌合金层，如图 6-3a 所示。如果新锌锅装锌锭时就加入了铅，熔锌过程中保护性的铁锌合金层未形成之前，锌锅底部就已积聚了含未饱和锌的液态铅层，含不饱和锌的液态铅层与锌锅钢板接触，会使锌锅钢板产生晶间破坏，如图 6-3b 所示。在锌锅侧面与底面之间的转折处由于应力集中，出现晶间破坏，特别危险。

当锌锅在临界温度范围使用时，锌液侵蚀锌锅的速率将大大提高而使锌锅过早损坏。如果锌锅壁出现凹坑，较薄的锅壁处温度较高，锌液对锌锅的侵蚀速率会增加。如果锌锅壁加热不均匀，在加热温度高的区域，锌液对锅壁侵蚀速率会加快。

新锌锅进行熔锌升温加热，一定要按锌锅制造商的要求进行，必须十分缓慢和均匀。这样做虽然会使加热及设备运行的耗费显著增加，但远比锌锅损坏和因此停产造成的损失低得多。在加热升温过程中，重要的是，整个锌锅要保持一定温度平衡，即锌锅内壁的温度必须低于 480℃，锅壁和锅底的温差必须小于 100℃，锅壁内外温差必须小于 50℃。

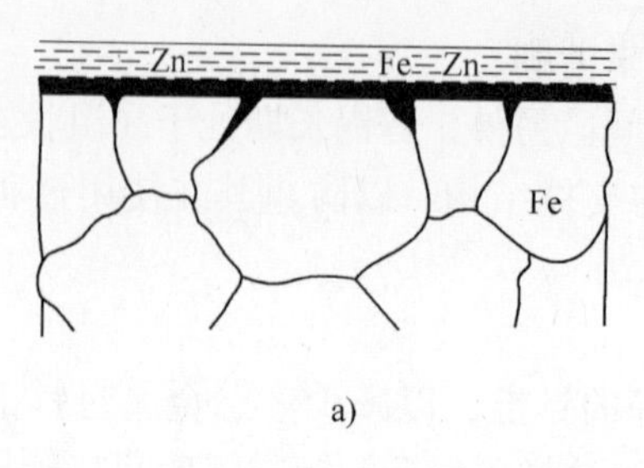

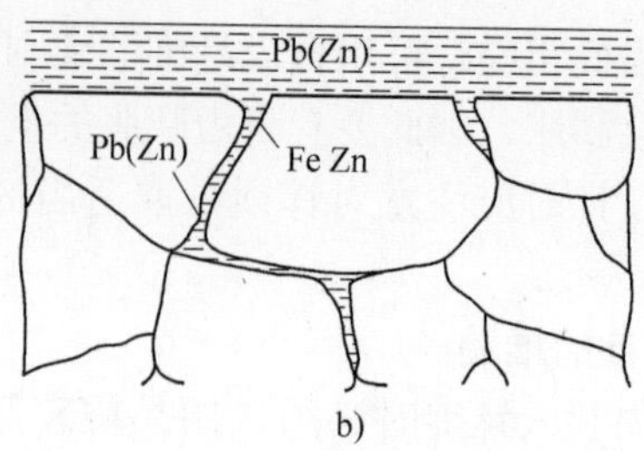

图 6-3 锌液对锌锅的腐蚀反应示意图

a）纯锌液对钢锌锅产生均匀腐蚀 b）铅锌合金液引起锌锅晶间腐蚀

升温熔锌所需的加热时间主要视锌锅的尺寸和几何形状而定。为了保持一定的温度平衡，较大的锌锅升温熔锌的加热时间相对也比较长。某锌锅升温熔锌的加热曲线如图 6-4 所示。锌锅内壁加热到 300℃以前，升温要缓慢些；到达 300℃时保持一段时间，这样就不会对锌锅构成危险；300℃以上的最后升温阶段可以升温快一些，但一定要注意不能超过上述的临界温差。

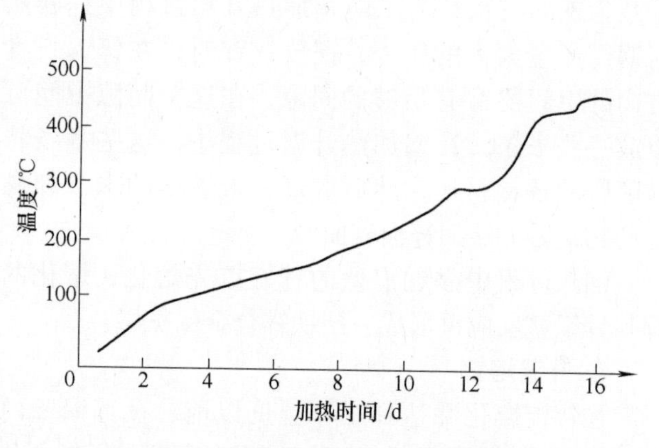

图 6-4 锌锅升温熔锌的加热曲线

砖砌炉体（或部分炉体为砖砌）的镀锌炉，在锌锅使用前，必须将砌砖体慢慢烘干，然后按图 6-4 所示的曲线进行加热升温熔锌。

为了使测温控温准确无误，应该正确选择测温点和配置完善的测温控温系统。选择锌锅外壁及锅底作为热电偶的测温点，采用合适的控制设备，可以方便地将锅壁及锅底（最热和最冷部分）的温差控制在 100℃以内。

6.1.5 锌锅的安全运行

所谓锌锅的正常或安全运行，是指使用过程中，锌锅内壁的稳定腐蚀速度小于 4mm/a。如果认真做好热浸镀锌炉和锌锅的设计与制造，并特别注意加热和运行中的温度测量及控制，那么运行过程中一般无须对锌锅进行专门的检查，根据使用时间和产量决定更换期限就可以了。

1. 锌锅的加热与控制

除了镀锌炉和锌锅结构设计、加热升温熔锌规范等影响锌锅寿命外，运行中锌锅的加热与控制方法对锌锅使用寿命也有重要的影响。为了方便讨论这一问题，在此引入加热强度的概念。所谓加热强度是指热源在单位时间内向单位面积锅壁提供热量的多少。若提供的热量总额一定，所花的加热时间越长或受热面积越大，则加热强度越小；反之，则加热强度越大。

热源通过锌锅壁向锌液输入的热量和锌液加热工件、锌液面散热等输出的热量之间处于某种动态平衡状态，则锌液相应处于某一温度。只有这种动态平衡处于一种合适的状态，锌液才能保持所需要的温度。热源加热锌锅时，锌锅的内外壁之间会产生一个温度梯度，这是进行热传输所必需的。这个温度梯度与加热强度及钢的传热系数之间存在一个函数关系。钢的传热系数在一定温度范围内变化不大，如果将其视作常数的话，锌锅壁的温度梯度与加热强度之间就是一个正线性函数，如图 6-5 所示。加热强度增大时，会使锅壁温度梯度加大，锅内壁温度提高。

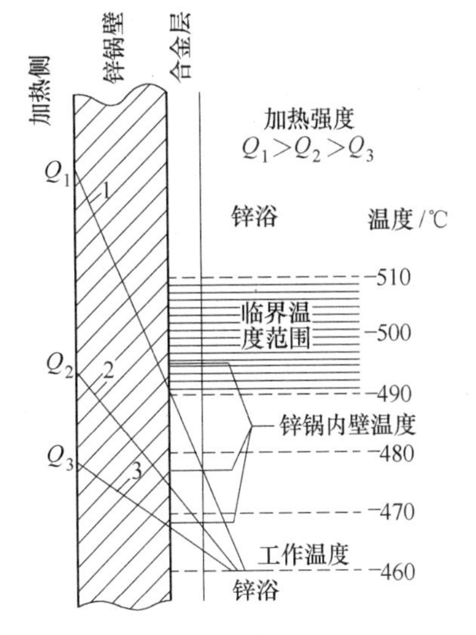

图 6-5　加热强度、锅壁温度梯度与锌浴温度之间的关系
1—临界温度分布曲线
2、3—可以接受的温度分布曲线

锌液与锌锅内壁接触并发生反应，因反应侵蚀而会使锌锅壁的有效厚度减薄，反应最剧烈的温度范围为 490 ~530℃。因此，加热锌锅时，应使锌锅内壁任何局部点的温度都低于这个温度范围。降低加热强度，锌锅内壁及附近的锌液温度也会降低，与锌锅工作区之间的温差就会减小。

锌锅内壁的温度越均匀越好，并且任何局部点都必须低于 490℃，这是人们所希望的。虽然锌锅内壁温度通常不能直接测量出来，但是如果这个温度经常处于或高于临界温度，可以从生成的锌渣数量增加而显示出来。锌渣除来自锅内工件和锅壁上飘离出来的 ζ 晶粒外，锅内壁的铁通过铁锌合金层扩散进入锌浴与锌反应也会形成。铁在锌液中的饱和度为 0.035%（450℃时），过量的铁将使 ζ 晶粒长大，扩散进入锌浴的铁的量取决于锅内壁温度。当形成的锌渣突然增多而没发现其他原因时，基本可以肯定是由于锅壁与铁锌合金层界面温度太高所致。建议用图表画出每周锌渣产出数量（虽然每周的锌渣量会有所变化，但每 4 ~6 周的平均值误差就不会太大），当锌渣量有增加的趋势而没有发现其他原因时，可以说明内锅壁的温度高于临界值，锌液侵蚀锌锅的程度大于正常情况。

生产实践中为了提高生产率常希望提高锌锅的加热强度，甚至使锌锅在临界的加热强度下运行。这样就必须首先了解锌锅允许的临界加热强度是多少，即锅内壁不产生严重侵蚀时，锌锅内壁单位时间内每平方米面积所允许的最大传热量。这个热量通过临界锅内壁温度 490℃与锌液的温差，以传热系数 $\alpha=698\mathrm{W/(m^2\cdot K)}$ 向锌液内传输。为了保持锌浴温度恒定，需要补偿的热量包括：提高工件的温度达到锌温所需要的有效热量、锌浴表面的散热、熔化添加锌锭所需的热量。锌浴恒温时，输入的热量与锌液所吸收的热量达到平衡条件；再根据锌浴的温度和液态锌与钢的热参数，计算出不同锌浴温度下浸入工件的产量。通过改变锌浴温度、产量（或锌锅供热量）的计算和对比可以得出如下结论：

1）高锌液温度下的高产率不可避免地导致锌锅在临界的加热强度之上运行，造成锌锅很快损坏。

2）在正常的锌锅侵蚀速率的限制下，较高镀锌温度下获得的产量低于较低镀锌温度的产量。

3）增加产量使有效热量与供热量的比率明显增加。

由以上可见，在锌锅运行过程中，控制每小时最大的产量和合适的锌浴温度是避免锌锅被过快侵蚀的唯一方法。在整个生产期间内，每小时和每批浸锌的工件重量都应尽量均衡，不能仅仅检查和控制每班或每天的总产量，以避免发生产量集中在其中某一段时间而使锌锅过负荷的现象。

实践中要使锌液温度尽量降低，同时要限制对锅壁的加热强度，以减少锌液对锌锅内壁的侵蚀。但最低锌液温度取决定于每次浸入的最大工件量。太低的温度会使溶剂沸腾时间过长，从而降低了产量，镀层也会过厚。一般情况下，锌浴温度保持在445~460℃较为合适。

在正在加热的锌锅中，锌液是不断对流的，它沿加热的锅壁表面向上流动，靠近锌浴表面时温度有所降低从而转向流入锌锅中间，再向下流。ζ晶粒由锌液带动会沉积在锌浴表面约100mm以下的锅壁上。如果这一主要由ζ组成的硬层逐步变得过厚，一定要小心地刮去。当向锌浴中添加锌锭时，由于固体锌锭与锌液的密度不同（分别为$7.2g/cm^3$与$6.6g/cm^3$），锌锭会沉至锌锅底部。干燥的锌锭比潮湿的锌锭下沉得快，因为锌锭上潮湿的水汽被加热汽化变为蒸汽，会使锌锭在锌浴中来回移动。当锌锭碰到锅壁时，会破坏起保护作用的铁锌合金层。

2. 定期清除锌渣

锌锅投入运行后，锌渣会不断地产生。如前所述，锌渣主要来源于锌液与工件、锌液与钢锅壁反应作用生成的ζ颗粒。因此，锌渣量的多少与热浸镀锌的产量和热浸镀锌的工艺条件有关，与锅内壁的温度有关。ζ晶粒的密度只是稍微大于锌液的密度。ζ晶粒被流动的锌液带着，除部分附着在锌锅壁外，其余大部分最后会降落到锌浴的底部而形成锌渣。锌渣的厚度不应超过100mm，以避免被工件搅动，大量浮在锌浴中进而被工件镀层吸附，致使工件表面变得粗糙；锌渣层太厚也会使锌锅中锌浴的有效深度减小。必须防止锌渣长期、过量积聚。对一些锌锅穿孔漏锌事故的调查研究表明，穿孔与锌锅内壁锌渣过量积聚有关。锌锅内壁处积聚大量锌渣时，该处没有了锌液的对流，热量难以散失而使锅壁温度上升，造成该处锌锅内壁的腐蚀加速，如不能及时发现，将较快发展至穿孔。锌渣长时间积聚还会使锌渣牢固地黏附在锌锅壁上，增加清除难度。因此，锌渣层较厚时必须用捞渣器清出锌渣。清渣的间隔时间视产量而定，通常为每周一次。工件的浸锌时间短，可以减少锌渣的形成。

3. 短期停止生产时对锌锅的处置

洁净的锌浴表面其热损失约为$54000kJ/(m^2 \cdot h)$。短期停止生产时，例如，周末休息日、短期假日、设备检修等，整个锌锅要加盖保温性能良好的隔热盖，以减少热的损失；同时要减小对锌锅的加热强度，保持锌浴温度即可。有人认为，停产后降低锌液温度可节约能源，这种想法是片面的。短期停止生产期间，在加有保温性能良好的隔热盖的情况下，为了维持锌浴温度不下降所消耗的热量，与锌浴自行降温后再重新加热到正常镀锌温度所需热量之间的差别不是很大的。但是，锌浴温度降低时铁在锌浴中的溶解度会减小，过饱和的铁与锌反应析出细小的ζ晶粒。当升温时，ζ晶粒不能马上溶解而悬浮在锌液中，吸附在工件镀层上而使其表面粗糙。

另外，如果切断加热系统让锌浴自然降温，停止了相应的控制和报警系统，掌握不当，锌浴会因过度降温而凝固。

对于蓄热较大的耐火砖结构的镀锌炉，锌锅加保温盖后，一定要认真检查，以确保锌浴的温度不能升高太多。

4. 锌锭和铝、铅的加入

按照锌的消耗，每一班或两班后必须向锌锅内添加等量的锌锭，不要数天后集中加入大量的锌锭，造成锌液温度较大波动。少量的锌锭可用人工加入，大量的锌锭必须用起重机或其他合适的机械。如果需要同时加入较多的锌锭，要沿整个锌锅长度均匀地加入。

锌浴中含铝可以减少锌灰的形成，使镀层外观光亮。铝在锌液中的最大质量分数不能超过 0.02%。铝含量太少会使镀件的表面有黄色的色泽，铝含量太多则会造成漏镀和加快锌锅的侵蚀。锌铝合金要定期加入锌锅。

铅在锌液中 450℃时最大的溶解量为 1.2%（质量分数），铅的密度比锌大，加入过剩的铅会沉至锌浴底下。在纯锌浴中，加入铅并维持其质量分数在 0.6% 以上时，有利于锌渣沉入锅底。当铅锭放入锌液时，就会直接下沉至锌浴底部逐步熔化，绝大部分铅并没有溶入锌浴内，而是渗入锌渣层并积累在锌渣层以下，清除锌渣时一部分的铅会随锌渣带走。因此，向锌浴内添加铅最好采用定期分散加入细小铅粒的方法。

6.1.6　锌锅的使用寿命

如前所述，锌锅锅壁的转接处、底部与锅壁的转接处是锌锅的薄弱环节，长边锅壁中部与底面转接的地方则是最薄弱的部位。新锌锅首次投入使用时，含不饱和铅的锌液会引起锅壁的晶间腐蚀，在残余应力、热应力及锌液的静压力的作用下，可能发生脆性开裂。锌浴对锅壁会产生侵蚀，过量不均匀侵蚀可能会导致锌锅穿孔。认识和解决好这些方面的问题，才能提高锌锅使用寿命。

1. 锌液的腐蚀

纯锌液对锌锅壁的侵蚀是均匀的，不会引起晶间腐蚀，如图 6-3a 所示；与锌锅壁反应形成的铁锌合金层对锅壁有一定的保护作用。锌锅刚投入使用而起保护作用的锌铁合金层尚未形成时，不要加入铅，要在锌完全熔化后经过一段时间，确保锅内壁已生成一定厚度的铁锌合金层后才能加入。

2. 应力

使锌锅发生开裂或变形的应力主要是拉应力。锅内壁产生拉应力可能由于下列原因：

（1）热膨胀引起的应力　锌的热膨胀系数远大于钢，如果锌锅紧密堆装锌锭后加热，从 20℃加热到锌熔化前的 419.6℃，锌的膨胀量比钢的膨胀量大 12.8mm/m，锅壁就会产生拉应力。只有在锌锅内预留足够的锌锭膨胀空间，才可避免这种拉应力产生。

锌锅加热过快，温度较高的锌锅上部的膨胀受到温度较低的底部约束，温度较低部分就会出现拉应力。锌锅内外壁之间的温差会使内壁处在拉应力状态。锌锅壁各处的温度不均匀，造成内应力，可引起锌锅弯曲变形，如图 6-6 所示。锌锭或锌液加压于锌锅底部，也会使锌锅底部与侧壁之间的过渡处出现拉应力。

正确的加热控制，缓慢的加热升温，燃烧器布置在适当的位置，锌锅底部良好隔热，锌锅壁各处的温差控制在 50℃以下，通过这些措施尽可能将热应力减到最小。锌锅受热部分与非受热部分热膨胀不一致而产生的热应力，可通过测量和控制它们之间的温差加以控制，允许的最大温差与锌锅的尺寸、壁厚有关，锌锅越大允许的最大温差越小。例如，最典型的锌锅深为 2.2m，温差为 100℃，锌锅检测不到蠕变引起的宏观变形。

实际上，热应力不是锌锅损坏唯一的原因，锌锅损坏常常伴随有锌液腐蚀。

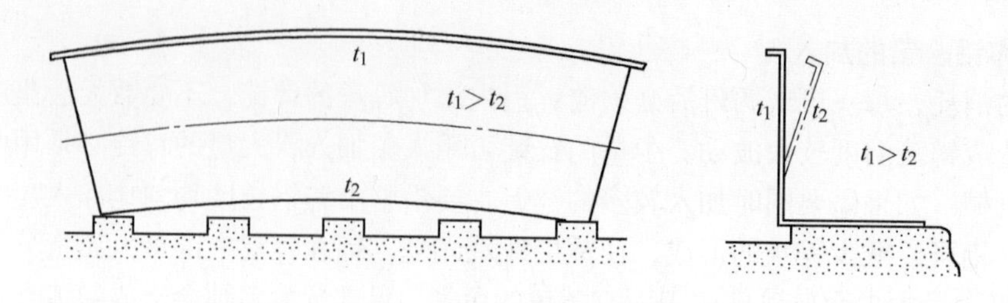

图 6-6 锌锅壁温度不均匀引起的弯曲变形

（2）锌液的静水压力 锌锅使用过程锌液的静压力一直作用在锌锅壁上，可以在锅壁上产生拉、压、弯曲等内应力，因此较深的锌锅锅壁需要支撑。最大应力区处于锌锅长度方向侧面的底部。锌锅在高温下运行时，在应力作用下可使锌锅材料发生蠕变而导致锌锅整体变形。发生蠕变的临界应力与温度和时间有关。长时间使用后锅壁向外弯曲就是锌锅材料发生蠕变的例证。由于钢的高温抗拉强度会随高温服役时间增长而降低，所以锌锅长期间使用（约 10 年）后会引起破坏。

（3）锌锅制造过程产生的应力 在制造锌锅过程中，锌锅钢板的弯曲成形和焊接等都会产生内应力。但现代的生产技术方法可使这些内应力降得很低，对锌锅的使用不会有什么影响，不需要另外采取措施消除内应力。锌锅加热升温到通常的热浸镀锌温度后，加工过程形成的残余应力都会降低。锌锅钢板弯曲成形时一定要热弯，以防止应变时效而发生脆化。

3. 锌锅的服役寿命

锌锅的服役寿命决定于使用过程锅壁的铁被锌侵蚀溶解的速度，锌锅底部被锌侵蚀溶解的速度最小，因此失去的重量也最小。被锌侵蚀反应的铁的量可以用铁损来度量。锌锅开始使用时，锌液与锅壁反应的机理与工件上所发生的反应是相同的，即锌与铁反应在铁的表面形成合金层。随着时间的延长，锅壁的铁通过扩散作用不断地被溶解。锅壁生成的合金层可起到阻缓扩散的作用。锌锅的服役寿命与铁损有关，而铁损又和锌锅内壁与合金层的界面温度有关，图 6-7 所示为浸锌 1h 时铁损与温度之间的关系。加热温度在 485℃以下时，随着温度升高扩散缓慢地增加，铁损的产生也加快，而铁损对于浸锌时间按照抛物线规律增加。在 490 ~ 530℃的温度范围，随温度升高，铁损对于浸锌时间逐渐转变成按照线性规律增加。锌锅内壁与合金层的界面温度不能用一般的方法测量出来，它是锌锅输入热量与输出热量之间达到某种平衡的结果。

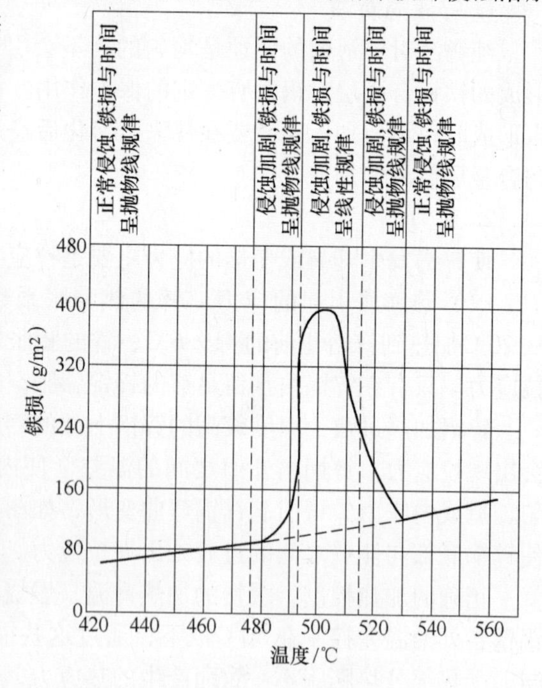

图 6-7 浸锌 1h 时铁损与温度的关系

锌锅的服役寿命可以用锅壁厚度被锌侵蚀损失 20mm 厚度的时间来估算，估算情况见表

6-1。长时间浸锌后的铁损决定于常数 a，而常数 a 是由温度决定的。当内锅壁的温度增加，例如，从 480℃提高到 490℃，锌锅使用寿命会从 6 年减至 4.3 年；锅内壁的温度为 500℃时，铁损与时间成直线关系，寿命仅20 天。

表 6-1　理论上锌锅服役寿命与锅壁界面温度的关系

内锅壁界面温度/℃	合金层生长规律	锌锅服役寿命
480	抛物线，$m = at^{1/2}$，锌锅正常侵蚀	6 年
490		4.3 年
495		2.9 年
500	直线，$m = bt$，锌锅非正常快速侵蚀	20 天
510		18 天

注：m 表示生成合金层的质量，t 表示浸锌时间，a、b 为常数。

在一定时间内，锌锅内壁被腐蚀的外观形貌一般有两种：波浪形和比较平坦的平面。如果锌锅壁各处温度均匀，锅壁上合金层的厚度也均匀，锌锅内壁被腐蚀的外观形貌应该是比较平坦的平面。

波浪形外观形貌形成过程可以用图 6-8 来示意说明。因某种原因在某处开始产生高铁损腐蚀，例如，在铁锌合金层破坏处或直接接触到火焰而使锅内壁温度达到临界温度的部位，在这些部位锅壁的厚度减小，形成侵蚀的凹坑，如图6-8a所示。凹坑处锅壁厚度的减小又导致该处锅内壁温度升高，侵蚀加快铁损增大，使侵蚀坑逐渐变大变深。当坑中央的温度逐渐升高并超过临界温度区后，侵蚀将减缓，强侵蚀高铁损区转移到了处于临界温度的相邻环形区域，如图 6-8b 所示。需要再次强调，一定要避免内锅壁温度处于480℃以上，更不能在这温度范围长期使用。

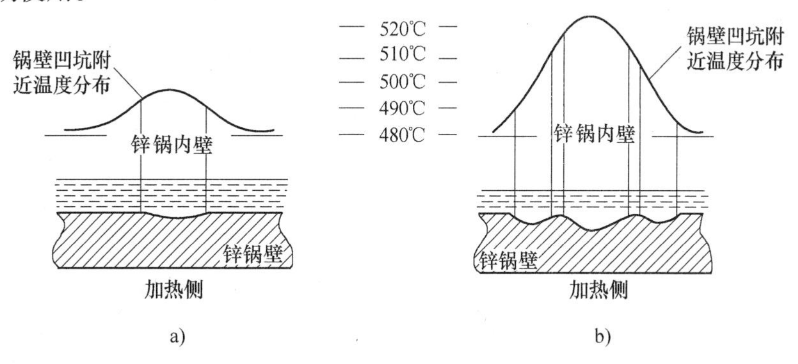

图 6-8　锌锅内壁波浪形腐蚀形貌的形成过程
a）凹坑的形成　b）波浪形凹坑的形成

6.1.7　锌锅停止运行、检查与修理

更换锌锅或因对锌锅进行检测、修理等需要而镀锌炉停止运行时，一定要将锌液从锌锅中抽出。锌锅停止运行一次损失相当大，会增加额外的费用，而且锌锅有可能出现意外损伤。为了避免意外的发生，停止运行到重新加热升温恢复运行的整个流程都需要良好的管理。

1. 抽锌

锌锅停止运行后需要将锌液从锌锅中抽出。锌液可抽入备用的大锌锭模中铸成大锌锭，这样既可减少锌的氧化，也较便于堆放和运输。但大锌锭的重量不要超过热浸镀锌车间的起吊能力。抽锌液前，一定要做好下列的工作：配备足够的锌锭模并有合适的摆放位置和脱模位置；试运行抽锌泵；在抽锌前，将锌液冷却到440℃甚至更低，细心操作清除锌渣；清渣后将锌液重新加温至465~470℃，然后可以开始抽锌。锌锅内的锌液抽完后，锌锅可自然冷却或用风机强迫冷却。

2. 锌锅的检测

检测锌锅时，首先对锅内壁进行目检，查看锌锅变形情况、侵蚀凹坑或波浪形损伤；然后用超声波测厚仪测定锅壁厚度，确定锅壁减薄情况和局部侵蚀严重程度。根据锌锅的尺寸和锅壁厚度，做出是否更换锌锅或进行填焊修补的决策。

进行超声波测试，最好待锌锅冷却至室温；锅壁上的铁锌合金层一定要清除，使锅壁钢基体裸露。虽然锌锅内充满锌液时，也可用超声波测厚仪在锅外面测试锅壁的厚度，但很难在所有测量点进行测试，因而不能确定整个锌锅的情况。由有经验的人员用钢钩去触探锅内壁，是探寻锅内壁已被严重侵蚀部位的一个行之有效的方法。除了检查锌锅以外，整个燃烧系统（供油、供气、电力、控制等设备）都要同时进行检查及修理。

3. 锌锅的修理

锌锅被严重侵蚀的部位或者凹坑一定要填焊修补。填焊修补锌锅要让技术好的焊工或锌锅制造厂家进行。填焊前必须将附在锅壁表面的锌和铁锌合金层清除掉，打磨清理露出钢的清洁表面。填焊的材料应该与锌锅材料相同。填焊后必须将填焊区及周围打磨成与锅壁其他部分一样平齐。

4. 锌锅重新投入使用

经检查及修理的锌锅，或者放置一段时间的旧锌锅再投入使用时，原则上与新锌锅投入使用的步骤和操作方法完全相同。旧锌锅在加热前一定要清理干净。

锌液储存罐是一种加热保温的大型容器，可供检查锌锅或更换锌锅时储存锌液，每个容器可盛锌液数十吨，还配备有锌泵和管线等。这些设备可以装在普通的拖车上运输，以便为热浸镀锌企业提供服务。这样不但可以节省时间，省去浇注锌锭和把锌锭装入锌锅内的麻烦，还可显著减少锌氧化的损失以及升温加热熔化锌的能耗，降低了成本。当然，也可将这种容器与锌锭模结合起来使用，检查或更换锌锅完成后，先将锌锭放进锌锅的底部，然后再将容器内的锌液泵入锌锅，但此时必须小心操作，避免流动的锌液直接冲击锅壁和锅底。

6.1.8 锌锅损坏时的应对措施

随着镀锌炉和锌锅设计水平及制造技术的提高，使用逐步合理和规范化，锌锅损坏而导致漏锌的现象已比较少见。但对操作工人还是应该经常进行培训，以使他们能及时发现镀锌炉、加热系统或锌锅损坏等突发情况，并迅速采取有效措施，特别是要能防止锌液大量漏出而毁掉镀锌炉或造成人身伤害等重大事故的发生。需要常备下列设备或装置：抽锌泵、燃烧器、储存锌液的大锌锭模等。锌锅损坏漏锌时，在特殊情况下可容许锌液流在地面上，但地面必须预先盖上干砂，四周围成砂壁（或用耐火砖组成阻挡墙）以保持锌液。这样处理锌液会造成锌大量氧化，损失很大；而且锌会被污染上大量杂质，再加入锌炉使用时，会影响工件的镀锌质量。

镀锌炉应装设检测漏锌报警系统。最简单的方法是装设一条金属导体环绕锌锅的底部，漏出的锌与金属线接触，即会启动报警，并关闭加热系统。

6.2　热浸镀锌炉

热浸镀锌炉的主要设备包括：锌锅、镀锌炉炉体、加热系统、测温和控温系统。与此有关的材料选用，制造加工工艺质量，加热系统选择及其与锌锅的组合，测温及控制设备的精确性与可靠性等，均直接影响到锌锅的寿命及整个镀锌流程的成本和效率。

现已开发了不同的加热系统以适应燃气(天然气、城市煤气等)、电力、燃油及燃煤等不同的能源。加热系统的制造安装及加热特性，对锌锅的寿命有很大的影响。炉体结构和燃烧系统应充分利用锌锅可用的加热面积，对锅壁均匀供热，避免锅壁出现过热点，以延长锌锅的寿命。

有人主张镀锌炉供热系统应将大部分热量传给锌锅上半部，因为锌锅的上半部是热浸镀锌时消耗热量最多的部分。但这样做锌锅要足够深，锌锅受热面积要足够大，以保证锌锅上半部不超过临界加热强度。锌锅受热面的最低部分必须保持在锌渣层以上 100mm 左右，如果预计锌渣层可达 200mm 左右，则锌锅底部以上 300 mm 内不加热。

镀锌炉炉温的控制对延长锌锅寿命也是非常重要的。除了必须均匀加热外，还必须尽量减少锌锅壁内外的温差，锌锅内壁的温度不能超过 480℃。

6.2.1　镀锌炉的筑炉材料

热浸镀锌炉的筑炉材料与大多数工业加热炉相同。

1. 高铝砖

高铝砖的 Al_2O_3 含量在 58%(质量分数)以上，具有耐火度高、高温结构强度较好、致密度高、化学稳定性好等优点，但价格较高。高铝砖适用于直接接触温度经常高于 1000℃ 火焰的部位。

2. 普通黏土质耐火砖

普通黏土质耐火砖的成分(质量分数)为：Al_2O_3 30%~40%，SiO_2 50%~65%，杂质 5%~7%。普通黏土质耐火砖的体积密度为 2.1~2.2g/cm^3，高温性能比高铝砖稍差，但价格较便宜，应用广泛。普通黏土质耐火砖适用于温度经常在 500~1000℃ 的炉体壁墙、隔墙及炉底等砌砖体。

3. 轻质耐火黏土砖

轻质耐火黏土砖成分与普通耐火黏土砖基本相同，体积密度为 0.4~1.3g/cm^3，主要特点是孔隙多、重量轻、保温性能好。由于孔隙体积小分布均匀，故轻质耐火黏土砖仍具有一定的耐压强度。砖的密度越低保温性能越好，但强度也越低，可视使用要求选用。炉体壁墙通常由轻质耐火砖层和普通耐火砖层结合而成；也有单独使用强度较高的轻质耐火砖砌筑炉墙的成功实例，但要注意耐火砖的耐火度是否能满足长期高温下运行的要求。

4. 红砖

红砖即烧结的普通泥土砖，以黏土、页岩、煤矿石、粉煤灰为主要原料，焙烧而成。其特点是耐压强度较好，但不耐高温，保温性能比轻质耐火砖差，价格便宜。仅可用于炉底、外墙等温度在500℃以下的炉体部位及烘干槽墙体等。

5. 硅酸铝纤维

硅酸铝纤维中 Al_2O_3 含量为43%~54%（质量分数），SiO_2 含量为47%~53%（质量分数），其余为各种氧化物。它是一种耐火兼保温的材料，具有重量轻、耐高温、热稳定性好、热导率低、比热容小、耐机械振动等特点，使用温度可高达1300℃。产品有纤维棉、纤维毡及成形制品等。硅酸铝纤维毡应用较为普遍，其密度越高，耐火性能和保温性能越好。

6. 耐火泥

耐火泥包括普通耐火泥和高铝耐火泥，后者耐火度更高一些，主要用于热浸镀锌炉炉体砌砖，一般用水调成泥浆即可使用，不必加黏结剂。

7. 耐火混凝土

耐火混凝土(又称耐火浇注料)由耐火骨料、粉料、黏结剂按一定比例，经混合、成形、养护和烘烤而成，使用温度在1000℃以上。常用的配比(质量分数)大致是：粗细骨料(高铝熟料)70%，细粉料(高铝熟料粉10%、生耐火黏土5%)，黏结剂(400号或更高标号的低钙铝酸盐水泥)15%。混合过程逐步加入适量的水(约为组成料的10%)，直至所有耐火料均匀一致后即可进行成形施工。耐火混凝土适宜预制各种规格的异形耐火构件、火口砖等。

8. 钢材

可采用各种普通碳素结构钢型材及板材，来制造和加固整个炉体的炉壳及构架。直接支撑锌锅的钢柱则要用抗高温氧化、抗高温蠕变性能好的耐热钢。

6.2.2 热浸镀锌炉的加热

加热浸镀锌炉的能源，可以是电能，也可以是燃料。电能加热，洁净且控制方便，但一般价格较高。燃料包括柴油、重油、煤气、天然气及各种标号的煤等。选择燃料时，要考虑燃料的发热量和价格外，还要考虑燃料的利用率。

所有的燃料燃烧时释放的热量都先被燃烧气体吸收，燃烧气体作为传热介质再把热量传导给锌锅。燃料燃烧时必须伴随有氧气，采用空气是最适宜而廉价的。但是空气中只有1/5是氧气，其余4/5是氮气等非助燃气体。在燃烧过程中，空气中所有的成分，包括氮气等非助燃气体，必将全部被加热到燃烧温度。它们与温度较高的锌锅进行热交换后，大量温度较高的燃烧废气排出时也就带出了大量的热能。因此，空气的供应量应该调整到尽可能不超过理论计算所需要的量。对于固体燃料，由于很难与空气充分混合，如果没有过量的空气，很多固体燃料没有机会与空气接触，最后未参加燃烧反应就进入灰渣中而浪费掉。固体燃料的另一个缺点是燃烧反应不容易控制，这是因为固体燃料的添加和燃烧不是一个连续均匀的过程，新的固体燃料投入时可能温度较高而空气量不足，而当这些燃料快要烧完时，又会出现燃烧温度较低而空气量过多的现象。

气体和液体燃料与空气的混合就比较容易，燃料与空气的比例调节和燃烧温度容易实现自动控制。与固体燃料相比，气体和液体燃料具有较高的热量利用系数，其燃烧废气对环境的污染也小得多，这是它们比固体燃料优越的地方。但其价格比固体燃料贵。

热源提供的热量，是通过高温气体的对流及热辐射向锌锅传递的。在设计燃料加热热浸镀锌炉时，加热气体流速的大小、方向，以及火焰能够达到的温度、火焰的长度等都是必须考虑的，以保证锌锅的加热温度合适，加热均匀，最大限度地提高锌锅的使用寿命。

6.2.3　热浸镀锌炉的加热系统

热浸镀锌炉的加热系统必须能满足以下要求：燃料消耗量少，即有高的热利用率；整个镀锌炉内加热温度均匀，避免存在过热和加热不足的区域，尤其要避免局部的强烈火焰及辐射高温；按照热浸镀锌生产的需要能随意调节温度；锌锅外壁温度不能过高。

热浸镀锌炉加热系统的正确设计及操作可以大大延长锌锅的使用寿命，同时还可减少锌渣和锌灰的生成数量。

1. 燃气及燃油的加热系统

使用燃气或燃油时，燃烧器装在炉壁上，燃气或燃油向炉内喷射燃烧。燃烧器的数量由燃料的种类、锌锅的尺寸及镀锌的产量来决定。要避免局部的强烈火焰直接射到钢制锌锅。下面几种炉型可供参考和选择。

（1）锌锅与火焰之间加挡火板　加挡火板可保护锌锅，使其避免与火焰直接接触。挡火板的材料选择、安装位置要适当，要既能起到挡火作用，又不影响到加热，以免造成能源效率降低。

（2）增设强迫循环加热系统　为了改善加热效率，在燃烧室旁边安装一台耐高温风机，使燃烧后的热气在镀锌炉内快速循环，使炉内温度和传热比较均匀。

（3）采用高速喷射燃烧器系统　高速喷射燃烧器安装在镀锌炉体对角线相对的位置上，如图 6-9 所示。火焰及燃烧炉气在镀锌炉内沿着环绕锌锅的通道快速旋转流动，热传导很均匀，消除了热点，并获得了高的热传导效率。采用高速喷射燃烧器系统的镀锌炉简称高速炉。

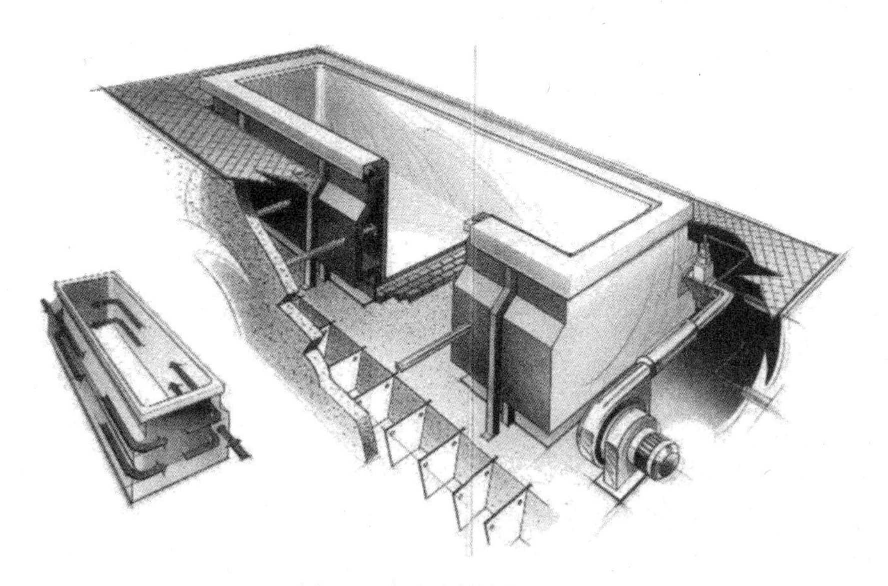

图 6-9　高速喷射燃烧器系统

（4）平焰燃烧器系统　在镀锌炉两侧的相同高度处分别安装数个平焰燃烧器，如图 6-10 所示。平焰燃烧器的燃烧火焰长度很短而直径较大。燃烧器与锌锅之间的隔墙，避免了火焰与锌锅直接接触，它加热燃烧室的墙体，墙体产生热辐射而使锌锅获得所需的均匀加热。采用平焰炉燃烧器系统的镀锌炉简称平焰炉。

图 6-10 平焰燃烧器系统

使用高速燃烧器和平焰燃烧器的镀锌炉，是目前国内外比较流行的炉型。

2. 电加热系统

（1）感应加热系统　使用锅壁感应加热系统，在锅壁外装上感应线圈，通电后锅壁上产生感应电流而使锅内锌加热。该系统加热不需要尺寸很大的加热室，加热效率很高。由于在锌锅外壁直接产生热量，可以很准确地控制温度。

（2）电热器加热系统　电热器是由抗高温氧化的合金电热丝（带）制成的。根据焦耳定律 $Q = I^2Rt$，可计算出电流流过电热丝产生的热量。这些热量大约 60% 通过辐射、40% 通过对流传递至锅壁。电热丝分成若干组，可以独立控制，因此热能可按需要量来调节。通常的做法是，将每组电热丝与相应的支撑件以及保温材料（硅酸铝纤维毡）组装在一块薄钢板的框架上，形成一件件可单独吊运和安装的电热板。这些电热板安装在镀锌炉的框架上，用导线与配电控制装置连接。

6.2.4 热浸镀锌炉的测温及控温调节系统

准确测量、控制和记录锌浴温度是十分重要的。

1. 温度的测量

测量锌液温度常用镍铬/镍铝型热电偶（K 分度）作为测温传感器。为防止锌液对热电偶的侵蚀，需用与锅壁相同的材料制成一保护套管，管子一端封死，热电偶从另一端插入。热电偶测点通常布置在锌锅的四个角落距离锅壁 10 ~ 20cm 处。加套的热电偶悬挂在锌液中，热电偶套的支撑或固定架要便于安装和拆卸，不影响热浸镀锌操作。定期清灰及清渣对准确测量锌浴温度是十分重要的。新的锌锅升温加热时，记录的温度常常滞后于锅内的实际温度，直至锌锭开始熔化时，才能逐步相等。

对于燃气炉或燃油炉，常推荐在锌锅内安置两支测温热电偶（一般分布在锌锅对角线位置），分别接到不同的温度控制器以同时控制锌锅的加热。对于电加热炉，两支热电偶也可以分别装在锌锅不加热的侧壁和底部。

温度记录和测量往往会出现误差，出现误差的原因主要有：热电偶损坏或短路；测温仪表未校正而本身存在误差；补偿导线接线错误，或错选了补偿导线型号，或错用一般导线替代补偿导线。要经常检查线路和定期校核仪表。

2. 温度的控制

锌液温度应由专用设备进行控制、记录和调节，并应有报警和保护的功能。控制和报警装置可以连接到值班人员的某个岗位，保证实现连续的监视和调控。

6.3　前处理工艺槽

6.3.1　常用的耐腐蚀材料和涂料

热浸镀锌车间的前处理工艺槽包括脱脂槽、酸洗槽、溶剂槽以及脱脂酸洗后水洗用的清洗槽。脱脂液、酸洗液及冲洗脱脂或酸洗工件后的水都是有腐蚀性的，所以这些槽以及相关的地面、管道、排水设施要用各种建筑防腐材料和涂料。建筑防腐材料和涂料的品种很多，各种防腐材料对酸、碱、盐类等介质的耐蚀性是不同的。水泥类材料有较好的耐碱性，但耐酸性差；沥青类材料有良好的耐稀酸、稀碱性能，但不耐浓酸、浓碱，不耐有机溶剂；水玻璃类材料有优良的耐酸性，但不耐碱；环氧类材料耐酸、碱、盐的综合性能较好，但不耐强氧化性酸。从热力学的规律来看，一种材料在某些环境作用下是相对稳定的，而在另一些环境作用下则会发生破坏和变质。因此，在选材时应努力做到扬长避短，物尽其用。

热浸镀锌车间前处理工艺槽以及相关设施常用的耐腐蚀材料见表 6-2，常用的建筑防腐涂料见表 6-3。

表 6-2　常用的耐腐蚀材料

材料 \ 腐蚀介质	硫酸	盐酸	氢氟酸	铬酸	氢氧化钠	碳酸钠	氯化铵
花岗石板	耐	耐	不耐	耐	耐≤30%	耐	耐
耐酸瓷砖	耐	耐	不耐	耐	耐	耐	耐
密实混凝土	不耐	不耐	不耐	不耐	耐≤20%	尚耐	不耐
聚合物浸渍混凝土	不耐	耐≤30%	耐≤10%	耐≤5%	耐≤30%	耐	耐
沥青类材料	耐≤50%	耐≤20%	耐≤5%	不耐	耐≤25%	耐	耐
水玻璃类材料	耐	耐	不耐	耐	不耐	不耐	尚耐
环氧类材料	耐≤60%	耐	不耐	耐≤10%	耐	耐	耐
环氧呋喃类材料(7：3)	耐≤70%	耐	耐≤5%	耐≤10%	耐	耐	耐
硬聚氯乙烯	耐≤90%	耐	耐≤40%	耐≤50%	耐≤40%	耐	耐
低压聚乙烯	耐≤60%	耐	耐≤70%	—	耐≤50%	耐	耐
聚丙烯	耐≤98%	耐	耐≤55%	耐≤80%	耐≤50%	耐	耐
碳素钢、铸铁	耐>70%	不耐	耐>60%	不耐	耐	耐	不耐
铬镍不锈钢(18-8 型)	耐≤5%	不耐	不耐	不耐	耐	耐	尚耐

注：表中的百分数是指腐蚀介质的质量分数。

表 6-3 常用的建筑防腐涂料

涂料	耐酸性	耐碱性	耐水性	与水泥基体的附着力	与钢基体的附着力	耐候性
过氯乙烯漆	好	好	好	中	中	好
沥青漆	好	中	好	好	好	中
生漆	好	差	好	好	好	差
氯化橡胶漆	好	好	好	好	好	好
环氧漆	好	好	中	好	好	中
环氧沥青漆	好	好	好	好	好	差
聚氨基甲酸酯漆	好	好	好	好	好	中
氯磺化聚乙烯漆	好	好	好	中	中	好
氯乙烯醋酸乙烯共聚树脂漆	好	好	好	好	好	好
醇酸耐酸漆	中	差	差	中	好	好
酚醛耐酸漆	中	差	中	差	中	差
脂胶漆	中	差	差	差	中	差

6.3.2 脱脂(碱洗)槽

对所有的碱性脱脂液或以表面活性剂为主的脱脂液，用低碳钢板制造脱脂槽比较合适。槽内壁不需要涂层保护，而外壁应有涂层保护并注意保持干燥，以减少表面腐蚀，很少需要维修，维修也很方便。可用低碳钢制作的换热器(供热介质可为热水、蒸汽和燃气)或用电加热器对脱脂液进行加热。

6.3.3 酸洗槽、溶剂槽和清洗槽

1. 槽基体处理

酸洗槽、溶剂槽和清洗槽要能耐酸或氯化铵的腐蚀。这些槽一般用钢或混凝土做好结实的基体槽，然后在槽内壁的基体表面铺设耐腐蚀材料层。基体材料表面层要预先进行处理，处理是否得当将直接影响到防腐蚀工程的质量。

用水泥砂浆混凝土构建槽体，要求坚固结实，不应有起砂、脱壳、裂缝、麻面等现象。表面平整度、表面坡度应符合设计规定，以及建筑防腐蚀工程施工及验收规范的要求。内外角处应做成圆弧形或斜面。在做防腐蚀层前，应将基体表面的浮灰、污物清除干净，并干燥至20mm深度内的含水率不大于6%（质量分数）。处理好的基体材料宜用清洁的织物加以覆盖，以防弄脏。

钢铁槽体的表面做防腐蚀层前应该进行处理，应把焊渣、毛刺、铁锈、油污、尘土等清除干净，使表面平整洁净呈金属光泽，较好的方法是进行喷砂处理。

穿过防腐蚀层的管道、套管、埋设件或预留孔等，应预先埋置或留设在基体中。

2. 防腐蚀层的构造

防腐蚀层包括面层和隔离层。面层(包括与隔离层间的结合层)不但直接接触腐蚀介质，而且承受机械作用。钢结构件在进行热浸镀锌的前处理时，常常会碰撞和刮拭防腐面层，所以面层的坚实性、耐磨性尤为重要。隔离层(包括基体表面的找平层)主要防止由面层渗入

的腐蚀液体侵蚀基体。

面层常用材料：当槽体要经受较大冲击载荷时，通常用耐酸砖、厚的耐酸块石（花岗石、辉绿岩等）、带钢筋网的水玻璃混凝土。当槽体仅经受一般冲击载荷时，可用耐酸陶瓷板、水玻璃混凝土、沥青砂浆、玻璃钢、沥青或树脂浸渍砖、聚氯乙烯或聚丙烯板。木材的耐酸性不是很好，但价格低廉，施工、维修、更换很方便，因而也常用来做面层材料，但相应的隔离层要求较高，例如，用 2mm 以上厚的玻璃钢。

常用的结合层和勾缝材料见表 6-4，常用的隔离层材料见表 6-5。

表 6-4　常用的结合层和勾缝材料

材　料	用　途	优　点	缺　点
水玻璃胶泥	黏结耐酸陶瓷板、耐酸块石	耐浓酸、氧化酸、酸性盐，耐较高温度，价格较廉	抗渗性较差，施工周期长
沥青胶泥	黏结沥青浸渍砖、耐酸陶瓷板、耐酸块石	耐稀酸、含氟酸，价格低廉	耐温性不好，高温软化，低温脆裂
酚醛胶泥	常用于勾缝，少用于结合层	耐酸（尤其是盐酸）、耐水性好	耐强氧化酸差，价格贵
环氧胶泥	常用于勾缝，少用于结合层	耐中等浓度的酸，黏结力较强	耐强氧化酸差，价格贵
呋喃胶泥	常用于勾缝，少用于结合层	耐中等浓度的酸，耐热性较好	不耐强氧化酸，黏结力稍差

表 6-5　常用的隔离层材料

隔离层材料	黏 结 材 料	隔离层表面处理	备　注
2 层石油沥青油毡	沥青胶泥	热沥青表面压粗砂	最常用
1 层再生橡胶沥青油毡	沥青胶泥	热沥青表面压粗砂	耐腐蚀较普通油毡好
1 或 2 层 0.15～0.2mm 玻璃布	环氧树脂	涂面料表面压粗砂	耐酸性好，价格贵
1 层 1～2mm 软聚氯乙烯板	沥青胶泥、过氯乙烯胶泥等	软聚氯乙烯板表面锉毛	耐酸性好，价格贵

3. 酸洗槽和溶剂槽的加热

酸洗槽的加热根据所用的酸而定。硫酸在大约 65℃时酸洗效率最高，通常将蒸汽通入放在酸槽中的铅制蛇形管加热酸液。若使用盐酸，除了寒冷的天气外，一般不需要加热。

溶剂槽可用通蒸汽或热水的钛制蛇形管或石墨换热器加热。近年来采用通热水的聚四氟乙烯（俗称塑料王）薄壁细管制成的换热器加热溶剂，效果也很好。

6.4　烘干槽或烘干平台

烘干槽或烘干平台通常由耐火砖或红砖砌成，烘干平台也有用铸铁板做面板的。可利用镀锌炉燃烧的废气进行烘干加热，但镀锌炉用煤和重油作为加热燃料时，燃烧废气不能直接引进烘干槽或带孔的烘干平台，而应通入换热器，在换热器内与空气进行热交换，用加热了的热空气烘干工件。为了使烘干槽内有足够高且均匀的温度，烘干槽上必须加保温盖，保温盖应做成可移动式的。

6.5 辅助设备

6.5.1 抽锌泵和捞渣器

当检修或更换锌锅时，利用抽锌泵可快速将锌液从锌锅内抽出，一般抽锌泵每分钟可抽取1～2t锌液。抽锌泵如图6-11所示。当使用抽锌泵时，必须按照下列程序操作：用起重机将锌泵垂直吊起，停留在锌浴面上方10cm处，利用锌液的辐射热将锌泵加热3～5min；然后将锌泵泵体缓慢地浸入锌浴表面以下10cm左右，让锌泵加热3～5min后，用手转动泵轴，如泵轴已能自由转动，则应立即启动锌泵(注意泵轴旋转的方向是否正确)，避免抽锌泵内铁锌合金过量生长而堵塞锌泵。抽锌液时要定时检查锌液温度。抽锌泵流锌管的管口保持高于锌锭模或备用锌锅里的锌液面一个较小距离，以减少锌液冲击飞溅氧化和对锌锭模或备用锌锅的损伤。完成抽锌后，锌泵离开剩余锌液前后，必须继续不停地运转一段短时间，以便将泵内剩余的锌全部清除掉。

锌泵吊离锌锅后，一定要用一些钢板做的隔离片垂直地插入锌锅底部的剩余锌液中，以使锌液凝固后能分成若干块大锌锭；每块锌锭凝固前要预先插入一个结实的钢吊环，吊环通常用粗钢筋弯成Ω形，这样便于取出和吊运这些大锌锭。

锌锅内的锌渣要定期进行清除。打捞锌渣一般用捞渣器进行。捞渣器的形式有多种，抓斗式捞渣器是比较常见的一种，如图6-12所示。抓斗式捞渣器有一个活动抓斗，抓斗的钢

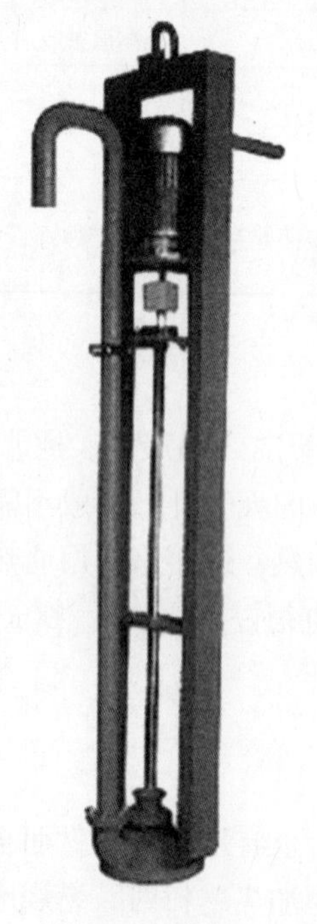

图6-11 抽锌泵

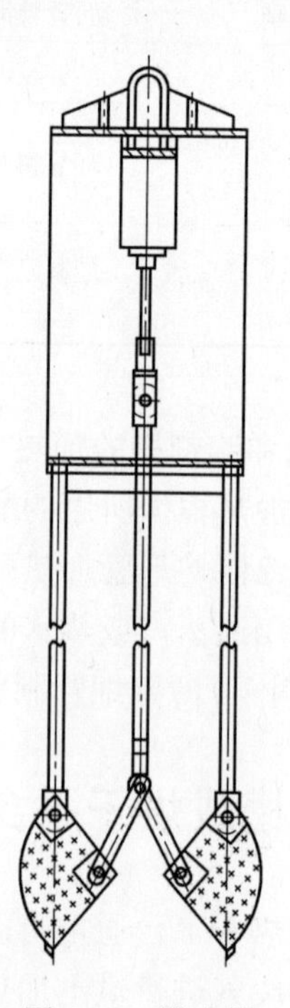

图6-12 捞渣器

板上有很多小孔可让锌液自由流出，而锌渣则留在斗内。捞渣器由车间的起重机悬吊在锌锅上方操作，出于安全考虑，抓斗的开合一般是气动控制的，用气缸带动连杆操纵抓斗的开合。

抽锌泵和捞渣器工作时浸入锌浴的钢部件，都应该用耐锌液腐蚀的材料制作。

6.5.2　锌液储存罐

锌液储存罐（简称储锌罐）是用于热浸镀锌生产线的储存锌液的装置，其结构主要包含加热、控温、保温部分和一个圆柱形锌锅，如图 6-13 和图 6-14 所示。当热浸镀锌生产线停炉检修或更换锌锅时，用抽锌泵将原锌锅内的液态锌抽入锌液储存罐中，盖上保温盖，对罐内锌液进行加热保温。整个罐体采用高性能保温材料保温，以减少散热。用锌液储存罐可对原锌锅内的锌液进行长时间（几天至数十天）保温（锌液温度在 420℃ 以上）储存。待停炉检修或更换锌锅完成后，即可将罐内的锌液抽回锌锅中。热浸镀锌生产线即可马上正常加热准备生产，这就大大减少了通常载入冷锌锭再长时间缓慢加热升温至锌锭熔化的时间，并减少了锌锭长时间加热过程中锌的氧化损失。

通常检修或更换一个锌锅的周期是以年为计的。每年中，锌液储存罐要能数次方便装车运输到不同地区的多个热浸镀锌厂家进行锌液储存保温。因此，其体积不宜做得过大，50～60t 的容锌量是比较合适的。对于容锌量数百吨的大、中型的锌锅，抽锌时需要用到多个锌液储存罐，如图 6-13 和图 6-14 所示。也可以在将锌液抽回锌锅前，在锌锅中预置少部分锌锭，这样可适当减少需要储存的锌液的量。

图 6-13　锌液储存罐

图 6-14　用抽锌泵将锌液从锌锅抽到锌液储存罐

废酸废水处理装置和排烟除灰设备也是热浸镀锌厂中重要的辅助装置和设备，但人们常根据它们的功能而归于环境保护类装置及设备，本书将在第 8 章介绍有关内容。

6.5.3　溶剂处理装置

溶剂综合处理装置的主要功能是调整助镀溶液的 pH 值和除去其中的铁离子。溶剂的 pH 值可通过加氨水来调节，氨水与溶剂中过量的盐酸反应会生成助镀液成分之一的氯化铵，氯化铵是助镀液中需要经常补充的原料。助镀液中的二价铁离子在微酸性条件下生成的氢氧化亚铁不易沉淀，但将二价铁氧化成三价铁，形成氢氧化铁 $Fe(OH)_3$ 沉淀即可加以去除。

向助镀液中添加氧化剂或鼓入空气或采用电化学方法等，可以使二价铁氧化成三价铁。溶剂综合处理装置还可处理脱锌液(含氯化锌和盐酸)与热浸镀锌助镀液的混合液，使之成为适合热浸镀锌工艺要求的助镀液，这样就充分利用了脱锌液中的氯化锌来补充生产过程助镀液中不断消耗的氯化锌。溶剂综合处理装置流程图如图6-15所示。由图6-15可知，将部分脱锌液及助镀液抽入中和罐中混合中和，由pH计控制的自动加液装置添加氨水调节其pH值。中和处理后，将溶液导入氧化罐中，采用鼓空气氧化或添加氧化剂的方法，使溶液中的二价铁氧化成三价铁，从而形成氢氧化铁沉淀。将氧化罐中的混浊液导入斜板沉淀器中进行沉淀处理，澄清的溶液从沉淀器上部出液口返回助镀池中使用，沉于沉淀器底部的沉淀物用泥浆泵泵入压滤机中压滤，压滤出的溶液返回中和罐中再处理，剩下的干渣可运走。整个过程连续循环进行，以保证助镀液成分控制在合适的工艺条件范围。

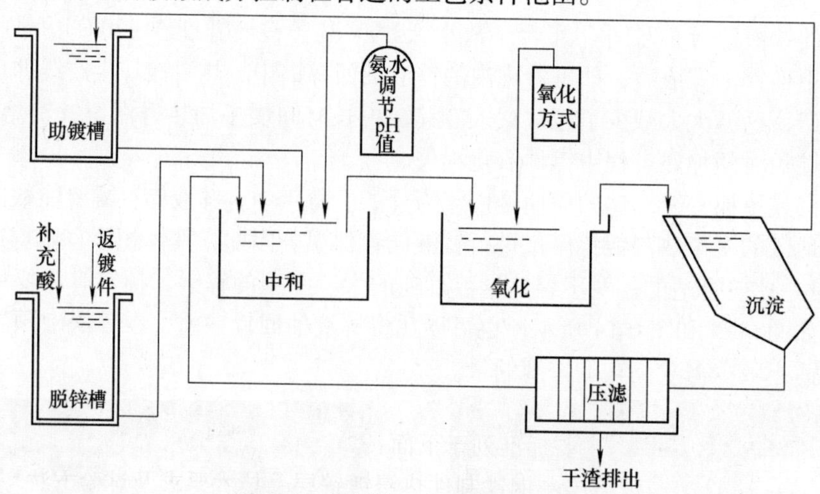

图6-15 溶剂综合处理装置流程图

第7章 钢铁制件热浸镀锌标准及质量要求

7.1 国内外热浸镀锌主要标准

由型钢、圆钢、钢板、钢管等组成的钢结构件(如输电铁塔、微波塔、公路护栏、路灯杆、建筑构架、桥梁构架)以及铸铁件、锻钢件等零部件的热浸镀锌，即钢铁制件热浸镀锌，又称为批量热浸镀锌(batch hot-dip galvanizing)或常规热浸镀锌(general hot-dip galvanizing)。与生产镀锌钢板、镀锌钢丝的连续热浸镀锌不同，批量热浸镀锌的工件浸锌时间长，出锌浴后镀层不经辊压和吹抹，得到的镀锌层较厚，因而具有较长的室外耐腐蚀寿命。

对批量热浸镀锌镀层的质量要求，世界各国都有相应的技术标准。我国制定颁布了钢铁制件热浸镀锌通用国家标准 GB/T 13912。一些部门和行业制定的其他标准中也包含有对热浸镀锌的要求，例如，GB/T 18226《公路交通工程钢构件防腐技术条件》及 GB/T 2694《输电线路铁塔制造技术条件》中，都对热浸镀锌质量提出了要求。但这些不同的标准对热浸镀锌质量的要求往往存在差别，采用有关标准时要注意这一点。ISO 1461 标准于 2009 年进行了修订，现已为欧洲各国采用，代替各国原有的热浸镀锌标准。我国目前实施的 GB/T 13912—2002，基本采用了 1999 年版 ISO1461 中的相关内容。现将我国和其他一些国家及 ISO 有关钢铁制件热浸镀锌的主要标准列于下面：

1）GB/T 13912《金属覆盖层　钢铁制件热浸镀锌层　技术要求及试验方法》。

2）GB/T 13825《金属覆盖层　黑色金属材料热浸镀锌层　单位面积质量称量法》。

3）GB/T 2694《输电线路铁塔制造技术条件》。

4）GB/T 18226《公路交通工程钢构件防腐技术条件》。

5）GB/T 4956《磁性基体上非磁性覆盖层　覆盖层厚度测量　磁性法》。

6）ISO 1461《Hot dip galvanized coatings on fabricated Iron and Steel Articles—Specifications and Test Methods》(《钢铁制件热浸镀锌　技术条件及试验方法》)。

7）ASTM A123《Zinc(Hot-Dip Galvanized)Coatings on Iron and Steel Products》(《钢铁制品热浸镀锌镀层》)。

8）ASTM A153《Zinc Coating(Hot Dip)Coatings on Iron and Steel Hardware》(《钢铁五金件热浸镀锌镀层》)。

9）ASTM A767《Zinc Coated(Galvanized)Steel Bars for Concrete Reinforcement》(《用于钢筋混凝土的镀锌钢筋》)。

10）ASTM A394《Steel Transmission Tower Bolts》(《输电铁塔螺栓》)。

11）ASTM A90《Test Method for Weight of Coating on Zinc-Coated(Galvanized)Iron or Steel Articles》(《镀锌钢铁制件镀层重量的试验方法》)。

12）ASTM E376《Recommended Practice of Measuring coating Thickness by Magnetic-Field or Eddy-Current(Electromagnetic)Test Methods》(《用磁场法或涡流法测量涂层厚度的推荐方

法》)。

13）ASTM A780《Practice for Repair of Damaged Hot Dip Galvanized coatings》(《修复已损坏热浸镀锌层的实践方法》)。

14）ASTM A143《Safeguarding Against Embrittlement of Hot-dip Galvanized Structural Steel Products and Procedure for Detecting Embrittlement》(《热浸镀锌钢结构件防止脆性的保护措施及测定脆性的方法》)。

15）JIS H 8641《溶融亜鉛めつき》(《热浸锌镀层》)。

7.2 热浸镀锌层的质量要求

热浸镀锌层的质量要求主要包括外观、厚度(附着量)和附着强度(附着性)等方面，此外在一些标准中还要求均匀性(硫酸铜试验)，以下将对这些质量要求做一些介绍和讨论。

7.2.1 镀层外观

GB/T 13912—2002 中规定，目测所有热浸镀锌制件，其主要表面应平滑，无滴瘤、粗糙和毛刺(如果这些锌刺会造成伤害)，无起皮，无漏镀，无残留的溶剂渣，在可能影响热浸镀锌工件的使用或耐蚀性的部位不应有锌瘤和锌灰。只要镀层的厚度大于规定值，被镀制件表面允许存在发暗或浅灰色的色彩不均匀区域，潮湿条件下存储的镀锌工件，表面允许有白锈(以碱式氧化锌为主的白色或灰色腐蚀产物)存在。

热浸镀锌的主要目的是防腐而非装饰，所以不能主要依据美观性来判断质量的好坏。热浸镀锌并不能显著改善工件镀前原有的表面状态，如基体表面有严重的锈蚀坑、划伤痕迹等，镀锌后仍会显示出来。对常规热浸镀锌镀层的表面粗糙度的理解和评判，不同于经机械辊挤和吹抹的连续热浸镀锌制品(如镀锌钢板和镀锌钢丝)。

局部露铁又称漏镀，这是一种所有标准中都规定不可接受的镀层缺陷。由于锌对钢铁基体有牺牲保护作用，故露铁直径小于 ϕ2mm 时不大会影响镀件的耐蚀性。在 GB/T 13912 以及国外标准中，都提到可以对漏镀和不慎损坏的镀层进行修复，并对允许修补的面积、修补应达到的厚度都有较明确的要求。

镀锌后产生的毛刺、滴瘤和多余结块，可小心地打磨掉。但是操作不慎可能打磨过量，反而影响镀件的耐蚀性，所以如果它们不妨碍使用则可以不去除它。在接头等连接部位多余的锌或锌渣必须清除掉，不要让它们影响安装的稳固性。

有时锌层表面出现微粒状的凸起，里面是锌渣粒子，影响镀层外观，但不影响耐蚀性。这种缺陷的产生，涉及镀锌炉的设计、操作工艺甚至锌浴的配方。

近年来，生产的钢材大多为镇静钢，钢中的硅含量容易使热浸镀锌件产生灰暗无光的镀层，严重时镀层呈暗灰色，这是因为硅促使铁锌合金层过度生长露出表面而造成的。镀层呈这种色泽对镀件抗大气腐蚀性没有影响。对硅含量不是很高的钢，改变镀锌工艺可减少或消除灰暗镀层的出现。但对硅含量特别高($w_{Si}\geqslant 0.3\%$)的钢(在低合金高强度钢中是常见的)，目前还没有简单易行的办法能完全消除这种现象。现在我国结构件生产企业对低合金高强度结构钢的选择余地不大，结构件生产厂和热浸镀锌厂就验收标准等有关事项事先应充分协商。

热浸镀锌镀件堆放一段时间后表面往往会出现白色的痕迹，在潮湿天气或淋雨后这种现象就更易出现且更为明显。这种白色的痕迹通常称为储存湿锈（wet storage stain）或白锈。白锈是在特定环境（水分高，不通风）下生成的，一旦脱离这种环境便会逐渐消失。白锈的形成对锌层的损耗很小，所以对镀件耐蚀性的影响也很小。热浸镀锌制品要保持光亮的外观，需要有特别的储存条件。热浸镀锌后立即进行钝化处理，可避免或减少白锈的出现。

7.2.2　锌层厚度

锌层厚度直接关系到镀件的耐蚀寿命，必须符合要求。GB/T 13912—2002 中对未经离心处理的和经离心处理的钢铁制件热浸镀锌镀层厚度的规定，分别见表 7-1 和表 7-2。表 7-3 是 GB 2694—2010 中对镀层厚度的规定，和 1981 年版本相比，增加了厚度最小值内容。表 7-4 则是 GB/T 18226—2015 对有关类型的热浸镀锌件镀层厚度的规定。

ISO 1461 标准于 2009 年进行了修订，其中对与一定镀层厚度对应的镀层质量做了明确规定，见表 7-5 和表 7-6。镀层厚度与镀层质量两者间换算时镀层密度是以 $7.2g/cm^3$ 计算的。标准中还注明，当重量试验（镀层质量）的结果与镀层厚度试验的结果不一致，以前者优先于后者。对离心处理的带螺纹件的分类，则简化为 >6mm 和 ≤6mm 两类。美国材料试验学会（ASTM）将钢铁结构件分为钢制品（由型钢、圆钢、钢管和钢丝加工而成的结构件），五金件（铸件、锻压件、紧固件）和混凝土用钢筋等，分别采用不同的热浸镀锌标准，这些标准中对热浸镀锌层厚度的规定见表 7-7 ~ 表 7-9。镀层厚度及镀层质量公英制之间的换算，参见表 7-10。目前我国一些热浸镀锌企业和钢结构件生产厂还会遇到某些用户仍采用日本热浸镀锌标准的情况，相关标准对镀层厚度的规定见表 7-11。

表 7-1　未经离心处理的镀层厚度最小值（GB/T 13912—2002）

镀件材料	厚度/mm	镀层局部厚度/μm	镀层平均厚度/μm
钢	≥6	70	85
钢	3 ~ <6	55	70
钢	1.5 ~ <3	45	55
钢	<1.5	35	45
铸铁	≥6	70	80
铸铁	<6	60	70

注：本表所列为一般的要求，具体产品可根据材料厚度等级、产品分类等，在和本标准不冲突情况下增加镀层厚度及其他的要求。

表 7-2　经离心处理的镀层厚度最小值（GB/T 13912—2002）

制件	厚度/mm	镀层局部厚度/μm	镀层平均厚度/μm
螺纹件	≥20	45	55
	6 ~ <20	35	45
	<6	20	25
其他制件（包括铸铁件）	≥3	45	55
	<3	35	45

注：本表为一般的要求，紧固件和具体产品可以有不同的镀层厚度要求。

表 7-3 镀锌层厚度和镀锌层附着量（GB/T 2694—2010）

镀件厚度/mm	厚度最小值/μm	附着量/（g/m²）	厚度/μm
		最小平均值	
≥5	70	610	86
<5	55	460	65

注：在镀锌层的厚度大于规定值的条件下，被测制件表面可存在发暗或浅灰色的色彩不均匀。

表 7-4 镀锌钢结构件镀层质量要求（GB/T 18226—2015）

钢结构件类型		平均镀层质量/（g/m²）	
		Ⅰ	Ⅱ
钢板厚度/mm	3～<6	600	
	1.5～<3	500	
	<1.5	395	
紧固件、连接件		350	
钢丝直径/mm	>1.8～2.2	105	230
	>2.2～2.5	110	240
	>2.5～3.0	120	250
	>3.0～3.2	125	260
	>3.2～4.0	135	270
	>4.0～7.5	135	290
	>7.5～10.0	—	300

表 7-5 非离心处理试样的最小镀层厚度和镀层质量（ISO 1461—2009）

镀件材料	镀件厚度/mm	最小局部镀层厚度/μm	最小局部镀层质量/（g/m²）	最小平均镀层厚度/μm	最小平均镀层质量/（g/m²）
钢	>6	70	505	85	610
钢	>3～6	55	395	70	505
钢	1.5～3	45	325	55	395
钢	<1.5	35	250	45	325
铸铁	≥6	70	505	80	575
铸铁	<6	60	430	70	505

注：1. 本表所列为一般的要求，个别制品的标准可包含不同的要求，包括不同的厚度分类。表中列出的局部镀层厚度和平均镀层厚度作为争议时的参考。

2. 镀层质量以镀层密度 7.2g/cm³ 计得。

表 7-6 离心处理试样的最小镀层厚度和镀层质量（ISO 1461：2009）

镀件	镀件厚度/mm	最小局部镀层厚度/μm	最小局部镀层质量/（g/m²）	最小平均镀层厚度/μm	最小平均镀层质量/（g/m²）
带螺纹件	直径>6	40	285	50	360
	直径≤6	20	145	25	180

（续）

镀件	镀件厚度/mm	最小局部镀层厚度/μm	最小局部镀层质量/(g/m^2)	最小平均镀层厚度/μm	最小平均镀层质量/(g/m^2)
其他工件（包括铸件）	≥3	45	325	55	395
	<3	35	250	45	325

注：1. 本表所列为一般的要求，个别制品的标准可包含不同的要求，包括不同的厚度分类。表中列出的局部镀层厚度和平均镀层厚度作为争议时的参考。

2. 镀层质量以镀层密度 7.2g/cm^3 计得。

表 7-7 不同厚度的各类钢制品的最小镀层平均厚度（ASTM A123/A123M：2013）

（单位：μm）

钢材类别	钢材厚度范围/in（mm）					
	<1/16（<1.6）	1/16～<1/8（1.6～<3.2）	1/8～3/16（3.2～4.8）	>3/16～<1/4（>4.8～<6.4）	1/4～<5/8（6.4～<16.0）	≥5/8（≥16.0）
结构型钢	45	65	75	75	100	100
条钢及棒材	45	65	75	75	75	100
钢板	45	65	75	75	75	100
钢管	45	45	75	75	75	75
线材	35	50	65	65	80	80
增强钢筋					100	100

表 7-8 钢铁五金件热浸镀锌层的最小平均厚度（ASTM A153：2003）

材料的等级	所有试样最小镀层平均厚度/（oz/ft^2）[g/m^2]	单个试样最小镀层平均厚度/（oz/ft^2）[g/m^2]
A 级—钢铁铸件、可锻铸铁	2.00 [610]	1.80 [550]
B 级—轧制、锻压工件（包括在等级 C、D 中的除外）		
B1—厚度 3/16in（4.76mm）及以上而长度 15in（381mm）以上	2.00 [610]	1.80 [550]
B2—厚度 3/16in（4.76mm）以下而长度 15in（381mm）以上	1.50 [458]	1.25 [381]
B3—厚度任意而长度 15in（381mm）及以下	1.30 [397]	1.10 [336]
C 级—直径 3/8in（9.52mm）以上的紧固件及小件，垫片厚度 3/16in（4.76mm）和 1/4in（6.35mm）之间	1.25 [381]	1.00 [305]
D 级—直径 3/8in（9.52mm）及以下的紧固件、铆钉、钉子及小件，垫片厚度 3/16in（4.76 mm）以下	1.00 [305]	0.85 [259]

表 7-9 混凝土钢筋的锌层质量（ASTM A767/A767M：2005）

镀层等级		最小锌层质量/（g/m^2）[oz/ft^2]
等级 1	钢筋尺寸 10 号	915 [3.00]
	钢筋尺寸 13 号及以上	1070 [3.50]
等级 2	钢筋尺寸 10 号及以上	612 [2.00]

表 7-10 热浸镀锌层厚度及镀层重量的公、英制换算表(ASTM A123/A 123M:2013)

镀层等级	镀层厚度/mils	镀层质量/(oz/ft²)	镀层厚度/μm	镀层质量/(g/m²)
35	1.4	0.8	35	245
45	1.8	1.0	45	320
50	2.0	1.2	50	355
55	2.2	1.3	55	390
60	2.4	1.4	60	425
65	2.6	1.5	65	460
75	3.0	1.7	75	530
80	3.1	1.9	80	565
85	3.3	2.0	85	600
100	3.9	2.3	100	705

表 7-11 锌层附着量及硫酸铜试验次数（JIS H8641：2007）

种类	标记	硫酸铜试验次数	附着量/（g/m²）	锌层平均厚度/μm（参考）
1类A	HDZ A	4	—	28~42
1类B	HDZ B	5	—	35~49
2类35	HDZ 35	—	>350	>49
2类40	HDZ 40	—	>400	>56
2类45	HDZ 45	—	>450	>63
2类50	HDZ 50	—	>500	>69

从上述有关标准的规定可以看出，镀层厚度与镀件厚度密切相关，因为热浸镀锌镀层厚度受镀件的几何尺寸影响。一般情况下，厚工件要获得较厚镀层是没有困难的，而表面平滑的薄钢板(如厚度在3mm以下)想得到较厚的镀层是很困难的。小零件热浸镀锌时不便吊挂，通常成批装在筐内浸锌，为防止镀件黏结并获得表面平滑的镀层，浸锌后必须经离心处理或爆锌来去除余锌，因而镀层的附锌量会小一些。在对镀层厚度的要求上，各标准之间有一定差异，其中美国标准 ASTM A123 和 A767 要求较厚，而日本标准 JIS H8641 的要求稍薄。

GB/T 13912—2002 中指出，热浸镀锌层的防腐蚀时间大致与镀层厚度成正比，在严酷的腐蚀条件下服役和(或)要求更长的服役时间的制件，其镀层厚度要求可以高于本标准的规定要求。但是镀锌层的厚度要受基材的化学成分、制件的表面状况、制件的几何尺寸、热浸镀工艺参数等因素的限制。当需要较厚镀层时，供需双方应探讨热浸镀技术上的可能性并注明相关技术条件。

有些热浸镀锌企业和用户往往只重视外观质量是否平整光亮，而忽视对锌层厚度要求，甚至不做镀锌层厚度测试，这是不应该的。镀层太薄的镀件无法保证足够的使用寿命。采用加铝量较高的锌浴(如 Zn-Al-RE、Zn-Al-Mg)镀锌时要特别注意，因为锌浴中质量分数为0.2%的铝含量已足以使镀层明显减薄，很可能造成大面积镀层厚度达不到要求。

7.2.3 附着力

热浸镀锌层应有足够的附着力，保证镀件在正常的搬动、装卸、运输、安装过程中经受碰撞时，镀锌层不会开裂或剥离。而镀件安装后，一般不会再经受尖锐硬物的猛烈撞击，在使用过程中不会再剥离脱落。

GB/T 13912—2002 中指出，一般厚度的热浸镀锌工件在正常工作条件下应没有剥落和起皮现象。镀锌后再进行弯曲和变形加工产生的镀层剥落和起皮现象不表示镀层的附着力不好。若需方有特殊要求，必须测试附着力，则由供需双方协商。而在 GB 2694—2010 中则明确规定，镀层要经落锤试验，锌层不凸起、不剥离。落锤试验的条件比较苛刻，能经受落锤试验的镀层附着力肯定没有问题。原英、日标准中说明附着性的试验方法由供需双方议定，可采用落锤试验。在美国 ASTM 标准中，以前曾规定协商采用落锤试验，但 1989 年已将其取消。附着力的试验可采用硬刀试验，若锌层附着性良好，锋利的刀刃或尖刀用力铲入时，只能铲出切屑，不会有整片锌层崩落而露出铁基体。硬刀试验可适用于所有类型的镀锌件，而落锤试验只适用于表面平整且较厚工件，如原日本标准规定适用于 8mm 以上，以前的美国标准也规定适用于 5/16in(7.94mm)以上的厚件。

采用低硅钢的镀锌件，镀层厚度适中，合金层较薄而纯锌层较厚，落锤试验一般均无问题。近年来由于硅镇静钢的应用越来越多，镀层超厚较为多见，且镀层中铁锌合金层较厚，甚至几乎占据整个镀层。由于铁锌合金的性能较脆，这些镀层可能经受不起落锤试验，但使用中并无问题。

7.2.4　均匀性

以前一些国外标准中曾规定用硫酸铜试验检验镀锌层均匀性，实际上硫酸铜试验是测定最小镀锌层厚度的方法，不是测定最大厚度与最小厚度之间的差，所以“用硫酸铜试验检验镀锌层均匀性”的提法并不十分确切。另外，纯锌层与铁锌合金层在硫酸铜溶液中的溶解速度有很大差异，所以试验中浸入次数与附锌量的关系并不能很好对应。GB/T 2694—2010 中规定，镀锌层应均匀，做硫酸铜试验，耐浸蚀次数应不少于四次，且不露铁。事实表明，只要附锌量达到标准，硫酸铜试验次数比标准规定的四次要多得多。

另外，硫酸铜试验是对镀层的破坏性试验，对一些大的钢铁制件显然是不太合适的。对浸锌后经吹抹而形成最终镀层的镀锌钢管和镀锌钢丝产品，试验取样就方便得多，故仍采用硫酸铜试验检验镀锌层均匀性，浸蚀次数由相应的标准规定。

比较而言，像 GB/T 13912 规定最小锌层厚度的方法，既实用又可行。现在 ISO 1461 及美国 ASTM A123 中都已取消了硫酸铜试验；在日本标准中，有一类镀件可不规定锌层附着量而只要求五次硫酸铜试验，其他类型镀件规定附锌量的就不必做硫酸铜试验。

热浸镀锌的作用主要是防腐蚀，镀层必须连续，有足够厚度和黏附性，这是最基本的质量要求，是必须保证的。质量好的镀层更应兼备外观好，即镀层平整、光滑、无毛刺滴瘤及异物(如锌灰、锌渣、溶剂渣或镀后污染物等)，色泽均匀光亮。

7.3　热浸镀锌层的检验方法

7.3.1　试件抽样方法

GB/T 13912—2002 中规定，用于镀层厚度试验的样本应从每一检查批中随机抽取，应按要求(见表7-12)从每一检查批中抽取不少于最小数量的制件组成样本。

表7-12　按检查批的大小确定样本大小

检查批的制件数量	样本所需制件的最小数量	检查批的制件数量	样本所需制件的最小数量
1～3	全部	1201～3200	8
4～500	3	3201～10000	13
501～1200	5	>10000	20

7.3.2　镀层厚度测量方法

1. 基本测量面

GB/T 13912—2002中表明，基本测量面是指按规定次数进行检测试验的区域，其数量与样本中各制件的几何尺寸有关，由制件上主要表面(该热浸镀锌表面的镀层对制件的外观和使用性能是极重要的)的面积大小决定，具体规定见表7-13。

表7-13　基本测量面的数量与主要表面面积的关系

主要表面面积	基本测量面的数量
$>2m^2$	≥3
$>100cm^2\sim 2m^2$	≥1
$>10\sim 100cm^2$	1
$\leqslant 10cm^2$	由足够数量的镀件共同提供至少$10cm^2$的面积

2. 镀层厚度测量方法

在热浸镀锌制件尺寸允许的情况下，镀层厚度的测量不应在离边缘小于10mm的区域、火焰切割面或边角进行，因为这些部位的镀锌层往往会偏离正常情况。例如，火焰切割会改变切割表面钢材的组织和成分，使该处难以得到规定的镀层厚度；为了改变这种情况，需磨去火焰切割表面层再热浸镀锌。

检测镀锌试样上镀层的重量和厚度有几种试验方法可供选择，其中有的试验方法是非破坏性的，如磁性测厚法；有的试验方法则需除去锌镀层或者切割热浸镀锌制件，是破坏性的，如称量法、金相法。GB/T 13912—2002中指出，破坏性试验方法会对热浸镀锌制件造成破坏，一般情况下应采用非破坏性试验方法，但是，若产生争议，则应采用称量法仲裁。除非在有争议的情况下，或供方许可切割其制件做称量法试验，否则都应采用非破坏性试验方法。总之，检测试验方法的选择要视镀锌制件的尺寸、形状和数量而定。

(1) 磁性测厚法　用镀层测厚仪来测量镀层厚度，试验方法按GB/T 4956《磁性基体上非磁性覆盖层　覆盖层厚度测量　磁性法》要求进行。这种测厚试验是一种非破坏性试验，最适用于热浸镀锌生产在线质量控制。镀层测厚仪便于携带，在远离试验室的室外使用也极其方便。测量时，在每个不小于$10cm^2$的基本测量面内至少取5个测量点测厚，取该基本测量面内全部测点测量值的算术平均值为该基本测量面的镀层局部厚度。每个样品所有基本测量面的镀层平均厚度应该不低于标准中相应的规定。如果样品是由不同厚度的钢组合而成的，则每种厚度部分的镀层厚度应分别符合标准中相应的厚度要求。

用磁性测厚仪可以快速简便地测量热浸镀锌层的厚度。为了使测量值可靠，这些磁性测厚仪要用已知厚度的无磁性的标准校验片进行校准，并且按照制造商的使用说明书操作。

最常见的一类磁性测厚仪是电子式的，如图7-1所示。其原理是，磁性测厚仪的磁性探测头与被镀覆的基体之间分隔距离发生变化后，它们之间的磁通量也将发生变化，测厚仪内一个带温度补偿的磁传感器则测出磁通量的改变，探测信号通过电子线路放大并将其转换为镀层厚度值显示出来。电子式磁性测厚仪典型精度是±5%。

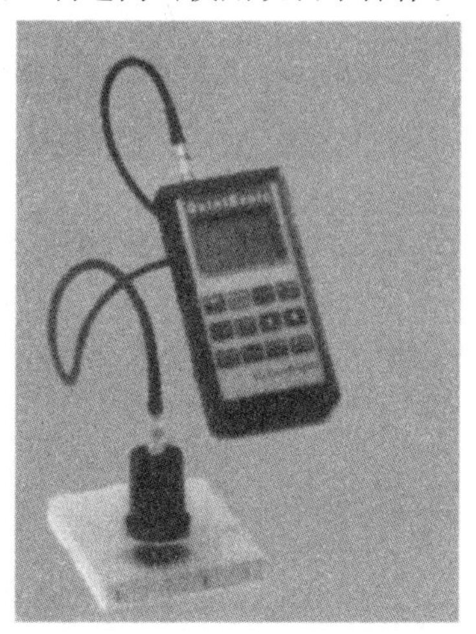
图7-1　电子式磁性测厚仪

另一类磁性测厚仪是磁力平衡式的，如图7-2所示。将测厚仪紧靠在镀件上，使得磁体末端与镀层表面垂直接触，磁体对基体的吸引力大小取决于镀层厚度。慢慢旋转刻度环，当与磁体相连弹簧的张力刚好超过磁体和镀锌样品基体之间的吸引力时，磁体端部从镀层表面脱开，此时立即停止旋转刻度环。磁体端部即与镀层表面脱离接触由指示器显示，操作者也可以听到和感觉到。与弹簧张力相对应的镀层厚度已标定在刻度环上，可直接读数，单位为μm。

图7-2　磁力平衡式磁性测厚仪

这类仪表的优点是，可以测量任意位置的镀层厚度，测厚精度通常是读数的±10%。

为了尽量避免磁性测厚仪可能产生的误差，维护和使用时必须注意以下几点：

1）按照制造商提供的使用说明书仔细地操作及维护测厚仪。

2）测厚仪必须经常用已知厚度的无磁性薄膜进行校准。

3）切勿将磁性测厚仪暴露在强的交直流电磁场中，以免磁体发生变化，从而影响测厚仪的准确度。

4）如果镀件的基体厚度小于测厚仪要求的临界厚度，那么应该在基体的背面用同质材料垫厚，或者将测厚仪在镀件原材料的一个样品上重新进行校准后再使用。

5）不应该在靠近镀件的边缘、孔洞或内角的地方测试并获取读数。

6）当镀件的表面为曲面时，应该用曲面形状尺寸相同的基体材料重新校准后再测试。

7）测试的表面必须洁净，不能有尘土污垢、油脂、氧化物或腐蚀产物。

8）测量点应该避开镀层上明显凸出或不规则的部位。

9）应该记录足够多的读数以获得一个真实的平均值。

在 GB/T 4956 和 ASTM E376 中，提供了使用这些磁性测厚仪的方法，并列出了影响测试精度的因素。

（2）称量法 称量法又称脱锌法(stripping method)。GB/T 13912—2002 指出，称量法是仲裁的方法，按 GB/T 13825《金属覆盖层 黑色金属材料热浸镀锌层 单位面积质量称量法》要求进行。

对使用磁性法得到的局部厚度和平均厚度的关系有争议时，其测量结果应以称量法为准。按该方法测得的镀锌层的镀覆量应按镀层的密度($7.2g/cm^3$)换算成镀层厚度，见表 7-14。表 7-14 中的数据与表 7-10 中的数据略有出入，在 ASTM 标准中，镀层的密度是以 $7.1g/cm^3$ 进行换算的。

表 7-14 热浸镀锌层镀覆量与厚度的关系(GB/T 13912—2002)

镀覆量/(g/m^3)	20	35	45	55	60	70	80	85
厚度/μm	145	250	325	395	430	505	575	610

根据 GB/T 13825—2008，将试样浸入退镀溶液中，溶解试样表面的热浸镀锌层，称量镀锌层溶解前后的质量，按试样的质量损失计算试样单位面积上热浸镀锌层的质量。该方法适用于表面积容易测定的试样，如钢板、钢管、钢丝的制品。

在 GB/T 13912—2002 中未提及从制件上取样的要求，在 ASTM A90 和 A123M 中表明，可将整个制件脱锌，或从制件上取有代表性的可测量镀层面积不小于 $10in^2$($64.5cm^2$)的单个试样脱锌；对表面积大于 $160in^2$($100000mm^2$)的较大制件(组合件)，分别从两端以及从靠近中间的地方共抽取 3 个试样，每个试样镀层厚度及三个位置试样镀层的平均厚度均不低于标准中相应的要求。如果样品是由不同厚度的钢组合而成的，则每种厚度部分的镀层厚度应分别符合标准中相应厚度的要求。

退镀溶液的配制：将 3.5g 六次甲基四胺(乌洛托品)溶于 500mL 浓盐酸(密度为 1.19g/mL)中，用蒸馏水将此溶液稀释到 1000mL。退镀溶液的用量为每平方厘米的试样表面不少于 10mL。

热浸镀锌层的质量测定：试样用不侵蚀热浸镀锌层的有机溶剂脱脂烘干后称重，精确到单位面积镀层质量的 1%。将试样完全浸入室温下的退镀溶液中，观察试样表面析氢反应，以氢气析出平缓无变化时作为镀层溶解的终点。取出试样置于流动水中清洗，可用软刷刷去表面附着的松散物质，然后浸于无水乙醇中，迅速取出干燥后称重，称量精度同前。

测量试样退镀面积并精确到退镀面积的 1%，由下式计算出测点试样单位面积上热浸镀锌层的质量 m_A。

$$m_A = (m_1 - m_2)/A$$

式中 m_1——试样退镀前的质量(g)；

m_2——试样退镀后的质量(g)；

A——试样退镀面积(m^2)。

（3）显微镜法(金相法) 根据 GB/T 13912—2002，镀层厚度可以通过显微镜法来测定，测定过程按照 GB/T 6462 的要求进行，所使用的光学显微镜有一个带尺寸刻度的目镜，镀锌试样的横截面经过精心抛光和蚀刻。如果要了解热浸镀锌层的微观结构和厚度，显微检测是一个可靠的手段。这一测定方法明显的不足是：观察和测定的试样必须从镀锌件上切取下来，测定的镀层厚度仅对应于一个非常小的范围，不能反映试样上镀层的分布变化，要测定镀件的平均镀层厚度需要从镀件上取很多小试样；同时显微镜法是一种破坏性试验方法，不适用于大件或贵重件的常规检验。

（4）阳极溶解库仑法　GB/T 13912—2002 中镀层厚度的测定方法还包括阳极溶解库仑法，它也是一种破坏性试验方法，其测定过程按 GB/T 4955 要求进行。

7.3.3　附着力试验

GB/T 13912—2002 中表明，只要镀锌层与基体的附着力能满足制件在使用和一般操作条件下的要求，通常不需专门测试镀锌层和基体之间的结合力。若需方有特殊要求，可由供需双方协商确定附着力的试验方法。附着力试验应在主要表面和使用过程中对附着力有一定要求的区域内进行。

较常见的附着力试验方法有硬刀试验和落锤试验。

现行的 ASTM A123M 和 A153 中指出，附着力试验采用硬刀试验法(stout knife test)。此方法是检验镀锌层附着力的一种简单而有效的方法，虽然它并非真正测量了镀锌层与基体钢之间冶金结合的黏结强度，但它可以显示镀层的附着性能。试验方法是用一把利刀的尖端切入或铲入镀锌层。如果在刀尖前面镀层成片剥落或分离，露出基底金属，则镀层的附着力是不好的；如果镀层仅在刀尖处被切开或仅铲下了镀层的小屑片，那么镀层的附着力是好的。

落锤试验装置如图 7-3 所示。锤头用 45 钢制成，质量约为 210g，硬度为 40HS 以上；锤柄用橡木制成，质量约为 70g；底座为 250mm × 250mm × 15mm 的钢板。试验装置应安放在固定的木制试台上，支座转动轴处可加装滚珠轴承以减小摩擦阻力。

试件试验面应置于与锤子底座上表面同样高度的水平面。调整试样位置使打击点距离试样的边、角、端部不小于 10mm，锤头刃口面向台架中心。当锤柄与底座平面垂直时，让锤头向台架中心方向自由落下打击试样，以 4mm 的间隔平行打击 5 点后，检查镀锌层表面状态。试样上同一点不得重复打击。

7.3.4　硫酸铜试验

1. 硫酸铜溶液的制备和用量

将 36g 硫酸铜($CuSO_4 \cdot 5H_2O$)加入 100mL 的蒸馏水中，加热溶解后再冷却至室温，每升溶液加 1g 氢氧化铜[$Cu(OH)_2$]或碱式碳酸铜[$CuCO_3(OH)_2$]，搅拌均匀，静置 24h 以上，过滤或吸出上面澄清的溶液备用。硫酸铜溶液在温度 18℃时的密度应为 $1.18g/cm^3$，否则应以浓的硫酸铜溶液或蒸馏水进行调整。所用试剂为化学纯试剂。

硫酸铜溶液的用量按试样表面积计不少于 $8mL/cm^2$。配置的硫酸铜溶液可以用于多次试验，但最多不应超过 15 次。

用于试验的容器不得与硫酸铜溶液发生化学反应，并应有足够大的容积能使试样浸没在溶液中，浸没时试样外缘距容器壁应不小于 25mm。试验时硫酸铜溶液的温度应为(18 ± 2)℃。

2. 试样的制备

先将镀件两端各切去 5cm，然后分别从镀件的两端和中间共取 3 个试样，取样时不应损

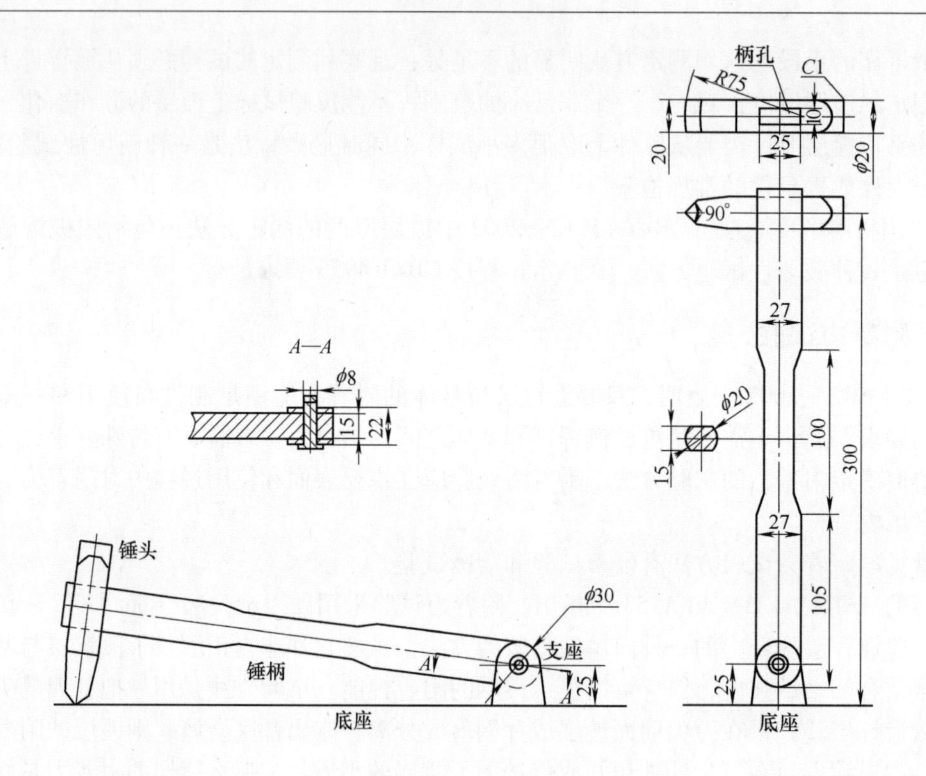

图 7-3　落锤试验装置

坏镀层表面，试样测试面积不小于 100cm²。

3. 试验程序和耐浸蚀试验次数的确定

将准备好的试样用四氯化碳、苯等有机溶剂擦拭，用流水冲洗、净布擦干，在试样上露出基体金属的切口处涂以油漆或石蜡，才可进行硫酸铜溶液浸蚀试验。

将表面清理好的试样浸入硫酸铜溶液中，此时不得搅动溶液，也不得移动容器。1min 后取出试样，用毛刷除掉试样表面或孔眼处的沉淀物，用流水冲洗、净布擦干，立即进行下一次浸蚀，直至试验浸蚀终点为止。试验过程中，将试样基体金属上产生红色金属铜时作为试验浸蚀终点。但下列情况不判作为浸蚀终点：

1）试样端部 25mm 内有金属铜附着。

2）试样棱角处有金属铜附着。

3）试样镀锌后划、擦伤的部位及其周边有金属铜附着。

4）用无锋刃的器具将附着的金属铜刮掉后下面仍有锌层。

确定耐浸蚀试验次数时，确定为试验浸蚀终点的那次不得计入。

7.3.5　镀件的脆性检验

在 GB/T 13912 和 ISO 1461 中，没有提及对镀件进行脆性检验。而在 ASTM A123 中，提出按 ASTM A143 对镀件的脆性进行检验。现将有关的内容简述如下。

（1）镀锌的钢制五金件（如螺栓、杆棒、爬梯、钢筋等）　将其与未镀锌的同样制件进行相同的弯曲试验，弯曲至 90°角或至制件开裂，比较两者试验结果。对某些已弯曲成形的制品（如钢筋），则须进行反向弯曲。镀锌制品与未镀锌的制品应能承受相同程度的弯曲。镀锌层的开裂脱落不作为脆性破坏判据。带螺纹的制件应在无螺纹的部位进行弯曲试验。

(2）尺寸小或其形状不宜进行弯曲的制件 可用一个1kg的铁锤，对相同的镀锌制品和未镀锌的制品进行猛烈程度相同的敲击，比较敲击后的损伤情况。如果未镀锌的制品能承受敲击，而镀锌制品敲击后出现开裂，就认为镀锌制品出现了脆性。

(3）镀锌角钢的脆性试验 镀锌角钢的脆性试验采用弯曲试验，试验装置如图7-4所示。试验的试样按表7-15所示尺寸在热浸镀锌前从角钢上截取。试样中部的孔可按制件上加工孔的方法加工，也可直接钻削、冲制或冲制后扩孔而成。孔的直径大小和位置应不小于原制件加工时的规定。注意该孔不能靠近打标记处。加工后将试样热浸镀锌。为了测定试样断裂后的延伸率，在镀锌角钢试样带孔一边的边缘中间，以孔的中心为中点，打两个相距L_0 =50.8mm的定位标记点(见图7-4)；如果角钢的厚度小于12.7mm，或者孔边至角钢边缘的距离小于9.52mm，则L_0 =25.4mm。

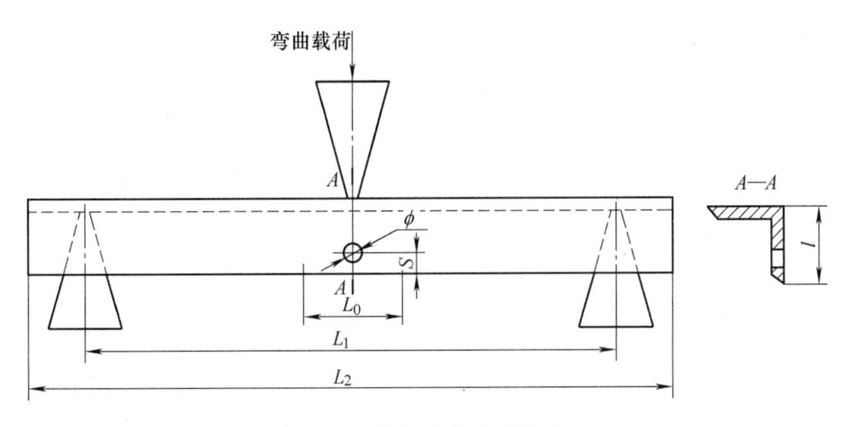

图7-4 角钢弯曲试验装置

表7-15 角钢脆性试验试样的长度及支点间的距离

角钢的边宽 l/mm	支点间的距离 L_1/mm	最小长度 L_2/mm
≤102	356	475
>102~152	508	610
>152~203	762	914

试验的温度应为16~32℃。试验在材料试验机上进行，或用其他合适的方法缓慢地加压，直至镀锌角钢试样出现断裂。测量每个定位标记点到的断口的距离，精确到0.01mm，由两个距离之和可计算出延伸率。测量试样试验前和试验后断口上三点的厚度(如图7-5所示)：a点为孔的外侧，b点为孔的内侧，c点为角钢边的中部；用试验前后分别测得的a、b、c三点厚度的平均值计算厚度的平均减小率。试验测得的延伸率应不小于5%；如果延伸率小于5%，则延伸率与厚度的平均减小率之和不应小于10%。

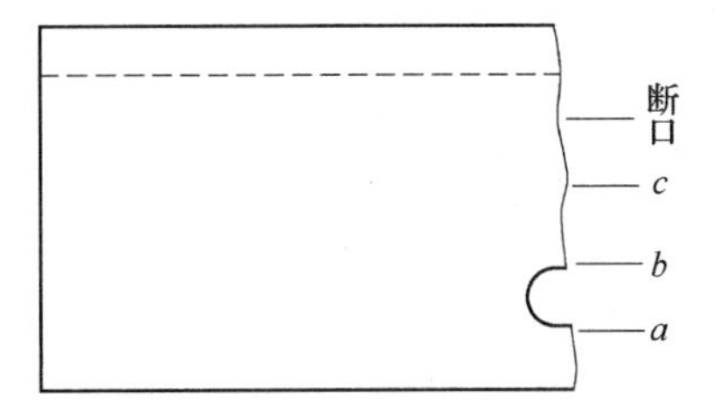

图7-5 断裂试样三点厚度的测量

7.4 热浸镀锌层外观缺陷及分析

1. 灰暗镀层

灰暗镀层是由于铁锌合金层生长露出锌层表面而形成的，是一般情况下可以接受的镀层缺陷。灰暗镀层可能呈斑块状或网状(见图7-6)，甚至可能铺盖整个镀件表面。图7-6a中灰暗镀层区呈斑块状，与明亮区相邻；图7-6b中灰暗镀层呈网状分布，形成了网状花纹。灰暗区内镀层全部为铁锌合金层组织，而光亮区镀层为铁锌合金层上附有纯锌层的正常组织。硅含量较高的钢材比较容易出现灰暗无光镀层。w_{Si}为0.1%左右和大于0.3%的钢，浸锌时铁锌合金层生长特别快，如果在浸锌后尚未水冷时合金层已长到锌层表面，镀层就会失去光泽，呈现灰色甚至暗灰色。灰暗镀层外观比较难看，但对于镀层抗大气腐蚀的性能没有什么影响，不应作为拒收理由(事先合同约定的除外)。

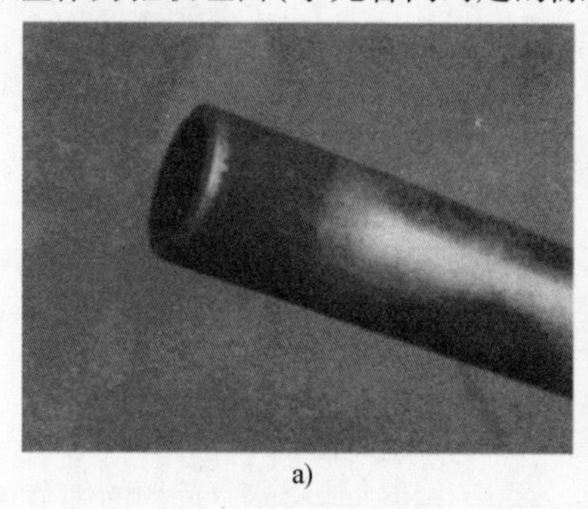
a)

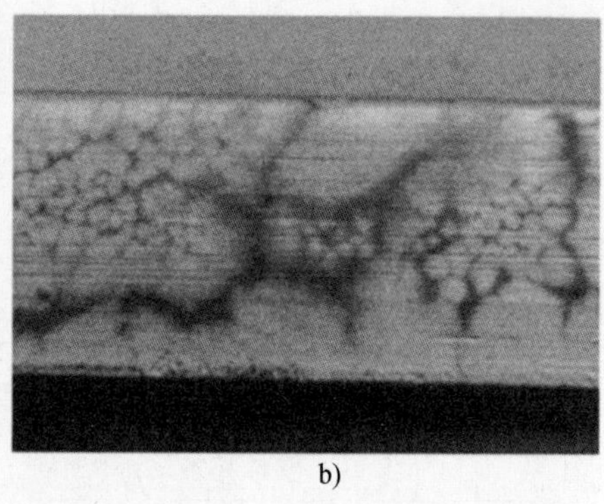
b)

图7-6 灰暗镀层
a）斑块状 b）网状

对容易生成灰暗镀层的镀件，通过调整镀锌工艺，例如，降低镀锌温度，在锌浴中添加镍，缩短镀件浸锌时间，加快镀件从锌锅中取出速度，并尽快浸入清水中冷却等，可以抑制铁锌合金层生长至表面。但材料中硅含量高的镀件在提升离开锌浴后，在空气中停留不到1min就可生成灰暗镀层，受工艺条件(镀件必须缓慢提离锌液,并进行去除余锌操作)的限制，灰暗镀层往往是难以完全避免的。

一般来说，同一镀件上灰暗镀层要比光亮的镀层厚，加上铁锌合金比纯锌的塑性差，因此，灰暗镀层的黏附性可能差些，但只要黏附性达到要求，就不会影响耐腐蚀寿命。国内外有关标准中也没有拒收灰暗镀层的规定，热浸镀锌层的主要作用是防腐蚀而不是装饰，因此，不宜过分强调镀层必须有发亮光泽的表面。

2. 镀层表面粗糙

镀层表面的光滑与粗糙，是相对而言的。钢结构件热浸镀锌，与钢板、钢管或钢丝的连续热浸镀锌不同，镀层不经吹抹。若镀件所用钢材表面原本就粗糙不平，有锈蚀坑或明显的轧制条纹，镀锌后一般不会比原先更平整光滑。当镀锌温度过高、浸锌时间过长时，或由于钢材成分影响，使铁锌合金生成过多或不均匀，也会造成表面粗糙。镀锌层越厚，表面越容易显得粗糙。

镀锌件从锌液中取出后冷却缓慢，或钢材截面太厚，或镀锌后镀件不加隔离立即叠放，也会出现表面粗糙现象。另外，酸洗过度使钢材表面粗糙或产生豆痕，也是工件镀锌后表面粗糙的原因之一。

表面粗糙的镀层通常比光滑的镀锌层更厚，因而耐腐蚀的寿命可能更长，只是外观不佳而已，是一般情况下可以接受的。不宜作为拒收的原因。

3. 漏镀(露铁)

漏镀(见图 7-7)是热浸镀锌件上较严重的质量缺陷，应予避免。如果裸露斑点很小，则可修复。产生漏镀的原因主要是镀前处理不当，酸洗后镀件表面残余有油漆、油脂、氧化皮、焊渣和锈斑，这些地方不能被熔化的锌液所浸润，妨碍了正常的铁锌反应，出现了裸露斑点(块)。此外，钢材热轧时留下的表面折叠、夹层、非金属夹杂物等，均会引起漏镀现象。镀前彻底的表面处理，是热浸镀锌的良好基础。

图 7-7　镀锌件的漏镀区

漏镀是直接影响镀锌件使用寿命的，是合格镀层上不容许的缺陷，不能简单地涂一层银色油漆覆盖层了事。若漏镀是个别现象且面积小，又不便返镀，可协商采用合适的方法修补。修补方法主要有热喷涂锌、涂富锌漆、熔敷低熔点锌合金等，修复用的材料具有与锌相同的阳极牺牲保护性能。修补前需除去氧化物，清洁表面，以保证修复层的附着性。关于热浸镀锌层修复问题的细节可参见本章 7.5 节。

4. 镀层上的锈迹

镀层上之所以出现锈迹，主要原因为镀锌件的镀层较长时间接触其他的锈蚀钢材，其他锈蚀钢材上的铁锈或安装及加工过程中的钢屑，落在镀层表面未及时清理掉；也可能是由镀件上未镀上锌的窄缝中渗流出的锈液而引起的。镀层表面如果有大量铁锌合金粒子，经过一定时间的腐蚀后，在镀层表面也会产生棕色斑点。微小锈点不会影响镀层的耐蚀性，工程上不宜据此作为拒收的理由。

5. 镀层上的气泡

镀层表面出现微小气泡，常常是因为钢材本身有夹层，或存在其他材料不连续现象所导致的，也可能由于钢材在酸洗时吸氢而在镀锌时析出氢气而形成气泡。热浸镀锌件要选用对吸氢不敏感的钢材，否则镀锌时无法保证彻底消除气泡。总之，镀层表面产生微小气泡是很少出现的个别现象，是钢材本身的质量原因所造成的，不宜作为镀锌质量问题拒收的理由。

6. 镀层上的微粒状凸起

镀层上有时会出现一些微粒状凸起，使镀层表面变得粗糙，感观变差。这些微粒状凸起的地方，锌里面包裹的是锌渣粒子，如图 7-8 所示。镀层上这些微粒状凸起，虽然不影响耐蚀性，但数量太多、分布密集将会使镀层变脆而不能接受。铸件上黏附砂粒也会使镀层上形成微粒状凸起。镀件镀层出现微粒状凸起能否接受，要看包裹在里面的锌渣粒子大小和数量协商而定。

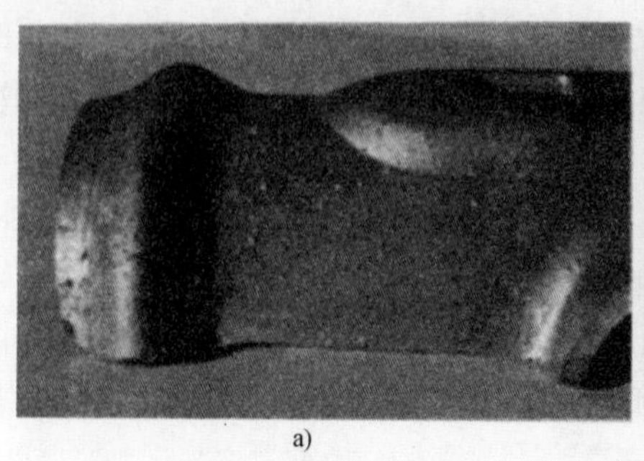
a)

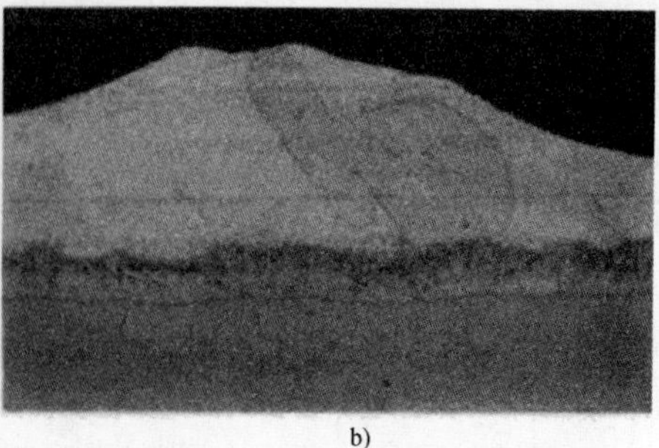
b)

图 7-8 附着锌渣粒子的镀层

a）外观 b）剖面显微组织

7. 结块及锌瘤、流痕

镀件离开锌液时，表面所挂带锌液的流淌情况和流淌量影响镀层厚度及其均匀度。如流淌不畅，就会形成锌瘤。流痕的出现，是锌液从螺栓孔、折叠、接缝或其他可存锌液的地方缓慢流淌而引起的，这与镀件设计有关。如果锌瘤成尖锐状，会伤害操作人员，要小心打磨掉。在连接面上出锌瘤或锌渣必须修理清除，保证安装牢固。修理打磨时要十分小心，如不慎打磨过量反而影响耐蚀性。在不妨碍使用的情况下，经协作双方协商同意可以不进行处理。

8. 镀层上的溶剂夹杂

镀层上出现溶剂夹杂是因为浸镀时镀件沾上锌浴中正在反应的溶剂，或在锌浴面沾上未清除干净的溶剂残渣引起的。溶剂和溶剂残渣对锌层有腐蚀作用，必须清除。

9. 锌灰

浸锌时镀件会沾上锌浴中或锌浴面上的锌灰，锌灰不会损坏镀件的外观，也不会影响锌层的防腐功能，一般不应因其而拒收。如锌灰在镀层上结成大块则另当别论，一般是不允许的。

10. 白锈

堆放的镀件表面常常会出现白色粉状锈蚀物，在潮湿天气或淋雨后尤其容易出现。这种锈蚀物通常称为储存湿锈或白锈。镀层生白锈是经常遇到的现象，白锈是在特定环境(水分高,不通风)下生成的，一旦脱离这个环境便会逐渐消失。由于生成白锈对锌层的消耗很小，所以对耐蚀性的影响也很小。如果希望热浸镀锌制品保持开始时光亮的外观，则需要有合适的储存条件。热浸镀锌后立即加以钝化处理，可避免或减少这些白锈的出现。

如果发现镀层上生成的白锈较多，可将白锈擦去后再测量锌层厚度，只要锌层厚度足够，则生成的白锈对于使用并无影响，一般不应因有白锈而拒收。

钢铁制件热浸镀锌镀层的外观检查和处理方法见表 7-16。

表 7-16 钢铁制作热浸镀锌镀层的外观检查和处理方法

情　况	原　因	是否拒收及其理由
灰暗镀层	钢材成分问题(高硅、磷或碳)或严重冷作加工 镀锌后冷却太慢 锌层凝固时释放出吸入的氢	如果因为钢材成分或加工条件所致或只限于局部面积，按事先协议约定处理，一般不应予拒收

（续）

情　况	原　因	是否拒收及其理由
表面粗糙	要进行原钢材的化学成分或表面条件分析 过度酸洗 高镀锌温度或过长浸锌时间	一般不应拒收，除非有事先的约定
露铁（漏镀）	工件残留油漆、油脂 工件残留氧化皮、铁锈或焊渣 基底钢材的轧制缺陷 锌浴中铝含量过高，溶剂浓度偏低	一般应予拒收，除非露铁处面积很小，宜于修补
锈迹	从接缝及折叠处渗酸	不应拒收
气泡	钢材表面缺陷 吸氢	不应拒收
锌渣粒子	夹入锌渣微粒	不应拒收，除非锌渣粒子特别严重
结块、锌瘤及流痕	镀件取出速度太快 锌温太低 锌由接缝、接头、螺栓孔等处流出太慢 镀件取出时镀件相互接触	只能根据事先的约定决定
溶剂夹杂	浸镀时反应的溶剂残渣在钢材表面残留 从锌浴面沾上溶剂残渣	一般拒收，除非溶剂已清除
夹灰	从锌浴面沾上锌灰，或浸镀时反应的锌灰残留	如结成大块可拒收
白锈	在潮湿环境下密封包装 在潮湿环境下存储镀锌构件	不应拒收，除非在储运前已发生

正如人们所知道的，镀件材料的化学成分、镀锌前的表面质量及其加工质量的好坏，直接影响到热浸镀锌成品件的镀层质量，特别是镀层的外观质量。因此，镀锌厂在接受客户热浸镀锌委托时，一般要了解下面有关内容，并对客户提供的镀件进行检查，就有关事项与客户协商签署协议。

1）了解镀件材料的化学成分，特别是硅、磷、硫等元素含量。

2）了解镀件的制作工艺过程，特别是热处理、严重的冷变形等工艺历史，判断镀件承受内应力等情况。这些因素会影响热浸镀锌镀层的色泽外观和镀后的变形程度。

3）了解镀件材料表面的情况，如表面粗糙度、接缝的凹凸不平、有无过锈蚀、轧制氧化皮、折叠层、沟槽、斑疤和凹痕等；同时还应检查表面有无油漆、油脂、焊渣等及类似的杂质污物。针对检查情况，正确选择镀前清理方法和工艺，或与委托方共同协商解决办法。

委托与承接双方最好能达成镀层外观检查要求的协议，并确定什么情况可以修复，什么情况必须返工重新镀锌。

7.5 热浸镀锌层的修复

7.5.1 允许修复的面积和修复层的厚度

热浸镀锌件上的漏镀区应进行修复，但对允许修复的漏镀区面积大小、修复厚度是有限制和要求的。相关标准对允许修复的漏镀区面积和修复厚度的要求见表7-17，若漏镀区的面积超过这些规定值，应予以重镀。

此外，一些镀层原来完好的热浸镀锌件在安装过程中焊接、火焰切割，或在运输或安装过程中受到过于激烈的碰撞和刮削，可能会造成局部镀层的损坏。这些镀层损坏的地方也应进行修复，修复层的厚度应满足表7-17中的要求。

表7-17 相关标准对允许修复的漏镀区面积和修复厚度的要求

标准	允许修复的漏镀区面积	修复厚度的要求
GB/T 13912—2002	占总面积的比例为0.5%，单个面积不超过10cm²	一般应比该标准规定镀层厚度厚30μm，除非需方另有要求，如镀锌后还要涂装或修复的厚度须与原镀层厚度相同
GB/T 2694—2010		
ISO 1461：2009	不超过总面积的0.5%，单个面积不超过10cm²	除非需方另有要求，应不小于100μm
ASTM A123/A 123M：2013	不超过总面积的0.5%或每吨不超过232cm²，单个最窄处尺寸不超过2.54cm	应与该标准规定的镀层厚度相同，但用富锌漆时要比该标准规定的镀层厚度大50%，但不超过102μm

7.5.2 修复镀层的材料

用于修复热浸镀锌镀层的材料应具有下列特性：

1）使用这种材料，一次最小可提供50μm厚度的涂敷层。

2）修复的涂敷层应对基体有保护屏障和阳极牺牲保护作用。

3）修复镀层的材料可在工厂或野外条件下使用。

常用来修复热浸镀锌镀层的材料有以下三种：

（1）锌基焊料　最常用的锌基焊料为锌-镉、锌-锡-铅和锌-锡-铜合金，它们的熔点分别为270~275℃、230~260℃和349~354℃。锌-锡-铜合金可在半熔化状态的250~300℃使用。这些焊料可以制成棒状或粉末状以供选用。

（2）富锌漆　这种漆是以锌的粉末与有机涂料混合而成的，是专门用于钢材表面涂敷以形成防腐蚀涂层的。富锌漆也适用于修复损坏的镀锌层，但要求涂敷后的干膜必需含94%（质量分数）的锌。富锌漆涂层的耐蚀性与富锌漆的特性、涂敷基体的表面处理状况及涂漆者的操作技术的关系十分密切。

（3）热喷涂锌　利用热喷涂设备，在高速气流的作用下使熔化的锌吹散成许多微小的液滴，并喷射到修复表面上，形成锌的涂敷层。

7.5.3　镀层修复操作工艺

1. 用锌基合金修复

用钢刷先把需修复表面刷干净，也可用局部喷砂清理需修复的表面(注意:喷砂时应保护好修复面外的镀锌层)。为了使修复面与周围镀锌层之间呈光滑连续的一体，修复面周围的未损坏锌层也要清理干净。如果需修复区域是经过焊接的，则应用打磨、喷砂或用其他的机械方法将焊渣及飞溅物清除干净。清理好的表面预热到 300℃以上，但不能超过 400℃，不容许将周围的镀锌层烧熔；用钢丝刷清理需修复区和附近锌层表面，然后迅速用锌基合金棒(丝)摩擦修复区表面，使锌合金在整个面上均匀涂敷和沉积；如果用锌基合金粉末，则用抹刀或其他类似的工具，将粉末涂抹在修复面上。

修理完成后，用水清洗或用湿布抹掉表面的残渣。用磁性测厚仪测量修复层的厚度，以保证达到要求的厚度。

2. 用涂敷富锌漆方法修复

修复区表面要彻底清理干净，不能残留油污油脂以及腐蚀物，并保持干燥。如果客观环境不容许喷砂处理，则可用砂轮打磨或刮刀铲刮，直至露出新的金属面；同样，修复面周围未损坏的锌层也要清理干净。如果需修复区域是经过焊接的，同样，也要用合适的方法把焊渣及飞溅物清除掉。

然后将富锌漆用喷漆或用刷漆的方法涂敷在清理表面上。按富锌漆制造商的推荐，每喷或刷一次后，风干后再进行下一次喷刷，反复几次完成修复。并用磁性测厚仪检测，以保证干膜厚度符合要求。

3. 用热喷涂锌方法修复

用热喷涂锌方法修复漏镀或镀层破损表面，修复区域的清理方法和要求同前两者一样。

表面清理后应尽快进行喷涂，一定要在清洁表面发生可见变化之前进行喷涂锌。喷涂的锌层要质地均匀，不带锌瘤，无松散的附着微粒，表面平整光滑。用磁性测厚仪测量喷涂修复层的厚度，以确保达到要求。

7.5.4　修复方法的选择

修复方法的选择应根据每种修复涂层的特性、使用要求以及每种修复方法的使用成本和使用条件来决定。涂层的特性除了耐腐蚀保护性之外，还包括涂层的外观、黏附性、耐磨性等。三种修复涂层的主要特性比较见表 7-18；三种修复方法的设备及材料成本，在不同修补地点、不同修复面积时的修复成本，以及前处理要求、操作技能要求的比较见表 7-19。

表 7-18　三种修复涂层的主要特性比较

主要特性	热喷涂锌	富锌漆	锌基焊料
耐蚀性	很好	好	较好
阴极保护性	极好	较差	较好
外观	很好	很好	好
黏附性	很好	较差	很好
耐磨性	较好	较差	较差
耐热性	好	好	很好

表 7-19 三种修复方法的各种成本及要求的比较

成本及要求	热喷涂锌	富锌漆	锌基焊料
设备及材料成本	高	低	高
在厂内修复成本	低	低	低
在厂外修复成本	高	低	高
修复面积小的成本	中等	低	中等
修复面积大的成本	中等	低	高
前处理要求	中等	中等	低
操作技能要求	高	中等	高

第 8 章　热浸镀锌的环保措施及环境评价

8.1　热浸镀锌生产过程中产生的三废及组成

8.1.1　热浸镀锌过程产生的废气

在热浸镀锌生产过程中，除了燃料燃烧时产生的废气外，还有一些在生产过程中产生、挥发、蒸发出来的废气和烟雾。

1. 燃烧废气

当热浸镀锌炉采用煤、油或气作为燃料燃烧时，其主要产物为烟气流，它是由固体、液体和气体物质组成的多相气溶胶。其主要组分包括：①在燃料燃烧过程中未参与燃烧空气中的 CO_2 与氮；②燃烧过程的最终产物 CO_2、H_2O、NO_2 和 SO_x 等；③不完全燃烧的产物 CO、NO 和残余燃料；④燃料中的灰分、残渣经燃烧后生成的烟尘；⑤燃质分子在燃烧时，发生的裂解、环化、缩合、聚合等反应而最终形成的黑烟和其他有机碳氢化合物。

燃料燃烧时产生的烟尘，其粒径为 0.001 ~ 1000μm。烟气中较大粒尘的颗粒排出后即沉降于地面，较小粒径(0.001 ~ 100μm)的粉尘随大气送到很远地方。由于它们不易下沉而悬浮于大气中，使大气质量受到损坏，人吸入大量粉尘也会严重影响健康。另一方面，大量硫化物(多为 SO_2)排于大气中，与大气中的液滴结合，会引发酸雨的产生，对环境产生严重的危害。

通常情况下，煤燃烧时产生的硫化物及粉尘量最大，而燃气时基本不产生粉尘。

2. 酸洗产生的烟雾

在使用酸洗液对工件进行除锈时，无论是采用硫酸或盐酸溶液，都可能由于加热硫酸溶液蒸气外逸或由于 HCl 气挥发而产生酸雾。酸雾所含的主要有害物质是盐酸和硫酸。当酸洗溶液中酸浓度越高，产生酸雾的浓度也越大，严重时空气中的酸雾质量浓度可达 10 ~ $20mg/m^3$。

3. 热浸镀锌产生的废气

使用溶剂法热浸镀锌时有大量的烟雾生成，其中主要成分是氯化铵，以及少量挥发出来的氯化锌、溶剂与锌液中铝反应生成的氯化铝，还夹有少量的氧化锌粉末。

8.1.2　热浸镀锌过程产生的废液

在热浸镀锌前处理工艺中使用的溶剂有脱脂液、酸洗液，在后处理工艺中使用的有钝化液、磷化液等。在脱脂液中一般含有碱类和磷酸盐等。在酸洗液中一般含有盐酸、硫酸和它们的铁盐。在钝化液中含有铬酸、重铬酸盐，还含有铁、锌等离子和硫酸根、磷酸根和硝酸根等。在磷化液中可能含有磷酸根、锌离子、铁离子或氟离子。因此，热浸镀锌过程产生的废液包括上述失效的处理液及漂洗时清洗工件用过的废水。

8.1.3 热浸镀锌过程产生的固体废料

热浸镀锌过程中产生的固体废料为锌灰和锌渣。热浸镀锌过程中因氧化而在锌浴表面生成锌灰，因铁锌反应而在锌浴底部形成锌渣。按所镀工件性质及操作条件的不同，锌灰和锌渣可达锌耗的20%~30%，因此，在热浸镀锌操作中应特别予以注意。

1. 锌渣的来源

锌渣在常规锌浴温度下为细小铁锌合金固体粒子，通常沉于锌浴底部，与液相锌共同组成类似水底泥沙状的物质。打捞起来后的微观形貌为铁锌合金相粒子组成的松散结构，纯锌相则填满这些粒子间的间隙。

锌渣的产生有以下几个途径：

1）镀件中的铁与锌浴直接反应生成。镀件中的铁溶于锌浴中形成锌渣，这主要受锌浴温度、浸入时间及工件表面粗糙度的影响。提高镀锌温度会显著加快铁锌反应，在其他条件相同的情况下，锌浴温度越高，形成的锌渣就越多。同样，随着浸锌时间的延长，锌渣的形成量将增多，但随着工件表面的合金层变厚，铁溶入锌浴中形成锌渣将变慢。另外，工件表面越粗糙，工件与锌浴的接触面越大，铁溶入锌浴中形成锌渣也越快。

2）锌锅中的铁与锌浴直接反应生成。锌锅采用的钢板与锌浴接触，同样会发生铁锌反应，但锌锅壁钢板表面可以很快形成具有保护作用的铁锌合金层，减少锌浴与锌锅壁的直接接触，阻碍了它们之间的铁锌反应。因此，正常情况下，这一途径生成的锌渣量极少。但是，如果锌锅壁温度超过480℃，则会造成锌锅壁形成的保护性合金层迅速脱落溶解。另外，锌浴温度在较大范围内频繁波动，也会造成锌锅壁保护性合金层的脱落，使锌浴对锌锅壁的腐蚀加剧。

3）挂具或吊篮等工具在浸锌过程中，与锌浴反应生成锌渣。

4）助镀液中的铁盐被工件带入锌浴中，与锌浴反应生成锌渣。

5）锌锭或锌合金锭中含有杂质铁带入锌浴中，杂质铁与锌浴反应生成锌渣。

2. 锌灰的来源

锌灰为氧化锌、氯化锌及游离金属锌的混合物，其中游离的金属锌可占锌灰质量的80%以上。锌灰主要是锌浴面的锌被氧化形成的氧化物，以及制件表面助镀剂盐膜与锌反应形成的助剂灰，同时夹杂着较多金属锌而形成的。若操作不当，锌灰中的金属锌含量将更高。

8.2 热浸镀锌过程中的三废处理

8.2.1 废气的控制与处理

1. 燃料燃烧产生的废气控制与处理

热浸镀锌过程中燃料燃烧时产生的废气中，给环境带来较大危害的组分主要是硫化物及粉尘，故对废气的控制应注意以下两方面：

1）适当选择热浸镀锌炉所用能源。最清洁的能源为电力，其次为天然气。而采用煤或油作为燃料时，应选择硫含量低的低硫燃料。许多国家对燃料中的硫含量做了规定，日本规定燃料中的 w_S 不得超过1%，英国和德国规定火力发电厂用煤 w_S 不得超过1.2%，美国规

定燃料油 w_S 必须低于 0.6%。这就保证了逸散到大气中的 SO_2 总含量不至于太高。

2）合理地进行镀锌炉及燃烧系统设计，科学地进行镀锌操作，以确保燃烧完全充分、燃烧效率高，杜绝黑烟的产生。

对于废气中的粉尘及硫化物的处理，已有较成熟的处理工艺及设备。除尘方法和设备主要分为四类：

1）机械式除尘器。利用尘粒的重力及惯性作用，使尘粒下沉，净化气体上升排出的装置称为机械式除尘器。机械式除尘器包括重力沉降室、惯性除尘器、旋风除尘器等。其特点是：结构简单，设备费用低，维修容易，但对于粒径小于 10μm 的粉尘捕集效率低。

2）洗涤式除尘器。在装置中形成的大量液滴、液膜、气泡与烟气接触，尘粒撞击在液滴上并黏附其上，增大了尘粒的体积，从而使尘粒从烟气中分离的装置称为洗涤式除尘器。洗涤式除尘器包括水膜除尘器、喷淋洗涤器、文丘里洗涤器、自激式洗涤器等。其特点是：在消耗同等能量的情况下，除尘效率比干式除尘器效率高；它可以处理高温、高湿含量的气体及黏性大的粉尘，可同时净化含有有害气体和粉尘的气体；设备结构简单，设备费用低，占地面积小；但会产生有毒废水，须进一步处理泥浆废水。

3）过滤式除尘器。使含尘烟气通过滤料，将尘粒分离捕集的装置称为过滤式除尘器。过滤式除尘器包括袋滤式除尘器和颗粒层过滤器等。其特点是：除尘效率高，对 1μm 以上的粉尘除尘效率达 98% ~99%，能捕集 0.1 ~0.5μm 的微粒子，对于含尘质量浓度为 0.23 ~23g/m^3 时，除尘效率可达 99.9% 以上；适应性强，烟气中含尘浓度变化较大时，除尘效率和压力损失变化也不大，使用不同的滤布和清灰方法，可收集到不同性质的粉尘；工作稳定，维护容易，能量消耗较少；便于回收固体干料，没有污泥处理和设备腐蚀问题；但设备占地较大，不适宜处理含有黏结性和吸湿性强的粉尘。

4）静电式除尘器。利用特高压直流电源(20 ~100kV)造成不均电场，利用该电场中的电晕放电，使含尘烟气的尘粒带上电荷，借助于静电场中的库仑力把这些带电的尘粒分离捕集于集尘极上的装置称为静电式除尘器。静电式除尘器包括干式静电除尘器和湿式静电除尘器。其特点是：高的捕集性能，能捕集小于 0.1μm 的微细尘粒，并可获得高的除尘效率，可达 99.9% 以上；压力损失小，因此，风机动力费用少；维护简单，不需要人工运行费用，虽设备费用高，但处理能力大，一般作大容量高效能的除尘装置使用；处理不同性质的烟气范围广，能处理温度达 500℃以上，湿度达 100% 的气体，也能处理爆炸性气体。

除尘设备分类及性能见表 8-1。

表 8-1　除尘设备分类及性能

类型		阻力/Pa	除尘效率(%)	设备费用	运行费用
机械式除尘器	重力除尘器	50 ~150	40 ~60	少	少
	惯性除尘器	100 ~500	50 ~70	少	少
	旋风除尘器	400 ~1300	70 ~92	少	中
	多管旋风除尘器	800 ~1500	80 ~95	中	中
洗涤式除尘器	喷淋洗涤器	100 ~300	75 ~95	中	中
	文丘里洗涤器	500 ~10000	90 ~99.9	少	高
	自激式洗涤器	800 ~2000	85 ~99	中	较高
	水膜除尘器	500 ~1500	85 ~99	中	较高

（续）

类型		阻力/Pa	除尘效率(%)	设备费用	运行费用
过滤式除尘器	袋滤式除尘器	400～1500	80～99.9	较高	较高
	颗粒层除尘器	800～2000	85～99	较高	较高
静电式除尘器	干式静电除尘器	100～200	80～99.9	高	少
	湿式静电除尘器	100～200	80～99.9	高	少

实际上，热浸镀锌炉燃料的选择主要从成本及来源的角度考虑。虽然煤的使用成本便宜，但考虑环保成本，如除尘装置的添加及运行，则其综合成本并不低。因此，热浸镀锌生产的加热方式选择应全面考虑，以减少燃料燃烧时废气的产生及处理。对于大多数热浸镀锌企业，目前很少对燃料燃烧废气进行处理，而由于环保要求的不断提高，我国有些地区已逐渐淘汰了用煤直接作为燃料。

2. 酸洗烟雾的控制与处理

酸洗池中硫酸或盐酸溶液挥发产生的酸雾，将严重影响车间内的操作环境，故从控制的角度应注意以下方面：

1）采用较低浓度的酸进行酸洗，有利于大幅度减少烟雾的产生。但为了保证酸洗速度，要求酸洗池的数量较多。

2）采用适当的酸洗抑雾剂，在酸洗液表面形成一层泡沫覆盖层，有利于减少酸雾的产生。

3）在酸洗溶液中撒上一层PVC浮球、陶瓷空心球或玻璃球，也可阻挡部分酸雾的逸出。

对于热浸镀锌生产过程中产生的酸洗酸雾在空气中的浓度，目前我国尚未有明确的标准要求，通常仍沿有GB 16297—1996《大气污染物综合排放标准》：HCl排放浓度 $<100mg/m^3$，排放速度 $<0.26kg/h$（排气筒高度为15m），无组织排放监控浓度限值为 $0.2mg/m^3$。要较好地解决酸洗逸出的烟雾，目前较好的方案是将整个前处理区域完全封闭起来，对其中产生的酸雾及水蒸气集中收集，并导入洗涤塔中进行处理。这种方式的优点是：收集率高（≥95%）；运行风机功率小，运行费用较低；大大减少了酸雾对厂房及设备的腐蚀，减少了维护成本；大大改善了工厂操作环境，有利于操作人员的身心健康。其缺点是：一次性投入大；工件进出前处理封闭房困难，增加了起吊次数；由于封闭房内腐蚀严重，所有电动运输设备必须在封闭房外，封闭房内仅有起吊钢丝绳及吊钩在内运行，所以常规的行车不能采用而只能采用单轨吊车形式。这种前处理区域封闭收集处理方式在西方国家早已普遍采用，而近年来随着环保要求的不断提高我国一些企业也采用了这种方式，取得了良好效果。图8-1所示为前处理全封闭车间。

图8-1 前处理全封闭车间

此外，采用酸洗池边沿设置侧吸式酸雾收集处理（见图8-2a）或对酸洗加盖并对盖内空间进行收集处理（见图 8-2b）的方式在国内外也有采用。酸雾侧吸式收集方式操作方便，但对酸雾的收集效率较低，所需要的收集风机功率大，设备多。而酸洗加盖收集方式制作施工简单，将前处理池全盖上时收集效率尚可，但由于在镀锌操作过程中酸洗盖子需要频繁开合，影响收集效率，同时置于池体沿口的盖子传动机构也容易腐蚀。

a)

b)

图 8-2　酸雾其他收集方式

a）侧吸式　b）加盖式

3. 热浸镀锌时产生的废气控制与处理

由于热浸镀锌企业通常采用常规氯化锌铵助镀溶液作为助镀剂，工件在热浸镀锌过程中产生大量助镀烟气是难以避免的，故在热浸镀锌工艺上应注意以下两点：

1）在不影响热浸镀锌助镀效果的前提下，减少助镀溶液中氯化铵的含量，有利于减少热浸镀锌时烟气的产生。

2）镀锌炉上方车间顶部应开有气窗，自然通风，以方便镀锌时产生的烟气自然逸出（见图 8-3）。

目前，常用且有效的方式是对产生的助镀烟气进行收集及处理。该方法虽然不能够完全消除助镀烟气，但可以大幅改善车间操作环境。常用的收集及处理装置主要是收集系统的不同，通常分为以下三类。

1）侧面抽风系统。侧面抽风系统如图 8-4 所示。由图 8-4 可见，沿锌锅长度方向的锌锅两侧上方各设置一条狭缝状抽风口，热浸镀锌时产生的烟尘就是通过这两条狭缝抽取收集的。由于热浸镀锌产生的烟尘温度高，上升速度较快，故要较好地收集这些烟尘就必须有较大的抽力。

与另两种收集系统比较，侧面抽风系统的优点在于：对工件吊挂要求不高；操作方便；高达 75% 的收集效率；比常规镀锌操作环境更凉爽；整个生产线视野开阔，没有阻挡；可以较其他两种收集系统所需车间高度低 2～3m；捞渣更方便；扒锌灰更方便；锌锅上方没有需要经常清洁的结构。但同时也存在一定的缺点：需要的风量是另两种收集系统的两倍；在布袋除尘器处理系统中需要更大布袋面积；锌锅表面散热更快；受车间风速的影响较大；大的板状工件会阻碍抽风收集；钢杆、钢管以及类似管状工件，由于烟尘会从管内冒出逸向锌锅两端，会超出系统的收集范围；收集系统管道内会积聚尘土，需定期清理；操作平台下大的管道对基础的要求更高；需要更多的管道系统及其他配件；车间内的空气流量必须考虑等。

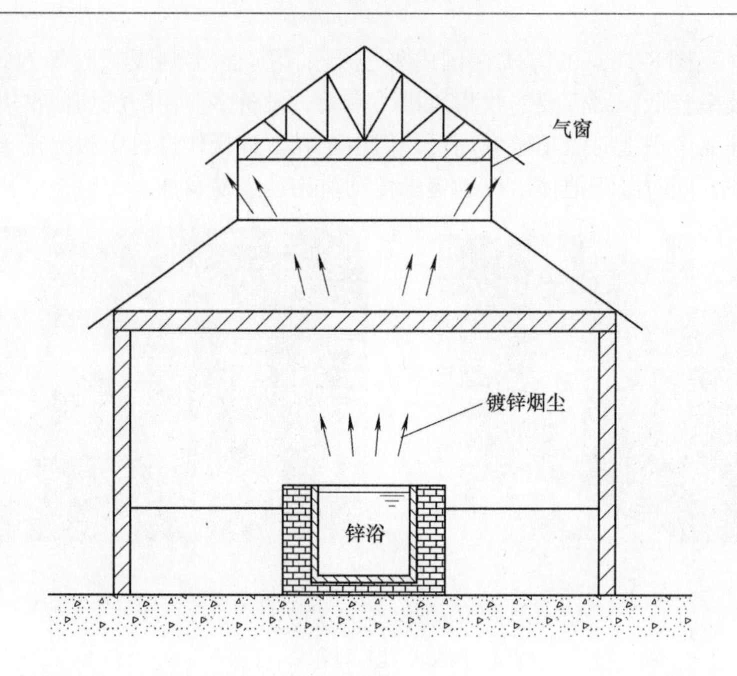

图 8-3 自然通风车间示意图

图 8-4 侧面抽风系统

2）移动罩收集系统。整个收集罩体安装在一台起重机上，并可随起重机一起移动（见图 8-5）。这种收集方式有两种形式，一种形式为整体移动式烟罩，整个收集罩体包括固定罩体及升降门均在起重机上。当起重机移至锌锅上方时，升降门落下，将整个锌锅上方区域封闭并对烟尘进行收集，一定时间后，升降门上升，方便操作工人进行扒锌灰等操作。另一种形式为半固定移动式烟罩，罩体分两部分，上部固定与起重机连接，下部可以上下移动。当工件镀锌时，下部罩体向下移动将锌锅上方完全罩住，生成的烟气在罩体内被收集抽出进行处理。当工件浸泡一定时间后，下部罩体上移，留出锌锅上方一定位置，以方便操作工人进行扒锌灰等操作。

图 8-5　移动罩收集系统

与侧面抽风系统比较，移动罩收集系统的优点在于：更高的收集效率，可达 95% 以上；所需风量仅为侧面抽风系统的一半；更小的布袋过滤面积；更低的基础要求；收集管道系统更简单；可避免爆锌给操作工人带来的危险；锌锅附近因抽风产生的噪声更小；锌锅上方空气明显变得更干净等。其缺点在于：由于整个罩体重量均在起重机上，使起重机承受的重量更大；镀锌操作不方便，操作时间更长；各部件间的密封件需定期保养；移动罩体的内表面需经常清洁；由于要安装固定风罩在起重机上，车间高度需增高 2 ~3m。

3）固定罩收集系统。在锌锅上安装一个大的罩体，工件将从沿锌锅长度方面的罩体的一端进入，从另一端出来。工件进入罩体后进行镀锌时，罩体两侧的门均关闭，以抽取镀锌时产生的烟尘。

与另两种收集系统比较，固定罩收集系统的优点在于：超过 95% 的收集效率；不需要进行大量的运动，只需进行门和窗的移动；所有的重量均在地面；对操作工人提供了良好的保护；起重机不需负担罩体重量；所需风量及布袋过滤面积更小；简单的管道系统等。其缺点在于：捞渣困难；镀锌操作略有不便；移动罩体的内表面需经常清洁等。

假定对于长 18m、宽 2m、深 3. 2m 的锌锅，分别采用上述三种系统进行镀锌烟尘收集处理，有关参数比较见表 8-2。由表 8-2 可见，侧面抽风系统与移动罩收集系统、固定罩收集系统相比，收集效率最低，消耗功率最大，维护费用较高，但操作更方便。

实际上，以上介绍的几种烟尘收集系统各有其优缺点，但均为目前国际上流行的除尘方式。各个企业可根据自身的实际情况来决定采用何种收集处理方法。

表 8-2 三种收集方式的比较

项　　目	侧面抽风系统	移动罩收集系统	固定罩收集系统
收集效率(%)	75	95	>95
风量/(m^3/h)	160000	80000	80000
风机功率/kW	147	73.5	73.5
布袋面积/m^2	2200	1000	1000
锌锅上方杂质质量浓度/(g/L)	<0.005	<0.0012	<0.0012
维护费用	中等	低	低

热浸镀锌时产生的烟尘经上述收集系统收集后，通常采用布袋式过滤系统再对烟尘进行过滤处理。正如前面所述，布袋除尘设备占地较大，故在热浸镀锌厂房设计时，应充分考虑各种设备的放置情况。图 8-6 所示为布袋过滤系统。

图 8-6 布袋过滤系统

8.2.2 废液的控制与处理

由于废液的种类不同，成分差别很大，特别是钝化液含有毒性大、污染严重的六价铬离子，所以处理也比较复杂。鉴于上述情况，一般生产厂都是先将废液分类集中，然后再统一处理。

1. 脱脂废液的处理

热浸镀锌产生的脱脂废液通常是含有较多油污、灰垢及浮渣等的废碱液。一般处理方法是抽出废碱液，过滤使油水浮渣分离，处理后的碱液可用来中和废酸液。

2. 酸洗废液的处理

酸洗液在长时间酸洗工件后，由于溶液中铁离子含量过高，再往里添加新酸也无法酸洗工件，此时酸洗液就必须废弃。故所谓的废酸是指经过酸洗使用而使酸的含量降低、铁盐的含量增加，从而使酸洗能力不能满足生产速度或质量要求的酸洗液。这时溶液里仍可能含有 w_{HCl} 或 $w_{H_2SO_4}$ 为 4% ~10% 的酸，也含有 w_{Fe} 为 20% 或者更多的铁盐。所谓的酸洗废水，主要是指用来冲洗酸洗后工件表面酸洗残液的用水，若重复使用，其中也含有一定量的酸或铁盐。

失效的酸液因酸洗使用的酸不同，其处理的方法也不同。现在常用的酸洗液有两种，即硫酸和盐酸。由于其工艺条件和铁盐性质不同，所采用的处理方法也不同。

（1）硫酸酸洗废液的处理　失效的硫酸酸洗液含有一定量的硫酸和硫酸亚铁，经过处理后的硫酸仍可以继续使用，或回收利用其中的酸和铁盐，用作其他行业的原料。

1）采用自然结晶降铁法　将废酸泵入储存槽中，放置冷却，这时将有一部分铁钒-硫酸亚铁水合物($FeSO_4 \cdot 7H_2O$)析出。铁钒的析出从溶液中带走了大量的水，使铁含量降低，酸含量升高。这时再加入一小部分硫酸，使已达到平衡的 $Fe^{2+} + SO_4^{2-} + 7H_2O \rightleftharpoons FeSO_4 \cdot 7H_2O$ 反应向右移动；进一步降低 Fe^{2+} 含量，这时将固态的 $FeSO_4 \cdot 7H_2O$ 分离，液态的酸液仍可继续用于酸洗。而 $FeSO_4 \cdot 7H_2O$ 则可以作为副产品利用。

2）采用浓缩结晶法分离酸液。此种方法与 1)类似，但是不再加酸，而是采取蒸发去水使 $FeSO_4 \cdot 7H_2O$ 析出。其大概流程是将废酸液在真空减压下加热脱水，然后降温，使其中的铁盐以 $FeSO_4 \cdot 7H_2O$ 结晶并析出分离，从而使残液中的酸含量增加一倍($w_{H_2SO_4}$ 从 10% 上升至 20%)，可以继续用于酸洗。

3）用于生产铁钒。加热废酸，边蒸发水分，边加入铁屑，使废酸中的酸转化为铁盐，获得硫酸亚铁作为工业原料使用。

4）扩散渗析法回收酸洗液。利用浓差扩散和离子交换树脂膜对特定离子透过的选择性，可以使盐类(Fe^{2+}、SO_4^{2-})和水(H^+)彼此分离，这样可以获得能用于酸洗的溶液和含铁盐较高的溶液，后者可用于生产硫酸亚铁或进一步处理。

5）直接中和法。将废酸直接与中和剂(如石灰乳、电石渣)混合。通过中和及氧化反应，中和其中的酸，使二价铁离子氧化成三价铁离子，并使其中的铁离子和硫酸根离子以化合物的形态析出。然后将 pH 值调至 7，沉降后的水可以排放。此种方法目前已很少使用。

（2）盐酸酸洗废液的处理　由于盐酸酸洗时产生的铁盐在水中溶解度较大，所以处理的方法与硫酸酸洗废液处理时有所不同。

1）中和法处理。此种方法是将废酸直接与中和剂混合，进行中和反应。再加入氧化剂或空气搅拌，使其中的铁最终以 $Fe(OH)_3$ 的形式沉淀，然后经过沉降分离，将清水排放。废酸处理流程如图 8-7 所示。

利用石灰[$Ca(OH)_2$]中和废酸中的残留酸(HCl)，并使铁盐转为 $Fe(OH)_2$，利用空气

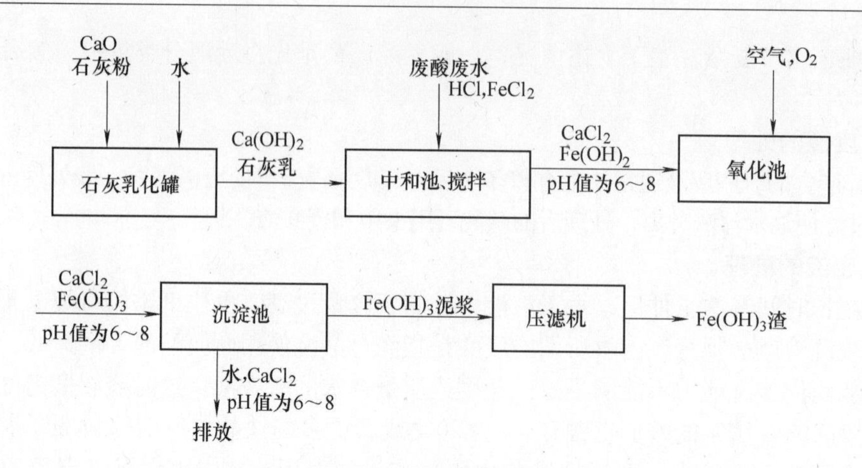

图 8-7　废酸处理流程

鼓风将不易沉淀的 $Fe(OH)_2$ 生成易于沉淀的 $Fe(OH)_3$，然后沉淀并压成干渣。排放水达中性（pH 值为 6～8），不混浊，无毒。主要的化学反应为

$$2HCl + Ca(OH)_2 \longrightarrow CaCl_2 + 2H_2O \tag{8-1}$$

$$FeCl_2 + Ca(OH)_2 \longrightarrow CaCl_2 + Fe(OH)_2 \tag{8-2}$$

$$4Fe(OH)_2 + O_2 + 2H_2O \longrightarrow 4Fe(OH)_3\downarrow \tag{8-3}$$

2）热水解法/焙烧法。此方法可分为流化床法和喷雾焙烧法，在焙烧炉中，高温下通入水蒸气，发生如下反应：

$$4FeCl_2 + 4H_2O + O_2 \rightarrow 8HCl + 2Fe_2O_3$$

流化床酸再生法工艺流程如图 8-8 所示。首先将废酸储罐中废盐酸用泵抽至预浓缩器（文丘里管）中，然后通入焙烧炉中的热气，在预浓缩器中一部分废酸液被汽化。经预浓缩而剩下的酸液，继续被浓缩。被预浓缩的酸液，通过一个配料装置导入焙烧炉中的流化床。在 850℃下水被汽化，导致上述反应的发生。在流化床中生成氧化铁颗粒会逐渐变多、变

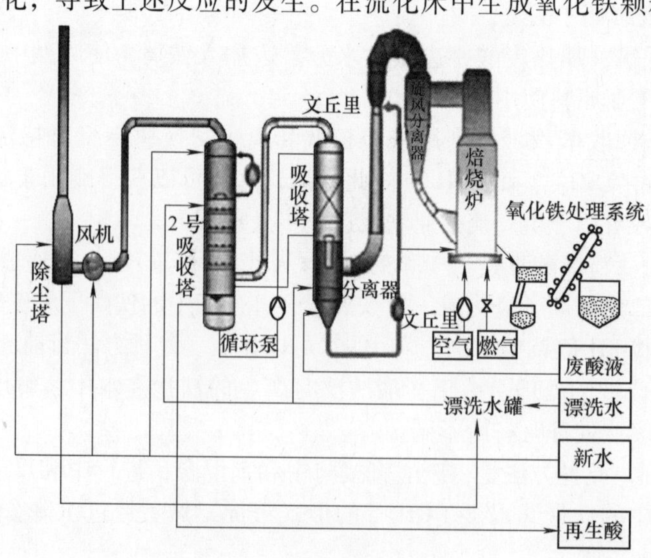

图 8-8　流化床酸再生法工艺流程

大。而较细的氧化铁粉会随着废气进入除尘器中收集，并继续回到流化床中，被酸液湿润并逐渐变粗，这种氧化铁可以作为制作磁性材料的原料。经除尘器净化后的炉气进入预浓缩器，与酸液进行热交换并放出热量。含有 HCl 的焙烧炉气，经预浓缩器后进入吸收塔，HCl 被水吸收形成再生酸。经冲洗水吸收后排出的废气通过烟囱排入大气。

喷雾焙烧法工艺为：在喷雾焙烧反应室中，$FeCl_2$与 H_2O 的高温水解反应是在约 450℃下进行的。先将废酸导入到文丘里预浓缩器中，在这里，从反应室里来的热气与废酸液经热交换，废酸液被浓缩。浓缩物直接喷射到燃烧室中。燃烧的热气使得小液滴蒸发，根据上述反应，$FeCl_2$与空气中的水蒸气和氧气反应转化为氯化氢和氧化铁。氧化铁一部分落到炉底，另一部分经旋风分离器与氯化氢气体分离后进入喷雾焙烧炉底部，再经排风机排入布袋除尘器后进入粉料仓收集。经旋风分离器分离后，含有氯化氢的气体流进入预浓缩塔，在这里，气体冷却后从塔底部排入到吸收塔顶部。吸收塔顶部喷射的洗涤水可将气体中的氯化氢吸收，在塔底可回收盐酸。盐酸酸洗废液处理喷雾焙烧再生工艺流程如图 8-9 所示。喷雾焙烧法得到的氧化铁为微米级的红色粉末，品位较好，但易造成粉尘污染，而流化床法得到的是毫米级的铁球，不存在该问题。对环保要求非常严格的欧美国家普遍采用流化床法。流化床酸再生技术经济效益显著，值得在金属制品行业废酸处理中广泛应用。

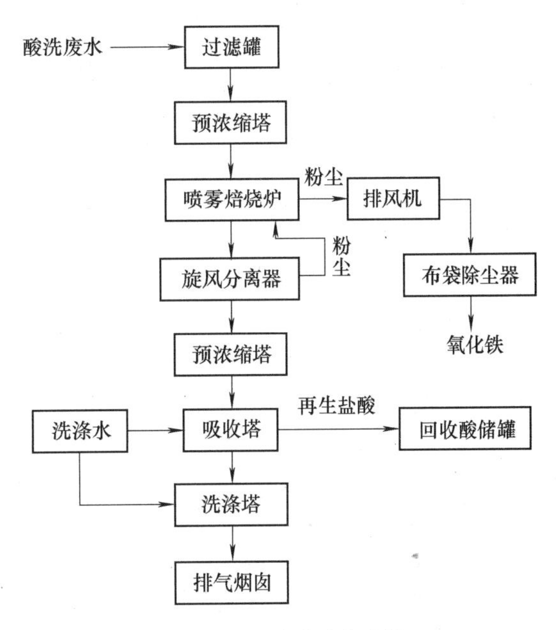

图 8-9　盐酸酸洗废液处理喷雾焙烧再生工艺流程

3）离子交换/酸阻滞法。其基本原理是：当废酸经过离子交换树脂床时，树脂对酸进行吸附，相应的盐能顺利通过，在用水反冲洗的过程中，吸附的酸被重新释放出来，从而实现了酸和相应的盐的分离。该方法成本低，操作简单，可靠稳定，性能较好，广泛应用于酸洗废水的提纯。N. Y. Ghare 等报道了使用一种阳离子交换树脂 LE-WATIT-K6362，能够很好地去除酸洗废水中的铁离子。研究表明，随着树脂床的高度（树脂的体积）和接触时间的增加，硫酸的再生量增加；再生盐酸需要的树脂体积要小于硫酸所需的体积。李秀芝使用一种强碱性阴离子交换树脂床，对两组含酸及其相应盐的废液（$FeSO_4$-H_2SO_4和 $ZnSO_4$-H_2SO_4）进行处理，酸和金属的再生率分别可达 85% 和 95% 以上，估算出酸的再生利用能节省生产用酸的 68% 费用。

4）膜技术。膜技术使用一种选择性半透膜，它只允许所选择的的物质通过，较小的水分子依次通过半透膜，而较大的溶质分子则被截留下来。用于再生废酸的膜技术包括扩散渗析（diffusion dialysis，简称 DD）、膜蒸馏（membrane distillation，简称 MD）、双极膜电渗析（electrodialysis with bipolar membranes，简称 BMED）、离子交换膜（ion-exchange membranes）、膜电解（membrane electrolysis，简称 ME）等。膜技术可以再生 HCl 以及其他混合酸（如 HNO_3/HF、H_2SO_4/ HCl、H_2SO_4/HNO_3）。膜技术具有明显边界大的接触面积、设备占用空间小、无须添加化学药品等优点。该技术简单、有效、可持续，其投资仅为焙烧法的1/4左右。

到目前为止，扩散渗析应用比较成功和普遍的领域为再生钢铁行业酸洗废液中的HCl以及回收钛白粉生产中的H_2SO_4废液。扩散渗析是一种经济的膜技术，扩散渗析处理酸洗废水的原理如图8-10所示。但它只能将Fe（Ⅱ）从Zn（Ⅱ）中分离出来，Zn（Ⅱ）可与酸一同迁移，酸因而受到了污染。尽管如此，扩散渗析由于操作简单，维护成本低，设备占用空间小，能耗低，化学药品消耗少，水耗低，投资回收期短，仍然是一种最佳的可用技术。对废酸进行处理，可避免膜受到污染，其使用寿命可达3～5年。膜蒸馏是一种从工业废酸中再生HCl的很有前途的技术，盐被阻挡在料液中，馏出液是纯的盐酸，可得到有用的产物：纯水、盐酸、从过饱和料液中结晶出的盐。双极膜电渗析是在直流电场作用下，双极膜界面层内水解离生成H^+和OH^-，H^+与透过阴膜的Cl^-结合生成酸，OH^-与金属离子生成碱，这样在不引入新组分的情况下，实现将盐转化成相应的酸和碱。双极膜电渗析具有高效、节能环保、操作简便等特点。

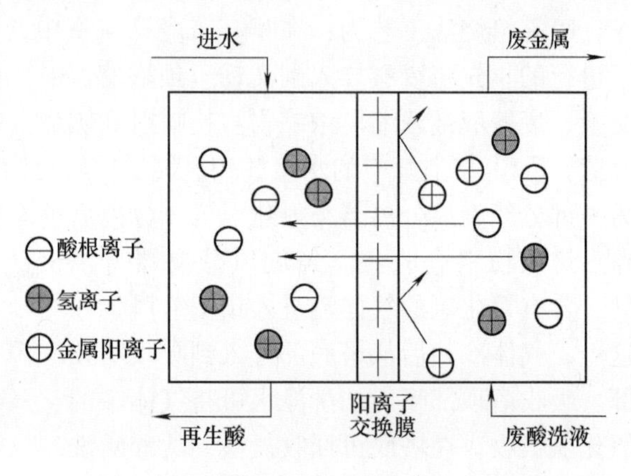

图8-10 扩散渗析处理酸洗废水的原理

M. F. SanRoman等报道了一种处理酸洗废水的复合式膜工艺，先通过液体薄膜渗透萃取技术，得到高浓度的$FeCl_2$残余液、HCl与$ZnCl_2$的混合溶出相；然后应用扩散渗析进一步分离混合溶出相，可以得到再生酸。M. Tomaszewska采用膜蒸馏，发现水蒸气和HCl都是通过疏水孔道迁移的，研究了影响通过疏水膜的HCl流量以及HCl再生的可能性的三个因素：料液与馏出液之间的温度梯度、料液成分、馏出液中酸浓度。Gabor Csicsovszki等报道了一种将阳离子交换技术与膜电解相结合的复合技术，可从热浸镀锌废酸中选择性回收Zn和Fe。先用阳离子交换处理分离酸洗废水中大部分组成物（Fe和Zn），然后在一个特殊的膜单元中电解制取酸和金属。得出阴极沉积铁的条件是：阴极材料选用镍电极，pH值控制在1以上。

5）蒸馏法。蒸馏技术再生盐酸装置如图8-11所示。其基本原理是：利用HCl易挥发且易溶于水的特性及$FeCl_2$在溶液中溶解度的规律，将废酸加热至一定温度，HCl和水蒸发，经冷凝器冷凝得到再生盐酸；剩余饱和溶液经冷却浓缩使$FeCl_2$结晶析出，再经分离获取$FeCl_2$晶体，可用作化工原料。有企业采用真空低压蒸馏方式，提取出了60%（质量分数）以上的稀盐酸和30%（质量分数）左右的氯化铁和氯化亚铁，每年可从6万t废酸中产出1.8万t的$FeCl_2$新产品和4.1万t的稀盐酸。

6）硫酸再生处理盐酸法。硫酸再生处理盐酸工艺如图8-12所示。先将硫酸添加到含有氯化亚铁的废盐酸酸洗液中，硫酸与氯化亚铁反应生成氯化氢和硫酸亚铁。然后将温度降到0℃以下，$FeSO_4 \cdot 7H_2O$结晶，释放出游离酸，通过改变结晶温度来控制再生酸中硫酸盐的浓度。虽然再生酸中的硫酸盐会对酸洗特性有一定影响，但通过调整酸洗条件可以达到与纯盐酸一样的酸洗速率和表面质量。

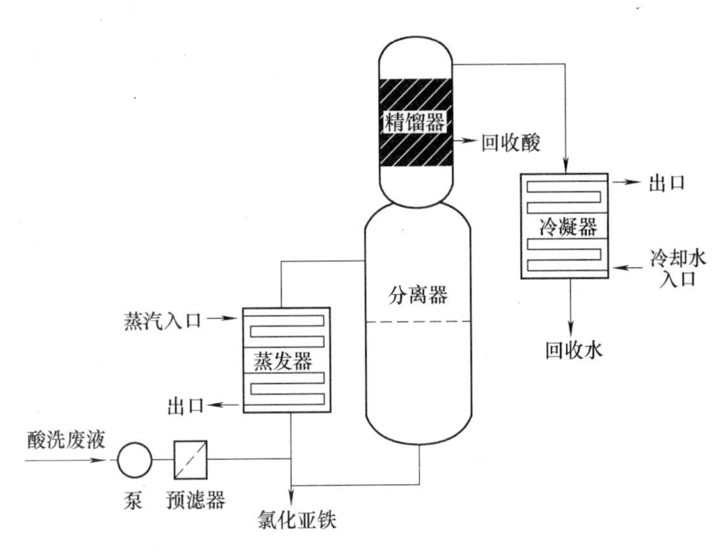

图 8-11　蒸馏技术再生盐酸装置

在处理热浸镀锌盐酸酸洗废水的技术中，中和/沉淀法简单、有效，但不能再生利用酸和金属，化学品的使用量大，固体废物量多且容易产生二次污染。焙烧法工艺成熟，但设备投入大，占用空间大，能耗高。离子交换树脂及膜技术对于处理含铁盐浓度高的盐酸废酸，仍存在较大的维护及更换成本的问题。而低压蒸馏及硫酸再生盐酸法在国内外热浸镀锌企业已有实际应用，具有较大的推广应用前景。

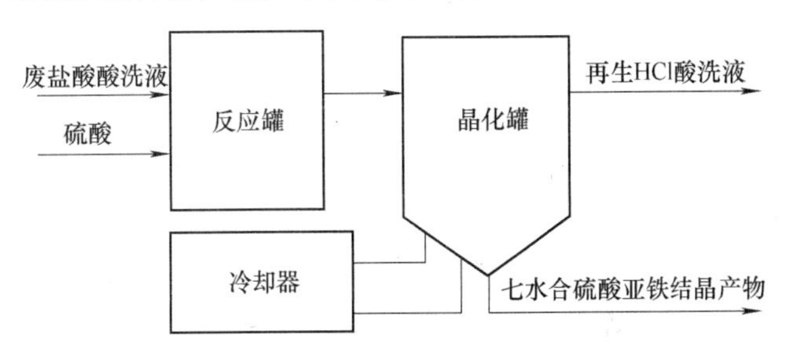

图 8-12　硫酸再生处理盐酸工艺

（3）酸性废水的处理　酸性废水是指用于酸洗工艺后进行清洗的用水及清洗工艺池地面的废水等。该废水中的酸、盐含量都比较低，一般可与脱脂废水混合搅拌，或采用废酸的中和氧化处理工艺。处理后的废水可用于配制新酸溶液。

（4）铬酸盐钝化废液的回收与处理

1）铬酸盐钝化废液的回收。对含有六价铬的钝化废液，由于六价铬的毒性大，不允许稀释排放，可利用阳离子交换树脂对其中的六价铬化合物回收利用。在钝化液中，六价铬是以 CrO_4^{2-} 和 $Cr_2O_7^{2-}$ 的阴离子形态存在的，而溶液中的三价铬是以 Cr^{3+} 的形态存在，同时溶液中还可能含有 Fe^{2+}、Zn^{2+} 等阳离子。因此，利用阳离子交换树脂吸附阳离子而不吸附阴离子的特性，使废液通过强酸性阳离子交换树脂，就可以将 CrO_4^{2-} 和 $Cr_2O_7^{2-}$ 与其他阳离子分离，重新用于钝化溶液中。其他部分的溶液则可以另行处理。

2）铬酸盐钝化液的处理。一般铬酸盐钝化液的处理分两步进行。

第一步：Cr^{6+} 离子的还原。通常是在废液中加入还原剂，如硫酸亚铁、亚硫酸氢钠等，发生如下的还原反应：

$$3Fe^{2+} + Cr^{6+} \longrightarrow Cr^{3+} + 3Fe^{3+} \quad (8\text{-}4)$$

或 $$3SO_3^{2-} + 2Cr^{6+} \longrightarrow 2Cr^{3+} + 3SO_4^{2-} \tag{8-5}$$

第二步：将 Cr^{3+} 从溶液中分离出来，使排放水中的 Cr^{3+} 含量符合排放标准。

除去 Cr^{3+} 的方法是加入石灰乳中和沉降。在废液中加入石灰乳后，和 Cr^{3+} 共存的 Fe^{2+}、Fe^{3+} 和 Zn^{2+} 也同时析出，其化学反应如下：

$$Cr_2(SO_4)_3 + 3Ca(OH)_2 \longrightarrow 2Cr(OH)_3\downarrow + 3CaSO_4\downarrow \tag{8-6}$$

$$Fe_2(SO_4)_3 + 3Ca(OH)_2 \longrightarrow 2Fe(OH)_3\downarrow + 3CaSO_4\downarrow \tag{8-7}$$

$$FeSO_4 + Ca(OH)_2 \longrightarrow Fe(OH)_2 + CaSO_4\downarrow \tag{8-8}$$

$$ZnSO_4 + Ca(OH)_2 \longrightarrow Zn(OH)_2\downarrow + CaSO_4\downarrow \tag{8-9}$$

反应后的废液经沉降过滤，滤液能达到国家排放标准。

（5）磷化液的处理　热浸镀锌磷化处理时产生的磷化废液有害于环境，必须经过处理。其处理方法是用石灰乳进行中和沉降分离。在废液中加入石灰乳后，首先中和废液中的游离磷酸和酸式磷酸盐。当溶液转为碱性后，石灰乳与磷酸根（PO_4^{3-}）、氟离子（F^-）或可能含有的 Fe^{2+}、Zn^{2+} 进行反应，生成不溶性的沉淀，再进行沉降、过滤，将固态物质分离出来。滤液可以达到国家规定的排放标准。

8.2.3　固体废料的控制与处理

1. 锌渣的控制

为降低生产成本，应对锌渣进行有效控制，具体方法如下所述：

1）避免过酸洗，以免增大工件的表面粗糙度值。

2）在获得良好镀层的前提下，尽量降低镀锌温度，缩短浸锌时间。

3）严格限制锌浴温度的波动范围，若使用自动控制锌温方式更好。

4）严格控制助镀液中铁盐含量，维持溶液中铁含量在 1g/L 以下。

2. 锌渣的处理

（1）熔析处理法　熔析法用于锌渣按物理方式析出金属锌，所回收的锌中铁含量有高有低，但均远高于符合国家标准的各级锌锭。熔析法可在坩埚炉内进行。将锌渣置于石墨坩埚内加热至 500～550℃，输入热量应尽量集中于坩埚顶部，以免产生对流而使锌渣中的固态铁锌合金粒子难以沉淀。沉淀 5min 后，浮在顶部的液相金属用勺取出，或徐徐倾倒于锌锭模中，坩埚底部的沉渣则清除掉，供下次装料用。

用此法回收的金属锌，其质量完全取决于操作人员的细心程度及技巧。温度越高，锌中溶解的铁量越多，回收的金属锌也越多。在 500℃ 时所回收的锌中 w_{Fe} 约为 0.1%，锌的理论产量为锌渣质量的 36%；在 530℃ 时锌的理论产量为锌渣质量的 47%，但锌中 w_{Fe} 却为 0.2%。实际回收量应远低于理论产量。通常锌渣中 w_{Fe} 约为 3% 时，可回收锌量达锌渣质量的 25%，w_{Fe} 约为 0.1%～0.2%。

（2）铝置换法　热浸镀锌形成的锌渣，其主要成分为铁锌化合物，要回收渣中的锌，应将铁分离。利用铝与铁的亲和力大于铁和锌的亲和力，将铁锌化合物中的锌置换出来。而由于铁铝合金的密度小于锌，可浮于表面除去。采用该法可去除锌渣中约 85% 的铁，锌的回收率约为 70%。

（3）真空蒸馏法　将锌渣在密闭的装置中加热熔化至沸腾，可将锌蒸馏出来，并获得纯度极高的锌锭。

将锌渣装入密封电炉内的坩埚中，进行加热至熔化，然后升温至 1000℃ 以上，同时利用真空泵进行减压蒸馏。锌蒸气进入冷凝器液化，然后放出，即可铸成锌锭。利用这种方法可以回收锌渣中的全部锌，残余的是铁粉和少量的铝。

3. 锌灰的控制

为了尽量减少锌灰，应避免所有对锌浴表面不必要的搅动，尤其是扒灰的时候。扒灰时，锌灰扒应采用宽幅稳定横扫动作，避免扰动锌浴表面的猛烈摇浆式动作。锌灰扒应设计轻巧，便于操作及控制，其叶片应具有低热容量，以防止液相锌在表面冷却，可采用薄钢片或薄木板。在工件浸入及取出以前清洁锌浴时，可采用长叶片的锌灰扒；但清除工件之间的锌浴表面，则宜采用细小叶片的锌灰扒。捞除锌浴上的锌灰宜采用多孔浅勺，以避免液相锌随锌灰一起被捞起。应注意锌锅两端不能长期积累过多的锌灰，以避免锌灰累积处的锌锅壁局部过热而加速锌锅腐蚀，影响锌锅寿命。

工件较潮湿就进行镀锌时，易引起更多的锌灰及爆锌的发生。因此，从安全及锌耗上考虑，工件镀锌前应尽量干透。

工件镀锌操作方式对锌灰的产生也有较大影响。工件浸入或取出锌浴时应力求平稳、干净利落，以尽量少地扰动锌浴表面。在取出空心工件时，其流锌孔应刚好沉于锌浴表面以下，内部容有的锌可以恰好流出，不至于溅洒出来。

在锌浴中加入少量的铝，也可以大大减少锌灰的产生。这是由于铝可使锌浴表面形成氧化膜层保护锌浴不受氧化。另外，降低锌浴温度对减少锌灰也有帮助。

4. 锌灰的处理

锌灰含有的大部分游离金属锌可通过熔析等方法处理，使该部分锌从固体锌灰中析出回收。若要获得最大的回收量，应在捞取锌灰后立即处理，否则在等待处理的时间里，锌灰中的游离金属锌会逐渐被氧化而大大减少回收量。锌浴中含有少量铝对锌灰的回收不产生影响。

通常热浸镀锌企业可以采用的处理锌灰方法有三种。

（1）圆筒法　这是最简单的锌灰处理方法。将开口圆筒一部分浸入锌锅一端的锌浴中，在圆筒上成直角焊上两个挂耳以固定在锌锅侧壁上。这种方法可以作为镀锌操作的一部分连续进行。锌灰从锌浴表面捞取后直接置于圆筒内，对圆筒内的锌灰不时加以搅动，以便于游离的金属锌与氧化锌分离，使分离出的金属锌流回锌浴中。当锌灰处理成细粉状后，即可从圆筒中捞出去除，捞取时用多孔勺轻敲筒壁，以尽可能使金属锌回流至锌浴。要获得较好的回收效果，应使圆筒内的锌灰深度在任何时刻均不超出 100 ~ 125mm。

采用该法设备费可不计，也不需要额外的人工及燃料，锌灰也不会因久置而氧化，锌的回收量也较高。但圆筒法减小了锌浴面的操作区域，可能会影响镀锌操作。

（2）静态坩埚法　采用坩埚炉进行处理。为了维持锌中尽可能低的铁含量，宜采用石墨坩埚而非铁坩埚。炉体可加盖，若燃油或燃气时应有烟囱将烟气导出。在坩埚内先熔一些锌，加入少量锌灰搅拌，在每次添加锌灰前将已处理的锌灰细粉捞除。温度应维持在 450 ~ 500℃，再升高温度会造成锌灰中的金属锌氧化而损失。坩埚盛满时，即用勺取出，但仍留少量锌垫底，如此循环操作。

对于直径为 ϕ450mm、深为 500mm 坩埚的坩埚炉，在 8min 内可处理约 25kg 锌灰，1h 可处理 150kg 锌灰。一名操作人员一周可处理锌灰 5 ~ 6t。

若锌锅中无足够空间容纳圆筒，则可用此法，其处理量基本可满足镀锌操作产生的锌灰量的处理。

（3）旋转坩埚法　此法所需设备较昂贵，包括燃气或燃油坩埚炉及与水平位置成30°~40°的旋转瓶状坩埚。操作温度一般在700℃以上，可处理大块的锌灰。由于打开炉盖将处理后的锌液倒出时有浓烟逸出，故应采用有效的排气装置。可容锌灰100kg的旋转坩埚的处理效率约为200~250kg/h。

实际上，采用上述任一方法，均可获得50%以上的回收率。但若锌灰堆放时间太长，则回收率将大大降低。如锌灰储存达5~6周，锌灰中的w_{Zn}由90%降至67%，采用圆筒法获得的锌回收率仅为42%；而刚捞出的锌灰以相同方法获得的锌回收率可达77%。

由锌灰回收的金属锌成分与添加入锌浴的锌锭成分基本相同，仅杂质含量可能稍高些。实践表明，回收的金属锌与原始锌锭的热浸镀锌性能相同。

还可以将含溶剂的锌灰经水洗、加盐酸反应，生成氯化锌溶液作为配制溶剂使用。也有的企业把锌灰作为化工行业使用的氧化锌原料出售。

8.3　热浸镀锌的环境综合评价

热浸镀锌技术发展至今已有两百多年历史，实现技术的可持续发展，除了必须让热浸镀锌技术适应工业技术发展的要求，还必须做到经济、社会和环境目标的三者平衡。而环境的因素，已越来越成为一种技术能否继续发展的关键性因素。因此，近年来西方发达国家以国际锌协会（International Zinc Association，简称IZA）为首，对热浸镀锌生产及使用过程对环境及人类健康影响的研究投入了大量的时间及精力，力图对热浸镀锌进行一个较适当的环境综合评价。我国对这方面的工作开展很少，但IZA的有关研究成果值得我们借鉴。

8.3.1　热浸镀锌生产过程对环境的影响

由于热浸镀锌生产与电镀生产有着本质的不同，相比较而言，热浸镀锌生产过程的三废量远少于电镀行业，其三废处理工艺更简单、有效性更高。

欧洲镀锌学会（European General Galvanizers Association，简称EGGA）对欧洲热浸镀锌生产过程的环境影响评估中，以英国、法国、德国和荷兰钢结构件热浸镀锌企业生产过程中产生废物排放到空气、水和土壤中的统计数据为基础，认为欧洲约650个批量热浸镀锌企业中的每一个企业排放到空气中的锌量约为每年0.7~50kg。根据英国3家企业的统计资料，由废水排到环境中的锌每年仅48g；而法国的批量热浸镀锌企业必须做到，每天废水中的锌排放量不得超过0.3g。故可以认为，欧洲大部分热浸镀锌企业废水中的锌排放量每年不会超过0.1t。而早期的统计分析数据表明，整个欧洲热浸镀锌企业排放到空气中的锌量约每年50t，比利时和荷兰排放到水中的锌约每年1000kg。与这些数据相比，由于采取了全面环保措施，目前的统计结果已大大降低了。而热浸镀锌过程产生的锌灰、锌渣等固体废物，均会被回收循环使用。

由此可见，目前欧洲热浸镀锌企业生产过程引起的环境（空气、水、土壤）变化是非常小的。也就是说，在现有的环保技术条件下，可以完全避免热浸镀锌生产过程引起的环境污染问题。

8.3.2　热浸镀锌生产过程对健康的影响

在热浸镀锌生产过程中，工人所处的操作环境将可能影响人体的健康，如空气中浮尘的吸入，与化学药品的接触程度等。可能存在的危害如下所述：

（1）对皮肤的危害　除了在配制酸、碱溶液时，可能因为酸或强碱飞溅至皮肤上而造成皮肤损害外，配制或调整氯化锌铵助镀液时，要特别注意氯化锌对皮肤的腐蚀。

另外，日常镀锌操作时，对锌浴表面含氧化锌的锌灰及其他物质的清理及去除过程，若无良好的防护工作服，很容易将锌灰等污物沾于皮肤上。由于锌锅操作台表面往往会积上一层较厚的灰尘，镀锌操作工人在操作平台上，很容易使皮肤沾上灰尘而可能使皮肤受到损害。

（2）吸入性的危害　由于助镀后的工件浸锌时，会产生含有氯化铵、氯化锌、氧化锌等物质颗粒的烟尘，以及捞锌灰时可以扬起的灰尘，使镀锌工人会经常吸入氯化铵、氯化锌、氧化锌等物质颗粒，从而对镀锌工人的健康带来潜在的威胁。

实际上，由于热浸镀锌中所接触或吸入的化学物质毒性并不大，故对身体产生影响主要取决于接触或吸入量的多少。

酸、强碱及氯化锌是具有腐蚀性的，在同皮肤接触后会引起皮肤烧伤或急性皮肤过敏。但是，在工业健康调查中关于化学试剂烧伤事件的报告却很少，因为一般在添加化学试剂操作时，工人对这种危害有清楚的认识，并且有可以适当处理这种情况的方法(即避免皮肤接触)。

另外，大量吸入氯化锌粉末时可能引起呼吸道感染，但未发现有热浸镀锌企业生产时呼吸道感染症状的报道。锌烟雾性发热或金属烟雾性发热病是一种在锌工业中可以被观察到的职业病。其产生原因是在锌或镀锌钢材料暴露在高温下时(大于 900℃)，例如，切割或焊接镀锌工件操作中，由于产生了极细的氧化锌烟雾颗粒(约 100μm)，这种颗粒被操作工人大量的吸入，就可能引起发烧、冷颤、疲劳以及其他症状的产生。但在正常的热浸镀锌生产过程中，很少有镀锌件或锌处于 900℃高温的，故锌烟雾性发热并不常见。

通过对热浸镀锌生产过程中皮肤接触性危害和吸入性危害的模拟试验，以及对英国热浸镀锌企业镀锌工人有关情况的实际测量，对热浸镀锌工人职业性健康进行的定性和定量分析评估，结论如下所述：

1）热浸镀锌生产过程中所使用的化学试剂存在腐蚀性的危险，但在良好的控制条件下使用这些化学试剂，不会对工人的健康造成危害。

2）随着近年来热浸镀锌生产车间的通风情况得到较大的改善，以及除尘设备的普遍应用，使热浸镀锌生产车间空气中的粉尘水平降到规定的范围内。在这个范围不会引起金属烟雾性发烧的症状。目前未发现有其他病症直接与镀锌工人在热浸镀锌生产中的操作有关。

因此，在完善的安全制度体系下，热浸镀锌生产过程对人体健康不会产生不良影响。

8.3.3　热浸镀锌产品对环境影响的评价

热浸镀锌工件在使用过程中，由于镀锌层的不断腐蚀，必然导致锌不断向外界环境排出。锌是一种天然的生命必需元素，它在环境中(如空气、水、土壤和食品中)普遍存在。生命机体必须从环境中获取足够的锌，以满足细胞新陈代谢的基本需要。当机体不能得到充足的锌时，就会因为锌缺乏而出现不同症状。但有时如果环境中的锌含量太高了，使机体的吸收超过了正常的需要，则可能会引起中毒。

1. 环境中锌的人为消耗

锌是地壳中的天然元素。由于自然腐蚀过程，如风、水的腐蚀或者火山活动造成的岩石风化等因素的影响而导致的锌消耗称为锌的自然消耗。由于人为因素（如镀锌钢的大气腐蚀等）导致环境中非自然因素引入了锌的消耗，称为锌的人为消耗。因为环境中出现了锌的人为消耗，使环境中的锌含量非自然性升高，就有可能导致环境中锌含量的过高现象，从而对人体的健康及有机作物的生长带来潜在的危害。因此，对热浸镀锌使用过程的环境整体评价是必要的。

就地区性范围而言，人为的锌消耗与来自于工厂点污染源的污染物扩散密切相关，如金属生产和加工工厂、化工厂及火电厂等，在原料中使用锌或锌化合物而导致锌通过其排放的废气、废水及固体废物中排出。对于热浸镀锌生产企业，正如上节所述，其锌的排出量对于整个环境来说可以忽略不计。

而更大的范围如对于一个国家来说，点污染源对整个环境的影响相对较小，但广泛分布且数量庞大的镀锌制品，或锌的化学产品的使用过程对环境产生的锌排放问题，则可能较大地影响着环境的锌含量。人为性的锌消耗主要有以下几方面：

1）由于大气腐蚀，从暴露在室外的镀锌工件表面进入环境中的锌。

2）食品中含有的锌和日用废水中属于自然来源的一部分的锌，以及来自于日用制品中的锌。

3）由于轮胎与路面摩擦，产生的堆积在路边橡胶粒子中的锌。

4）为了优化动物的生产和发育，加在农业土壤中的肥料所含的锌。

据国际铅锌协会的调查，近20年来点污染源的排放问题已经得到逐步控制。因此，镀锌制品的使用过程带来的锌排放问题相对影响就变得更严重了。以荷兰为例，由于镀锌制件在民用建筑、交通、电力等方面的大量应用，锌的大气腐蚀占荷兰锌排放量的1/4。

2. 大气腐蚀造成锌在环境中的传播

锌腐蚀速度受周围环境大气酸度的影响较大，主要是大气中的SO_2含量。锌的腐蚀率和空气中的SO_2含量间有很好的线性关系，即空气中的SO_2含量越高，锌的腐蚀速率越大。在腐蚀过程中，金属锌表面形成了一层由腐蚀产物构成的氧化物。下雨的时候，只有一部分氧化物被冲掉，被冲掉的这部分锌腐蚀产物决定了锌在环境中的消耗量。

在欧盟的立法中，首先考虑的是要降低使大气酸化因子的排放，这就使欧洲空气中SO_2含量有了一个明显的下降。毫无疑问，SO_2的排放量的显著降低将会引起大气环境中SO_2含量明显的降低，因此也会使锌流失量降低。

综上所述，考虑到镀件使用时，锌流失可能对自然环境产生影响，欧盟在其成员国范围内以锌元素作为研究对象进行了风险性评估。结果认为，在欧盟成员国的范围内，批量热浸镀锌企业的生产对其所处环境中的空气、水及土壤的影响是非常有限的。在过去的三十年中，欧洲由于严格限制了SO_2的排放，使空气中SO_2含量明显降低，这也使暴露在大气环境中镀锌钢制件的锌流失量明显降低了，从而使镀锌产品在使用过程中因锌的人为消耗对环境的影响也越来越小。

在我国，对热浸镀锌生产及使用过程中产生的环境污染问题已逐渐开始重视，政府逐渐加强了对热浸镀锌企业三废排放的监督及检验。实际上，只要热浸镀锌企业加强环保意识，全面实施环保措施，就能够减少热浸镀锌生产及使用过程中对环境产生的不良影响，才能保证热浸镀锌行业向健康良性的方向发展。

第 9 章　热浸镀铝、锡及铅

9.1　热浸镀铝

9.1.1　铁铝、铁铝硅相图及金属间化合物

1. 铁铝相图及铁铝金属间化合物

铁的熔点为 1538℃，铝的熔点为 658.7℃，铁和铝在不同温度下反应会形成一系列固溶体及金属间化合物相。图 9-1 所示为铁铝相图。

从铁铝相图可以看出，在热浸镀铝温度(670 ~ 750℃)下，在铁铝和铝铁固溶体之间存在着 $FeAl_2$(ξ 相)、Fe_2Al_5(η 相)和 $FeAl_3$(θ 相)三种金属间化合物相。

$FeAl_2$(ξ 相)：w_{Al}为 47% ~49%，熔点为 1146℃。其晶体结构目前未有定论，有研究认为属菱形晶系或者单斜晶系。$FeAl_2$ 相在热浸镀铝过程中一旦形成后，将按下式分解形成 Fe_2Al_5 相：

$$3FeAl_2 \longrightarrow FeAl + Fe_2Al_5$$

Fe_2Al_5(η 相)：w_{Al}为 52.7% ~55.4%，熔点为 1158℃，属菱形晶系。

$FeAl_3$(θ 相)：w_{Al}为 58% ~59.4%，熔点为 1152℃，属单斜晶系。

在热浸镀铝温度下，除了 ξ、η 和 θ 三种金属间化合物外，一般认为还有两种相存在，即 Fe_2Al_7 相和 $FeAl_6$ 相。其中，Fe_2Al_7 相是稳定相，其相结构可能与 $FeAl_3$ 相似。

根据热力学的计算，Fe_3Al 在 500℃以上(热浸镀铝温度下)不可能形成，因 Fe_3Al 相在该温度下生成自由能为正值。在钢铁材料热浸镀铝的反应扩散过程中，最先形成的 Fe-Al 金属间化合物为 $FeAl_3$ 相，其次是 Fe_2Al_5 相。而 $FeAl_2$ 为亚稳相，在热浸镀铝过程中生成的可能性很小，当提高温度时，将分解为 Fe_2Al_5 和 FeAl 相。在热浸镀铝过程中，已形成的 Fe-Al 金属间化合物与铝通过扩散继续发生反应。

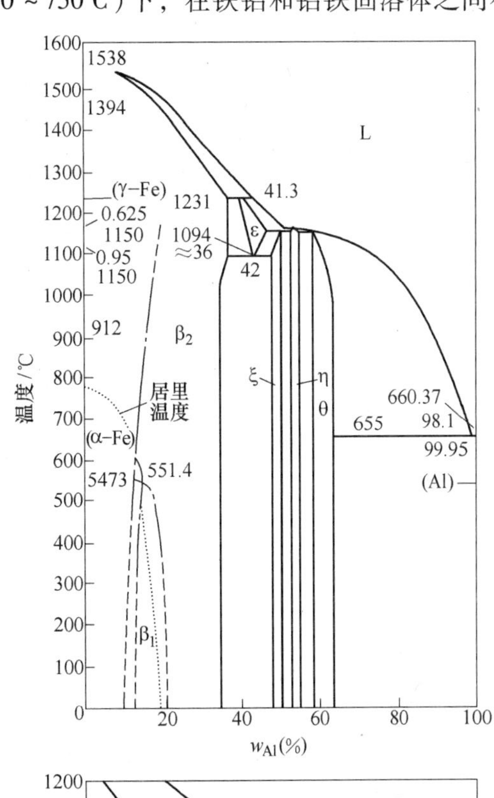

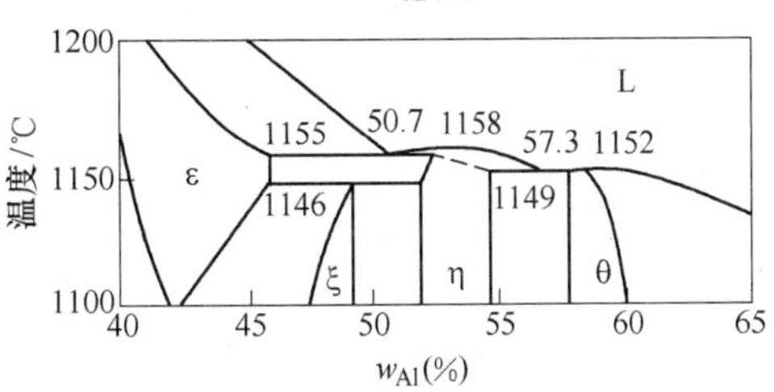

图 9-1　铁铝相图

2. 铁铝硅等温相图及铁铝硅金属间化合物

在热浸镀铝过程中，由于固态铁与液态铝的反应速度很快，会形成较厚的脆性合金层，使镀铝层易产生裂纹以至剥落。为了控制合金层的快速生长，通常在铝液中加入 w_{Si} 为 6% ~10% 的硅。硅的加入改变了合金层生长动力学和镀层的组织结构，与纯铝镀层呈不平坦锯齿状的形貌不同，加硅的镀层呈平坦而整齐的形貌，且镀层厚度明显减薄。

加硅后形成的 Al-Si 镀层中存在的相主要有 τ_5 相(Fe_2SiAl_7)、θ 相、η 相和ξ 相。

图 9-2 所示为铁铝硅等温相图。

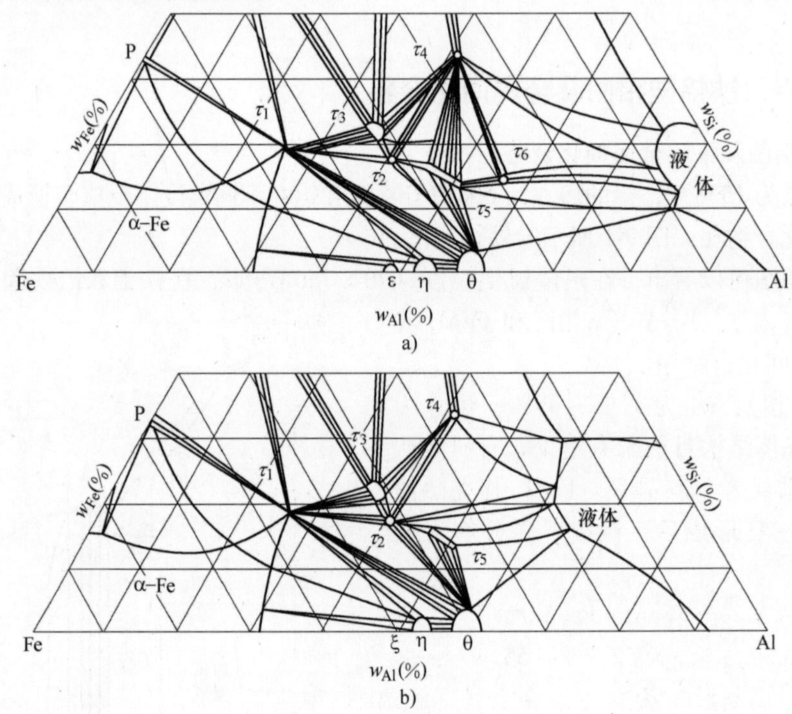

图 9-2 铁铝硅等温相图

a) 693℃ b) 816℃

9.1.2 热浸镀铝层的形成机理

钢铁材料热浸镀铝时，在一定温度下浸入液态铝中后，在基体表面经历了液态铝对表面浸润，铁原子溶解进入液态铝中，Fe-Al 界面反应，以及铁、铝原子的互扩散等物理化学过程。随着浸镀过程的进行，Fe-Al 金属间化合物相层在铁基体表面形成并生长，最终形成由多相组成的镀层。

关于热浸镀铝层的形成机理，目前较成熟的是二层结构理论(见图 9-3)。

热浸镀铝时，固态铁与液态铝直接接触(见图 9-3a)，在铁基体/液态铝界面处发生铁、铝原子的互扩散，在铁、铝两侧分别形成扩散层，随着互扩散的进行，在液态铝界面处的铁原子含量不断增加，首先形成铁含量最低的 $FeAl_3$ 相。在固态铁与液态铝接触的初期，界面处局部部位发生短时间的温度下降，使铁基体表面已形成的 $FeAl_3$ 相停止向液态铝方向生长，同时在铁基体一侧形成 Fe-Al 固溶体(见图 9-3b)。先形成的 $FeAl_3$ 相层由于铁、铝原子

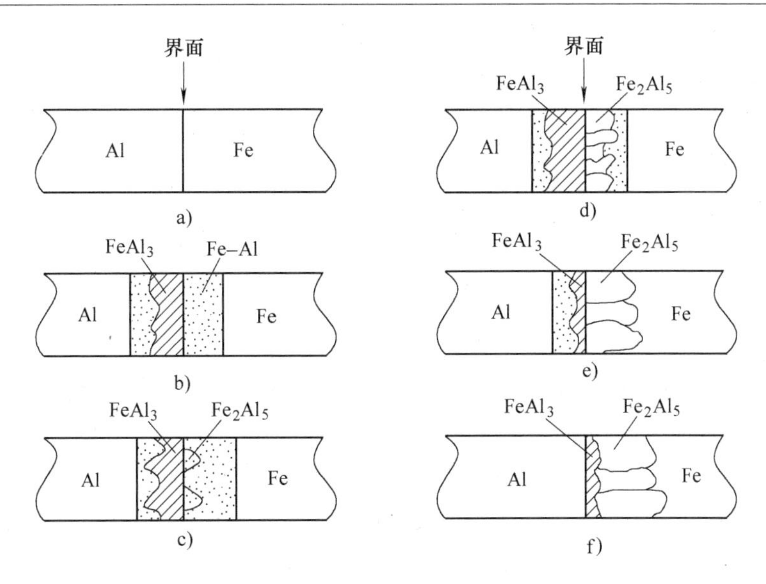

图 9-3　热浸镀铝层形成机理

的互扩散而不断增厚，并且在 $FeAl_3$ 与铁基体之间开始形成 Fe_2Al_5 相(见图 9-3c)。此时，$FeAl_3$ 相和 Fe_2Al_5 相结晶的取向不一定是无序的，由于 Fe_2Al_5 相的特殊晶体结构，使其晶体在生成以后开始沿 c 轴快速生长，并形成柱状晶区。在 Fe_2Al_5 柱状晶体向铁基体方向生长的同时，铁原子扩散通过相邻的 $FeAl_3$ 层进入液态铝，使一部分 Fe_2Al_5 相转变为 $FeAl_3$ 相(见图 9-3d)。由于 Fe_2Al_5 相的生长以及铁原子不断向液态铝一侧的扩散，使铝在铁基体中的固溶区消失(见图 9-3e)，最后形成以 Fe_2Al_5 相层为主的热浸镀铝层(见图 9-3f)。

9.1.3　钢的化学成分对热浸镀铝的影响

在热浸镀铝过程中，钢的化学成分对镀层合金层的形成、合金层的结构及性质有重要的影响。

(1) 碳　在热浸镀铝温度下，铝会使钢中碳的溶解度下降，即碳从铁碳固溶体中析出，在扩散反应区的界面上出现富碳区。富碳区的出现，对铝原子的扩散起阻挡作用，从而减缓合金层的生长速率，使合金层厚度下降。随着钢中碳含量的增加，可使合金层的结构变得更加均匀，其锯齿形的外貌将变平坦，并可降低铝液对基体的侵蚀。

(2) 硅　硅是钢中影响热浸镀铝合金层生长的重要元素，能阻碍合金层的生长。随着钢中硅含量的增加，可大幅度降低合金层的厚度，但硅含量的增加会使合金层的硬度降低。

(3) 锰　随着钢中锰含量的增加，热浸镀铝合金层的厚度和硬度均会降低。

(4) 镍、铬　钢中的镍、铬对合金层的生长有一定的抑制作用。钢中镍含量较低时，合金层呈锯齿状，镍含量较高时，合金层变得均匀平坦。钢中镍、铬含量增加会使合金层硬度降低。

(5) 其他合金元素　钢中的钛、钒、钼等能阻碍合金层的生长，降低合金层厚度，其中钼所起的作用较大。在抑制合金层生长、降低合金层厚度方面，镁所起的作用比硅、碳更显著。

9.1.4 铝液的化学成分对热浸镀铝的影响

铝液的化学成分对热浸镀铝层也有较大的影响。铝液中的其他元素会对热浸镀铝的工艺性、镀层的组织结构、镀层厚度及性能产生影响。因此，在热浸镀铝时，一般通过在铝液中添加合金元素的方法来改变镀层组织和改善镀层性能。

（1）硅 铝液中加入硅不仅显著阻碍铝原子向基体的扩散，也阻碍基体表面的铁原子向铝液的扩散。同时，由于在热浸镀铝时硅与铁形成了固溶体，使铝原子的扩散系数减小，因而使镀铝层中合金层厚度显著减小。在铝液中加入硅，可降低铝的熔点，提高铝液的流动性，并降低热浸镀铝的温度。X 射线结构分析表明，纯铝镀层的合金层由 Fe_2Al_5 单一相组成，合金层形状呈锯齿状，当含硅镀铝层的合金层中有 $FeAl_3$、Fe_2Al_5 和 FeSi 相存在时，合金层形貌变为平坦状。随着铝液中硅含量的增加，合金层的硬度也有所下降。

（2）铜 铝液中添加铜元素可抑制合金层的生长，其作用次于硅和铍。但必须控制铜的添加量，当添加量大于 3%（质量分数）时，会降低热浸镀铝层的耐蚀性。

（3）铍 添加铍可显著降低热浸镀铝合金层的厚度，其效果大于硅和铜，但会显著降低合金层的硬度。由于铍具有毒性，在实际生产中一般不采用。

（4）钛 添加钛可降低合金层的厚度和改善热浸镀铝层的塑性，但是钛会与铝形成不溶的 $TiAl_3$，会降低铝镀层的外观质量。

（5）锌 添加锌可增强铝液与基体的反应，降低镀铝温度，缩短镀铝时间，所得的镀层黏附性好。锌的添加量小于 12%（质量分数）时，对镀铝层合金层厚度无影响。

（6）铁 铝液中的铁一般来自钢铁工件及铁锅的溶解，铁的溶入使铝液的黏度增加，流动性下降，使镀层表面的铝层增厚并使镀层外观变暗。铁含量的增高使液相温度提高，从而提高了热浸镀铝的温度。当铝液中的铁含量超过饱和溶解度时，会析出 Fe-Al 合金渣沉淀于锅底。部分合金渣会黏附在镀层表面，形成粗糙表面。铝液中过多的铁还会降低镀层的耐蚀性。

（7）锰 锰的加入会提高铝液的熔点，使热浸镀铝温度提高。有研究表明，在铝液中加入一定量的锰，还可以提高热浸镀铝层的耐海水腐蚀性能。

（8）镁 铝液中添加质量分数大于 0.5% 的镁，可使合金层厚度减小。镁的加入可提高合金层的强度，但对硬度影响不大。

（9）稀土元素 铝液中加入稀土元素，可起到细化镀层晶粒的作用，因而提高热浸镀铝层的塑性和耐蚀性。稀土元素的加入还能增加镀层表面光泽。

铝液中添加元素对热浸镀铝层合金层厚度的影响如图 9-4 所示。

9.1.5 热浸镀铝工艺

热浸镀铝工艺过程主要有以下步骤：首先对钢铁材料进行表面清洁处理，除掉其上的油污、锈垢以及其他可能存在的附着物，经必要的前处理后，浸镀铝液形成镀层，再进行后处理后，即得到成品。

1. 热浸镀铝的工艺分类

热浸镀铝按工艺过程的不同可分为两大类：一类是以带钢、钢丝为被镀材料的连续热浸镀铝；另一类是以钢铁型材、管材及钢铁工件为被镀材料的批量热浸镀铝。

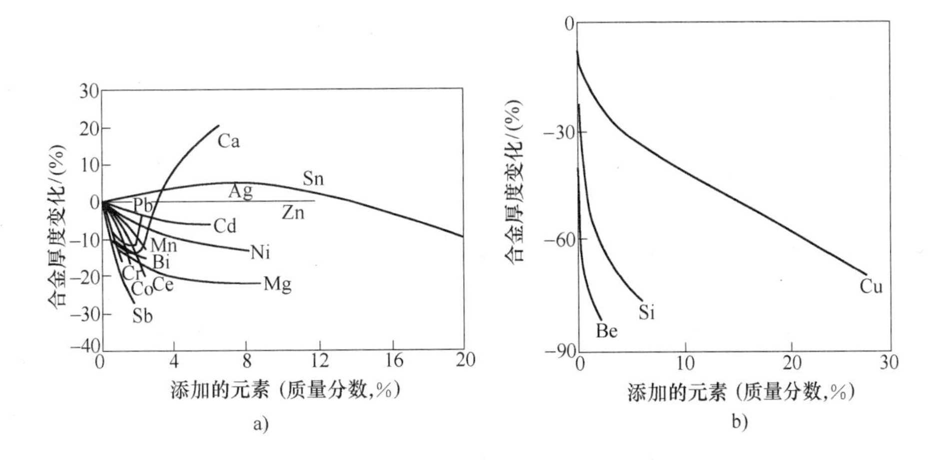

图 9-4　添加元素对热浸镀铝层合金层厚度的影响

a）添加元素为 Ca、Sn 等　b）添加元素为 Be、Si、Cu

（1）连续热浸镀铝　连续热浸镀铝一般采用氧化与还原过程作为清除钢材表面污物的主要手段。为此，首先将钢材送入呈氧化气氛的加热炉中，在 400 ~ 500℃下使钢材表面的油脂污物碳化后去除，或者变为在后续步骤中易于去除的形态。然后将钢材送入还原炉中，在 800 ~ 850℃下将存留在钢材表面上的氧化物还原，借以去除。处理后的钢材继续在这种还原性气氛保护下，直接送入到所需温度的铝液中进行浸镀。这种方法的优点是速度快，效率高，质量稳定，但对设备和技术的要求较高，不能随时停产，故仅适合于大规模工业生产。另外，这一方法在氧化和还原过程中会使钢材退火软化。对要求一定强度的钢材来说，还必须在镀铝后进行热处理以恢复强度，大大增加了工艺的复杂程度。

在带钢连续热浸镀铝生产线中，大多采用氢还原法对带钢进行前处理和退火。氢还原法生产线一般分为三种类型：①无氧化生产线；②还原型生产线（也称为 Sendzimir 生产线）；③无氧化-还原型生产线（也称为改良的 Sendzimir 生产线）。

（2）批量热浸镀铝　批量热浸镀铝一般采用溶剂法，即使用专用的助镀溶剂来清除钢材表面污物。在这种工艺过程中，工件首先经碱洗、酸洗进行脱脂除锈处理，清除工件表面上的污垢锈皮。然后在其表面浸涂助镀剂，形成一层完整无隙的溶剂薄膜，以保护工件表面不被氧化污染。当将包覆着这种溶剂薄膜的工件浸入铝液中时，溶剂膜自行脱除，工件显露出清洁的表面，并立刻为铝液所润湿并发生合金化，形成镀层。或用可去除工件表面氧化物的熔盐覆盖在铝液表面，当清洗干净后的工件浸入铝液时，先通过这层熔盐，这样就可得到洁净的表面与铝液发生反应。溶剂法热浸镀铝设备简单，工艺较易控制。

溶剂法可分为一浴法和二浴法。一浴法通常将溶剂放置于铝液的表面兼作覆盖剂；二浴法是将溶剂置于另外的容器中，工件先浸涂该溶剂后再进入铝液中镀铝。

溶剂法热浸镀铝的工艺流程为：

一浴法：碱洗→水洗→酸洗→水洗→助镀→烘干→热浸镀铝→冷却→后处理。

二浴法：碱洗→水洗→酸洗→水洗→助镀→烘干→热浸溶剂→浸镀铝→冷却→后处理。

2. 助镀方法

热浸镀铝所用的助镀剂，应该具有这样的一些性质特征：①在浸镀铝前，它能在钢铁表面形成连续完整且无孔隙的保护层；②在浸镀时，它能立即完全地自行从钢铁表面脱除，不妨碍铝液对相应表面的直接接触与浸润；③它对浸镀时可能出现的少量氧化物有吸附溶解作用；④脱离后的溶剂残留物不会对铝液产生污染或夹杂在镀层中。

助镀方法可分为以下五种：

（1）预镀金属法　在工件浸入铝液前，预先镀一层金属层来保护其活化表面。浸镀时，这一镀层首先被溶解掉，裸露出金属表面，再为铝液所浸镀。有研究者对08F冷轧钢板清洗后，先进行化学预镀铜后再热浸镀铝，得到了良好的镀层。法国专利提出可选用Cr、Pb、Ti、Co、Mn、Be、Cu、Zr等作为预镀金属。预镀金属法虽可得到良好的镀层，但工艺复杂，而且预镀的金属会污染铝液，影响镀层的质量。

（2）预涂非金属保护层法　此法是在工件浸镀前，在其表面涂上有机物质，它可以在镀铝的高温下烧掉或蒸发掉，从而露出纯净的基体与铝液反应。主要采用甘油、烷基胺类、亚麻油、石蜡、乙二醇等有机物来保护和活化基体表面。这种方法虽然工艺简单，但较易产生漏镀现象，镀层质量往往不理想。

（3）表面钝化法　此法是将净化的工件表面在强氧化性介质中瞬间钝化，形成钝化膜，以隔绝空气中的氧化性气体与基体表面的接触，保护基体表面。钝化膜在浸镀时极易被熔融铝还原，有利于合金层在基体表面生长。有研究表明，钢铁制件在质量分数为3%的CrO_3水溶液或质量分数为0.37%的$NaNO_2$、0.015%的K_2MnO_4组成的水溶液中钝化处理后，热浸镀可得到良好的镀铝层。表面钝化法虽然工艺简单，但要求铝液温度高，浸镀时间长，钝化处理要求严格，易产生漏镀现象。

（4）熔融溶剂法　此法是使净化的工件表面在镀铝前，预先在表面上黏附一层含有氟化物（碱金属或碱土金属盐）的熔盐层，在工件热浸镀铝时，此熔盐层可增强钢表面的活化作用，提高铝对钢表面的浸润作用。这种方法分为两种处理方式：一种是先在工件表面黏附溶剂再浸镀的二浴法；另一种是将溶剂覆盖在液态铝表面，使工件穿过此溶剂层再浸镀的一浴法。二浴法溶剂通常采用NaCl、KCl、AlF_3和$NaAlF_6$混合溶剂。一浴法溶剂通常由氯盐（NaCl、KCl）及氟盐（AlF_3、$NaAlF_6$、Na_2SiF_6）混合组成，并使混合盐的熔点在镀铝温度以下。二浴法工艺复杂，需要两个高温炉和锅体，耗能大，但对熔盐的成分无过分严格的要求，选择范围较大。一浴法的优缺点与二浴法恰好相反。熔融溶剂法虽较易获得良好的镀铝层，但熔盐产生的含氟蒸汽对工作环境会造成严重的污染。

（5）水溶液助镀法　工件经水溶液助镀并干燥后，其表面可保留一层保护性盐膜，它可保护并活化工件表面，并在浸镀时提高铝液对基体的镀覆能力，从而获得良好的镀铝层。有关水溶液助镀剂的配方较多，有报道介绍，采用氟钛酸钾或氟锆酸钾水溶液助镀可获得良好的铝镀层。有研究者采用由一定比例的K_2ZrF_6、KCl和LiCl组成的饱和水溶液作为助镀剂，也获得了很好的效果。水溶液助镀法热浸镀铝与溶剂法热浸镀锌相似，工艺简单，成本低廉，污染小，所得镀层质量好，具有其他助镀方法无法比拟的优点。

3. 覆盖溶剂

在热浸镀铝生产过程中，铝液表面必须进行有效的保护，以防止铝液氧化或影响镀层质量。保护的方法有气体保护法和溶剂保护法。前者需要专门的制气设备，耗资大；后者简便易行，费用低廉，适用于小规模生产。有关覆盖溶剂的报道很多，一般认为采用碱金属氯化物或其与碱金属氟化物的混合盐来覆盖铝液效果较好。有文献提出，可采用往铝液中添加抗氧化合金元素的方法来代替覆盖溶剂。

9.1.6　工艺参数对热浸镀铝层的影响

1. 热浸镀铝温度和时间

钢材热浸镀铝时，镀铝温度和浸镀时间是镀铝层中合金层生长的重要影响因素。图 9-5 所示为热浸镀铝时间对合金层厚度的影响。由图 9-5 可以看出，随着浸镀时间的增加，合金层厚度呈抛物线关系增长。图 9-6 所示为热浸镀铝温度对合金层厚度的影响。由图 9-6 可以看出，随着温度的升高，合金层厚度基本上呈直线关系增长，其中加硅的镀铝层中合金层的生长速率，要比纯铝镀层中合金层的生长速率缓慢得多。在温度与时间这两个影响因素中，以镀铝温度对合金层厚度的影响更为显著。研究结果表明，在温度为 730 ~ 750℃时，热浸镀铝可获得最佳的镀层。

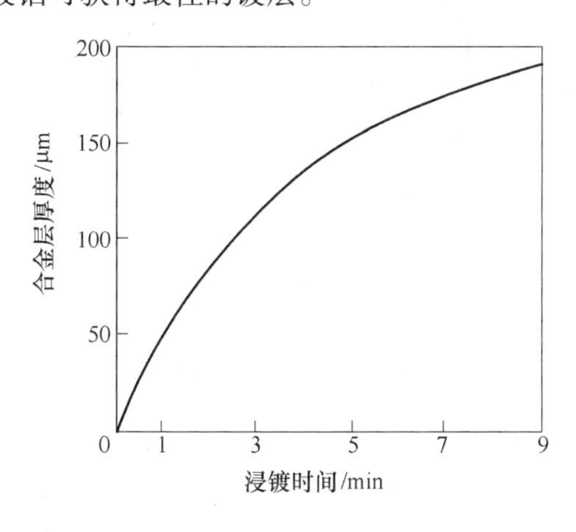

图 9-5　热浸镀铝时间对合金层厚度的影响

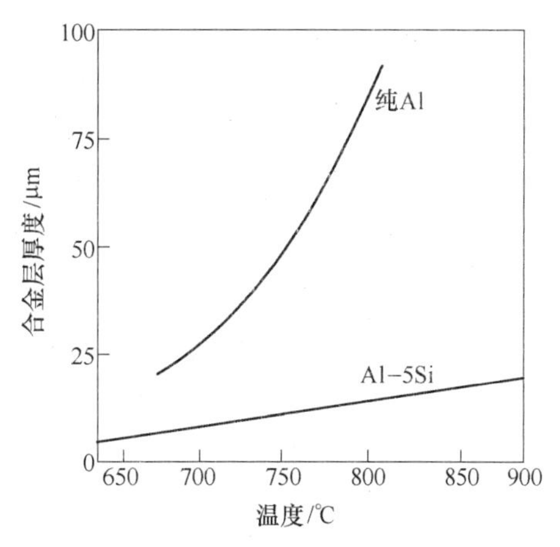

图 9-6　热浸镀铝温度对合金层厚度的影响

2. 提升速度与铝液的黏度

在批量热浸镀铝时，工件从铝液中提出时的提升速度主要影响镀层表面的纯铝层或铝-硅层的厚度，而对合金层厚度无明显影响。镀层表面纯铝层的厚度也与铝液的黏度有关。显然，工件的提升速度越快，铝液的黏度越大，则镀层表面的纯铝层越厚，其中提升速度的影响远大于黏度的影响。因此，可通过调节提升速度来达到控制镀层厚度的目的。

9.1.7　热浸镀铝层的性能及应用

1. 热浸镀铝层的性能

（1）耐蚀性　热浸镀铝层可以对钢铁基体提供良好的保护。铝镀层除可作为牺牲性阳极对钢铁基体起到一定的电化学防护作用外，其表面自然形成的一层由 Al_2O_3 构成的氧化膜致密稳定，从而使镀层始终处于钝化状态，免遭连续的氧化消耗和介质腐蚀，大大提高了其服役寿命。

热浸镀铝层在大气腐蚀条件下具有高的耐蚀性，特别在含有 SO_2、H_2S、NO_2、CO_2 等工业大气环境中更显出其优异的耐蚀性。此外，在海洋大气和潮湿环境，以及自来水及盐水中都具有良好的耐蚀性。

（2）抗高温氧化性能　热浸镀铝层具有良好的抗高温氧化性能（耐热性能）。当环境介质温度在700℃以下时，镀铝层对钢材提供极好的防护，其抗高温氧化性能相当于18-8耐热钢。镀铝层在500～600℃温度下长时间加热时，表面铝层容易剥落，因而必须预先在800～850℃温度下进行扩散处理，使纯铝层转变成铁铝合金层，以避免镀层剥落。铝硅合金镀层中，由于硅对铝的扩散起阻碍作用，合金层不易长厚，其耐剥落性更好，因此也提高了铝硅合金镀层的抗高温氧化性能。

（3）其他性能　由于热浸镀铝层表面形成了致密而光滑的 Al_2O_3 氧化膜，使其具有优良的对光和热的反射能力。在450℃温度下，其反射率仍高达80%。钢材热浸镀铝层的高反射率特性，使镀铝钢板可用于加热炉内衬，能有效地提高加热炉的热效率。此外，热浸镀铝层还具有一定的耐磨性、导热性和导电性。

2. 热浸镀铝层的应用

由于钢材热浸镀铝层具有优异性能，使其广泛地应用于化工、冶金、建筑、电力和汽车制造等众多领域。热浸镀铝钢板可用作大型建筑物的屋顶和侧壁、瓦楞板、通风管道、汽车底板和驾驶室、包装用材、水槽、冷藏设备等。硅铝镀层钢板可用于汽车排气系统、烘烤炉、食品烤箱、粮食烘干设备、烟囱等。热浸镀铝钢丝可用来制造篱笆、围栏、海岸护堤网、渔网、防鲨网、山道及矿井巷道用防落石安全网、食品烤炉链条、架空通信电缆、架空电线、舰船用钢丝绳等。镀铝钢管则广泛用于石油加工工业中的管式炉管、热交换器管道、化学工业中生产硫酸及邻苯二甲酸酐等的管式接触器和热交换器、分馏塔和冷凝器、管式煤气初冷器的管道等。此外，由于铝能耐各种有机酸的腐蚀，所以热浸镀铝层还可用于食品工业中的各种管道。

9.1.8 热浸镀铝技术进展

1. 施镀材料

热浸镀铝的施镀材料主要为钢铁材料。钢铁材料表面通过热浸镀铝后，具有很强的耐高温性、抗氧化性、耐蚀性及优良的导热性和导电性。为了利用热浸镀铝层的优良性能，拓宽热浸镀铝技术的应用，国内外研究者对不同对金属施镀材料进行了大量的研究试验。

（1）不锈钢　韩石磊等对316L（相当于022Cr17Ni12Mo2）不锈钢进行热浸镀铝。结果表明，镀层由表面铝层和合金层组成，层间结合紧密，镀层较厚；随镀铝温度的升高，外层铝层减薄，而内层合金层明显增厚，镀层总厚度并没有太大差异，在800 ℃时镀层质量最为优异。在900 ℃热扩散试验时，得到的扩散层质量最佳，为韧性相FeAl固溶体和α-Fe（Al）固溶体，镀层中没有孔洞及裂纹生成，为理想的过渡层材料；镀铝层的膜基结合力达45 N以上，由于表面形成了氧化铝膜，耐蚀性明显提高，增强了316L不锈钢基体的耐蚀性。

06Cr18Ni11Ti不锈钢广泛用作航空器、排气管、锅炉汽包等需要承受高温、高压的组件，服役过程中的氧化现象会破坏其结构的完整性。为了提高构件的抗高温氧化性和抗热腐蚀性能，娄瑾等采用热浸镀铝工艺在06Cr18Ni11Ti不锈钢表面制备镀铝层，并进行950℃、2 h高温扩散处理，表面主要生成了 Al_2O_3 膜，有效阻止了合金元素与氧发生反应，高温扩散后06Cr18Ni11Ti不锈钢表面生成了FeAl，FeAl层与Al固溶层间形成NiAl薄层，阻止了

Al 向不锈钢内扩散，其抗氧化性能优于不锈钢。

17-4PH 钢是马氏体沉淀硬化不锈钢，具有强度高，对弱电解质耐腐蚀等优点，广泛应用于航空、航天、医疗器械工业和核工业等领域。但其铜含量高，变形抗力大，变形温度窄，不耐高温，在 350 ~ 400℃下长期使用有脆化倾向，且表面硬度较低，耐磨性较差。王院生等对 17-4PH 不锈钢经热浸镀铝并进行扩散退火处理后发现，镀层表面硬度最高达到 714 HV；镀层分为富铝层、合金层、基体层，合金层主要相为 Fe_2Al_5；经扩散处理后，富铝层全部转变为合金层，且分为内扩散层与外扩散层，内扩散层主要相为 Fe_3Al，外扩散层主要相为 FeAl；镀层表层致密的 γ-Al_2O_3 氧化膜和金属间化合物 FeAl、Fe_3Al 起到高温耐氧化的作用，使高温耐氧化性能显著提高。

（2）铜　铜铝复合材料由于同时具有优良的导电性、导热性、耐蚀性、低接触电阻及质量轻等综合特性，逐步实现以铝代铜，近年来受到了广泛关注。由于铜铝界面往往存在由多种金属间化合物组成的扩散层，这些金属间化合物硬度高、脆性大，严重影响了铜铝复合材料的性能。王征等采用热浸镀铝工艺对铜进行了镀铝试验，研究了热浸镀铝温度对过渡层组织、复合材料导电性及结合强度的影响。结果表明，随着浸镀温度的升高，铜铝复合材料导电性能迅速降低；结合性能出现先升高后降低的趋势。在热浸镀温度为 710 ℃、热浸镀时间为 8 s 的条件下，铜铝复合材料过渡层的金属间化合物晶粒比较小而且分布较均匀，相比温度升高获得的粗大晶粒而言更有弥散强化优势，并且有利于应力的缓解释放，此时铜铝复合材料结合强度最高，达到了最大的 16 MPa，过渡层内形成了良好的结合界面；铜铝复合材料界面主要生成了 $CuAl_2$、CuAl、Cu_9Al_4、K_3AlF_6 等化合物，但金属间化合物过多会对缺陷比较敏感，易产生裂纹，严重影响了铜铝复合材料的导电性和结合性。

（3）球墨铸铁　球墨铸铁的冲击韧性和耐蚀性较差，往往需要进行退火和表面处理才能应用于高性能传动部件。史晓萍等研究了球墨铸铁热浸镀铝镀层的组织及不同温度和不同保温时间条件下 Al 的扩散行为，发现镀层分为表面富铝层及过渡层，即铝铁合金层，过渡层形状如舌状指向基体，由 $FeAl_3$、Fe_2Al_5 物相组成；在相同扩散温度下，增加保温时间有利于 Al 元素向 Fe-Al 合金层扩散，在相同保温时间下，提高温度使 Al 元素向 Fe-Al 合金层中扩散速度加快。程乾等研究了球墨铸铁经热浸镀 Al-3.6%（质量分数）Si 后，在不同温度下的冲击韧性和在 3.5%（质量分数）NaCl 溶液中的耐蚀性，发现合金镀层薄而均匀且 Fe_2Al_5 硬脆相/基体界面相对平坦，具有良好的冲击韧性，在 3.5%（质量分数）NaCl 溶液中易形成 Al_2O_3 钝化膜，腐蚀电流大大降低，显著改善了球墨铸铁在 NaCl 溶液中的耐蚀性。

（4）TC4 钛合金　TC4 钛合金的密度小，比强度高，耐蚀性好，且具有中等的室温和高温强度，良好的蠕变抗力和热稳定性，较高的疲劳性能和海水中的裂纹扩散抗力，以及优良的工艺塑性和超塑性等，在航空航天工业、造船工业、石油化工、汽车工业及医学等领域得到广泛应用。但由于 TC4 钛合金表面硬度低、耐磨性差，使其在摩擦工况下的应用受到了限制。傅宇东等采用热浸镀铝和热扩散方法，在 TC4 钛合金表面获得了厚度约 100μm 的扩散型热浸铝层。结果表明，热浸镀铝后进行扩散可以在 TC4 钛合金表面产生高硬度的 $TiAl_3$、Ti_2Al_5 及 $TiAl_2$ 相的扩散层。

2. 热浸镀铝工艺技术

（1）无覆盖溶剂的热浸镀铝　钢材热浸镀铝的传统工艺一直采用在铝液表面加覆盖溶剂的方法。由于覆盖溶剂大都由氟盐和氯盐组成，其蒸汽不仅腐蚀设备，对操作工人的毒害也较大，而且镀件出浴时带出许多熔盐，难以清洗，影响镀层质量。李苏琴在铝液中加入微量合金元素（如 Ga、In、RE、Si），这些微量合金元素对铝液面有较好的抗氧化作用。与传统的覆盖溶剂法相比，采用添加微量抗氧化合金元素的无覆盖溶剂热浸镀铝，镀件表面白亮无杂色，平整无挂皮和漏镀现象，并长时间保持光泽而不发灰，可以替换传统的覆盖溶剂法，从而缩短工艺流程，降低成本，提高产品的质量。

（2）超声波热浸镀铝　超声波热浸镀铝研究的出现，拓展出外场作用下热浸镀铝技术新的热点。夏原等的研究发现，超声波的引入不但缩短了热浸镀时间，而且由于液体中无所不在的超声波强烈空化效果，使得复杂工件的各个部分（如孔洞、缝隙、内壁等）均可得以充分润湿和反应，可极大地提高热浸镀铝层表面质量及结合力；超声波对于液体凝固过程的基本机理是声空化效应和声流效应；在稀土铝热浸镀过程中，施加超声振动可以有效地减弱或消除稀土的量化偏聚效应。

（3）数值模拟热浸镀铝　王征等对铜进行了表面热浸镀铝的试验，研究了铜铝固液结合过程中的界面扩散层，建立了铜铝复合材料界面扩散层生长的动力学模型。结果表明，铜铝复合材料界面扩散层的生长动力学符合抛物线扩散规律，与热浸镀温度的指数成正比，与热浸镀时间成抛物线增长关系；铜热浸镀铝扩散层生长动力学模型的修正系数 k 与时间 t 存在线性关系；该结果可用以预测在热浸镀铝工艺下铜铝复合材料扩散层厚度随时间以及温度的变化趋势。高峰等建立了热浸镀提取过程中镀层厚度的模型。该模型是简化的动态模型，推导出了镀层厚度与提升速度的关系方程，用于指导镀层厚度控制过程，并在工程实践中得到了验证。

9.2 热浸镀锡

9.2.1 铁锡相图及相组成

热浸镀锡是最早用于金属材料防护的热浸镀工艺方法，目前广泛应用的热浸镀锌、热浸镀铝、热浸镀铅等工艺，都是在热浸镀锡的基础上逐步发展起来的。

在钢铁材料热浸镀锡的过程中，钢铁材料表面经反应形成的铁锡合金层，遵循铁锡相图（见图 9-7）的规律。

从铁锡相图可以看出在不同温度、成分下的一系列相组成。

α 相：锡在 α-Fe 中的固溶体。锡在 α-Fe 中的固溶体中的含量：在 750℃ 时 w_{Sn} 为 9.3%，900℃时 w_{Sn} 增加至 17.5%。

γ 相：在 910 ~ 1390℃之间形成，w_{Sn} 最大为 2%。

$FeSn_2$ 相：w_{Sn} 为 80.95%，在低于 513℃温度下保持稳定，与纯锡具有相同的四角晶体结构。$FeSn_2$ 相层是铁锡合金层的中间层，该相具有高的硬度且脆性大。

FeSn 相：w_{Sn} 为 68%，在低于 770℃的温度下保持稳定。

Fe_3Sn_2 相：w_{Sn} 为 58.62%，在 607 ~ 806℃之间为稳定相。

Fe_5Sn_3 相：w_{Sn} 为 42%，在 765 ~ 910℃之间为稳定相。

在 1130℃以上，w_{Sn} 在 48.8% ~ 86.1% 之间形成金属混合物的液相区。

铁在锡中的溶解度取决于温度。铁在锡中的溶解度在 300℃时约为 0.01%，而在常温下

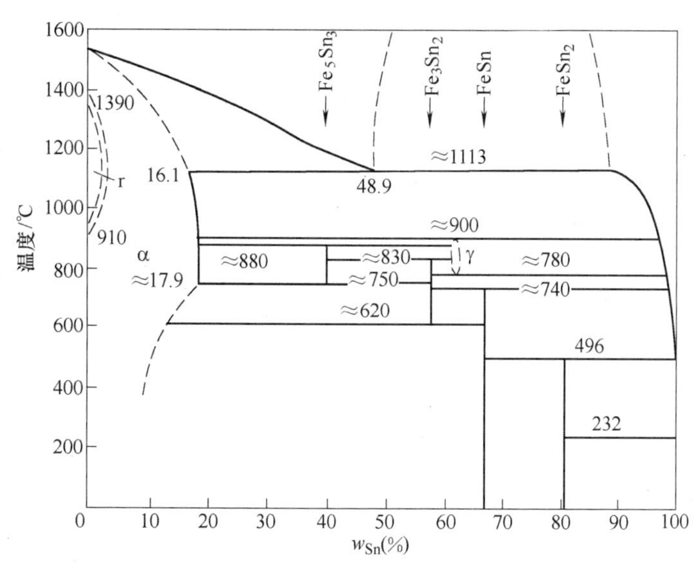

图 9-7　铁锡相图

铁几乎不溶于锡中。

9.2.2　热浸镀锡工艺

热浸镀锡的工艺流程为：脱脂→水洗→酸洗→水洗→溶剂处理→热浸镀锡→浸油处理→冷却。

1. 脱脂

脱脂的目的是去除钢铁工件表面的油脂，常用的方法有蒸气脱脂、溶剂脱脂、碱液脱脂和乳化脱脂。钢铁工件脱脂后，应立即在水中漂洗，以避免盐类沉积或表面油脂脱乳化。

2. 酸洗

钢铁工件表面存在的氧化膜和锈应通过酸洗去除，酸洗可采用盐酸酸洗或硫酸酸洗。盐酸酸洗时，盐酸质量分数为 10% ~20%，可在室温下进行，酸洗时间以钢铁工件受轻微腐蚀为宜，以提高锡对钢铁基体的浸润性。硫酸酸洗所用的硫酸含量应视钢铁工件表面状况而定，一般质量分数为 4% ~12%，并在硫酸溶液中加入缓蚀剂，以降低酸的损耗和金属的损失。

3. 溶剂处理与热浸镀锡

在热浸镀锡过程中，溶剂覆盖于熔融锡的表面。因此，溶剂处理与热浸镀锡几乎是同时进行的。溶剂处理的目的是为了消除工件表面经酸洗后再次形成的氧化膜，促进熔融锡对工件的润湿，以及促进锡与工件表面的反应，从而有利于生成 Fe-Sn 金属间化合物相层。

热浸镀锡采用的溶剂可采用水溶液溶剂和覆盖溶剂，表 9-1 和表 9-2 分别为这两种溶剂的成分。

表 9-1　热浸镀锡用水溶液溶剂成分

水 溶 液	$ZnCl_2$ 用量/kg	NH_4Cl 用量/kg	NaCl 用量/kg	HCl① 用量/mL	H_2O 用量/L
1	11	0.7	—	296 ~591	38
2	11	1.4	3	296 ~591	45

① 工业用 HCl 的质量分数为 28% 的盐酸。

表 9-2 热浸镀锡用覆盖剂成分

覆盖剂	覆盖剂成分(质量分数,%)		
	$ZnCl_2$	NaCl	NH_4Cl
1	78	22	—
2	73	18	9

配制好的水溶液溶剂覆盖于熔融锡上面时，总是处于沸腾状态。当钢铁工件浸入时，会发生一系列的反应。

水或水蒸气与氯化锌发生反应，即

$$ZnCl_2 + 2H_2O \longrightarrow Zn(OH)_2 + 2HCl$$

析出的 HCl 会与基体表面的氧化膜发生反应，同时起到酸洗作用；HCl 还与基体发生反应生成氯化亚铁，即

$$FeO + 2HCl \longrightarrow FeCl_2 + H_2O$$

$$Fe + 2HCl \longrightarrow FeCl_2 + H_2$$

生成的氯化亚铁与熔融锡反应，生成 $SnCl_2$ 和 $FeSn_2$，即

$$3Sn + FeCl_2 \longrightarrow SnCl_2 + FeSn_2$$

所生成的 $FeSn_2$ 进入锡液中形成锡渣或附于锡镀层中。

当钢铁工件经溶剂覆盖层处理后，同时也进入锡液中进行热浸镀锡。热浸镀锡温度为 280~325℃，经过一定时间的浸镀，钢铁工件应从未覆盖溶剂的锡液表面快速提出。

4. 后处理

经热浸镀锡的钢铁工件随后进入 235~240℃的油或熔融脂肪(包括棕榈油、合成矿物油或动物脂肪)中进行浸油处理，以防止镀锡层表面被氧化。镀锡表面油膜的存在，对镀锡层在运输和储存过程中也起保护作用。

9.2.3 影响热浸镀锡的因素

1. 钢铁材料

(1) 碳钢 w_C 低于 0.2% 的低碳钢最适于热浸镀锡。w_C 为 0.3% ~1% 的中高碳钢热浸镀锡较难，须注意前处理的质量。

(2) 铸铁 由于铸铁所含有的硅易形成二氧化硅，对热浸镀锡不利。铸铁中的石墨也不利于热浸镀锡。通常将铸铁进行喷丸处理后再电镀一层铁、铜或镍等，然后再进行热浸镀锡。

(3) 合金钢 低碳钢中的合金化元素 P、S、Si、Mn、Cu 等对热浸镀锡不产生大的影响，但对于高铬钢则难于进行热浸镀锡。

2. 热浸镀锡温度与时间

在通常的热浸镀锡温度(300℃)下，浸于熔融锡中的基体表面发生铁锡反应，生成金属间化合物 $FeSn_2$ 相层，开始生成的 $FeSn_2$ 薄层起到阻止铁锡反应，抑制合金层生长的作用。

在250~300℃温度范围较长时间热浸镀锡时，随着浸镀时间的增加，合金层与锡层的厚度比例将发生变化，直到整个镀层由$FeSn_2$合金层组成。

热浸温度为350℃时，$FeSn_2$合金层厚度明显增加，且易于脱落至锡液中形成锡渣或附于镀层中。因此，在热浸镀锡时应避免温度过高或局部过热。

由于$FeSn_2$为硬脆相，其形成的合金层不连续，存在一定的孔隙，所以应控制好热浸温度与时间，以得到表面覆盖较厚锡层的镀层。

9.2.4　热浸镀锡层的性能及应用

1. 热浸镀锡层的性能

（1）耐蚀性。钢铁材料热浸镀锡的镀层由下列各层组成：附于基体表面的合金层、锡层、锡层上附着的极薄的氧化膜层和表面油膜层。各层的特性分别影响着锡镀层的耐蚀性。

1）合金层。锡镀层中的合金层主要由金属间化合物$FeSn_2$组成，合金层的形成有利于锡层在基体表面的附着。显微观察表明，合金层在基体表面的覆盖并不完全连续，存在着孔隙，在合金层上面的锡层也存在类似的现象。孔隙的存在，在锡与$FeSn_2$、锡与基体之间形成腐蚀电池，加速了锡的溶解，使镀层的耐蚀性变差。因此，在热浸镀锡时，应尽可能获得连续性好、致密的合金层和均匀的锡层。

2）锡层。锡层是锡镀层防腐蚀作用的主体，在不同的腐蚀环境中，具有不同的耐蚀性。

在干燥的空气中，锡镀层基本不生锈。但在潮湿空气中，锡层的孔隙处露出的基体会与锡构成局部电池，由于基体金属铁的电极电位比锡低而发生阳极溶解，生成铁的氢氧化物，使镀层生锈。

在不含氧的有机酸环境中，如果锡与基体金属铁接触，所构成的腐蚀电池中，锡的电极电位比铁高，使锡被腐蚀而基体得到保护。

在含氧的腐蚀环境中，锡与铁接触形成腐蚀电池时，则铁的电极电位比锡高，使基体被迅速腐蚀。

3）氧化膜层。锡的氧化膜是锡镀层表面被氧化后生成的腐蚀产物，主要为氧化亚锡（SnO）和氧化锡（SnO_2）。SnO是不稳定的氧化膜，起不到防腐蚀的作用，而SnO_2是稳定的氧化膜，具有耐蚀性。SnO通常在100℃以上温度生成，湿度较高的条件下，更利于其生成。当镀锡件在室温下长期储存时，镀锡层表面生成的是SnO_2。

4）油膜层。在热浸镀锡层表面涂上一层极薄的油膜层，可减少锡镀层表面划伤和因摩擦引起的机械损伤，同时，可以有效地阻隔锡层表面与空气中水分的接触，提高锡镀层的耐蚀性。

（2）焊接性能与涂饰性能　热浸锡镀层具有良好的锡焊性能，焊接时，焊料易于渗入焊接部位，获得牢固的结合。锡镀层还具有对涂料良好的附着性能。

2. 热浸锡镀层的应用

热浸镀锡主要用于生产镀锡钢板、镀锡钢丝。热浸镀锡钢板被应用于食品包装与轻便耐蚀容器，以及电器工业等方面。

9.3 热浸镀铅

9.3.1 铁铅(铅锡)相图及热浸镀铅层

铁铅相图如图9-8所示。从该图可以看出，铁和铅在固态和液态下互不相溶。在低于铅熔点(327℃)时，铁与铅以单独的固态金属存在。在327℃至铁的熔点(1528℃)之间，固态铁与液态铅共存，但互相不发生互溶，仅在高于铁的熔点以上温度，液态铁和液态铅才发生互溶现象，但不会形成金属间化合物。

铅是稳定性较高的金属，在钢铁表面形成铅保护层能防止钢铁腐蚀。但由于液态铅不能浸润钢铁基体表面，必须借助既能与铅反应又能与铁反应的第三元素才能形成镀层。通常是加入锡元素，以达到形成热浸镀铅层的目的。因此，热浸镀铅层实际上是铅锡合金镀层。

图9-9所示为铅锡相图。该图表明，铅与锡可以任何比例形成合金，在w_{Sn}为61.9%的共晶点处，合金的熔点最低。其中的α相和β相分别是锡在铅中的固溶体和铅在锡中的固溶体。

铅液中的锡能与钢铁基体表面的铁反应生成$FeSn_2$，使含锡的液态铅可以在钢铁基体表面形成镀铅层。镀铅层的结构由钢铁基体表面先形成的$FeSn_2$中间合金层和表层的铅层组成。

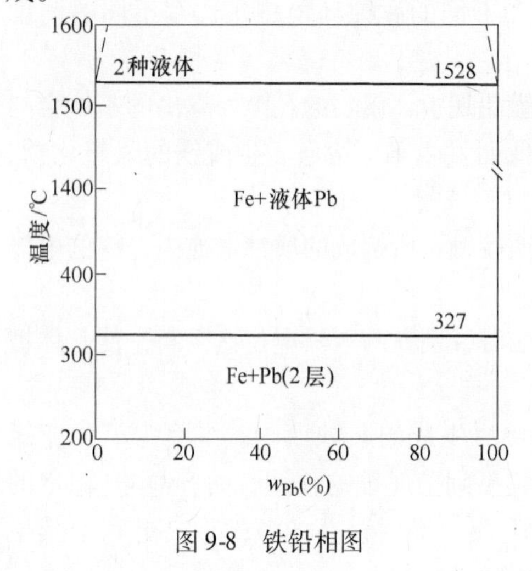

图9-8 铁铅相图

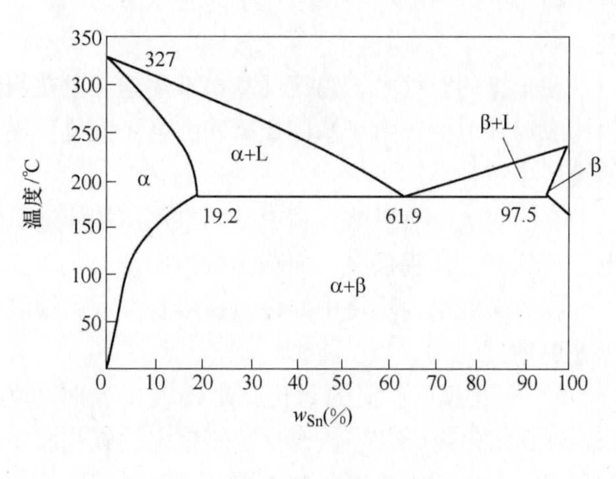

图9-9 铅锡相图

9.3.2 热浸镀铅工艺

热浸镀铅工艺流程与热浸镀锡相似，即：脱脂→水洗→酸洗→水洗→助镀→溶剂处理→热浸镀铅→浸油处理→冷却。

经脱脂、酸洗去除油脂、氧化膜及锈的钢铁工件，在进行热浸镀以前，必须进行溶剂处理。溶剂采用质量分数为8%～10%的氯化亚锡和氯化锌的水溶液。在热浸镀铅温度(340～360℃)下，溶剂覆盖于含锡的铅液表面，此时铅液中的锡将溶入溶剂中，使溶剂中的锡含量保持在一定范围。在热浸镀铅过程中，当钢铁工件穿过溶剂时，基体表面的铁与溶剂中的

氯化亚锡会发生反应，即

$$2Fe + 2SnCl_2 \longrightarrow 2FeCl_2 + 2Sn$$
$$2Sn + Fe \longrightarrow FeSn_2$$

$$3Fe + 2SnCl_2 \longrightarrow 2FeCl_2 + FeSn_2$$

反应生成的 $FeCl_2$ 仍存留于溶剂中，而在基体表面生成 $FeSn_2$ 合金中间层。当工件从铅液中提出时，铅液黏附于 $FeSn_2$ 合金层上，形成镀铅层。

表 9-3 为带钢连续热浸镀铅的工艺参数。

表 9-3　带钢连续热浸镀铅的工艺参数

工　序	成分(质量分数)	工 艺 参 数
脱脂	金属脱脂剂(3% ~5%)	30 ~35℃，>60s 刷洗
酸洗	H_2SO_4(10% ~15%)或 HCl(5% ~10%)少量缓蚀剂	70℃，>40s；40℃，>60s
助镀	$ZnCl_2$-NH_4Cl 水溶液(20%)	常温 1 ~2min
覆盖溶剂	$ZnCl_2$-0.5% ~1% $SnCl_2$	350 ~360℃覆盖在铅液表面
热浸镀铅	Pb-10% ~25% Sn	360 ~375℃，10 ~30s

在上述热浸镀铅工艺中，易形成不连续的 $FeSn_2$ 中间合金层而导致镀层表面漏镀和针孔的存在，可采用在热浸镀铅之前，在钢铁工件上预电镀一层镍的方法解决。经预电镀镍的钢铁工件首先置于助镀剂中，以去除镀镍层表面的氧化膜，然后再进入表面覆盖溶剂的铅液中热浸镀。预电镀的镍层在含锡的铅液中会与锡快速反应，在工件表面形成致密的 Ni-Sn 合金层，使铅液的浸润性提高，从而可获得连续的热浸镀铅层。

9.3.3　热浸镀铅层的性能

热浸镀铅层在大气环境中，特别是潮湿空气中，有优良的耐蚀性。在耐化学药品腐蚀、耐汽油腐蚀和耐盐雾腐蚀方面，均具有良好的耐蚀性。镀铅层还具有良好的涂装性，不需要其他的涂装前处理过程。此外，镀铅层还具有优异的焊接性和可加工性。

9.3.4　热浸镀铅层的应用

热浸镀铅层由于其具有良好的性能，在交通、电器、建筑等行业得到应用，可用于汽车汽油箱、散热器部件、空气过滤器，以及电解槽、化学药品储槽等方面。

参考文献

[1] 于芝兰，等. 金属防护工艺原理［M］. 北京：国防工业出版社，1990.

[2] 曲敬信，汪泓宏，等. 表面工程手册［M］. 北京：化学工业出版社，1998.

[3] American Society for Metals. Metals Handbook：vol. 5［M］. 9th ed. Ohio：AMS，1982.

[4] 表面处理工艺手册编审委员会. 表面处理工艺手册［M］. 上海：上海科学技术出版社，1991.

[5] 胡传炘，等. 表面处理技术手册［M］. 北京：北京工业大学出版社，1997.

[6] 顾国成，吴文森. 钢铁材料的防腐涂饰［M］. 北京：科学出版社，1987.

[7] 曹楚南. 腐蚀电化学［M］. 北京：化学工业出版社，1994.

[8] 艾尔沃德 G H，芬德利 T J T. SI 化学数据表［M］. 周宁怀，译. 北京：高等教育出版社，1985.

[9] 虞觉奇，易文质，陈邦迪，等. 二元合金状态图集［M］. 上海：上海科学技术出版社，1987.

[10] Marder A R. The metallurgy of zinc-coated steel［J］. Progress in Materials Science，2000，45：191-271.

[11] 李金桂，等. 现代表面工程设计手册［M］. 3 版. 北京：国防工业出版社，2000.

[12] Jordan C E，Marder A R. Fe-Zn phase formation in interstitial-free steels hot-dip galvanized at 450℃. Part I. 0. 00 wt% Al-Zn baths［J］. Journal of Materials Science，1997，32(21)：5593-5602.

[13] Akihiko Nishimoto，Jun-ichi Inagaki，Kazuhide Nakaoka. Effect of surface microstructure and chemical compositions of steels on formation of Fe-Zn compounds during continuous galvanizing［J］. Transactions ISIJ，1986，26：807-813.

[14] Jordan C E，Zuhr R，Marder A R. Effect of phosphorous surface segregation on iron-zinc reaction kinetics during hot-dip galvanizing［J］. Metallurgical and Materials Transactions A，1997，28A(12)：2695-2703.

[15] 孔纲，卢锦堂，陈锦虹，等. 钢中元素对钢结构件热浸镀锌的影响［J］. 腐蚀科学与防护技术，2004，16(3)：162-165.

[16] 许乔瑜，桂艳，卢锦堂，等. 热浸 Zn-Ti 合金镀层的显微组织与耐蚀性能［J］. 华南理工大学学报，2008，36（7）：82-86.

[17] Yan Gui，Qiao-yu Xu，Yanling Guo. Change Rules of Γ_2 Particles in Hot-dipped Zn-Ti Coating［J］. Journal of Iron and Steel Research，International. 2014，21（3）：396-402.

[18] 许乔瑜，李燕. 钛和铈对热浸锌镀层组织与耐蚀性能的影响［J］. 电镀与涂饰，2011，30（8）：28-31.

[19] 许乔瑜，周巍. Zn-Ni-V 热浸镀层组织及腐蚀电化学行为研究［J］. 材料工程，2011（2）：98-102.

[20] 许乔瑜，曾秋红. 稀土在锌镀层中的应用及研究进展［J］. 腐蚀与防护，2009，30（1）：19-21.

[21] Kozdras M S，Niessen P. Silicon-induced destabilization of Galvanized coatings in the Sandelin Peak region［J］. Metallography，1989，22：253-267.

[22] Lichti K A，Nissen P. The effect of silicon on the reactions between iron and $\zeta(FeZn_{13})$［J］. Z. Mettalkde，1987，78：58-62.

[23] Bretez M，Dauphin J Y，et al. Phase relationships and diffusion paths in the system zinc vapour-iron silicon alloys at 773 and 973K. Z［J］. Mettalkde，1987，78：137-140.

[24] Jordan C E，Marder A R. Effect of substrate grain size on iron-zinc reaction kinetics during hot-dip galvanizing［J］. Metall Mater trans，1997，28A：2683-2694.

[25] Sjoukes F. The role of iron in the hot dip galvanizing process [J]. Metall, 1987, 41(3): 268-270.

[26] Richard P Krepski. The influence of chemical pretreatment on zinc consumption during hot dip galvanizing [J]. Metal Finishing, 1989(10): 37-39.

[27] Eric Baril, Gilles L' esperance. Studies of the morphology of the Al-rich interfacial layer formed during the hot dip galvanizing of steel sheet [J]. Metallurgical and Materials Transactions A, 1999, 30A: 681-695.

[28] Yoshitaka Adachi, Masahiro Arai. Transformation of Fe-Al phase to Fe-Zn phase on pure iron during galvanizing [J]. Materials Science and Engineering, 1998, A254: 305-310.

[29] Bouche K, Barbier F, Coulet A. Intermetallic compound layer growth between solid iron and molten aluminium [J]. Materials Science and Engineering, 1998, A249: 167-175.

[30] Pierre Perrot, Jean-Charles Tissier, Jean-Yves Dauphin. Stable and metastable equilibria in the Fe-Zn-Al system at 450℃ [J]. Zeitschrift fuer Metallkunde, 1992, 83(11): 786-790.

[31] Fasoyinu F A, Weinberg F. Spangle formation in galvanized sheet steel coatings [J]. Metallurgical Transactions A, 1990, 21B(6): 549-558.

[32] Thomas H Cook, Mohammed Arif. Test for lead in hot-dip galvanizing zinc [J]. Metal Finishing, 1991 (10): 29-31.

[33] 孔纲，卢锦堂，陈锦虹，等. 锌浴中元素对钢结构件热浸镀锌的影响 [J]. 表面技术，2003，32(4)：7-11.

[34] Katiforis N, Papadimitriou G. Influence of copper, cadmium and tin additions in the galvanizing bath on the structure, thickness and cracking behavior of the galvanized coatings [J]. Surface and Coatings Technology, 1996, (78): 185-195.

[35] Guy Reumont, Guillaume Dupont, Pierre Perrot. The Fe-Zn-Ni system at 450℃ [J]. Zeitschrift fuer Metallkunde, 1995, 86(9): 608-613.

[36] Zapponi M, Quiroga A, Perez T. Segregation of alloying elements during the hot dip coating solidification process [J]. Surface and Coatings Technology, 1999, 22: 18-20.

[37] Katiforis N, Papadimitriou G. Influence of copper, cadmium and tin additions in the galvanizing bath on the structure, thickness and cracking behavior of the galvanized coatings [J]. Surface and Coatings Technology, 1996, 78: 185-195.

[38] 许乔瑜，卢锦堂，陈锦虹，等. 活性钢热浸锌镍合金镀层工艺与性能 [J]. 材料导报，2001，16(8)：23-25.

[39] 许乔瑜，卢锦堂，裴滢，等. 低碳钢热浸 Zn-0.15% Ni 合金镀层组织及第二相粒子 [J]. 材料科学与工艺，2002，10(3)：318-321.

[40] 裴滢. 预镀镍对热浸镀锌层组织及生长动力学的影响 [D]. 广州：华南理工大学，2002.

[41] 吴小泉. 热浸 Zn-Mn 合金镀层组织及耐蚀性能的研究 [D]. 广州：华南理工大学，2004.

[42] Proceedings of 13th international galvanizing conference [C]. London: EGGA, 1982.

[43] Proceedings of 14th international galvanizing conference [C]. London: EGGA, 1985.

[44] Proceedings of 17th international galvanizing conference [C]. London: EGGA, 1994.

[45] Proceedings of 18th international galvanizing conference [C]. London: EGGA, 1997.

[46] Proceedings of 19th international galvanizing conference [C]. London: EGGA, 2000.

[47] Proceedings of 20th international galvanizing conference [C]. London: EGGA, 2003.

[48] Proceedings of 2nd Asian-Pacific general galvanizing conference [C]. Kobe: JGA, 1994.

[49] Proceedings of 4th Asian-Pacific general galvanizing conference [C]. Kuala Lumpur: MGA, 1999.

[50] Proceedings of 5th Asian-Pacific general galvanizing conference [C]. Busan: KGA, 2001.

[51] Kozdras M S, Niessen P. Surface effects in batch galvanizing of silicon containing steels [J]. Material Sci-

ence and Technology, 1990, 6(8): 681-686.

[52] Verma A R B, Ooij W J van. High-temperature batch hot-dip galvanizing, Part 1, General description of coatings formed at 560℃ [J]. Surface and Coatings Technology, 1997(89): 132-142.

[53] Verma A R B, Ooij W J van. High-temperature batch hot-dip galvanizing, Part 2, Comparison of coatings formed in the temperature range 520 ~ 555℃ [J]. Surface and Coatings Technology, 1997(89): 143-150.

[54] Chidambaram P R, Rangarajan V, Ooij W J van. Characterization of high temperature hot dip galvanized coatings [J]. Surface and Coatings Technology, 1991, 46(3): 245-253.

[55] 柳玉波，等. 表面处理工艺大全 [M]. 北京：中国计量出版社，1996.

[56] 叶扬祥，潘肇基，等. 涂装技术实用手册 [M]. 2 版. 北京：机械工业出版社，2003.

[57] 肖进新，赵振国. 表面活性剂应用原理 [M]. 北京：化学工业出版社，2003.

[58] 沈国良. 喷丸清理技术 [M]. 北京：化学工业出版社，2004.

[59] 许乔瑜，卢锦堂，陈锦虹，等. 国外活性钢热浸镀锌技术研究的进展 [J]. 材料保护，2000，33 (11): 5-7.

[60] Cook T H. Composition, testing, and control of hot dip galvanizing flux [J]. Metal Finishing, 2003, 101(7 ~ 8): 22-35.

[61] American Galvanizers Associaton. Hot dip galvanizing for corrosion protection of steel products [M]. Englewood: AGA, 2000.

[62] American Galvanizers Associaton. Hot dip galvanizing for corrosion prevention: A guide to specifying & inspecting hot dip galvanized reinforcing steel [M]. Colorado: AGA, 2002.

[63] American Galvanizers Associaton. Wet Storage stain [M]. Colorado: AGA, 2002.

[64] 孔纲，卢锦堂，陈锦虹，等. 热浸镀浴中少量铝对镀层性能的影响 [J]. 材料保护. 2002，35(7): 17-19.

[65] 卢锦堂，江爱华，车淳山，等. 热浸 Zn-Al 合金镀层的研究进展 [J]. 材料保护，2008 (07): 47-51.

[66] 乔腾波. 热镀 Galfan 工艺及镀层耐蚀机理的研究 [D]. 天津：河北工业大学，2014.

[67] 孔纲，卢锦堂，陈锦虹，等. 热浸 Zn-Ni 合金镀层技术的研究和应用 [J]. 腐蚀科学与防护技术. 2001，13(4): 223-225.

[68] 孙连超，田荣璋. 锌及锌合金物理冶金学 [M]. 长沙：中南工业大学出版社，1994.

[69] 卢锦堂，焦帅，车淳山，等. 锌浴中加锡对 0.37% Si 钢热浸镀锌的影响 [J]. 材料保护，2005，38 (2): 47-49.

[70] Chen Z W, Kennon N F, See J B, and Barter M A. Technigalva and Other Developments in Batch Hot-Dip Galvanizing [J]. JOM, 1992, 44(1): 22-26.

[71] 卢锦堂，许乔瑜，陈锦虹，等. 锌浴中镍含量对热浸锌镀层厚度的影响 [J]. 材料保护，2001，34 (4): 15-16.

[72] 卢锦堂，陈锦虹，许乔瑜，等. 锌浴加镍对热浸镀锌层组织的影响 [J]. 中国有色金属学报，1996，6(4): 87-90.

[73] Tang N Y, Su X P, Toguri J M. Experimental study and thermodynamic assessment of the Zn-Fe-Ni system [J]. Calphad, 2001, 25(2): 267-277.

[74] Fratesi R, Ruffini N, Malavolta M, Bellezze T. Contemporary use of Ni and Bi in hot-dip galvanizing [J]. Surface & Coatings Technology, 2002, 157: 34-39.

[75] Zapponi M, Quiroga A, Perez T. Segregation of alloying elements during the hot dip coating solidification process [J]. Surface and Coatings Technology, 1999, 22: 18-20.

[76] 刘力恒，车淳山，孔纲，等. 热镀 Zn-0.2% Al 镀层中 Fe-Al 抑制层失稳机理及其热力学评估 [J]. 金属学报. 2016 (05): 614-624.

[77] 张启富，刘邦津，黄建中. 现代钢带连续镀锌 [M]. 北京: 冶金工业出版社，2007.

[78] 车淳山，卢锦堂，孔纲，等. 0.1%Sb 对 Zn-0.2Al 合金凝固组织的影响 [C]. 第九届全国热镀锌技术大会论文集. 成都，2011.

[79] 胡成杰，储双杰，王俊，等. 稀土 La 对热镀锌层耐蚀性能的影响 [J]. 腐蚀与防护. 2011 (07): 517-520.

[80] 谭娟，鞠辰，高海燕，等. 稀土对热镀锌层耐蚀性的影响 [J]. 上海交通大学学报. 2008 (05): 757-760.

[81] Wilcox G D, Gabe D R, Warwick M E. The Development of Passivation Coatings by Cathodic Reduction in Sodium Molybdate Solutions [J]. Corrosion Science, 1988, 28(6): 577-579.

[82] 任艳萍，陈锦虹，卢锦堂，等. 镀锌层三价铬钝化的研究进展 [M]. 材料保护，2004，37(11): 32-34.

[83] Roman L, Blidariu M, Cristescu C. Study of Conversion Coatings on Zinc Deposition Obtained From Low Pollution Solutions [J]. Trans IMF, 1996, 74(5): 171-174.

[84] Upton P. The Effect of the Sealers on Increase of Corrosion Resistance of Chromate-free Passivation on Zinc & Zinc Alloys [J]. Plating & Surface Finishing, 2001(2): 68-71.

[85] Bellezze T, Roventi G, Fratesi R. Electrochemical Study of on the Corrosion Resistance of Cr Ⅲ-based Conversion Layers on Zinc Coatings [J]. Surface and Coatings Technology, 2002, 155: 221-230.

[86] Lu J T, Kong G, Chen J H, et al. Growth and corrosion behavior of molybdate passivation film on hot dip galvanized steel [J]. Trans. Nonferrous Metals Soc. China, 2003, 13(1): 145-148.

[87] 宋进兵. 镀锌钢的钼酸盐钝化处理研究 [D]. 广州: 华南理工大学，1999.

[88] Tang P T, Bech-Nielson G, Moller. Molybdate Based Passivation of Zinc [J]. Transactions of the Institute of Metal Finishing, 1997, 75(4): 144-146.

[89] Tang P T, Bech-Nielson G, Moller. Molybdate-Based Alternatives to Chromating as a Passivation Treatment for Zinc [J]. Plating and Surface Finishing, 1994, 81(11): 20-22.

[90] Wharton J A, Wilcox G D, Baldwin K R. Non-Chromate Conversion Coating Treatments for Electrodeposited Zinc-Nickel Alloys [J]. Transactions of the Institute of the Metal Finishing, 1996, 74(6): 2-5.

[91] 孔纲，卢锦堂，陈锦虹，等. 镀锌层钼酸盐钝化膜腐蚀行为的研究 [J]. 材料保护，2001，34(11): 7-9.

[92] Yakimenko G Y. Colored Molybdate films on Zinc and their Protective Properties [J]. Protection of Metals, 1977, 13 (1): 101-102.

[93] 韩克平，叶向荣，方景礼. 镀锌层表面硅酸盐防腐膜的研究 [J]. 腐蚀科学与防护技术，1997，9(2): 83-86.

[94] 李广超. 硫脲对镀锌层硅酸盐钝化作用的影响 [J]. 电镀与涂饰，2007，20 (1): 10-11, 14.

[95] 李广超. 镀锌层硅酸盐钝化工艺研究 [J]. 电镀与精饰，2007，2 (29): 31-33.

[96] 范云鹰，等. 镀锌层硅酸盐彩色钝化工艺 [J]. 材料保护，2012，45 (8): 37-39, 72.

[97] 范云鹰，陈高伟，金海玲. 镀锌层硅酸盐钝化工艺及其机理 [J]. 材料保护，2013，12: 44-46, 60, 8.

[98] 刘瑶，范云鹰，周荣，等. 热镀锌层硅酸盐钝化膜的耐蚀性 [J]. 材料保护，2012，45 (6): 19-21, 72.

[99] Hara M, et al. Corrosion protection property of colloidal silicate film on galvanized steel [J]. Surface and Coatings Technology, 2003, 169-170 (0): 679-681.

[100] Dikinis V, Niaura G, Rėzaitė V, et al. Formation of conversion silicate films on Zn and their properties [J]. Transactions of the IMF, 2007, 85 (2): 87-93.

[101] Socha R P, N. Pommier, J. Fransaer. Effect of deposition conditions on the formation of silica-silicate thin films [J]. Surface and Coatings Technology, 2007, 201 (12): 5960-5966.

[102] Socha R P, Fransaer J. Mechanism of formation of silica-silicate thin films on zinc [J]. Thin Solid Films, 2005, 488 (1-2): 45-55.

[103] Dalbin S, et al. Silica-based coating for corrosion protection of electrogalvanized steel [J]. Surface and Coatings Technology, 2005, 194 (2-3): 363-371.

[104] Yuan M, J Lu, G Kong. Effect of SiO_2: Na_2O molar ratio of sodium silicate on the corrosion resistance of silicate conversion coatings [J]. Surface and Coatings Technology, 2010, 204 (8): 1229-1235.

[105] Yuan M, et al. Effect of silicate anion distribution in sodium silicate solution on silicate conversion coatings of hot-dip galvanized steels [J]. Surface and Coatings Technology, 2011, 205 (19): 4466-4470.

[106] Yuan M, et al. Self healing ability of silicate conversion coatings on hot dip galvanized steels [J]. Surface and Coatings Technology, 2011, 205 (19): 4507-4513.

[107] Min J, et al. Synergistic effect of potassium metal siliconate on silicate conversion coating for corrosion protection of galvanized steel [J]. Journal of Industrial and Engineering Chemistry, 2012, 18 (2): 655-660.

[108] Veeraraghvan B, Slavkov D, ProbhuS, et al. Synthesis and characterization of a novel non-chrome electrolytic surface treatment process to protect zinc coatings [J]. Surface and Coatings Technology, 2003, 167 (1): 41-51.

[109] Montemor M F, Trabelsi W, Zheludevich M, et al. Modification of bis-silane solutions with rare-earth cations for improved corrosion protection of galvanized steel substrates [J]. Progress in Organic Coatings, 2006, 57: 67-77.

[110] Montemor M F, Ferreira M G S. Analytical characterization of silane films modified with cerium activated nanoparticles and its relation with the corrosion protection of galvanised steel substrates [J]. Progress in Organic Coatings, 2008, 63 (3): 330-337.

[111] Trabelsi W, et al. Surface evaluation and electrochemical behaviour of doped silane pre-treatments on galvanised steel substrates [J]. Progress in Organic Coatings, 2007, 59 (3): 214-223.

[112] Trabelsi W, et al. Electrochemical assessment of the self-healing properties of Ce-doped silane solutions for the pre-treatment of galvanised steel substrates [J]. Progress in Organic Coatings, 2005, 54 (4): 276-284.

[113] 韩利华，等. 镀锌层表面 KH-560 硅烷膜耐蚀性能研究 [J]. 材料工程, 2010, 6: 45-49.

[114] 郝建军. 镀锌层烷氧基硅烷钝化处理工艺研究 [J]. 电镀与精饰, 2008, 30 (11): 1-4.

[115] 隋艳. 有机硅烷无铬钝化工艺的研究 [J]. 化学工程与装备, 2014 (2): 012.

[116] Hamlaoui Y, Tifouti L, Pedraza F. Corrosion behaviour of molybdate-phosphate-silicate coatings on galvanized steel [J]. Corrosion Science, 2009, 10 (51): 2455-2462.

[117] Song Y K, Mansfeld F. Development of a Molybdate-Phosphate-Silane-Silicate (MPSS) coating process for electrogalvanized steel [J]. Corrosion Science, 2006, 48: 154-164.

[118] 潘春阳，田裕昌，麦海登，等. 镀锌钢表面有机酸/硅酸盐钝化及钝化膜的耐蚀性能 [J]. 材料保护, 2014, 03: 31-33, 69-70.

[119] 吴海江，卢锦堂. 热镀锌钢板钼酸盐/硅烷复合膜层的耐腐蚀性能 [J]. 材料保护, 2008, 41 (10): 10-13.

[120] 张振海，叶鹏飞，徐丽萍，等. 热镀锌板表面无机组分与有机硅烷复合钝化膜 [J]. 表面技术, 2013, 42 (2): 14-17.

[121] 孔纲，汤鹏，张双红，等. 镀锌钢硅酸盐及硅烷钝化机理的研究进展，电镀与涂饰，2014，33（3）：120-123.

[122] 杨甫. 热镀锌酸洗废水处理技术. 材料保护，2014，47（2）：122-126.

[123] 陈锦虹，卢锦堂，许乔瑜，等. 镀锌层上有机物无铬钝化涂层的耐蚀性 [J]. 材料保护，2002，35(8)：29-31.

[124] 陈锦虹，周明君，卢锦堂，等. 热浸镀锌钢筋在混凝土中的应用前景 [J]. 材料保护，2003，36(9)：12-14.

[125] Ameriacn Galvanizers Association. The Design of Products to be Hot dip Galvanized After Fabrication [M]. Englewood：AGA，2000.

[126]《三废治理与利用》编委会. 三废治理与利用 [M]. 北京：冶金工业出版社，1994.

[127] 李金桂，等. 防腐蚀表面工程技术 [M]. 北京：化学工业出版社，2003.

[128] 董允，张廷森，林晓娉. 现代表面工程技术 [M]. 北京：机械工业出版社，2000.

[129] 沈品华，屠振密. 电镀锌及锌合金 [M]. 北京：机械工业出版社，2001 .

[130] 英国镀锌者学会(GA). 镀锌实践概论 [M]. 何福朝，尹镇东，王高明，译. 北京：友谊出版公司，1984.

[131] 韩石磊，李华玲，王树茂，等. 温度对热浸铝及后续扩散中镀层的影响 [J]. 金属功能材料，2010，17（1）：34.

[132] 娄瑾，阮承祥，左祎. 0Cr18Ni10Ti 不锈钢热浸镀铝及高温扩散后的高温氧化行为 [J]. 2015，48（1）：14-15.

[133] 王院生，熊计，王均. 17-4PH 不锈钢热浸镀铝及其高温耐氧化性能 [J]. 电镀与涂饰，2011，30（3）：35-39.

[134] 史晓萍，孟君晟. 球墨铸铁热浸镀铝的扩散行为 [J]. 黑龙江科技大学学报，2014，24（6）：596-598.

[135] 程乾，黄兴民，戴光泽. 热浸镀铝球墨铸铁的耐蚀性能和冲击韧性 [J]. 材料热处理学报，2014，35（2）：157-163.

[136] 傅宇东，孙维鑫，高菲，等. TC4 合金表面扩散型热浸铝层的组织结构分析 [J]. 金属热处理，2013，38（2）：77-79.

[137] 夏原，彭丹阳. 超声波热镀铝技术评述 [J]. 材料热处理学报，2001，22（4）：25-30.

[138] 王征，刘平，刘新宽，等. 铜热浸镀铝扩散层生长动力学模型 [J]. 功能材料，2015，46（2）：02080-02083.